"十四五"时期国家重点出版物出版专项规划项目

《开合屋盖结构技术标准》JGJ/T 442-2019 应用指南

大跨度开合屋盖结构与工程应用

Large-span Retractable-roof Structures and Engineering Application

范重 等 著

中国建筑工业出版社

图书在版编目(CIP)数据

大跨度开合屋盖结构与工程应用＝Large-span
Retractable-roof Structures and Engineering
Application/范重等著. —北京：中国建筑工业出版
社，2022.1
ISBN 978-7-112-26872-6

Ⅰ.①大⋯　Ⅱ.①范⋯　Ⅲ.①大跨度结构—屋盖结构
—研究　Ⅳ.①TU231

中国版本图书馆 CIP 数据核字(2021)第 249338 号

开合屋盖建筑作为建筑领域一种崭新的节能型建筑形式，可以实现"场"与"馆"的自由转换，极大改善了建筑使用条件，提高了建筑的利用率，充分体现了节能环保的建筑设计理念，近年来在国内外得到迅速发展。

本书共分为 7 章。第 1 章回顾可开合结构的发展历程、国内外开合屋盖结构工程案例以及开合屋盖结构的技术标准；第 2 章介绍可开合结构的分类以及活动屋盖、支承结构和围护结构的体系；第 3 章对可开合结构的荷载取值、地震作用、活动屋盖运行影响等进行剖析；第 4 章讲解可开合结构的分析方法，对计算模型、静力与稳定分析、抗震设计、固定屋盖预变形、节点构造等进行详细介绍；第 5 章介绍常用的驱动与控制系统和关键部件的设计要点；第 6 章对可开合结构的加工与安装、验收、使用与维护等方面的要求进行阐述；第 7 章对鄂尔多斯东胜体育场工程进行详细介绍，便于读者深入理解可开合结构各种技术的具体应用。此外，每章后均附有参考文献，便于读者查阅。

本书可供建筑行业设计人员、科研院所、高等学校土木工程专业师生参考使用。

责任编辑：刘瑞霞
责任校对：姜小莲

大跨度开合屋盖结构与工程应用
Large-span Retractable-roof Structures and Engineering Application
范重　等　著

*

中国建筑工业出版社出版、发行（北京海淀三里河路 9 号）
各地新华书店、建筑书店经销
北京科地亚盟排版公司制版
河北鹏润印刷有限公司印刷

*

开本：787 毫米×1092 毫米　1/16　印张：26　字数：646 千字
2022 年 1 月第一版　　2022 年 1 月第一次印刷
定价：**168.00** 元
ISBN 978 - 7 - 112 - 26872 - 6
(37255)

本书编委会

主　编：范　重

副主编：彭　翼

编　委：甘　明　刘中华　陈以一　顾　昉　杨庆山　田玉基

　　　　郑志荣　赵　然　刘志伟　唐　泳　张毅刚　赵　阳

　　　　陈志华　刘红波　徐晓明　温四清　胡纯炀　姜学宜

　　　　高继领　程书华　宋　涛　明翠新　魏华强　张康伟

主编单位：中国建筑设计研究院有限公司

序

近三十年来，空间结构在国内外得到蓬勃发展，各类现代化体育场馆不断涌现。可开合屋盖结构作为空间结构的一个分支，起步较晚。1989 年建成的加拿大多伦多天空穹顶，是国际上第一座采用现代驱动技术实现开合的大型多功能体育建筑，在世界范围产生了很大的轰动效应。各国随后相继建成了一批带有活动屋盖的建筑，主要集中在欧洲、北美洲和亚洲，荷兰的阿姆斯特丹体育场，英国的温布利体育场与卡迪夫千年体育场，美国的瑞兰特体育场、米勒运动场、达拉斯牛仔体育场和梅赛德斯奔驰体育场，日本的小松穹顶、丰田体育场和大分体育场等，都是其中影响较大的可开合建筑。

改革开放后，随着我国经济高速发展与全民健身不断普及，以亚运会、奥运会等重大赛事活动为契机，各种体育赛事频繁举办，对体育场馆建设起到巨大的推动作用。开合屋盖结构由于自身的独特优势，得到越来越广泛的应用。2000 年以后，我国大型开合屋盖体育场馆建设进入高速发展期，其中浙江黄龙体育中心网球馆、上海旗忠网球中心、南通体育会展中心体育场、鄂尔多斯东胜体育场、国家网球馆"钻石球场"、绍兴体育场等，均是开合屋盖代表性建筑。

可开合屋盖结构与建筑造型紧密结合，开合方式千姿百态，极大丰富了空间结构的形式。可开合结构的最大优势是可以实现室内环境与室外环境之间的转换，满足场馆全天候使用需求。由于可开合结构涉及建筑、机械和控制等多个技术领域，对结构设计、加工制作、施工精度以及运行调试等均有很高要求，是最新建设科技水平的集中体现。

我与本书的主编、中国建筑设计研究院有限公司范重总工程师相识已逾 20 载，他在空间结构设计方面做过大量创新性的工作，曾完成过首都博物馆新馆、国家体育场（鸟巢）、鄂尔多斯东胜体育场、国家网球馆（钻石球场）等许多具有重大影响的项目，给我留下很深的印象。

从 2013 年起，由范重总工程师担任主编，联合其他国内专家组成编制组，开始了《开合屋盖结构技术规程》编制工作。2015 年 3 月在北京召开中国工程建设标准化协会标准《开合屋盖结构技术规程》审查会，由我担任审查委员会主任委员，审查委员会认为：该规程的编制填补了我国开合屋盖领域技术规程的空白，对提高我国开合屋盖结构技术水平具有积极的推动作用。2015 年 10 月，我国首部开合屋盖结构技术标准——《开合屋盖结构技术规程》CECS 417：2015 正式发布实施。编制组在此基础上再接再厉，对国内外开合屋盖结构工程进行了更为广泛的信息搜集与调查研究工作，尤其是针对多个国内外大型开合屋盖进行深入剖析，充分掌握国外已建成开合屋盖项目的技术特点以及国内建成开合屋盖结构的详细资料，对开合屋盖结构建造与使用操作过程的关键环节与技术难题进行总结提炼，开始了行业标准《开合屋盖结构技术标准》的编制工作。2017 年 7 月，国家标准化管理委员会在北京主持召开审查会时，由我担任主任委员，审查专家委员会对编制工作给予高度评价："该标准的编制为开合屋盖结构设计、施工和运营提供了可靠的技术依据，对于开合屋盖工程在我国的应用与发展具有积极的推动作用与指导意义，是一本集结构、机械、建筑等多专业为一体的技术标准，达到国际先进水平"。中华人民共和国行业标准《开合屋盖结构技术标准》JGJ/T 442—2019 已于 2019 年 11 月正式实施。

本书的编写团队均为国内在可开合结构研究、设计、加工制作、施工安装与运行调试等专业领域具有丰富经验的技术专家。本书以《开合屋盖结构技术标准》JGJ/T 442—2019 为依托，全面回顾了国内外可开合建筑发展的历史与最新技术，详细介绍了开合屋盖结构的开合方式、荷载取值与设计方法、驱动与控制系统、加工制作与安装调试以及使用维护等技术要点，并结合鄂尔多斯东胜体育场项目给出开合屋盖结构设计与施工详细实例，是对可开合结构相关技术的全面解读，内容翔实，是一本难得的空间结构专著，具有很高的参考价值。

本书源于空间结构的工程实践，并富于创新性与开拓性。由于本书涉及多个学科，编写难度很大。我认为，本书在以下几个主要方面值得关注：

（1）全面梳理了活动屋盖的开合方式，"常开状态""常闭状态""刚性折叠结构""柔性折叠结构""轮式驱动"和"齿轮齿条驱动"等结构与机械传动方面的术语，可以充分体现可开合结构的技术特点；

（2）将可开合结构的受力形态划分为基本状态、非基本状态和运行状态，对确定结构设计标准、计算分析方法、制定开合操作管理规定以及工程造价控制具有重大意义；

（3）活动屋盖与支承结构的设计方法、结构变形控制要点、抗震性能目标以及密封节点构造，对于可开合结构设计具有实用价值；

（4）基于结构等效服役期的地震加速度峰值折减系数，活动屋盖运行荷载以及偶然事故荷载的取值方法等，均体现了可开合结构的技术特点；

（5）书中对可开合结构常用的驱动方式、特点、适用范围和设计要点的阐述，以及控制系统的驱动同步控制、台车均载控制、运行纠偏控制与监控、自诊断控制等方面的内容，对于结构工程师来说是难得的参考资料；

（6）活动屋盖驱动系统与控制系统运行操作、设备维护等方面的管理规定，对于确保可开合结构使用期间的安全性、可靠性与耐久性具有很大的实际意义。

我相信，本书必将对推动我国可开合结构技术的发展与普及做出贡献，为我国从空间结构大国迈向空间结构强国起到积极的促进作用。

中国工程院院士、浙江大学教授　董石麟
2021 年春于杭州

前　言

　　1991 年至 1993 年，我作为客座研究员在日本熊谷组（株）技术开发本部结构技术部工作期间，核电站结构抗震、钢管混凝土柱超高层住宅、可开合结构和结构减隔震是当时结构技术部的四个研究方向，那时我第一次接触到可开合屋盖结构。记得 1993 年 3 月，我专程从东京去九州参观了刚刚落成的福冈穹顶，在巨型屋盖完成旋转开合的瞬间，我深深为建筑工程中现代科技的应用所震撼。在欧美等发达国家，大型开合屋盖结构工程的建设大多也从这个时期开始。

　　与其他大跨度结构相比，可开合结构是一种较为新颖的建筑形式，从 20 世纪 90 年代开始，大型开合屋盖结构在发达国家得到发展，我国目前逐渐进入发展期。可开合屋盖建筑能够根据使用功能与天气情况，实现"场"与"馆"之间的快速转换，极大改善了使用条件，充分利用日光照明，避免风霜雨雪等恶劣天气的影响，使用者能够享受阳光与新鲜空气，减少空调使用，提高建筑的利用率，节能环保。可开合结构突破了结构应处于静止状态即静定或超静定结构的传统理念，故此也面临诸多技术挑战。可开合结构需要应用驱动与控制技术，涉及建筑、机械、自动控制等多个学科，技术复杂性很高。此外，可开合结构建造成本较高，维护保养和运营管理的要求也高于传统的结构形式。

　　从 21 世纪初，开合屋盖结构在我国建筑行业中开始引起关注。2001 年我国成功申办第 29 届夏季奥运会后，奥运场馆建设热潮随之兴起。作为举办开闭幕式与田径比赛的国家体育场"鸟巢"，早期的建筑方案顶部带有活动屋盖。我作为国家体育场设计联合体钢结构负责人，从那时起较为全面地接触到可开合结构的相关技术。后来由于多种原因，活动屋盖未能在"鸟巢"中得以实现。

　　对可开合结构技术的探索与工程实践并没有就此止步。2005 年建成的杭州黄龙网球馆和上海旗忠网球中心，2006 年建成的南通体育会展中心体育场，均是规模较大的开合屋盖工程。我本人负责设计的第一个可开合结构项目是鄂尔多斯东胜体育场，活动屋盖的面积超过 1 万 ㎡。其后，又完成了国家网球馆"钻石球场"等开合屋盖结构的设计。迄今，我国已建成绍兴体育馆、武汉光谷网球中心等开合屋盖结构工程数十项，我本人有幸参加了其中许多开合屋盖结构工程的审查或咨询工作。

　　在工程实践的基础上，我院会同国内设计院、高等院校、科研院所、钢结构加工与施工安装企业以及机械控制方面的专家，对可开合结构设计、加工制作以及安装调试方面的技术进行了系统整理和全面总结，在此基础上先后完成了中国工程建设标准化协会标准《开合屋盖结构技术规程》CESE 417：2015 和行业标准《开合屋盖结构技术标准》JGJ/T 442—2019 的编制工作，为开合屋盖技术在我国的推广应用发挥了很好的促进作用。

　　本书共分为 7 章。第 1 章回顾可开合结构的发展历程、国内外开合屋盖结构工程案例以及开合屋盖结构的技术标准；第 2 章介绍可开合结构的分类以及活动屋盖、支承结构和围护结构的体系；第 3 章对可开合结构的荷载取值、地震作用、活动屋盖运行影响等进行剖析；第 4 章讲解可开合结构的分析方法，对计算模型、静力与稳定分析、抗震设计、固定屋盖预变形、节点构造等进行详细介绍；第 5 章介绍常用的驱动与控制系统和关键部件的设计要点；第 6 章对可开合结构的加工与安装、验收、使用与维护等方面的要求进行阐述；第 7 章对鄂尔多斯东胜体育场工程进行详细介绍，便于读者深入理解可开合结构各种技术的具体应用。此外，在每章后均附有参考文献，便于读者查阅。

考虑到可开合结构涉及建筑、机械和制作安装等多个技术领域，在技术标准编写时难以详尽阐述，另外，也想把我们在可开合结构设计、施工中遇到的问题、经验尽可能与读者分享，提供国内外相关工程案例作为参考，故此可以将本书作为《开合屋盖结构技术标准》JGJ/T 442—2019 的应用指南。本书从开始编写到最终完成，先后几易其稿，历时 6 年多，确实来之不易。

在此，我首先要感谢《开合屋盖结构技术规程》CECS 417：2015 和《开合屋盖结构技术标准》JGJ/T 442—2019 的各位参编专家，他们同时作为本书编委会成员，直接参与了本书的编写工作或为本书提供了宝贵的技术资料。感谢本书的副主编彭翼教授级高工，她为本书的编写付出了很大心血。中国建筑工业出版社刘瑞霞编审、《建筑结构》杂志前主编张幼启先生在确定编写方向、文字修改方面给予了悉心指导，在此谨表示诚挚谢意！最后，衷心感谢所有为本书提供过帮助的同事和朋友们！

近年来我国经济高速发展、人民物质文化需求不断提高，作为新型体育文化建筑的可开合结构具有很大的市场潜力。随着工程经验不断积累，相关技术标准不断完善，可开合结构技术日趋成熟。中、小型可开合结构发展潜力很大，通过向小型化、标准化发展普及，不断降低建造成本，可充分发挥其良好的社会效益。老旧场馆改造时增设可开合屋盖，可显著改善场馆使用功能，既可以作为体育活动场地，又可以举办各种活动和作为临时避难场所等多功能使用。活动屋盖与消防报警联动等新功能的拓展，为可开合结构应用注入了新的活力。

随着我国综合国力不断增强，人民物质文化生活水平逐渐提高，可开合结构一定会在我国得到不断发展，愿本书在我国向空间结构强国发展进程中发挥绵薄之力。

中国建筑设计研究院有限公司

范重

2021 年 2 月于北京

目　　录

8

第1章

概述

1.1 开合屋盖建筑发展历程

1.1.1 开合屋盖的起源与应用

开合屋盖结构是在短时间内完成屋盖开启或闭合的结构形式，在两种状态下都可使用。

可开合结构源于人类世代积累的生存智慧。早在两千多年前，我国古代北方游牧民族日常生活和行军打仗中就已经开始使用移动帐篷，搭拆简捷，携带轻便，最多可容纳数百人。敞篷汽车的折叠顶棚，有柔性折叠开合、刚性折叠开合以及翻转开合等多种形式，既能满足恶劣天气的驾驶要求，也能最大限度享受阳光和清新空气。如今，可开合概念已经在生活的方方面面得到广泛应用，如照相机镜头的快门，应用了水平开合或旋转开合技术；雨伞则属于柔性折叠开合方式。此外，家用简易车库、庭院防雨棚等采用简易的折叠开合结构，可以起到防尘防风雨的作用。在天文台建筑中开合屋盖得到了广泛应用，半球形屋顶设有条带状的可开启天窗，便于天文望远镜在使用时观测辽阔的太空[1]，如图1.1.1-1所示。

图1.1.1-1 天文观测台

此外，可开合结构在军事领域也得到应用，如导弹发射井兼顾导弹的存储、测试、维护保养、隐蔽、保护以及发射等功能，采用可开合防护井盖抵抗破坏性武器袭击，同时在几秒钟内实现翻转开启并完成发射。活动机库也是开合概念在军事领域的代表性应用，通常采用充气式可折叠的开合结构，具有运输轻便、安装快捷等特点，非常符合战时装备的要求[2,3]。可开合技术在航天领域也得到了运用，如空间站和航天飞船上的太阳能电池板就采用了折叠开启方式；火箭发射架的伸缩臂属于旋转开合形式。

1961 年美国建成的匹兹堡市民体育场（Pittsburgh Civic Arena）是世界第一座带有可开合屋盖的大型体育建筑。体育场屋盖跨度为 127m，由 8 片重 300t 钢网壳的上端固定于高达 80m 的巨型悬臂钢桁架，其中 6 片可沿水平圆形轨道转动，对于开合建筑具有重大的开拓性意义，如图 1.1.1-2 所示[4]。

1976 年，加拿大蒙特利尔奥林匹克体育场（Montreal Olympic Stadium）采用开合膜结构技术，引起了广泛关注（图 1.1.1-3）。由于膜结构受恶劣气候条件影响较大，该体育场的活动屋盖在使用过程中故障频发，使用效果不佳，导致膜结构开合技术在大型体育场馆中的应用一度受到影响[2,5]。

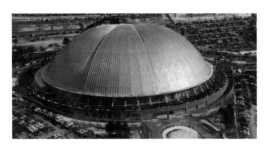

图 1.1.1-2　匹兹堡市民体育场　　　　图 1.1.1-3　蒙特利尔奥林匹克体育场

加拿大多伦多的天空穹顶（Sky Dome），又名罗杰斯中心（Rogers Centre），建成于1989 年，造价为 5.7 亿美元，是第一座采用现代驱动技术实现完全开合的大型多功能体育建筑，被誉为加拿大最杰出和最先进的建筑物之一，在世界范围产生了很大的轰动效应。该场馆曾作为多伦多申办 2008 年奥运会的主场馆，举办过 2015 年泛美运动会的开幕和闭幕仪式，并经常举办展览和音乐会等大型活动。棒球比赛可容纳约 5 万名观众，足球比赛可容纳 5.4万名观众（图 1.1.1-4）。天空穹顶大跨度屋盖直径为 208m，建筑高度为 86m[6,7]。

图 1.1.1-4　多伦多天空穹顶

1.1.2　开合屋盖建筑的功能与特点

1.1.2.1　功能多样性

开合屋盖建筑造型丰富，使用功能多样，且节能环保，符合现代建筑技术发展的趋势。与常规建筑相比，开合屋盖建筑打破了传统建筑中室内与室外的界限，可根据气候条件和赛事要求调整使用状态。屋盖开启时，呈现出亲近自然的运动环境，让使用者能够在蓝天、阳光与微风的沐浴中得到舒适的运动体验，与建筑的生态化需求不谋而合；屋盖闭合时，既满足保温隔声的要求，又避免了不利天气的影响，场馆可以全天候使用，既可作为体育活动场所，又可举办各类大型公共活动，实现了建筑使用功能的多元化，极大提高了场馆的利用率，可以更好满足体育场馆商业运行的需求。

目前，国内外投入使用的开合屋盖建筑已经产生了良好的社会经济效益，其中许多建筑成为所在城市的标志性建筑。迄今，可开合屋盖建筑已经成为公共建筑领域的一个重要类型，我国著名建筑设计大师马国馨院士把开合屋盖体育建筑称之为"第三代体育建筑"[8]。

开合屋盖早期的应用对象以游泳馆、网球馆等体育馆居多，主要作为室内空间使用，屋盖多处于闭合状态，对保温、隔声等性能的要求较高，仅在天气晴好时短暂开启。随着驱动控制技术快速发展，可开合建筑的规模从中小型逐渐向大型化发展，使用时以屋盖开启状态为主，仅在恶劣天气或者阳光强烈的炎热天气时将屋盖闭合。

随着开合技术的发展和经济水平的提高，建筑的舒适性逐渐成为评价公共建筑的重要标准，开合屋盖越来越接近人们的日常生活，呈现出小型化、家庭化的发展趋势。很多步行街采用了可开合式的屋顶，让人们在享受休闲生活的同时不必担心刮风下雨，不再忍受烈日和严寒，极大地改善了对建筑的使用体验；在温暖的季节，可以仰望蓝天白云，感受和风拂面。在办公楼顶层、私人院落，可以采用铝合金轻质骨架与玻璃面板，设置百余平方米大小的开合屋盖，并且能够对开合远程操作与监控，充分体现高科技带来的舒适便捷。

1.1.2.2　技术特点

与传统的大跨度结构相比，开合屋盖广泛采用了现代建筑结构的设计理念与全新技术，具有如下特点：

（1）可开合屋盖结构具有驱动机械与控制装置，涉及建筑、结构、机械、自动化控制等多个学科，设计与施工难度增大，对设计与建造均提出很高的要求；

（2）活动屋盖与固定屋盖之间通过台车等机械部件相连，结构的整体性较弱；

（3）建筑存在多种使用状态，荷载取值与计算方法均不相同；

（4）制定严格的屋盖开合操作和维护保养管理规定是合理使用开合屋盖的重要保证。

目前，国内开合屋盖工程建设和使用管理的经验相对较少，合理科学的设计、建造、使用与维护，对于提高开合屋盖建造水平、控制工程造价以及降低后期使用维护成本具有重大意义。

1.2　国外开合屋盖建筑的发展

近二十多年来，各国相继建成了一批较有影响的开合屋盖建筑，主要集中在欧洲、北美洲和亚洲。荷兰的阿姆斯特丹体育场、英国的温布利体育场与卡迪夫千年体育场；美国的梅赛德斯奔驰体育场、达拉斯牛仔体育场、美汁源球场、瑞兰特体育场以及米勒运动场（Miller Park）；日本小松穹顶、仙台壳体、丰田体育场和大分体育场等都是其中知名度较高的开合屋盖建筑。

1.2.1 美洲

美国的竞技体育运动非常普及，很多体育俱乐部都拥有自己的主场，从而带动了体育场馆建设的飞速发展，很多城市都有自己引以为傲的多功能体育馆。如今，带有可开合屋顶的体育馆已成为美国乃至全世界体育场馆发展的潮流。

图 1.2.1-1　菲尼克斯班克文球场

1. 菲尼克斯班克文球场（Bank One Ballpark，简称 BOB，又称 Chase Field），位于美国亚利桑那州，1998 年投入使用，是响尾蛇棒球队（Diamondbacks）的主场。在温度适宜时屋顶开启，在炎热的夏季屋顶则关闭，开启或闭合时间为 4min（图 1.2.1-1）[9]。

2. 塞菲科球场（Safeco Field），位于美国西雅图，又名新太平洋西北棒球场（New Pacific Northwest Baseball Park），建成于 1999 年。屋盖结构采用三个独立的活动单元，屋顶可以完全开启，如图 1.2.1-2 所示。采用轮式驱动系统，开合运行速度 9.1m/min，开启或闭合时间为 10～20min。围护结构分为三层，下层为 3 英寸肋高的波纹钢板，中间层为 5/8 英寸厚石膏/玻璃纤维增强吸声板，上层为 1/8 英寸厚聚氯乙烯防水板[10]。

图 1.2.1-2　塞菲科球场

3. 美汁源球场（Minute Mind），位于美国德克萨斯州的美人鱼公园，建成于 2000 年，是休斯顿第一座采用开合屋盖的体育场，最初命名为安然棒球场（Houston Enron Field Ballpark），后曾更名为明纳特麦德帕克棒球场。为降低墨西哥湾海岸飓风的破坏性影响，屋盖中设置了 15 个液压阻尼器。屋盖开启或闭合时间为 12～20min，年开合次数约 80 次（图 1.2.1-3）[11,12]。

4. 米勒运动场（Miller Park），位于美国威斯康辛州密尔瓦基的米勒公园内，2001 年建成，又名 Home of the Milwaukee Brewers，设有 42500 个观众席、75 个露天包厢和 3000 个俱乐部座席，主要用于棒球比赛。体育场平面呈扇形，平面边长约 183m，共 7 个屋盖单元，其中 5 个为活动单元，可绕枢轴旋转开启（图 1.2.1-4）[13]。

5. 瑞兰特体育场（Reliant Stadium，又名 NRG Stadium），坐落于美国得克萨斯州的休斯敦，是全美第一个拥有可开启屋顶的职业橄榄球场，是休斯顿牲畜表演和竞技表演的举办地。2002 年建成，耗资 4.5 亿美元，7.19 万个座席。该体育场长度为 291m，宽度为 117m，两片活动屋盖运行的轨道位于巨型水平桁架之上，巨型桁架采用钢-混凝土组合构件，混凝土上弦杆作为轨道的支撑，如图 1.2.1-5 所示。该体育场运用了高科技信息技术，激光按钮控制屋顶开合，并可根据天气情况调节屋盖运行速度，屋盖运行速度约为 10.7m/min，运行时间约 10min[11,14]，自动关闭屋盖。围护结构采用半透明的聚四氟乙烯涂层玻璃纤维。

图 1.2.1-3　美汁源球场

图 1.2.1-4　米勒运动场

图 1.2.1-5　瑞兰特体育场

6. 菲尼克斯大学体育馆（University of Phoenix Stadium），又名 Arizona Cardinals Stadium，位于美国亚利桑那州，2003 年开工，2006 年投入使用，是一座拥有 63400 座席

的多功能体育馆，最高曾容纳 78603 人，建筑造价约 4.55 亿美元，是美国著名的亚利桑纳红雀橄榄球队的主场以及美国大学生体育协会（NCAA）嘉年华杯的举办地。

该体育场屋盖总面积 4.6 万 m^2，跨度为 213m，其中可开合范围 74m×110m，采用 2 片活动屋盖对称开合，如图 1.2.1-6 所示，开启或闭合时间约 11min。此外，还采用了可移动草坪，运动场草坪大部分时间处于室外，接受阳光和水分，在比赛时天然草坪沿轨道转入室内，转换过程需 60min[15]。

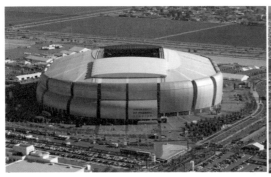

图 1.2.1-6　菲尼克斯大学体育馆

7. 卢卡斯石油体育场（Lucas Oil Stadium），位于美国印第安纳州印第安纳波利斯市，2008 年投入使用，耗资 7.2 亿美元，足球比赛座位数 6.5 万个，篮球比赛座位数 7.2 万个。体育场的屋顶分别沿建筑坡顶方向打开或闭合，轨道坡度 13°，如图 1.2.1-7 所示，开启和闭合时间 9～12min[16]。

图 1.2.1-7　卢卡斯石油体育场

图 1.2.1-8　达拉斯牛仔队体育场

8. 达拉斯牛仔体育场（Dallas Cowboys Stadium，又名 AT&T Stadium），位于美国得克萨斯州阿灵顿，2009 年竣工，占地面积 21 万 m^2，可容纳 10 万观众，是一座集体育运动和休闲娱乐为一体的多功能体育馆。两片活动屋盖沿圆拱形轨道实现开启与闭合[17]，如图 1.2.1-8 所示。

9. 马林鱼棒球场（Florida Marlins' New Ballpark），位于美国佛罗里达州的迈阿密，2012 年 3 月启用。屋盖面积约 3.8 万 m^2，观众座席

3.7 万个，位于中部的活动屋盖可沿高架轨道移至体育场外侧（图 1.2.1-9）[18]。

图 1.2.1-9　马林鱼棒球场

10. 梅赛德斯奔驰体育场（Mercedes-Benz Stadium），位于亚特兰大市，于 2017 年 8 月正式开放。整座体育场座席可以从 75000 个扩展到 83000 个，带有 8 片可平行移动的活动屋盖[19]，如图 1.2.1-10 所示。

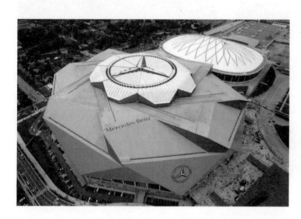

图 1.2.1-10　梅赛德斯奔驰体育场

11. 不列颠哥伦比亚体育场（BC Place Stadium），位于加拿大温哥华，始建于 1983 年，平面尺寸 227m×186m，采用气承式充气膜结构，曾作为 2010 年冬季奥运会和残奥会的主场馆。2007 年该馆曾因膜材老化被大风吹坏，2010 年改造为可开合的索膜结构屋顶，如图 1.2.1-11 所示。屋盖主结构由 36 根桅杆支承 36 榀径向索桁架，采用 PTFE 膜材制作 36 个充气枕，沿下弦径向索移动形成可开启屋顶，开口平面尺寸约 100m×85m。永久荷载作用时气枕内压为 500Pa，下雪时增加至 2000Pa。屋盖开启时，气枕首先放气，然后折叠收纳至屋盖中心[20]。

12. 星光剧场（Starlight Theater），位于美国伊利诺伊州（Illinois）罗克福德（Rockford），2003 年建成。剧院的六片屋顶可随着乐队的演奏声音依次旋转开启，当屋顶完全打开时，形成一个六角星，观众可以观看星光灿烂的天空。每个三角形面板的底部宽 36 英尺，长 42 英尺。每个面板的顶端用一个由 5 马力马达驱动的 50t 千斤顶旋转顶升 24 英尺至打开位置[21]，如图 1.2.1-12 所示。

13. 加州科学院（The California Academy of Sciences），位于加州金门公园，2012 年建成。屋顶覆盖了 170 万株植物，局部采用开口尺寸为 42 英尺×30 英尺的可开合屋顶。可移动屋盖由两块聚碳酸酯板组成，沿八个支撑拱滑动，开启或闭合时间约2.75min[22]，如图1.2.1-13所示。

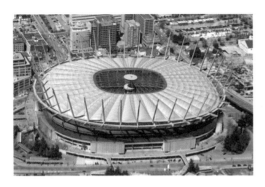

图1.2.1-11　不列颠哥伦比亚体育场

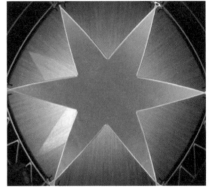

图1.2.1-12　星光剧场

图1.2.1-13　加州科学院

14. 盐湖城City Creek Center，是美国最大的综合性商业街区，中央通道上方设置六组可开合的拱形玻璃天窗，营造出室内购物环境。天窗面积58英尺×240英尺，开启或闭合时间约6min。该项目于2012年建成，2013年获得美国钢结构学会（AISC）IDEAS2国家奖[23]，如图1.2.1-14所示。

图 1.2.1-14 盐湖城 City Creek Center

1.2.2 欧洲

开合屋盖建筑在欧洲兴起较早，其中不乏体育场馆建筑中的精彩之作。

1. 荷兰阿姆斯特丹体育场（Amsterdam Arena），1996 年建成，是一座多功能运动场，可容纳 2.96 万名观众，2017 年更名为约翰·克鲁伊夫竞技场。平面尺寸为 250m×180m，可开合范围为 71m×108m，建筑高度 75m，屋面采用铝板和半透明材料。活动屋盖采用空间移动开合方式，如图 1.2.2-1 所示[24]。

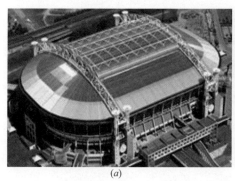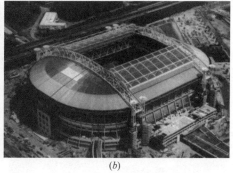

(a)　　　　　　　　　　　　　　(b)

图 1.2.2-1 阿姆斯特丹体育场

(a) 关闭状态；(b) 开启状态

2. 格尔雷多梅球场（The Gelredome Stadium），位于荷兰阿纳姆，建于 1998 年，可容纳 2.5 万名观众，是荷兰足球甲级联赛维特斯足球俱乐部的主场，采用平行移动开合屋盖（图 1.2.2-2）[25]。

3. 英国卡迪夫千年体育场（Millennium Stadium），位于威尔士，1999 年竣工，可容纳观众 72500 人，是英国首个具有隔声设计的可开合屋顶体育场，活动屋盖采用空间移动开合方式，可在 20min 之内实现开/合，如图 1.2.2-3 所示[26]。

4. 温布利球场（Wembley Stadium），是英国的标志性体育建筑，老场建于 1924 年，曾经举办过 1996 年欧锦赛。新温布利体育场于 2005 年建成，可容纳 9.6 万人，是 2008 年北京奥运会火炬传递的起点，也是 2012 年伦敦奥运会足球比赛用场。斜拉桥跨度为 315m，高 138m，多个可移动单元可任意组合，根据太阳的照射角度调整活动屋盖的位置，保证草坪充分受到阳光照射（图 1.2.2-4）[27]。

图 1.2.2-2　格尔雷多梅球场

图 1.2.2-3　卡迪夫千年体育场

图 1.2.2-4　温布利体育场

5. 英国温布尔顿中心球场（Wimbledon Centre Court），改造后屋盖采用折叠开合方式，于 2009 年 5 月投入使用，是折叠开合方式的典型工程。活动屋盖采用 EPTFE 膜材（膨化含氟聚合物涂层织物），覆盖面积 5200m²。屋盖以常开状态为主，开启或闭合时间 10min（图 1.2.2-5）[28]。

6. 德国格里韦伯体育馆（Gerry Weber Stadium），位于德国 Halle，1994 年建成。固定屋盖由外压环、内拉环与其间的预应力径向索桁架构成，外环除通过曲率平衡索桁架的水平力外，而且作为大跨度环桁架的弦杆，将径向索桁架的内力传给周边柱顶的支座。在固定屋盖下表面悬挂两条轨道，两片活动屋盖沿轨道移动，开合时间为 1.5min。活动屋盖由 5 榀桁架组成，跨度 32m，桁架高度为 0.5～1.9m，均由纤细的弦杆与斜拉索构成（图 1.2.2-6）[29,30]。

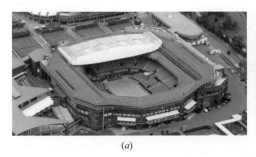

(a)   (b)

图 1.2.2-5 温布尔顿中心球场

(a) 活动屋盖置于一侧；(b) 活动屋盖置于两侧

图 1.2.2-6 格里韦伯体育馆

7. 德国法兰克福新商业银行体育场（The New Commerzbank Arena），用于举办 2006 年世界杯足球赛和其他田径比赛的多功能运动场，平面尺寸为 238.55m×200.15m。屋盖中央设置了矩形洞口，与足球场的形状相吻合，固定屋盖由径向索桁架和张力环组成，面积约 2.7 万 m²，活动屋盖由径向索桁架构成，面积约 8000m²，如图 1.2.2-7 所示。固定屋盖采用 PTFE 膜材，开合屋面采用 PVC/PES 膜材。体育场采用索膜结构实现柔性折叠开合，可根据气象条件在短时间内实现屋面覆盖[31]。

图 1.2.2-7 法兰克福新商业银行体育场

8. 德国 Rothenbaum 网球场，位于德国汉堡，为改扩建工程，1999 年改造完成并投入使用。该网球馆座席数为 13300 个，固定屋盖跨度为 102m，采用膜材作为屋面围护结构。中部开口直径约 63m，活动屋盖采用索膜柔性折叠开合，行走装置与钢索相连（图 1.2.2-8）[32,33]。

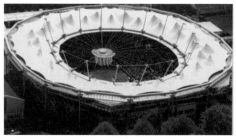

图 1.2.2-8　Rothenbaum 网球场

9. 杜塞尔多夫体育场（Dusseldorf Stadium），又名思捷环球竞技场（Esprit Arena）和杜塞尔多夫 LTU 体育中心，位于德国杜塞尔多夫的莱茵河畔，于 2004 年建成，最多可容纳 6.5 万名观众（图 1.2.2-9）。为了与建筑平面相协调，矩形屋盖主结构由两个 180m 跨度的主桁架和两个 115m 跨度的次桁架构成，活动屋盖采用沿平行轨道移动的开合方式，可在 30min 内实现开启或闭合[34]。

图 1.2.2-9　杜塞尔多夫体育场

10. 德国维尔廷斯球场（Veltins Arena），位于德国北莱茵威斯特法伦州，2001 年 8 月投入使用，原名奥夫沙尔克体育场（Arena AufSchalke），是欧洲足协的五星级足球场，耗资 1.91 亿欧元，座席数为 53993 个。球场建筑长度为 250m，宽度为 220m，高度 48m。中央可开启部位采用交叉网格结构，活动屋盖双向空间移动开启或闭合。球场的南看台可移动，场内草坪可通过液压系统在 4h 内整体移出赛场，接受日光照射（图 1.2.2-10）[35]。

11. 德国汉诺威 2000 年世界博览会委内瑞拉馆（Venezuelan Pavilion），以"一朵来自委内瑞拉的鲜花献给世界"为主题，玻璃屋顶采用可开合结构，设计成巨大的花朵造型[36]，从中央支柱伸展出来的 16 片花瓣，每片花瓣长 10m，可实现开启与闭合，如图 1.2.2-11 所示。

12. 法国皮埃尔莫罗伊体育场（Stade Pierre Mauroy Stadium），位于法国阿斯克新城，2009 年开始建造，2012 年投入使用，建筑面积 7.4 万 m²，座席数 50157 个，可作为体育场、竞技场和音乐厅多用途使用。

图 1.2.2-10　维尔廷斯球场

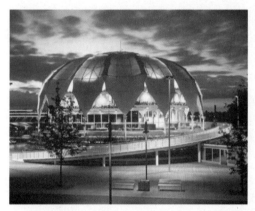
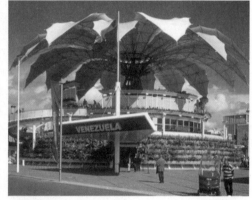

图 1.2.2-11　2000 年德国世界博览会委内瑞拉馆

开合屋盖带有两组活动屋盖，每组活动屋盖均有上、下两个单元，每个单元跨度均为 80m，长度为 35m。屋盖开启时，两片活动单元叠放在跨度 205m、高 16.5m 支承轨道的钢桁架之上。屋盖开启或闭合运行时间为 15min。采用白色聚氯乙烯作为屋面围护材料。屋顶进行严格的声学设计，可用于高品质的文娱活动（图 1.2.2-12）。

图 1.2.2-12　皮埃尔莫罗伊体育场

在球场北半边的下部设有 7000 座的场地，将天然草皮铺设在巨型钢结构之上，利用液压系统将北半边场地提升至 6m 高度，沿轨道在 3h 内移至球场的南半边，露出下面的场地，可举办室内体育比赛和音乐会（图 1.2.2-13）。此外，该建筑还利用太阳能电池板、风车、热回收装置和雨水回收装置等技术，以满足可持续发展的要求[37]。

图 1.2.2-13　皮埃尔莫罗伊体育场可移动草坪

13. 巴黎大清真寺（The Central Patio at the Great Mosque of Paris），位于法国巴黎，其中央庭院采用活动屋盖，将膜材作为围护结构[38]，如图 1.2.2-14 所示。

图 1.2.2-14　巴黎大清真寺

14. 维斯塔阿莱格里（Vista Alegre）多功能体育场，位于西班牙马德里，2000 年建成。建筑平面呈圆形，直径为 100m，中间可移动部分为直径 50m 的充气膜，支承于屋盖顶部的 12 根钢柱，采用了工程中不常见的竖直移动开合方式，可将活动屋盖垂直提升10m（图 1.2.2-15）[39]。

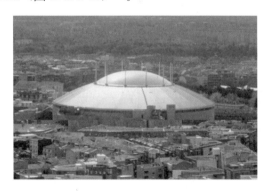

图 1.2.2-15　马德里维斯塔阿莱格里多功能体育场

15. 马德里奥林匹克网球中心（Madrid Olympic Tennis Center），又称"魔力盒"，建筑造价超过 1.6 亿欧元，2009 年正式投入使用。场馆建筑面积 10 万 m²，分为三个球场，分别可容纳 1.2 万人、5000 人和 3000 人。屋盖为巨型可移动式平板，最大屋盖长 102m、宽 70m，两座较小屋盖平面尺寸均为 60m×40m。各屋盖既可平行移动，也可旋转开启 25°，共有 27 种不同的开启组合方式（图 1.2.2-16）[40]。

图 1.2.2-16　马德里奥林匹克网球中心

16. 波兰华沙新国家体育场（National Stadium），在原十周年纪念体育场基础上扩建而成，于 2011 年正式投入使用，总建筑面积 5.5 万 m²，拥有 58145 个观众座席（图 1.2.2-17）[41]。

图 1.2.2-17　波兰华沙新国家体育场

17. 罗马尼亚布加勒斯特国家球场（Bucharest National Arena），于 2011 年正式启用，可容纳 5.5 万名观众，其中设置 270 个轮椅专用席位。球场长 105m，宽 68m，开合屋盖采用可折叠膜结构（图 1.2.2-18）[42]。

图 1.2.2-18　布加勒斯特国家球场

18. 朋友竞技场（Friends Arena），位于瑞典斯德哥尔摩，2012 年建成，可容纳 50000 名观众，并另外有 15000 座席用于音乐会。两片活动屋面板沿 8 条平行拱形轨道移动实现屋盖开启与闭合，开启范围 110m×60m，采用牵引驱动（图 1.2.2-19）[43]。

图 1.2.2-19　朋友竞技场

19. 可开合结构用于公共空间，有利于提高用地的商业价值，因此很多购物中心采用屋顶局部开合的形式，如 2013 年在希腊建成的 ATHENS HEART SHOPPING MALL 采用了折叠膜结构（图 1.2.2-20)[44]。

图 1.2.2-20　希腊雅典的购物中心

1.2.3　亚洲

日本是亚洲开合屋盖建筑应用最早也是最多的国家，同时是少数制定《开合屋盖设计指南》的国家之一。

1. 阿瑞卡体育场（Ariake Coliseum）位于日本东京都江东区，是日本第一个可开合屋顶的多功能体育馆，于 1991 年投入使用。建筑高度 40.1m，屋盖平面尺寸 125m×136m，采用金属板作为屋面围护结构，活动屋盖采用水平移动开合方式（图 1.2.3-1)[45]。

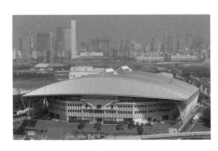

图 1.2.3-1　阿瑞卡体育场

2. 海洋穹顶（Ocean Dome），1993 年建于宫崎。海洋穹顶是世界上最大的室内水上乐园，最多可容纳 10000 人。屋盖总长 300m，宽约 110m，建筑高 38m，开合屋盖面积 22726m²，最大开启面积达 18000m²，开启时间约 10min，围护结构采用 PTFE 膜材（图 1.2.3-2）[45]。

图 1.2.3-2　海洋穹顶

3. 福冈穹顶（Fukuoka Dome），建成于 1993 年，是一座可容纳 4 万人的棒球场及多功能比赛场。建筑屋盖呈半球形，直径 222m，建筑高度 68.1m，是当时世界上最大的球面网壳结构（图 1.2.3-3）[45]。

图 1.2.3-3　福冈穹顶

4. 小松穹顶（Komatsu Dome），于 1997 年建成，外形呈橄榄形，建筑高度 59.6m，主要用于举办棒球、垒球、足球、网球等体育比赛。活动屋盖采用空间移动开启，开合面积 3750m²，设计年允许开合次数为 200 次（图 1.2.3-4）[45]。

5. 大分体育场（Oita Stadium），位于日本南部的九州岛，2001 年建成，是一座现代化的多功能体育场，俗称"大眼睛"，可进行足球与英式橄榄球比赛，最多可容纳 4.3 万名观众。建筑直径 274m，高度 66.6m，可开合屋盖面积达 20000m²，活动屋盖采用空间移动开启（图 1.2.3-5）[46,47]。

6. 仙台壳体（ShellCom Sendai），位于日本宫城县仙台市，2000 年建成。共有 1050 个座席，主要用于举办棒球、足球、网球和门球等体育比赛，还可举办集会、演出等各类市民活动，又被称为仙台市民运动馆。建筑平面呈椭圆形，长轴 115.82m，短轴 91.5m，水平投影面积为 19520m²，建筑高度 51m。屋面采用单层高透光白色 PTFE 膜材（图 1.2.3-6)[48,49]。

图 1.2.3-4　小松穹顶

图 1.2.3-5　大分体育场

图 1.2.3-6　仙台壳体

7. 丰田体育场（Toyota Stadium），位于日本爱知县丰田市，2001 年建成，是日本职业足球联赛球队名古屋鲸八足球俱乐部的主场，其赞助商丰田汽车拥有球场的冠名权。建筑面积 40734m²，屋盖面积 28500m²，直径 223.6m，屋顶高度 68.6m，可容纳观众 45700 人（图 1.2.3-7)[50,51]。

8. 札幌穹顶，位于日本北海道札幌市，于 2001 投入使用，用于足球与棒球比赛，建筑面积 53800m²，可容纳 42122 名观众。该场馆设置了可移动草坪，利用机械系统将长 120m、宽 85m、重 8300t 的天然草坪足球场顶升并移至室外，让草坪接受太阳照射（图 1.2.3-8)[52]。

图 1.2.3-7　丰田体育场

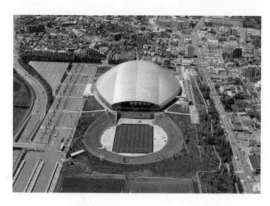

图 1.2.3-8　札幌穹顶体育场

9. 小型开合屋盖应用较多，常以建筑小品、商业顶盖的形式出现。大阪鹤见 OUT-LETS 商业建筑采用了类似雨伞的开合屋顶，以月下美人花为设计理念，中央花蕊是旋转观景台，可俯瞰城市景色（图 1.2.3-9）。

图 1.2.3-9　大阪鹤见 OUTLETS

10. 新加坡国家体育场，建成于 2014 年，是新加坡国家足球队的新主场，可容纳55000 名观众。体育馆屋盖采用跨度为 312m 的穹顶结构，活动屋盖由聚氟乙烯膜材覆盖，固定屋盖则采用金属板屋面。活动屋盖面积超过 20000m²，开合时间为 25min。当场馆休息时屋顶关闭，保持草地球场处于健康状态（图 1.2.3-10）[53,54]。

图 1.2.3-10　新加坡国家体育场

1.2.4　澳大利亚

1. 澳大利亚漫威体育场（Marvel Stadium），位于墨尔本 Docklands 区，2000 年投入使用。最初被称为殖民地体育场，后相继改名特尔斯特拉体育场（Telstra Dome）和阿提

图 1.2.4-1　漫威体育场

哈德球场（Etihad Stadium），2018 年 10 月改为漫威体育场（Marvel Stadium）。该体育场是南半球第一个采用可开启屋顶和活动看台的大型体育场，可容纳 56347 名观众，用于举办足球、橄榄球、板球赛事与音乐会。建筑轮廓尺寸为 159.5m×128.8m，屋盖采用可开合设计以适应墨尔本多变的气候条件，开合时间为 8min（图 1.2.4-1）[55]。

2. 墨尔本的澳大利亚国家网球中心（National Tennis Centre），又名罗德拉沃尔球场（Rodlaver Arena），建于 1988 年，是早期较有

影响的开合屋盖建筑。建筑平面尺寸为 127m×110m，建筑高度 21m，中间开口尺寸为 73m×61m，屋盖采用桁架结构，屋面采用金属板。开合屋盖沿水平轨道移动开合，运行速度 1.3m/s，开合时间约为 23min（图 1.2.4-2）[56,57]。

图 1.2.4-2　澳大利亚国家网球中心（罗德拉沃尔球场）

3. 玛格丽特考特竞技场（Margaret Court Arena），主要用于举办澳大利亚网球公开赛，同时举办网球、篮球等比赛和大型音乐会、娱乐活动等，可容纳 7500 人。活动屋盖可在 5min 内实现开合，活动屋盖与固定屋盖顶部之间的距离为 1.25m（图 1.2.4-3）[58]。

图 1.2.4-3　玛格丽特考特竞技场

4. 海信竞技场，位于墨尔本公园内，于 2000 年竣工，耗资 6500 万美元，是一座多功能运动场，可进行篮球、网球、拳击、体操和舞蹈等运动，并设置可移动座椅，满足赛车场的使用要求。可开合屋盖运行时间为 10min（图 1.2.4-4）[59]。

图 1.2.4-4　海信竞技场

1.3　国内开合屋盖结构的发展

1.3.1　概述

我国开合屋盖结构工程起步较晚，20 世纪 80 年代建成的北京钓鱼台国宾馆网球馆是我国第一座带有开合屋盖的体育建筑。网球馆平面尺寸为 40m×40m，内设两个标准双打网球场，整个结构由三个落地拱架支承，采用弓式预应力钢结构。

改革开放后，随着我国经济高速发展与全民健身迅速普及，体育事业蓬勃发展，各种体育赛事频繁举办，对体育设施建设起到巨大的推动作用。开合屋盖建筑由于自身的独特优势，得到越来越广泛的应用。2000年以后，我国大型开合屋盖体育场馆建设进入了高速发展期，其中影响较大的有浙江黄龙体育中心网球馆、上海旗忠网球中心、南通体育会展中心体育场、鄂尔多斯东胜体育场、国家网球中心（钻石球场）、绍兴体育场和武汉光谷国际网球中心网球馆等。

1.3.2 典型工程

1.3.2.1 浙江黄龙体育中心网球馆[60]

建成时间：2005年建成并投入使用

建筑规模：建筑面积约20000m²

座　席　数：5000座

开　口　率：约17.6%

开合方式：沿水平轨道平行移动

驱动方式：钢丝绳牵引驱动

开启时间：15min

设计单位：杭州江南建筑设计院有限公司

工程概况：黄龙体育中心网球馆是国内第一个大型开合屋盖建筑。建筑平面呈圆形，直径78m，如图1.3.2-1所示。

固定屋盖采用单层肋环形网壳与张弦梁相结合的空间结构体系，下弦预应力索与屋面网壳的径向杆构成张弦梁。张弦梁下弦预应力可抵消部分结构挠度和内力，并减小梁端推力。环向杆件可保证张弦梁的面外稳定性，形成自平衡结构。洞口周边设置桁架以增加固定屋盖刚度。活动屋盖支承在两个空间拱形桁架之间，落地拱跨度为93.7m，一端支承于地面，另一端支承在钢筋混凝土结构上。

活动屋盖采用平行对开方式，沿着两榀拱桁架之间的平行轨道运行。活动屋盖全开状态的水平投影面积为24m×35m，开合时间约为15min。

图1.3.2-1　黄龙体育中心网球馆

1.3.2.2 南通体育会展中心体育场[61]

建成时间：2006年5月投入使用

建筑规模：建筑面积 48565m^2

座 席 数：32244 座

开 口 率：44%

开合方式：空间平行移动

驱动方式：钢丝绳牵引驱动

开启时间：20min

设计单位：日本全日新设计公司（完成方案设计），同济大学建筑设计研究院（完成方案修改与施工图设计）

施工单位：浙江精工钢结构有限公司

工程概况：南通体育会展中心体育场，建筑平面呈圆形，环向总长度约 732m，地上四层，局部地下一层，屋盖开启面积为 17807m^2。屋盖几何造型为球冠，最大跨度为 262m，矢高 55.4m，中部 100m 长度范围无侧向支撑。活动屋盖位于半径为 206.8m 的同心球面上，如图 1.3.2-2 所示。

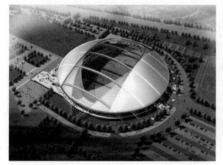

图 1.3.2-2　南通体育会展中心体育场

看台结构采用现浇钢筋混凝土框架体系，保证结构的整体性。为了消除超长混凝土结构收缩和温度应力的影响，设置 6 道永久性伸缩缝，将东、南、西、北看台完全分开。看台表面为纤维混凝土面层，提高其抗裂性。

固定屋盖采用拱支单层网壳体系，由主拱、副拱、斜拱和内圈桁架组成，主拱贯通，副拱止于内圈桁架，相邻拱间距为 20m，与下部混凝土结构完全分离。主拱桁架截面为倒三角形，承担屋盖的大部分重量，同时作为滑移轨道的支承结构。斜拱轴线平面与地面夹角呈 45°，可有效提高主拱的侧向稳定性。在主拱与副拱之间、斜拱与内圈桁架之间为单层网壳，上铺直立锁边金属屋面。拱架弦杆与腹杆之间采用圆管相贯焊接节点，固定屋盖单层网壳采用铸钢节点，保证节点抗弯刚度和强度。屋面除局部铺设玻璃外，主要采用直立锁边金属板体系。

两片活动屋盖采用多跨连续单层网壳，每片屋盖单元重 1049t，采用 GS20Mn5 铸钢节点与圆管焊接而成，上覆 PTFE 膜。活动屋盖采用卷扬机驱动系统，开启或闭合全程需要 20min。

1.3.2.3　上海旗忠网球中心[62]

建成时间：2005 年 9 月建成

建筑规模：总建筑面积 38000m^2

座 席 数：15000 座

开合方式：绕竖向枢轴旋转开合

驱动方式：链轮链条驱动

开启时间：约 8min

设计单位：上海建筑设计研究院有限公司

施工单位：江南重工股份有限公司、上海市机械施工公司、总装备部工程设计研究院

工程概况：上海旗忠网球中心位于旗忠森林体育城内，是以网球竞赛为主的综合性体育馆，主要承办 ATP 大杯赛事等重大国际网球赛事，可容纳 1.5 万名观众。旗忠网球中心平面呈圆形，直径 144m，建筑高度 35m。屋盖圆周向内悬挑长度为 61.5m，水平投影面积 16300m²。屋盖由 8 片花瓣形状的活动单元组成，屋盖开启过程如同上海市花白玉兰绽放，开合方式非常新颖，属世界首创，设计与施工全部由我国工程人员自主完成，如图 1.3.2-3 所示。

图 1.3.2-3　上海旗忠网球中心

上海旗忠网球中心结构体系由下部混凝土主体结构与屋盖两部分组成。为保证结构体系满足开合屋盖平稳运行的要求，对钢筋混凝土结构施加了环向与径向预应力。

支承于混凝土看台顶部的 W 形截面环桁架，直径 123m、宽 24m、高 7m，采用大直径钢管相贯焊。围护结构上表面采用铝镁合金屋面板，下表面采用膜结构。8 套固定转轴及三条同心圆弧轨道结构设置在环桁架上，用来支承 8 片活动屋盖结构。

8 片花瓣形的活动屋盖单元采用钢管相贯焊空间结构，单片活动屋盖叶片径向长 72m、宽 48m，向圆心悬挑 61.5m，每片结构自重逾 200t，支承在 W 形环桁架之上。采用链轮链条驱动系统，每片屋盖绕各自枢轴在三条同心圆弧轨道上旋转，最大可旋转 45°。

1.3.2.4　鄂尔多斯东胜体育场[63,64]

建成时间：2011 年

建筑规模：总建筑面积 100451m²

座 席 数：40500 席

开 口 率：20.6%

开合方式：沿空间轨道平行移动开合

驱动方式：钢丝绳牵引驱动

开启时间：18min

设计单位：中国建筑设计研究院有限公司

施工单位：内蒙古兴泰建设集团有限公司、浙江精工钢结构有限公司、上海枥汇铨杰工程技术有限公司

工程概况：鄂尔多斯东胜体育场位于内蒙古自治区鄂尔多斯市，地上 3 层，总建筑面积为 100451m²，共有观众席 40500 座，其中固定座席 35100 个，活动座席 5400 个。体育场固定屋盖投影为椭圆形，长轴为 268m，短轴为 220m，巨拱高度为 129m，跨度为 330m，与地面垂线倾斜 6.1°，屋盖顶标高为 54.742m。活动屋盖由两个单元组成，最大可开启部分的水平投影长 113.524m，宽 88.758m，可开启面积（水平投影）10076.2m²。建成后的鄂尔多斯东胜体育场如图 1.3.2-4 所示。

图 1.3.2-4　鄂尔多斯东胜体育场

体育场结合内蒙古草原弓箭的造型，巧妙地采用了钢管拱桥的设计理念，由混凝土看台、固定屋盖、倾斜 6.1° 的巨型钢拱与 23 组钢索形成主要受力体系，通过钢索将屋盖大部分重力荷载传给巨拱，水平荷载则由下部看台混凝土结构承担，使大跨度屋盖桁架的高度大大降低，钢材用量明显减少，结构体系新颖、合理。

体育场碗状看台外斜柱与地面夹角为 62°，由外斜柱、内斜柱、楼层梁与看台斜梁构成了沿体育场径向布置的混凝土刚架，用于支承大跨度屋盖，环向梁将各榀混凝土刚架沿环向连接为框架体系。体育场基座平面南北长 258m，东西宽 209m，为克服多个下部混凝土结构单元对开合屋盖及巨拱的不利影响，体育场看台混凝土结构不设缝，采用后浇带超长延迟封闭等综合措施，减少混凝土温度收缩应力的影响。

每片活动屋盖沿跨度方向设置 4 道跨度 83.758m 的主桁架，沿活动屋盖纵向布置两道桁架以增强主桁架的侧向稳定，屋面敷设 PTFE 膜材，单片活动屋盖自重约 500t。活动屋盖采用钢丝绳牵引驱动方式，开启或闭合时间 18min（图 1.3.2-5）。

图 1.3.2-5　鄂尔多斯东胜体育场内景

1.3.2.5 国家网球馆（钻石球场）[65,66]

建成时间：2011 年

建筑规模：总建筑面积 51199m²

座 席 数：13598 座

开 口 率：27%

开合方式：沿空间轨道平行移动开合

驱动方式：齿轮齿条

开启时间：8min

设计单位：中国建筑设计研究院有限公司

施工单位：中国建筑一局（集团）有限公司

驱动控制：天弓智唯（北京）野营装备科技有限公司

工程概况：国家网球中心（钻石球场）位于北京市朝阳区奥林匹克公园北区，是承办中国网球公开赛的专用比赛场馆。非中网赛事期间，作为网球比赛、训练为主的多功能体育、文化活动中心场所。局部地下 1 层，地上 8 层，建筑高度约 46m，总建筑面积 51199m²，如图 1.3.2-6 所示。

图 1.3.2-6 国家网球馆"钻石球场"

下部主体结构包括看台与周边裙房，采用框架＋巨型 V 形支撑结构。基座南北长约 150m，东西宽约 134m，结构未设抗震缝与温度缝，避免结构缝对屋盖的不利影响，采用无粘结预应力技术改善楼板的抗裂性能。立面 16 组 V 形柱有效提高了结构的侧向刚度，与建筑效果完美结合。

固定屋盖支承于 V 形柱顶部的环梁之上，看台结构四个角部各有一根框架柱作为固定屋盖的中间支承点，有效提高了屋盖结构刚度，减小了结构变形与用钢量，利于活动屋盖平稳运行。固定屋盖采用网格结构，活动屋盖移动范围内为双层网格结构，便于安置轨道，轨道桁架宽度 4.5m；活动屋盖运行范围以外采用三层网格结构，有效增大屋盖结构刚度，同时起到遮挡活动屋盖的作用。固定屋盖均为圆钢管，节点采用圆钢管相贯焊接节点与焊接球节点相结合的方式，重要受力部位采用铸钢节点。围护结构采用双层金属保温屋面体系。

活动屋盖结构采用预应力拱形桁架结构，由四个结构单元构成，分为上、下层，上层单元跨度为 75.9m，下层单元跨度为 71.9m，宽度均为 15.5m，桁架高度均为 2.4m。上、下层活动屋盖桁架矢高分别为 9.187m 和 5.387m。采用齿轮齿条驱动方式，每片活动屋盖两侧各置 4 部台车。国家网球馆"钻石球场"内景如图 1.3.2-7 所示。

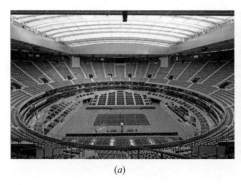
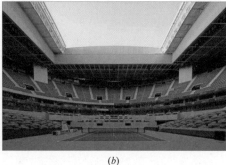

(a)　　　　　　　　　　　　　　　　(b)

图 1.3.2-7　国家网球馆"钻石球场"内景
(a) 闭合状态；(b) 开启状态

1.3.2.6　绍兴体育场[67]

建成时间：2014 年

建筑规模：总建筑面积 77500m²

座　席　数：40000 座

开　口　率：24.3%

开合方式：沿空间轨道平行移动开合

驱动方式：轮式自驱动与钢丝绳牵引驱动组合

开启时间：18min

设计单位：北京市建筑设计研究有限公司

施工单位：浙江精工钢结构集团有限公司

工程概况：绍兴体育场位于绍兴市西北的柯北新城，2014 年竣工，是浙江省第十五届运动会开闭幕式会场，现更名为中国轻纺城体育中心体育场。绍兴体育场屋盖长轴 260m、短轴 200m，水平投影面积为 41878m²，其中固定部分 31690m²，开口面积 10188m²，活动屋盖分为两片，水平投影面积总计 12660m²。围护结构采用膜材，如图 1.3.2-8 所示。

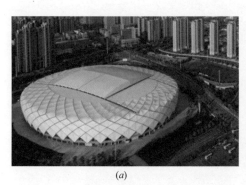
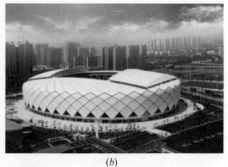

(a)　　　　　　　　　　　　　　　　(b)

图 1.3.2-8　绍兴体育场
(a) 活动屋盖闭合状态；(b) 活动屋盖开启状态

体育场看台采用钢筋混凝土框架结构，在 4 个主入口处设结构缝，将看台结构分为 4 个独立的结构单元，在屋盖主桁架相应的位置设置 8 个混凝土筒体。

固定屋盖平面轮廓接近椭圆形，屋盖外边缘为四心圆，采用空间桁架体系。沿活动屋盖轨道方向布置长向主桁架，与之垂直方向布置短向主桁架，形成井字形双向立体主桁架，承担着整个屋盖的大部分重量。支承轨道长向主桁架跨度为 235m，短向桁架长度 176m，最大高度均为 19m。在屋盖面内布置 28 榀次桁架与交叉支撑体系，并在周边布置环向桁架，以增加结构的整体刚度。固定屋盖通过抗震球形支座与下部混凝土结构相连，并通过施工方法释放固定屋盖自重下的水平力。

活动屋盖采用平面桁架结构，沿跨度方向共设置 7 道主桁架，主桁架高度为 1.5～6.2m。沿活动屋盖纵向布置檩条，提高主桁架侧向稳定性，并在周边设置水平支撑，以保证结构的整体刚度。围护结构采用 PTFE 膜材，采用轮式自驱动和钢丝绳牵引相结合的驱动方式。

1.3.2.7 武汉光谷国际网球中心[68]

建成时间：2015 年

建筑规模：总建筑面积 54340m²

座 席 数：15000 座

开 口 率：24%

开合方式：沿空间轨道平行移动开合

驱动方式：钢丝绳牵引驱动

开启时间：8min

设计单位：中信建筑设计研究总院有限公司

施工单位：浙江省一建建设集团有限公司

驱动控制：上海枥汇铨杰工程技术有限公司、上海宝冶

工程概况：武汉光谷国际网球中心位于湖北武汉武昌光谷奥林匹克体育中心，2015 年 8 月竣工，建筑高度 46.08m，总建筑面积 54340m²。体育馆呈圆形，内场直径 72m，斜看台顶部直径 123m，斜看台顶部标高 25.6m。网球馆结构由下部混凝土框架结构、菱形网格结构、固定屋盖及活动屋盖四部分组成。网球馆开合屋盖最大开启范围 60m×70m，以活动屋盖全闭状态为设计的基本状态，如图 1.3.2-9 所示。

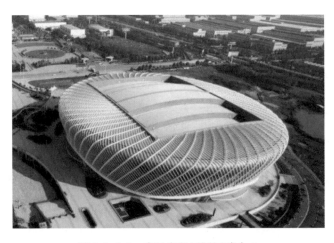

图 1.3.2-9 武汉光谷国际网球中心

　　下部看台结构是由 32 榀径向框架和环形框架组成的混凝土框架，其中径向框架由斜柱、斜梁、楼面直梁构成。环形框架具有环箍作用，部分环梁存在较大拉力，采用部分预应力混凝土构件。混凝土看台结构不设温度缝和防震缝。

　　外围菱形网格结构由斜交菱形网格和下部 4 个出入口大拱组成，为单层网格结构，由圆钢管构件相贯焊接而成；出入口大拱采用直径 1200mm 的圆钢管，为空间曲线构件。菱形网格上端与固定屋盖采用销轴连接，下端与大拱焊接；大拱支承于巨形柱上，端部采用刚性连接。外围菱形网格结构既可增强混凝土看台结构的抗扭刚度，又可减小固定屋盖的变形，与建筑造型巧妙结合。

　　固定屋盖采用三层网架结构，活动屋盖停靠仓与支承轨道桁架范围为双层网架结构。构件以圆钢管为主，部分采用矩形钢管。固定屋盖通过抗震球形支座支承于下部混凝土结构顶部。

　　活动屋盖由 4 个单元组成，上、下两层对称布置。下层活动屋盖平面尺寸为 71.9m×15.0m，上层活动屋盖平面尺寸为 75.9m×15.0m。每片活动屋盖设置 6 榀拱形桁架，桁架高度均为 2.4m，桁架采用矩形钢管，节点相贯焊接。预应力索沿桁架下弦布置，占用空间少，与建筑造型完美结合。活动屋盖采用齿轮齿条驱动控制系统。

1.3.2.8　杭州奥体中心网球馆[69,70]

　　建成时间：2018 年

　　建筑规模：总建筑面积 24998m²

　　座 席 数：10499 座

　　开 口 率：约 20%

　　开合方式：绕竖向枢轴旋转开合

　　驱动方式：钢丝绳牵引驱动

　　设计单位：悉地（北京）国际建筑设计顾问有限公司

　　施工单位：浙江东南网架股份有限公司

　　工程概况：杭州奥体中心网球馆位于杭州萧山区与滨江区交界、钱塘江与七甲河交汇处，是国际性网球比赛场馆。固定屋盖直径为 133m，屋盖中间圆形开口直径为 60m，建筑总高度为 38m，屋顶采用 8 片花瓣旋转开启方式，如图 1.3.2-10 所示。

图 1.3.2-10　杭州奥体中心网球馆

下部主体结构采用框架-支撑体系，为提高结构刚度，均匀布置了 10 道环向剪力墙。

固定屋盖由 24 个花瓣形单元旋转复制构成，每个单元采用了两组倒三角空间立体桁架，相邻单元之间共用径向上弦杆，并通过环桁架系杆相连。主桁架悬挑根部截面高度为 4.5m，端部截面高度为 3m，并设置 6 道屋面环桁架。固定屋盖通过 24 组 V 形撑支承在看台型钢柱顶，花瓣主桁架沿外立面向下延伸，汇交至二层混凝土梁顶面。活动屋盖由 8 片悬挑花瓣形网壳组成，每片花瓣重 160t，径向长度 45m，宽 25m，可绕各自枢轴沿三条同心轨道平面旋转实现屋盖开启与闭合，两条轨道安装在活动屋盖，一条轨道安装在固定屋盖，最大旋转角度 45°，闭合状态时活动屋盖单元悬挑长度达 30m。活动屋盖采用轮式驱动控制系统。

1.3.2.9　兰州奥体中心网球馆

兰州奥体中心网球馆位于兰州市七里河崔家大滩片区，计划于 2022 年完工，将作为省运动会比赛场馆。网球馆总建筑面积约 11500m²，屋面采用直径约 98m 的圆形钢结构罩棚，中间可开启屋盖水平投影面积为 28m×40m，建筑效果如图 1.3.2-11 所示。

图 1.3.2-11　兰州奥体中心网球馆

1.4　国家体育场开合屋盖建筑方案

1.4.1　国家体育场概念方案征集

国家体育场（2008 奥运主体育场）建筑概念设计方案竞赛征集阶段，要求投标方案带有可开合屋盖[71]。各应邀设计单位都对国家体育场方案创作投入了极大的热情，共提出了 13 个高水平的建筑概念设计方案，立意新颖多元，追求与环境和谐共存，形式与功能相统一，以多种手法创造出丰富多彩的体育场馆形象。特别应该指出的是，此次应征方案对活动屋盖的开合方式做出了可贵的尝试，13 个方案各具特点，提出了丰富多彩的开闭方式，这些探索对开合屋盖技术的发展具有重要的参考价值和推动作用。

1.4.2　B01 方案

设计单位：HOK Sport & Venue & Event Pty Limited，Australia

　　设计理念：该方案的设计注重自然，强调和谐，并且以实用性为主，它的造型优雅，仿佛二片巨型的树叶轻捷地栖息在一块晶莹的卵石上，它是连接远古与现代、中国与世界、象征与现实的纽带，它定位于文化和艺术中轴线的交点，反映中国自古以来的创造精神和无限活力，是中国跨越 21 世纪的桥梁。

　　基本情况：国家体育场的建筑位置和场地设计满足所有特殊功能的需求，建筑面积 150000m²，兼顾地下服务层和举办奥运会期间各种临时空间需要，附加 20000m²。奥运会期间体育场内可以容纳 10 万人观看赛事，场外的互动广场和周边平台可以聚集 10 万人感受比赛的气氛。赛后，可以将 2 万个临时座席拆除以作他用，需要时还可以重新搭建（图 1.4.2-1）。

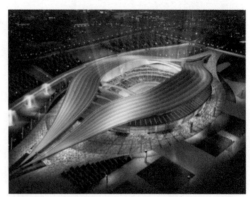

图 1.4.2-1　B01 方案

　　屋顶：顶部造型像两片树叶，也像充满活力的肌肉，延伸至底部的两翼实现了空间上的互通，成为了世界上独一无二的"屋顶通道"。通过和谐的顶部形式，活动屋盖可以移动到中心线，从关闭状态到开启状态的运行过程中，屋顶高度变化为 11.1m。设计利用邻近的湖水和河道之间的落差发电获得开闭屋顶所需要的电力。

1.4.3　B02 方案

　　设计单位：GMP International Gmbh，Germany

　　设计理念：体育场是新闻媒体的焦点、新时代奥运会的里程碑，同时也是一个热爱体育、热情友好和生气勃勃的民族标志。国家体育场是整个奥林匹克公园的中心。体育场以理想的大体量圆形，作为自然的美满写照而和谐地融入整个奥运设施中，圆形作为无方向性的完美形式与其周围各个城市和景观元素遥相呼应。设计通过采用灵活的建筑元素将宏伟壮观的国家体育场生动自然地与整个奥林匹克公园有机地结合在一起。国家体育场向人们展示了一朵莲花造型，周围的绿叶和花朵更加衬托出它的魅力。

　　基本情况：体育场的竞赛场地是根据 FIFA 和 IFFA 的正式标准设计的。奥运会比赛使用期间，除了 8 万个永久座席外，还可以经济简单地借助轻便看台结构搭设 2 万个临时座席，所有观众看台均具有良好的视线条件。赛后将临时座席拆除后，将在看台屋顶上设立一个四季花园，用作体育休闲，体育场在奥运会赛后可以作为世界上独一无二、最有吸引力的"体育俱乐部"全年全天候开放（图 1.4.3-1）。

　　屋顶：45°倾斜的玻璃壳体环绕体育场，略为倾斜的屋盖由透明的充气垫构成，其规模独一无二，充气垫安置在轻质预应力钢索顶部结构之上，位于中央的顶部天窗可以在 130m 直径范围内完全开启，花朵造型的可开启屋面堪称世界独创，无论是闭合还是开启都赋予了国家体育场独特的个性。

1.4.4　B03 方案

　　设计单位：Ramirez Vazquez Asociados，SA de CV，Mexico

图 1.4.3-1　B02 方案

设计理念：国家体育场象征着"绿色奥运，科技奥运，人文奥运"的理念，从更广的意义上来说，代表了自然、科学和人类的思索，它将成为北京的标志性建筑，并为人们提供自然的乐趣。

基本情况：除屋顶外，体育场主体高度为 45m，可以保证奥运绿地及组成部分不被遮挡，周边还设计了一些广场作为聚会和庆祝之用，同时还设计了能满足赛时需要的交通设施。圆形的主体育场可以容纳 10 万名观众观看比赛，碗形的设计保证了良好的座席视线，内部流线的设计避免了各种不同流线之间的交叉和冲突。奥运会之后，可以拆除南侧 2 万个座位，使体育馆容量变为 8 万人，并将腾出的空间改建为文化娱乐活动的舞台（图 1.4.4-1）。

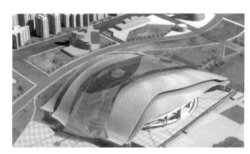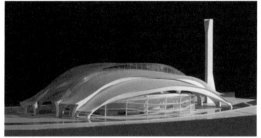

图 1.4.4-1　B03 方案

屋顶：屋顶由一系列自由轻巧的花瓣结构所构成，它可以根据各种不同的情况自由开合，来满足不同需要，半透明的材料使得遮阳和自然采光兼而有之，并能使屋顶随时敞开实现自然通风。活动屋盖可以通过机械驱动或电磁驱动，充电磁铁使得屋顶支承在轨道上无摩擦地漂浮及活动。

1.4.5　B04 方案

设计单位：上海现代建筑设计（集团）公司

设计理念：国家体育场不仅是北京最大的具有国际先进水平的标志性体育建筑，而且也是一座具有多功能开发条件和多用途的综合性商业建筑。体育场的设计使不同的人均可以在建筑中享受各种服务，从而体现"绿色奥运、科技奥运、人文奥运"的宗旨。

基本情况：体育场的内部规划为不同人群提供了专门或共用的活动空间，充分体现了人性化的设计。看台设置了 79547 个固定座位，分别满足不同层次观众的需要。赛时，南北两侧加设 20740 个临时座位，赛后可以进行拆除。赛后多功能开发经营利用是设计的重点之一。奥运会后，本赛场将提供 11300m² 的可开发利用的用房。此类用房高近 7m，柱距近 9m，均为大跨度空间用房，为日后多样的经营开发提供了有利条件（图 1.4.5-1）。

图 1.4.5-1　B04 方案

屋顶：体育场屋顶造型像一片巨大的绿叶，充分诠释了绿色奥运的主题，流畅的曲线，使之不仅仅是一个建筑，同时也成为了中轴线上一个巨大的地标。顶盖同时也寓意着一只观察世界的眼睛。屋顶开启后的露天面积为 32000m²，屋顶最下层采用铝合金复合板，上面两层可开启屋面采用高性能膜材，具有超轻的结构、良好的吸声效果和透光率。屋盖开启的时间和开启轨道长度均小于一般设计，有利于减少初期投资和日后的维护费用。

1.4.6　B05 方案

设计单位：1. Ellerbe Becket，Inc.，USA

　　　　　2. AEPC Consultants，Inc.，USA

设计理念：国家体育场是将传统设计与强烈的时尚外观集合于一身，让人窥见中国的历史之余，也可以让人欣赏到对未来充满憧憬的建筑设计，它将成为北京的标志。

基本情况：国家体育场设有 10 万个座位，其中有 1.95 万个临时座位，分为上下两层，而各层之间则留有适当的空间以作包厢之用，各种空间分配合理，最大限度地减少了群体之间的冲突。比赛场地低于地面，设施的垂直比例得到降低。场内所有的座位都可以清晰地看到比赛场地，并无视线阻隔。体育场内增设娱乐空间，整个设施可以全年开放（图 1.4.6-1）。

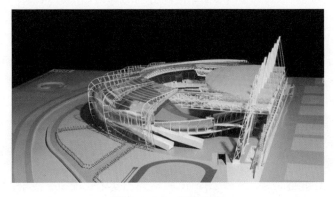

图 1.4.6-1　B05 方案

屋顶：体育场东面的弧形屋顶为悬臂式桁架结构，作为体育场的固定屋盖。体育场西面为可开合屋盖。活动屋盖伸展时，可将运动场地覆盖起来，活动屋盖由六个屋面单元和十二榀轨道桁架组成。

1.4.7 B06方案

设计单位：NBBJ West Limited Partner Ship，USA

设计理念：国家体育场由简洁的方形和圆形组合，生动地体现了北京传统布局中圆方理念和尺度，它契合了奥运的三个主题，是呈现这三个理念的标志性建筑，更是未来北京乃至全中国人民的骄傲。

基本情况：国家体育场采用世界上最先进的运动场地，采用最新的材料、系统以及操作方式，通过先进的座椅系统，可以将体育场的座位方便地由10万个转变为8万个，便于奥运会后举办各种赛事和会展活动。环形花园给人们提供了一个相聚、交流、休闲的场所。专门设计的通信空中大厅可以在赛后用作体育节目的演播厅，还可以作为一个观赏北京美景的观景台（图1.4.7-1）。

图1.4.7-1　B06方案

屋顶：体育场的屋顶是世界同类项目中唯一的矩形屋顶，采用世界独一无二的风琴式机械开合方式，简单快捷，可以确保全年赛事及活动不受天气影响。它使用可回收的环保材料，符合绿色奥运的理念。

1.4.8 B07方案

设计单位：1. Goodwell International Services Inc，British Virgin Islands
　　　　　2. RAN International Architects & engineers，Canada

设计理念：集中国文化艺术、教育、历史、地理及娱乐于一体的特色，结合了育与乐，融合了力与美，展现出中华文化与艺术的内涵，创新的观念，宏观的视野，设计建造世界第一流、傲视群伦的体育场，既要能满足奥运赛事的需求，更能考虑到赛后长期之使用，繁荣商业活动，突显首都的雄伟，成为北京的一个地标，透过它能让国内外人士更认识中国，了解中国文化的精髓。

基本情况：体育场建筑总高度148.5m，其中屋顶高度为86.5m，造型宏伟。看台和座席设计充分考虑了赛时和赛后的要求，可以由10万个座席变成8万个固定座席。可移动场地设计可以很好地解决场地的养护和适应不同比赛的需要。充分的安全考虑可以保证奥运会期间不受外来恐怖因素的侵犯。对奥运之后场地经营提出了详细捆绑方案，体育场与奥林匹克森林公园实现捆绑，并从主体育场延伸出大面积的附属设施，使其成为应有尽有的娱乐休闲空间（图 1.4.8-1）。

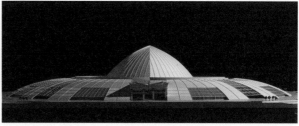

图 1.4.8-1 B07 方案

屋顶：体育场可开启屋顶采用双螺旋几何设计，已有 10 余年、3000 余次实际开启和关闭的经验，运行可靠稳定，在 50km/h 的风速下，可于 35～40min 内完成开闭的动作。结构牢靠，8 度抗震设防，具备自动防护措施，可承受直径 9m 之重物撞击而结构安全不受影响。屋顶每次开闭所需的电力成本不超过 100 美元，并且在屋面上设置大型光伏板，为世界上同级中最大的光伏系统，发挥节能效果，并充分体现绿色奥运理念。

1.4.9 B08 方案

设计单位：1. 株式会社 AXS 佐藤综合计画，日本

2. 清华大学建筑设计研究院

设计理念：体育场的形态象征着地球广博的大自然，以晴朗的天空为背景、柔和的白云和绿色的丘陵为主要创意，连同来源于阳光射穿白云的美好联想的光塔，奥运五环化成的屋顶造型，形成一道具有自然风韵的风景线，以可持续发展为原则，国家体育场将成为与自然共生的主旨相吻合的北京新景观。

基本情况：体育场整体规划注重与周边环境的协调，各个不同的功能分区明确，流线分离的设计简洁明快，精心设计的夜景照明系统使其成为亮点地标。该体育场是一个可供 10 万人同时参与体育盛世的巨型设施。10 万人的观众席由三层组成，包括 80156 个固定座位，20644 个临时座位，所有座位的视线均无遮挡。奥运会后，临时座位将被拆除，改造成体育博物馆、体育俱乐部等相关设施，以满足赛后利用（图 1.4.9-1）。

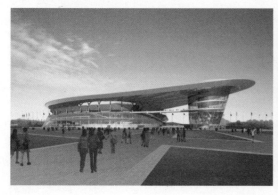

图 1.4.9-1 B08 方案

屋顶：体育场在大屋面的中央设置两个半月形的玻璃顶面，同时相对旋转，平行滑动，完成屋面的开合，这种方式将是世界上首例。中央屋面玻璃采光可以不受太阳入射角度的影响，将阳光均匀投射到比赛场地上，确保天然草坪生长所需的环境和明亮的场地空间。

1.4.10　B09 方案

设计单位：1. 天津市建筑设计研究院

　　　　　2. Lin Tung Yen China Inc.，HongKong

　　　　　3. Kodama Diseno Architects & Planners Heery International，USA

设计理念：国家体育场应该是从场内感受到被场外环境包围，而又能从场外体验出场内比赛的激动人心和充满活力，从而创造出一个场内场外相互补充的完整场地空间。采用不同的能源资源，保证其自然采光和通风，并为场馆管理创造可靠的高效措施，保证其成为世界上顶尖的体育场。

基本情况：奥运期间，设 10 万座席分布于田径场周围，奥运会后，中间田径场可缩小面积，座椅可向场地内延伸，更接近赛场，通过拆除设在最高层以及广场北端与东面总共 35000 个座位，使座位总数量减少至 80000 个。200m 高的生态塔是运动场设计中多项原则中的表现重点与精髓，其上四组大风车可以产生足够的电能以供高塔以及其附近地区的环境照明，是绿色奥运的具体体现（图 1.4.10-1）。

图 1.4.10-1　B09 方案

屋顶：体育场屋面由高层屋面、活动屋面和西侧、南侧及北侧的低层屋面组成，活动屋面覆盖整个运动场，支承在弧形桁架的轨道之上。关闭时，活动屋盖可以覆盖整个运动场；开启后，活动屋盖将超越北侧低层屋面并向外悬挑。

1.4.11　B10 方案

设计单位：S. C. A. U International，France

设计理念：国家体育场的建筑形式和风格，应当能表达出奥运精神的象征和承办国和主办城市的特有价值。它采用的是"天空"和"大地"的象征形象，屋顶不仅仅是体育场看台的覆盖物，同时也是宇宙的天顶。这一天顶既象征中国哲学理念上的五个基本元素，同时也是奥林匹克的五环。体育场将成为北京市的"市标"。

基本情况：体育场 8 万个永久座席设置在最低的环冠上，另外 2 万个临时座席则布置在永久座席上部，赛时的 10 万个座席都能享有最佳的观赛视线。赛后可以将临时座席方便地拆除，空出的空间可以做回廊或者技术用房。体育场固定屋顶最大长度达 665m，支承在一个由 18 根钢柱组成的结构之上，巨型屋顶之下的室外空间可以提供给公众使用，使它成为一个体育、文化、休闲或者娱乐的场所（图 1.4.11-1）。

屋顶：可开启的屋顶采用半透明材料，既能滤掉 50% 的天然光线，又可以使足够的自然光进入体育场内部，满足白天使用要求，减少人工照明。屋顶两个半月形的玻璃天窗可以补充光线，达到自然照明的目的。由于设计尺度合理，操作简单，可开启屋顶运行不会消耗大量能源。特制的屋顶表面安装太阳能板，可以很大程度上为体育场提供清洁能源。

图 1.4.11-1　B10 方案

1.4.12　B11 方案

设计单位：1. 瑞士赫尔佐格·德梅隆建筑事务所

2. 奥雅纳工程顾问

3. 中国建筑设计研究院

设计理念：国家体育场坐落在奥林匹克公园中央区平缓的坡地上，场馆设计如同一个容器，高低起伏变化的外观缓和了建筑的体量感，并赋予了戏剧性和具有震撼力的形体。国家体育场的形象完美纯净，建筑造型与结构体系完美统一。结构构件相互支撑，形成网状构架，好像树枝编织的鸟巢。体育场的空间效果既具有前所未有的独创性，又简洁而典雅，它为 2008 年奥运会树立了一座独特的历史性的标志性建筑。

体育场就像一个巨大的容器，不论是近看还是远观，都将给人留下与众不同的、永不磨灭的形象，它完全符合国家体育场在功能和技术上的需求，又不同于一般体育场建筑中大跨度结构和数码屏幕为主体的设计手法。体育场的立面、楼梯及屋顶完美有机地融为一体，穿过体育场的网状构架，进入体育场环绕看台的宽敞回廊，可以浏览包括通往看台的

图 1.4.12-1　B11 方案

楼梯在内的整个区域动线。体育场大厅是一个室内的城市空间，设有餐厅和商店，其作用就如同商业街廊或广场，吸引着人们流连忘返。

基本情况：体育场采用 ETFE 膜作为围护结构，满足屋顶防水要求，阳光可以穿过透明的屋顶满足室内草坪的生长需要。比赛时，看台可以通过多种方式进行变化，满足不同时期对观众数量的要求。奥运期间，20000 个临时座席分布在体育场的最上端，且能保证每个人都能清楚地看到整个赛场（图 1.4.12-1）。

屋顶：移动式可开启屋顶是体育场必不可少的部分，活动屋盖闭合时，体育场将成为一个室内赛场。活动屋盖采用网格结构，屋面采用充气膜。

1.4.13 B12 方案

设计单位：北京市建筑设计研究院

设计思想：国家体育场作为奥林匹克公园标志性建筑，且临水而建，因此对于体育场的整体造型，取意于中国古代一种古老的祭祀仪式——"投玉入波"，寓于体育场深远的文化含义，"一石激起千层浪"，暗示奥林匹克精神的无限延续和发扬，使其成为现代都市人们的精神家园。

基本情况：国家体育场的设计以运动员为主。在总图上将运动员的热身场地布置在体育场用地的北侧，靠近体育场内运动员用房，缩短了参赛运动员的走行路线，方便运动员的比赛需要。为了满足体育场的综合运营需求，按照"分区设置、功能互补"的原则，在体育场主体建筑的周边适当地布置一些综合开发项目，使体育场的原有设施与周边项目实现功能互补，避免了浪费，也为体育场的长期经营管理提供了多种可能。

设计对地上与地下空间进行合理分层，在体育场周边有效地划分了各类人行与车行流线，保证了各类人群都能够互不干扰，顺畅地到达体育场。

国家体育场赛时座席数为 10 万个，其中永久座席 8 万个，临时座席 2 万个，座席分布非常合理，能保证比赛时内部流线有条不紊，同时所有座席的视线都经过科学分析和安排，保证满足观众良好的观演效果。赛后临时座席可以拆除，利用所占的空间建设一定的经营性用房，便于赛后综合开发利用（图 1.4.13-1）。

图 1.4.13-1 B12 方案

屋顶：采用世界上独一无二的"浮空开启屋面"，体现了绿色奥运、科技奥运的精神，同时它象征着"开启"和"腾飞"。刚性观光走廊、8 根构架式龙骨、隔层网、氦气囊以及外蒙皮等构成了巨大的飞艇，20 个由高强度聚乙烯或凯夫拉绳网构成的隔层网分隔内置的氦气囊和 20 万 m^3 的氦气为飞艇提供足够的升力。屋顶在浮空状态高度可达 200m。

设计时，对控制、安全、维护等方面经过仔细的考虑，确保实际使用时安全可靠。屋顶飞艇的造型不仅能通过精巧可靠的控制装置来满足体育场顶盖的开启、移动和关闭要求，还能通过浮游在高空搭载巨幅广告、宣传以及作为空中观光走廊，为业主提供长期稳定的收益。

1.4.14　B13 方案

设计单位：1. 株式会社原广司＋Atebier 建筑研究所/Hiroshi Hara＋Atelier，Japan

　　　　　2. Taisei Corporation Architectural Design Office，Japan

设计理念：绿色、科技、人文三大奥运主题精神和孕育着无数卓越的中国传统建筑文化相融合，单纯形态的"屋檐建筑"、跃起的屋顶、云海藻井、室外活动庭院、世界之门、单坡式看台、生机勃勃的集会场所、自身力学平衡的结构体系和活用自然的生态环境共生装置等无不体现了对奥运理念的建筑语言化。国家体育场将成为人类历史的里程碑。同时，体育场可开启屋面拥有与自然共生的形态，它将时刻变化，直至遥远的未来，成为北京举办庆典盛会，喻示城市风情变换的动态城市标志。

基本情况：体育场看台为单坡设计，观众能拥有最大的视线范围，主席台和贵宾座席的"波状看台"也是世界首创，临时观众座席被设置在可开启屋顶的"翼"上。主平面上的各种人员流线都进行了精心的考虑，区别于传统的体育场，保证各种流线不交叉。在单坡看台顶部设置空中回廊，以便于环游整个看台的上部。游离于赛场之外的"世界之门"既是通往临时看台的路径，集娱乐、观光、休闲为一体，同时也是强调轴线的奥林匹克公园的华盖（图 1.4.14-1）。

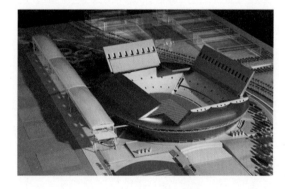

图 1.4.14-1　B13 方案

屋顶：铝合金和膜结构构成了 180m 跨度的轻质屋面和云海藻井，这是以最先进的技术再现了中国传统的建筑形式——天井，形态宛如中国的四合院建筑，开启屋顶具有多种开启方式，活动屋盖采用齿轮齿条系统驱动，既可以作为奥运赛时的临时座席区，又从根本上解决了比赛时的微气候条件。

1.5　开合屋盖的应用前景

1.5.1　适用范围

开合屋盖建筑作为建筑领域一种崭新的节能型建筑形式，可以实现"场"与"馆"的自由转换，极大改善了建筑使用条件，提高了建筑的利用率，充分体现了节能环保的设计理念。在国家大力倡导低碳、绿色、节能、环保的背景下，借助近年来中国经济取得高速发展、人民物质文化需求不断提高的契机，作为新型体育文化建筑的开合屋盖结构具有很大的市场潜力。迄今，我国开合屋盖技术在大、中、小型的工业与民用建筑中均有应用。大型开合屋盖多用于大型体育场馆，开合屋盖面积数千平方米，如南通会展中心体育场、国家网球馆"钻石球场"、上海旗忠网球中心、鄂尔多斯东胜体育场、浙江绍兴体育场等；中型开合屋盖多用于展馆、剧场及中小型体育馆等公共体育文化设施；小型开合建筑的可开合面积较小，多用于商业街区顶盖、庭院顶棚、高层建筑顶层空中庭院、构筑物、机械舞台等。

1.5.2 开合屋盖技术标准

1.5.2.1 国外

开合结构设计理论的系统性研究较少，主要经验来源于具体的工程案例。1993年，国际壳与空间结构委员会（IASS）成立第16工作小组，负责开合屋盖技术研究与成果推广。该工作小组主席Kazuo Ishii于2000年出版的《Structural Design of Retractable Roof Structures》[45]是开合屋盖建筑技术领域代表性的著作，书中回顾了开合屋盖的发展历程与现状，并对开合屋盖建筑、结构和机械驱动等方面的关键技术问题进行了较为系统的归纳整理，对开合屋盖技术的发展与推广具有重大的意义。

迄今，国外可指导开合屋盖结构设计的技术标准和指南[45]如表1.5.2-1所示。

开合屋盖结构的设计建议和指导方针　　　　　　　　　　　表1.5.2-1

名称	编制单位	编制时间	主要内容
《IL-5开合屋顶》	斯图加特大学轻型结构研究所	1972	针对膜结构开合屋盖，内容包括膜结构开合屋盖的发展历程、活动屋盖设计原则、膜结构及收纳几何形态以及工程实例
《IL-12开合充气结构》	斯图加特大学轻型结构研究所	1975	充气膜结构通过充气和放气实现开启与闭合，通过屋盖改变形状实现不同的使用需求。该标准对各种可开合膜结构做了详细阐述
《空气支承结构设计建议》	IASS马德里第7工作小组	1985	—
《开闭式屋根構造设计指针＊同解说及设计资料集》	日本建筑学会	1993	在建造200多座中小型可开合建筑经验的基础上编制而成，作为开合屋盖设计指南，对结构方案、荷载作用、结构材料及许用应力、驱动装置以及使用维护要求等进行了详细阐述
開閉式膜構造设计指針	日本膜结构学会	1995	该指南针对采用张拉膜与框架膜的开合屋盖结构设计，包括材料、结构方案、荷载、安全系数以及驱动装置等内容

1.5.2.2 国内

开合屋盖项目涵盖建筑、结构、机械传动和自动化控制等多个技术领域，是目前科技含量最高的建筑结构之一。我国近年来已陆续完成了多个大型开合屋盖工程，除了借鉴国内外已有的经验和技术外，我国设计人员主要立足于国内的工程经验，通过不断探索与总结，在开合屋盖设计与施工方面积累了大量宝贵经验。我国天津大学的刘锡良教授也较早地对开合屋盖结构的进展与关键技术进行过较为全面的介绍[2]。

1. 《开合屋盖结构技术规程》CECS 417：2015

根据中国工程建设标准化协会《关于印发〈2013年度第一批工程建设协会标准制定、修订计划〉的通知》（建标协字［2013］057号），由中国建筑设计研究院有限公司作为

《开合屋盖结构技术规程》的主编单位，同济大学、浙江大学、北京交通大学、北京工业大学、天津大学、北京市建筑设计研究院有限公司、上海建筑设计研究院有限公司、中信建筑设计研究总院有限公司、总装备部工程设计研究总院、中冶京诚工程技术有限公司、浙江精工钢结构集团有限公司、江苏沪宁钢机股份有限公司、天弓智唯（北京）野营装备科技有限公司、上海枥汇铨杰工程技术有限公司、上海太阳膜结构有限公司共十五个单位作为《规程》的参编单位，范重、甘明、刘中华、刘红波、刘志伟、杨庆山、张毅刚、陈以一、郑志荣、赵阳、赵然、胡纯炀、姜学宜、顾昉、徐晓明、高继领、彭翼、程书华、温四清共 19 位专家作为规程的起草人。规程编制工作于 2013 年 6 月启动，并邀请《空间网格结构技术规程》主编中国建筑科学研究院赵基达总工程师与机械科学研究总院于革刚副总工程师作为《规程》编制的特邀专家，对相关章节进行全面审阅把控，两位专家对《规程》编制提出了许多有益的建议，显著提高了编制效率。2014 年 10 月，完成《规程》征求意见稿。

2014 年 10 月 16 日，《开合屋盖结构技术规程》进入在全国范围内征求意见阶段，在中国工程建设标准化网正式发布征求意见稿，并向全国 91 家单位、117 位专家邮寄征求意见函。征求意见的单位主要包括结构与驱动控制领域的高校、研究院、设计院、施工单位和钢结构加工企业等，其中高校 21 家，设计院 54 家，科研院 8 所、施工及钢结构加工企业 8 家，共收到国内 44 个单位和个人反馈的书面意见和建议共计 563 条，马克俭、尹德钰、钱若军等诸多知名专家对编制工作给予高度评价。征求意见结束后，主编单位对反馈的意见与建议进行慎重研究，逐条处理，对条文进一步修改完善，并于 2015 年 2 月形成《规程》送审稿。

2015 年 3 月 28 日中国工程建设标准化协会在北京召开《开合屋盖结构技术规程》审查会。中国工程院院士董石麟教授担任审查委员会主任委员，审查委员会认为：《规程》的编制填补了我国开合屋盖领域技术规程的空白，对提高我国开合屋盖技术水平具有积极的推动作用。2015 年 10 月，我国首部开合屋盖结构技术标准——中国工程建设协会标准《开合屋盖结构技术规程》CECS 417：2015 正式发布实施。

2. 《开合屋盖结构技术标准》JGJ/T 442—2019

为了适应开合屋盖建筑的迅速发展，满足设计、施工与验收对相关技术标准的需求，根据住房和城乡建设部《关于印发〈2015 年工程建设标准规范制订、修订计划〉的通知》（建标〔2014〕189 号）的要求，中国建筑设计研究院有限公司为主编单位，哈尔滨工业大学为副主编单位，同济大学、浙江大学、北京交通大学、北京工业大学、天津大学、中国建筑科学研究院、机械科学研究总院、北京市建筑设计研究院有限公司、上海建筑设计研究院有限公司、中信建筑设计研究总院有限公司、中冶京诚工程技术有限公司、浙江精工钢结构集团有限公司、江苏沪宁钢机股份有限公司、上海枥汇铨杰工程技术有限公司、上海海珀联动力技术有限公司、上海太阳膜结构有限公司、河北粤华装饰工程有限公司等 17 家单位为参编单位，范重、范峰、陈以一、杨庆山、赵阳、刘中华、彭翼、张毅刚、陈志华、田玉基、温四清、程书华、唐泳、甘明、徐晓明、宋涛、胡纯炀、高继领、赵然、顾昉、明翠新、姜学宜、魏华强共 23 位专家组成了编制组。

在中国工程建设协会标准《开合屋盖结构技术规程》CECS 417：2015 的基础上，编制组对国内外的开合屋盖结构工程进行了广泛的信息搜集与调查研究工作，尤其是针对多个国内外大型开合屋盖进行深入剖析，充分掌握了国外已建成的开合屋盖项目信息及技术特点，以及国内目前建成的有影响力的开合屋盖建筑详细的技术资料，对开合屋盖建造与使用操作过程的关键环节与技术难题进行了总结提炼，形成完整科学的编制大纲，对编制工作顺利展开奠定了坚实的基础。

2015 年 7 月 23 日，《标准》编制组成立暨第一次工作会议在北京召开。会议针对开合屋盖建筑设计施工中的技术要点，形成若干个研究专题，包括：引入结构设计基本状态的概念，确定基于结构等效服役期的地震加速度折减系数；提出考虑多振型参与的等效静力风荷载计算方法与围护结构局部风压系数极值计算方法；提出结构温度作用的计算方法；提出活动屋盖运行荷载及偶然事故荷载的计算方法；提出开合结构典型密封节点做法；给出开合屋盖结构常用的驱动方式，并对其特点、适用范围及设计要点作了规定；提出活动屋盖结构及驱动控制系统的加工制作、现场安装、运行调试及质量验收的规定；提出活动屋盖驱动与控制系统运行操作、设备维护等方面的规定等。这些专题研究为开合屋盖结构的建造与使用提供了依据，体现了该《标准》的技术价值。参编专家就《标准》的编制原则、主要编制内容及重点研究课题等问题达成原则共识，形成并通过了《标准》编制大纲，并明确了《标准》编制及专题研究的分工与进度安排。

各参编单位在《标准》编写大纲的基础上，陆续完成了所负责章节的编制，主编单位在此基础上于 2016 年 1 月完成《标准》的汇总整理工作，并形成《标准》的初稿。经编制组反复调整，于 2017 年 5 月形成《标准》征求意见稿。

2017 年 6 月，《标准》在全国范围内征求意见，征求意见稿在国家工程建设标准化信息网公示，并向全国高校、结构科研院所、设计及施工领域共 88 位专家寄送征求意见稿，共计收到书面意见 209 条，陈禄如、王立军、郭满良等多位专家对《标准》给予充分肯定。经过编制组慎重研究，根据收集的反馈意见对《标准》征求意见稿修改完善，于 2017 年 7 月完成《标准》送审稿。

2017 年 7 月 20 日，国家标准化管理委员会在北京主持召开《标准》审查会，以董石麟院士为主任委员的审查专家委员会对《标准》给予高度评价："该标准的编制为开合屋盖结构设计、施工和运营提供了可靠的技术依据，对于开合屋盖工程在我国的应用与发展具有积极的推动作用与指导意义，是一本集结构、机械、建筑等多专业为一体的技术规程，达到国际先进水平"。中华人民共和国行业标准《开合屋盖结构技术标准》JGJ/T 442—2019 已于 2019 年 8 月出版发行，于 2019 年 11 月正式实施。

《开合屋盖结构技术标准》JGJ/T 442—2019 主要包括以下关键技术内容[72]：

（1）引入"基本状态"与"非基本状态"的概念，将开合屋盖结构的受力形态划分为基本状态、非基本状态和运行状态，对确定结构设计标准、结构计算分析、制定开合操作管理规定以及工程造价控制具有重大意义；

（2）提出"常开状态""常闭状态""刚性折叠结构""柔性折叠结构""轮式驱动""齿轮齿条驱动"等结构与机械传动方面的术语；

（3）结合开合屋盖结构的特点，提出开合屋盖结构设计变形控制、抗震性能以及驱动控制系统等性能指标；

（4）针对开合屋盖大跨度结构体形复杂的特点，提出考虑多振型参与的等效静力风荷载计算方法与围护结构局部风压系数极值计算方法；

（5）提出考虑太阳辐射引起钢结构温升的计算方法；

（6）给出基于结构等效服役期的地震加速度峰值折减系数；

（7）提出活动屋盖运行荷载以及偶然事故荷载的计算方法；

（8）提出开合结构典型密封节点做法；

（9）提出活动屋盖结构与支承结构的设计原则；

（10）给出开合屋盖结构常用的驱动方式，并规定其特点、适用范围及设计要点；

（11）对控制系统的驱动同步控制、台车均载控制、运行纠偏控制以及监控、自诊断控制等做出具体规定；

（12）提出活动屋盖结构及驱动控制系统的加工制作、现场安装、运行调试及质量验收的规定；

（13）提出活动屋盖驱动系统与控制系统运行操作、设备维护等方面的管理规定，确保活动屋盖结构使用期间的安全性、可靠性与耐久性。

1.5.3　展望

（1）开合屋盖可以实现"场"与"馆"的快速转换，极大改善了使用环境，充分利用日光照明，减少空调使用，提高建筑的利用率，节能环保。

（2）以近年来我国经济高速发展、人民物质文化需求不断提高为契机，作为新型体育文化建筑的开合屋盖结构具有很大的市场潜力。

（3）开合屋盖涉及机械与控制系统，技术难度、建造成本和维护保养要求均高于传统的结构形式。随着工程经验不断积累，相关技术标准不断完善，开合屋盖技术日趋成熟。

（4）中、小型开合屋盖结构发展潜力很大，通过向小型化、标准化发展普及，不断降低建造成本，可充分发挥其良好的社会效益。

（5）老旧场馆改造时增设开合屋盖，可显著改善场馆使用功能，既可以作为体育活动场地，又可以举办各种活动和作为临时避难场所等多功能使用。

（6）活动屋盖与消防报警联动等新功能的开拓，为开合屋盖应用注入了新的活力。

参考文献

［1］　中国科学院，国家天文台. 中国科学院北京天文台台史：1958-2001［M］. 北京：中国科学技术出版社，2010.

［2］　刘锡良. 现代空间结构［M］. 天津：天津大学出版社，2003.

［3］　范重，赵长军，李丽，等. 国内外开合屋盖的应用现状与实践［J］. 施工技术，2010，39（8）：1-7.

［4］　Pfaffmann R S. The Pittsburgh Civic Arena：Memory and Renewal［C］// VandenHeuvel D, Mesman M, Quist W, Lemmens B. CHALLENGE OF CHANGE：DEALING WITH THE LEGACY OF THE MODERN MOVEMENT. Amsterdam：IOS Press，2008：159-165.

［5］　Lazzari M, Majowiecki M, Vitaliani RV, et al. Nonlinear FE analysis of Montreal Olympic Stadium roof under natural loading conditions［J］. ENGINEERING STRUCTURES，2009，31（1）：16-31.

［6］　Michael Allen C, Duchesne D. P. J. Toronto skydome retractable roof stadium-the roof concept and design［A］// Steel Structures：Proceeding of the Sessions Related to Steel Structures at Structures Congress［C］. New York：The Society，1989：155-164.

［7］ Julie K，Smith. Current Technologies and Trends of Retractable Roofs ［D］. B. S. Civil and Environmental Engineering University of Washington，2002.

［8］ 马国馨. 第三代体育场的开发和建设 ［J］. 建筑学报，1995，（5）：49-55.

［9］ Adams J，Reis M. Diamond in the rough ［J］. TCI，1998，32（10）：52-55.

［10］ https：//www. djc. com/special/safeco/10053886. html

［11］ Erika Yaroni. Evolution of Stadium Design. Engineering Stevens Institute of Technology. 2011.

［12］ http：//www. uni-engineer. com/minute-maid-park-roof. html

［13］ Christopher Pinto，Kyle Schmitt. Accounting for Multi-Axial Movement during the Lifting of a Long-Span Roof ［C］// Structures Congress 2005：Metropolis and Beyond. New York：ASCE，2005：1-7.

［14］ Griffis LG，Wahidi A，Waggoner MC. Reliant stadium-A new standard for football ［J］. ACI Symposium Publication，2003，213：151-166.

［15］ Waggoner M C. The retractable roof and movable field at University of Phoenix Stadium，Arizona ［J］. Structural Engineering International，2008，18（1）：11-14.

［16］ Ayoubi Tarek，Stoebner Andrew，Byle Kenneth. Game Opener ［J］. Civil Engineering Magazine Archive，2009，79（7）：66-75.

［17］ Berger A A. UNDERSTANDING AMERICAN ICONS：AN INTRODUCTION TO SEMIOTICS ［M］. OXFORD，ROUTLEDGE：2012.

［18］ Gould N C，Vega R E，Sheppard S H. Extreme Wind Risk Assessment of the Miami Marlins New Ballpark in Miami，Florida ［C］// Jones C P，Griffis L G. Proceedings of the 2012 ATC & SEI Conference on Advances in Hurricane Engineering. Learning from Our Past. Miami：2013：194-202.

［19］ Pulley J. Mercedes-Benz Stadium：Creating a mechanical marvel ［J］. Engineered Systems，2019，36（2）：24-27.

［20］ Goppert K，Moschner T，Paech C，et al. The crown of Vancouver-Revitalisation of the BC Place Stadium ［J］. STAHLBAU，2012，81（6）：457-462.

［21］ http：//www. uni-engineer. com/starlight-theatre. html

［22］ http：//www. uni-engineer. com/california-academy-of-sciences. html

［23］ http：//www. uni-engineer. com/city-creek-center. html

［24］ Mans D G，Rodenburg J. Amsterdam Arena：A multi-functional stadium ［J］. Proceedings of the Institution of Civil Engineers，Structures and Buildings，2000，140（4）：323-331.

［25］ https：//footballtripper. com/netherlands/vitesse-stadium/

［26］ Liddell I，MA，DIC，et al. Engineering design of the Millennium Dome ［J］. Proceedings of the Institution of Civil Engineers-Civil Engineering：2000，138（5）：42-51.

［27］ Kayvani，Kourosh. Engineering the arch and roof of wembley stadium ［C］. Proceedings of the 2009 Structures Congress-Don't Mess with Structural Engineers：Expanding Our Role. Texas：2009：2409-2417.

［28］ Anonymous. Movable Membrane Roof and 13 different Facade Types for Wimbledon Tennis Ground ［J］. BAUPHYSIK，2019，41（4）：228-230.

［29］ https：//www. tensinet. com/index. php/component/tensinet/？view＝project&id＝3939

［30］ https：//www. gerryweber-world. de/

［31］ Goppert K，Stein M. A spoked wheel structure for the world's largest convertible roof-the new commerzbank arena in Frankfurt，Germany ［J］. Structural Engineering International，2007，17（4）：282-287.

［32］ http：//tensileevolution.com/new-page-25

［33］ https：//www.tensinet.com/index.php/projects-database/projects? view＝project&id＝3918

［34］ 杜塞尔多夫 LTU 体育中心 ［J］. 世界建筑导报，2008，（4）：22-25.

［35］ https：//bbs.co188.com/thread-8843891-1-1.html

［36］ https：//www.tensinet.com/index.php/projects-database/projects? view＝project&id＝4003

［37］ https：//www.johndesmond.com/blog/design/lilles-grand-stadium/

［38］ https：//www.tensinet.com/index.php/projects-database/projects? view＝project&id＝4534

［39］ https：//www.tensinet.com/index.php/component/tensinet/? view＝project&id＝4669

［40］ Anonymous. Olympic Tennis Center Madrid，Spain 2002-2009 ［J］. A ＋ U-ARCHITECTURE AND URBANISM，2009，（468）：66-83.

［41］ Göppert Knut，Haspel Lorenz，Stockhusen Knut. National Stadium Warsaw ［J］. Stahlbau，2018，81 (6)：440-446.

［42］ Constantinescu Dan，Koeber Dietlinde. The RC Structure of the National Stadium in Bucharest ［J］. BAUTECHNIK，2015，92 (1)：60-76.

［43］ http：//www.uni-engineer.com/friends-arena.html

［44］ https：//www.tensinet.com/index.php/projects-database/projects? view＝project&id＝4422

［45］ Kazuo Ishii. Structural Design of Retractable Roof Structure ［M］. Boston：WIT Press，2000：111-114.

［46］ http：//www.worldstadiums.com/stadium_menu/architecture/stadium_design/oita_stadium.shtml

［47］ http：//www.architectureweek.com/2001/0912/design_2-2.html

［48］ 石井一夫，王炳麟. 日本膜结构的发展 ［J］. 世界建筑，1999 (3)：70-73.

［49］ https：//en.wikipedia.org/wiki/Shellcom_Sendai

［50］ Shibata. Toyota Stadium，Toyota City，Japan ［J］. Structural Engineering International，2003，13 (3)：153-155.

［51］ Gentry T R，Baerlecken D，Swarts M，et al. Parametric design and non-linear analysis of a large-scale deployable roof structure based on action origami ［J］. Structures and Architecture：Concepts，Applications and Challenges-Proceedings of the 2nd International Conference on Structures and Architecture，ICSA，2013：771-778.

［52］ http：//www.worldstadiums.com/stadium_menu/architecture/stadium_design/sapporo_dome.shtml

［53］ Hladik P，Lewis C J. Singapore National Stadium Roof ［J］. International Journal of Architectural Computing，2010，8 (3)：258-77.

［54］ Lewis Clive，King，Mike. Designing the world's largest dome：the National Stadium roof of Singapore Sports Hub ［J］. IES Journal Part A：Civil and Structural Engineering，2014，7 (3)：127-150.

［55］ https：//www.austadiums.com/stadiums/stadiums.php? id＝120

［56］ https：//www.austadiums.com/stadiums/stadiums.php? id＝97

［57］ https：//www.rodlaverarena.com.au/about/history/

［58］ https：//www.architectureanddesign.com.au/news/margaret-court-arena-operable-roof-closes-in-five

［59］ https：//www.pta.com.au/news/how-peddle-thorp-designed-the-openable-roof-at-melbourne-park-tennis-centre

［60］ 关富玲，程媛，余永辉，等. 开合屋盖结构设计简介 ［J］. 建筑结构学报，2005，（4）：112-116.

［61］ 陈以一，陈扬骥，刘魁. 南通市体育会展中心主体育场曲面开闭钢屋盖结构设计关键问题研究 ［J］. 建筑结构学报，2007，（1）：14-20＋27.

［62］ 智浩，李同进，龚奎成，等. 上海旗忠网球中心活动屋盖的设计与施工——机械结构一体化技术探索与实践［J］. 建筑结构，2007，(4)：95-100.

［63］ 范重，胡纯炀，李丽，等. 鄂尔多斯东胜体育场开合屋盖结构设计［J］. 建筑结构，2013，43 (9)：19-28.

［64］ 范重，胡纯炀，刘先明，等. 鄂尔多斯东胜体育场看台结构设计［J］. 建筑结构，2013，43 (9)：10-18.

［65］ 彭翼，范重，栾海强. 国家网球馆"钻石球场"开合屋盖结构设计［J］. 建筑结构，2013，43 (4)：10-18.

［66］ 范重，范学伟，赵长军，等. 国家网球馆"钻石球场"结构设计［J］. 建筑结构，2013，43 (4)：1-9.

［67］ 张胜，甘明，李华峰，等. 绍兴体育场开合结构屋盖设计研究［J］. 建筑结构，2013，43 (17)：54-57.

［68］ 曾乐飞，董卫国，温四清，等. 光谷网球中心5000座网球场结构设计［J］. 建筑结构，2016，46 (S2)：87-91.

［69］ 傅学怡，杨想兵，高颖，等. 杭州奥体博览城网球中心钢结构移动屋盖设计关键技术［J］. 建筑结构学报，2017，38 (1)：12-20.

［70］ 高颖，傅学怡，杨想兵，等. 杭州奥体博览城网球中心结构设计研究综述［J］. 建筑结构学报，2017，38 (1)：1-11.

［71］ 范重. 国家体育场鸟巢结构设计［M］. 北京：中国建筑工业出版社，2011：6-12.

［72］ 中华人民共和国住房和城乡建设部，中华人民共和国国家质量监督检验检疫总局. 开合屋盖结构技术标准：JGJ/T 442—2019［S］. 北京：中国建筑工业出版社，2019.

第2章

开合屋盖分类与结构形式

2.1 开合屋盖的分类

2.1.1 概述

1. 按使用状态分类

开合屋盖结构根据活动开合频率可分为常开、常闭、频繁开合与极少开合四种使用情况，结构设计的基本状态根据建筑使用情况通常分为常闭状态或常开状态，也可根据实际情况将常开状态与常闭状态均作为结构设计的基本状态，如表 2.1.1-1 所示。常闭状态，即活动屋盖以全闭状态为主，一般作为室内空间使用，如游泳馆、网球馆、健身中心、练习馆等，室内可设空调，运动场可配备人工草坪。常开状态，即活动屋盖以全开状态为主，一般作为大型体育场，进行田径、足球等运动，通常无空调设备，可育有天然草坪。开合屋盖建筑基本状态的确定对于开合操作管理、结构设计标准以及工程造价均有很大影响。

开合屋盖结构设计基本状态　　　　　　　　　　表 2.1.1-1

结构设计基本状态	使用情况	工程案例	使用说明
全开状态	常开状态为主	鄂尔多斯东胜体育场	主要作为室外"场"使用
全闭状态	常闭状态为主	国家网球馆"钻石球场"	主要作为室内"馆"使用
全开状态与全闭状态	开合操作频繁	日本海洋穹顶	根据天气情况频繁进行开启和闭合
	根据季节进行开合	法国 Blvd. Carnot 游泳馆	开合运行次数很少

2. 按屋盖开合方式分类

屋盖开合方式是开合屋盖建筑设计的重要内容，应综合考虑建筑风格、使用功能、自然环境以及后期运营管理模式等多方面因素。国内外开合屋盖建筑常用的开合方式主要有沿平行轨道移动、绕枢轴转动和折叠移动三种基本形式，如表 2.1.1-2 所示。沿平行轨道移动与绕枢轴转动开合方式，活动屋盖通常采用刚性结构，屋盖开合可视为刚体运动。折叠移动的活动屋盖单元多采用膜结构或刚性结构-膜材围护结构的形式，属柔性开合或半刚性结构。

开合屋盖的基本开合方式　　　　　　　　　　表 2.1.1-2

开合方式		活动屋盖的运行方式	备注
沿平行轨道移动	水平移动	沿互相平行的水平轨道移动	刚性开合
	空间移动	沿有一定坡度的曲线轨道移动	
	竖直移动	沿竖直方向的轨道移动	

续表

开合方式		活动屋盖的运行方式	备注
绕枢轴转动	绕竖向枢轴转动	绕竖直方向的转动轴在水平圆弧形轨道上转动	刚性开合
	绕水平枢轴转动	绕水平方向的转动轴旋转	
折叠移动	水平折叠	支承结构（如桁架）沿水平直线轨道相对移动，带动膜材折叠/展开移动	半刚性开合（刚性折叠）
	空间折叠	支承结构（如桁架）沿有一定坡度的曲线轨道相对移动，带动膜材折叠/展开移动	
	放射状折叠	膜材沿放射向（径向）布置的索系折叠/展开移动	柔性开合（柔性折叠）

实际应用中，活动屋盖可由一个或多个单元构成，各活动单元可以采用不同的基本开合方式，也可采用基本开合方式的组合形式。由于开合屋盖对结构与机械控制设计、施工安装精度等方面的要求很高，因此，应尽量避免采用过于复杂的开合方式，以降低设计与建造的难度，提高活动屋盖运行的可靠性。

2.1.2 沿平行轨道移动

沿平行轨道移动指活动屋盖单元沿若干互相平行的轨道进行移动的开合方式，形式相对简单，技术较为成熟。根据轨道的形状和设置方向，分为水平移动、空间移动和竖直移动三种方式。

1. 水平移动

水平移动方式指活动屋盖单元沿着相互平行的水平直线轨道移动。实际工程中活动屋盖通常向双侧开启，每侧可设置单个或多个活动屋盖单元。多个活动屋盖单元在屋盖全开状态时能够叠放，从而实现较大的开启率，如图2.1.2-1所示。

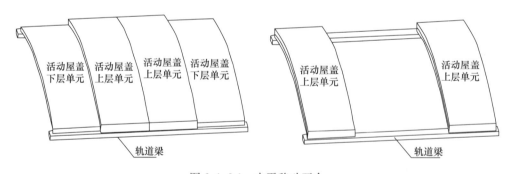

图 2.1.2-1 水平移动开合

相比其他开合方式，水平移动开合的安全性高，经济性好，故此应用最为广泛。在设计师的奇思妙想下，可以呈现出丰富的建筑造型与多彩的开合效果，如日本的宫崎海洋穹顶[1]、美国梅赛德斯奔驰体育场[2]以及中国国家网球馆[3]等均采用了水平移动开合方式。

日本宫崎海洋穹顶（Ocean Dome）是非常典型的采用水平移动方式的开合屋盖工程。活动屋盖采用跨度为109.0m、矢高为23.24m的拱形主桁架与拱形次桁架构成的空间网格结构。4片活动屋盖单元沿水平轨道向两侧移动，实现屋盖开启。开启后的活动屋盖位于两端固定屋盖上方（图 2.1.2-2）[1]。

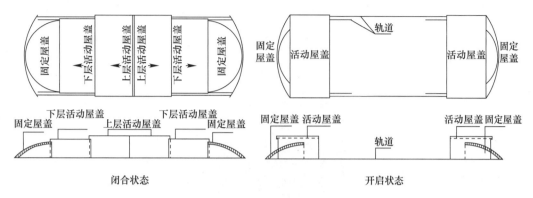

闭合状态　　　　　　　　　　　　开启状态

图 2.1.2-2　宫崎海洋穹顶

中国国家网球馆是我国工程师自主设计并施工的开合屋盖项目，大跨度屋盖平面呈圆形，固定屋盖直径为 140m，中间开口范围为 70m×60m。上、下层两组活动屋盖沿平行轨道水平移动。每片活动屋盖两端分别设置 4 部台车，共计 32 部台车，如图 2.1.2-3 所示[3]。

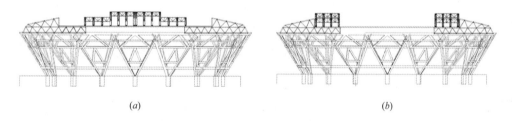

(a)　　　　　　　　　　　　(b)

图 2.1.2-3　中国国家网球馆

（a）全闭状态；（b）全开状态

美国亚特兰大的梅赛德斯奔驰体育场（Mercedes-Benz Stadium），开合屋盖由 8 片活动屋盖单元组成，每片活动屋盖沿各自 2 条平行轨道同步运行，能够呈现出旋转开合的视觉效果[2]，如图 2.1.2-4 所示。

德国的格里韦伯体育场（Gerry Weber Center Court）作为一个室内运动场，活动屋盖悬挂于固定屋盖下表面的平行轨道（图 2.1.2-5）[4]。

2. 空间移动

空间移动方式指活动屋盖单元沿着具有一定坡度的曲线轨道移动，如图 2.1.2-6 所示。由于活动屋盖的自重会产生一定的运行阻力，技术难度较大。故此，采用空间移动方式时，活动屋盖的面积与开启率通常较小。但空间移动更容易满足建筑造型美观的要求，随着技术的进步，空间移动方式越来越受到青睐。日本的大分体育场[1]、荷兰的阿姆斯特丹体育场[5]以及我国的鄂尔多斯东胜体育场[6]等均采用了空间移动开合方式。

荷兰的阿姆斯特丹体育场（Amsterdam Arena），开合范围为 71m×108m，为减小结构间相互影响和支承结构的尺寸，专门为活动屋盖设置了拱桁架作为其支承结构[5]，如图 2.1.2-7 所示。

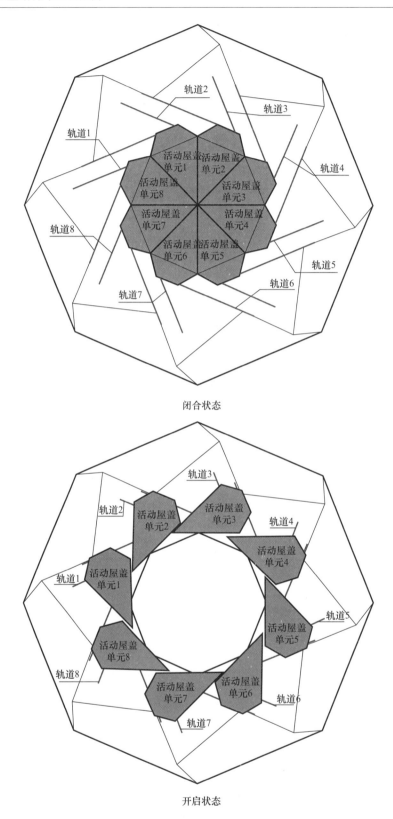

闭合状态

开启状态

图 2.1.2-4 梅赛德斯奔驰体育场

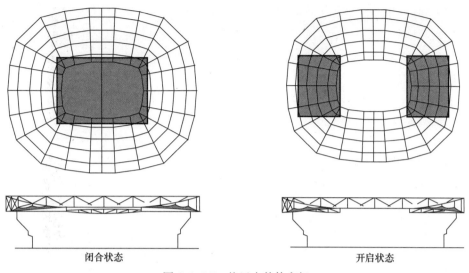

闭合状态　　　　　　　　　　　　　　　开启状态

图 2.1.2-5　格里韦伯体育场

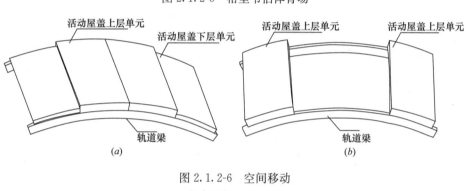

图 2.1.2-6　空间移动
（a）闭合状态；（b）开启状态

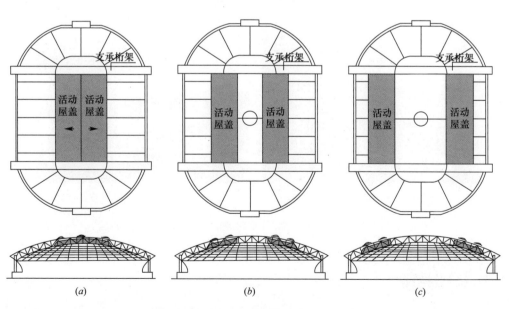

图 2.1.2-7　荷兰阿姆斯特丹体育场
（a）全闭状态；（b）中间状态；（c）全开状态

3. 竖直移动

竖直移动方式指活动屋盖沿竖直方向移动实现屋盖开合，如图 2.1.2-8 所示。由于竖直移动开合方式需要克服活动屋盖的全部自重，因此活动屋盖的自重越轻越好，通常采用整体式的活动屋盖。

竖直移动开合的限制条件较多，且技术相对复杂，实际应用中并不多见，最典型工程实例是西班牙维斯塔阿莱格里（Vista Alegre）多功能体育场。该工程利用气枕作为活动屋盖。在体育场中央设置一个直径 50m、可垂直开闭的双层充气膜结构，膜的总面积 5000m²，上层为 PVC 膜材，下层为索网加强的 ETFE 膜材。屋盖可在 5min 内完成开启，自 11.6m 升高至 21.6m，沿圆周边设置了 12 根由斜拉索支撑的桅杆作为屋盖提升的支点[7]（图 2.1.2-9）。

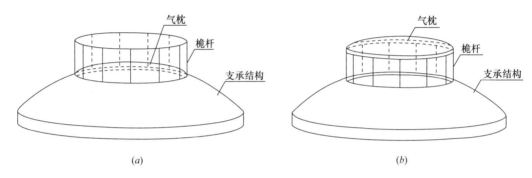

(a)　　　　　　　　　　　　　　(b)

图 2.1.2-8　竖直移动开合方式
(a) 闭合状态；(b) 开启状态

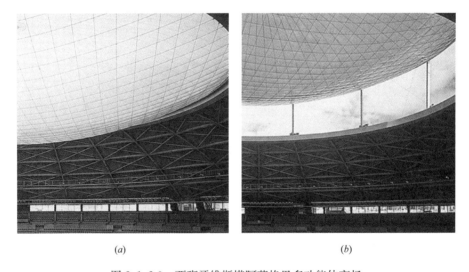

(a)　　　　　　　　　　　　　　(b)

图 2.1.2-9　西班牙维斯塔阿莱格里多功能体育场
(a) 闭合状态；(b) 开启状态

2.1.3　绕枢轴转动

绕枢轴转动是指活动屋盖单元绕某一枢轴进行旋转移动的开合方式，根据枢轴的设置方向，可分为绕竖向枢轴转动和绕水平枢轴转动。

1. 绕竖向枢轴转动

绕竖向枢轴转动也称水平旋转，指活动屋盖沿水平圆弧轨道绕竖直方向枢轴的转动。枢轴数量与布置方式根据旋转单元数量与旋转方向确定，工程中可以采用绕单一中心枢轴旋转、绕双枢轴旋转和绕多个枢轴旋转的形式。

（1）绕同一枢轴旋转

当活动屋盖单元数量较少且向同一方向旋转时，可采用单一枢轴。日本福冈穹顶（Fukuoka Dome）屋盖由 3 片网壳组成，最下一片固定，中层及上层活动屋盖单元沿着圆形水平导轨绕同一中心竖轴同向旋转，直至三片屋盖平面投影位置重合[8]，如图 2.1.3-1 所示。

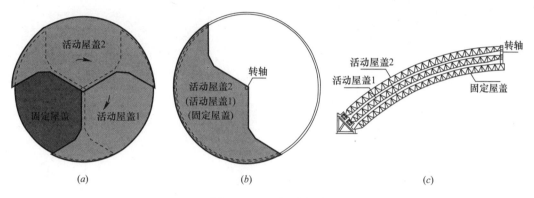

图 2.1.3-1 福冈穹顶
（a）全闭状态；（b）全开状态；（c）旋转构造示意

我国青岛奥帆中心舞台也采用了绕同一枢轴旋转开合的设计。为实现屋盖可靠的旋转运行，将驱动与行走装置安装在活动屋盖底部，从动台车绕中心枢轴随动(图 2.1.3-2)。

图 2.1.3-2 青岛奥帆中心舞台

（2）绕双枢轴旋转

当活动屋盖单元数量较多、且同层结构单元旋转方向不一致时，可采用绕双枢轴旋转。美国匹兹堡市民竞技场（Civic Arena sports hall），6 个活动屋盖单元两两一组，开启时分别绕枢轴反向旋转收拢于固定屋盖处，如图 2.1.3-3 所示[1]。

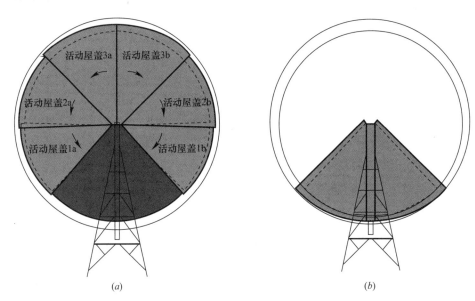

图 2.1.3-3　美国匹兹堡市民竞技场
(a) 全闭状态；(b) 全开状态

　　日本 Mukogawa Gakuin 中学游泳馆屋盖将四分之一圆平分成 6 份，两侧单元为固定屋盖，中间 4 个活动单元，分别绕两个枢轴反向旋转实现屋盖开启，最大开启率为70%[1]，如图 2.1.3-4 所示。

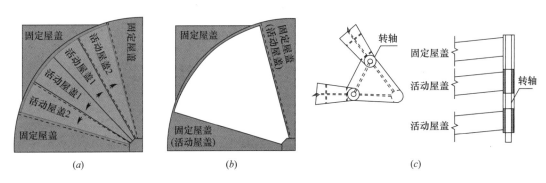

图 2.1.3-4　Mukogawa Gakuin 中学游泳馆
(a) 闭合状态；(b) 开启状态；(c) 双旋转轴

　　日本 Yokote 穹顶剧场屋盖开合方式与 Mukogawa Gakuin 中学游泳馆类似，可开合部分由两组 4 个结构单元组成，两组单元绕各自枢轴旋转[1]，如图 2.1.3-5 所示。

　　(3) 多枢轴旋转开合

　　多个活动单元绕各自垂直枢轴同步旋转可呈现出花蕾绽放的艺术效果。上海旗忠网球中心首先采用这一开合方式。屋盖由 8 片花瓣状单元组成，每片结构自重逾 200t，分别设置一个固定转轴与三同心旋转轨道，可水平旋转 45°[9]，如图 2.1.3-6 所示。

　　美国的米勒运动场（Miller Park）平面呈扇形，五片活动屋盖绕各自枢轴旋转，可叠放在两侧固定屋盖的上方[8]，如图 2.1.3-7 所示。

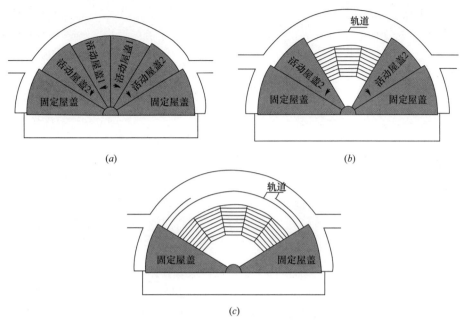

图 2.1.3-5　日本 Yokote 穹顶剧场

（a）全闭状态；（b）半开状态；（c）全开状态

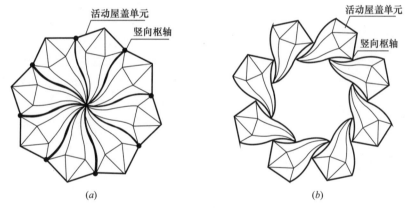

图 2.1.3-6　上海旗忠网球中心

（a）闭合状态；（b）开启状态

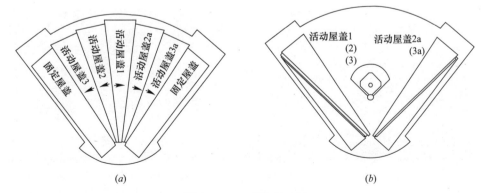

图 2.1.3-7　米勒运动场

（a）全闭状态；（b）全开状态

2. 绕水平枢轴转动

绕水平枢轴转动指活动屋盖单元绕单个或多个水平枢轴旋转开启，如图 2.1.3-8 所示。

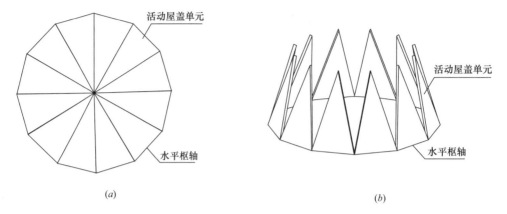

图 2.1.3-8　绕水平枢轴转动开合
(*a*) 闭合状态；(*b*) 开启状态

对于绕水平枢轴旋转开启的方式，开启过程需要克服结构单元自重产生的力矩，且容易产生较大的风荷载效应，大型工程中不宜采用，目前仅用于较小规模的建筑，如日本札幌某地下空间屋顶（图 2.1.3-9）、2000 年德国博览会 Venezuelan Pavillion[10]（图 2.1.3-10）等。

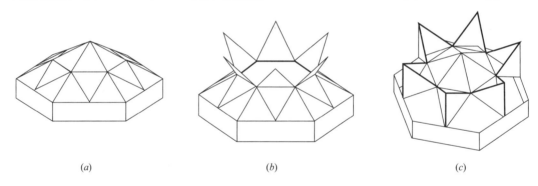

图 2.1.3-9　日本札幌地下空间屋顶
(*a*) 闭合状态；(*b*) 开启状态一；(*c*) 开启状态二

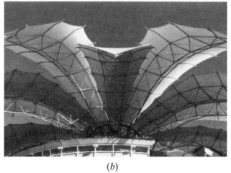

图 2.1.3-10　2000 年德国博览会 Venezuelan Pavillion
(*a*) 闭合状态；(*b*) 开启状态

2.1.4　折叠移动

折叠移动指通过折叠或褶皱将屋面材料折叠或卷绕起来，从而达到屋顶开启的目的。根据屋面材料的折叠方式，折叠移动通常分为水平折叠、空间折叠和放射状折叠等形式。为更好地满足折叠要求，通常采用可折叠性能良好的柔性膜材作为屋面材料，实际工程中也有利用玻璃、聚碳酸酯板等刚性材料作为围护材料的案例。

日本学者石井一夫在《Structural Design of Retractable Roof Structure》[1] 中，结合膜材的特性，从概念上提出了膜材可实现的折叠开合方式，如表 2.1.4-1 所示。

膜结构的开合方式　　　　　　　　　　　　　　　　表 2.1.4-1

建造体系	运行方式		平行	中心	圆形	周边
支承结构固定	膜	折叠	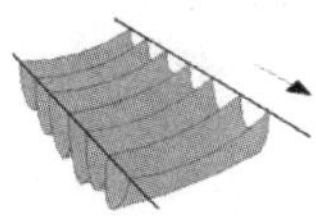	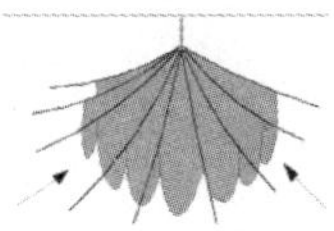	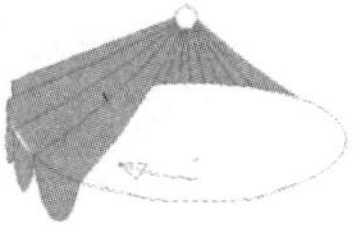	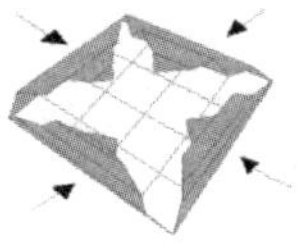
		滚卷	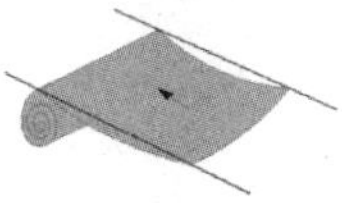			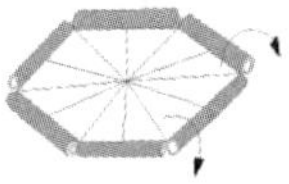
支承结构可动	支承结构	平移	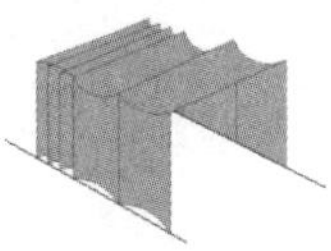		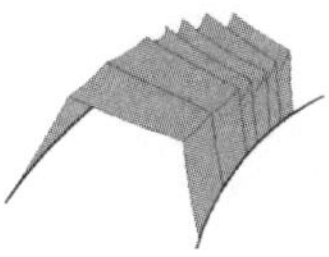	
		折叠	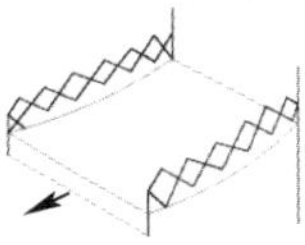	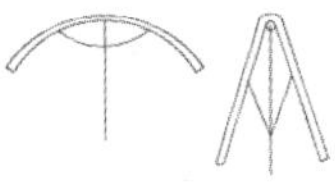	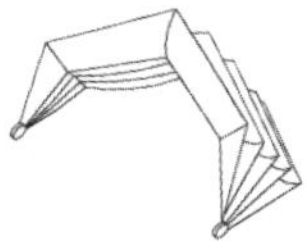	
		旋转				

在水平折叠与空间折叠开合方式中，活动屋盖多采用单跨桁架，屋盖的开合通过各榀桁架之间相对运动实现。各榀桁架之间的膜材，在屋盖闭合时处于张紧状态，屋盖开启时膜材处于松弛状态。

1. 水平折叠

水平折叠指桁架沿水平直线轨道移动，带动桁架之间膜材折叠或展开，从而实现屋盖开合，如图 2.1.4-1 所示。

英国温布尔顿中心球场改造工程（图 2.1.4-2）采用水平折叠开合方式，活动屋盖结构由 10 榀 77m 跨度的桁架组成，围护材料选用强度高、折叠性好、半透明的 EPTFE 膜材[11]。

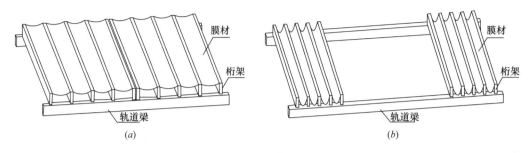

图 2.1.4-1　水平折叠
(a) 闭合状态;(b) 开启状态

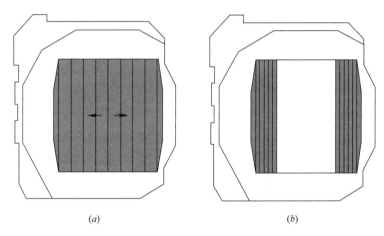

图 2.1.4-2　英国温布尔顿中心球场
(a) 闭合状态;(b) 开启状态

国家网球中心"钻石球场"在设计初期也曾提出一种水平折叠移动的开合方案(图 2.1.4-3)。建筑平面为圆形,利用折叠移动方式获得较大的开启面积。

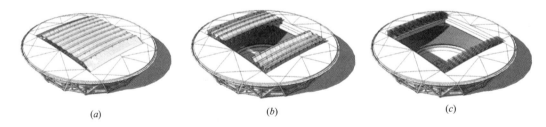

图 2.1.4-3　国家网球馆折叠移动方案
(a) 闭合状态;(b) 中间状态;(c) 开启状态

2. 空间折叠

所谓空间折叠指活动屋盖沿空间曲线轨道运行的情况,如图 2.1.4-4 所示。

丰田体育场(Toyota Stadium)采用空间折叠开合方式,固定屋盖采用斜拉结构,活动屋盖采用充气折叠系统,承重结构为倒三角形立体桁架,相邻两榀桁架之间设置 PVC 充气膜,随着桁架移动调节气囊内的气压(充气/放气),从而实现屋盖的开合(图 2.1.4-5)。驱动装置采用了齿轮齿条系统[12,13]。

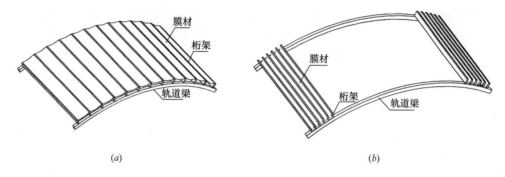

图 2.1.4-4　空间折叠

（a）闭合状态；（b）开启状态

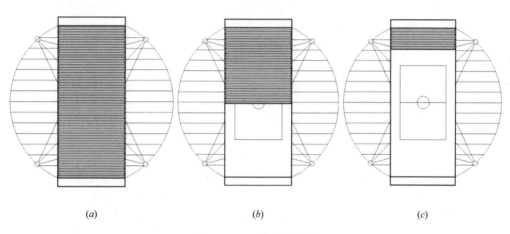

图 2.1.4-5　丰田体育场

（a）全闭状态；（b）半开状态；（c）全开状态

3. 放射状折叠

放射状折叠指可伸展/收纳式的膜结构，索网或索桁架沿中心放射状布置，为膜材提供支承，膜材展开后可覆盖整个赛场上空，折叠后收纳于球场上空的箱体中，如图 2.1.4-6所示。索网收纳是柔性折叠收纳的主流形式。

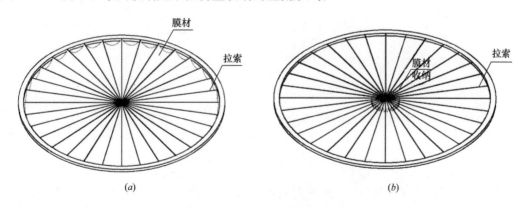

图 2.1.4-6　放射状折叠移动开合

（a）闭合状态；（b）开启状态

柔性折叠结构的开合通过膜材的展开与收纳实现，所以膜材必须具有良好的可折叠性。根据膜材的收纳位置主要分为桅杆收纳、塔楼收纳以及索网收纳三种形式。桅杆收纳被称为"Bunchable"方法，适用于建筑空间允许设置桅杆的场馆，如图 2.1.4-7 所示。该方式已应用于法国的 Carnot 游泳馆。

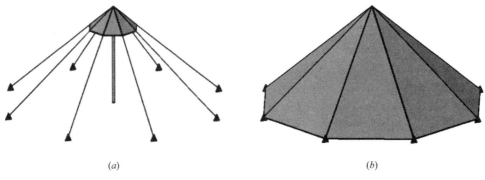

图 2.1.4-7　桅杆收纳开合

(a) 开启状态；(b) 闭合状态

对室内空间不允许有柱的场馆，可采用塔楼收纳或周边支撑索网收纳，塔楼收纳的典型案例是加拿大的蒙特利尔奥林匹克体育场，如图 2.1.4-8 所示。

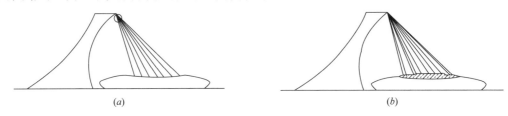

图 2.1.4-8　塔楼收纳开合

(a) 开启状态；(b) 闭合状态

波兰华沙新国家体育场（National Stadium）开合屋盖采用索膜收纳折叠方式，屋顶结构的总重量为 1200t，支承结构为独立钢柱和斜向张拉环[14]，如图 2.1.4-9 所示。

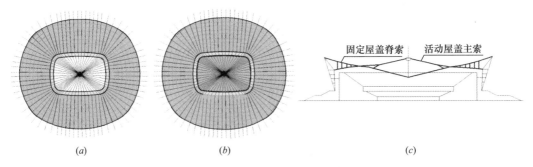

图 2.1.4-9　波兰华沙新国家体育场

(a) 全开状态；(b) 全闭状态；(c) 索结构布置平面图

代表性工程还有德国的法兰克福新商业银行体育场（The New Commerzbank Arena）[15]、罗马尼亚的布加勒斯特国家球场（Bucharest National Arena）[16]与加拿大的不列颠哥伦比亚体育场（BC Place Stadium）[17]。

德国汉堡的 Rothenbaum 网球场采用了膜收纳仓偏心布置的柔性折叠方式[18]，避免其在球场上投下的阴影对运动员造成干扰，如图 2.1.4-10 所示。开启或闭合的移动速度与钢索长度成正比。

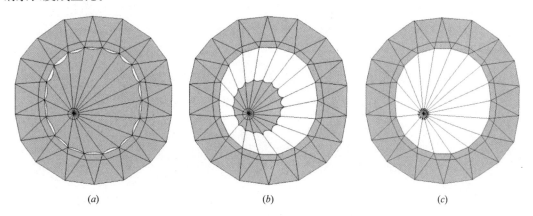

(a)　　　　　　　　　　　(b)　　　　　　　　　　　(c)

图 2.1.4-10　Rothenbaum 网球场
(a) 全闭状态；(b) 中间状态；(c) 全开状态

2.1.5　组合移动

随着技术进步，建筑的开合方式不断取得新的突破，从单一的开合演变为组合型的开合，形成更为复杂巧妙的开启方式。组合移动是指单个结构单元存在两种及以上的移动方式；或者尽管每个结构单元移动方式单一，但是各结构单元存在两种及以上的移动方式。值得注意的是，复杂的开启方式将加大开合屋盖建筑设计与建造的难度，提高建造成本，并影响活动屋盖运行的可靠性。

加拿大多伦多天空穹顶率先采用了水平移动和绕竖轴转动的组合开合方式，如图 2.1.5-1 所示。整个屋盖由 4 片独立的网壳组成，中间两片为水平移动单元，由 72 台电机驱动，两端均为四分之一球壳，其中一片为固定屋盖，另一块可旋转 180°后与固定屋盖叠放。屋盖全部开启后，观众席上方的开启率可达 91%[19,20]。

英国的温布利足球场为了充分兼顾足球场草坪阳光照射与观众席遮风挡雨，活动屋盖采用局部覆盖模式，各片活动屋盖单元可沿各自轨道运行（图 2.1.5-2)[21]。

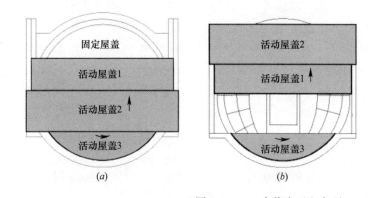
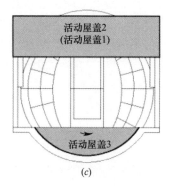

(a)　　　　　　　　　　　(b)　　　　　　　　　　　(c)

图 2.1.5-1　多伦多天空穹顶（一）
(a) 全闭状态；(b) 平移开启 1；(c) 平移开启 2

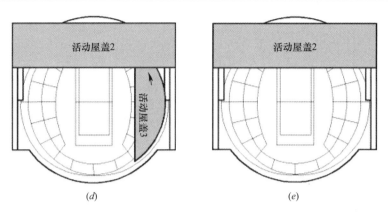

图 2.1.5-1　多伦多天空穹顶（二）

（d）旋转开启；（e）全开状态

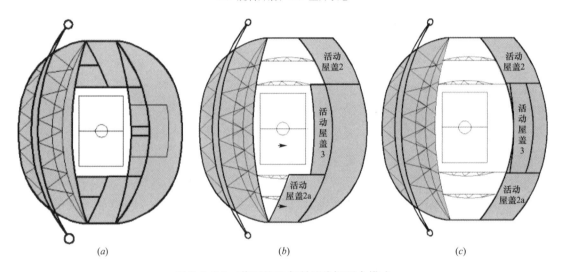

图 2.1.5-2　英国的温布利足球场开合模式

（a）覆盖全部观众席；（b）覆盖部分观众席；（c）全部开启

日本的球穹顶（Ball Dome）采用"转动＋平移"的组合方式，如图 2.1.5-3 所示。屋盖由上下两片独立的钢网壳组成，屋盖结构跨度 37m。下层网壳沿圆弧形轨道旋转 90°，叠放在上层网壳的下方，此时屋盖开启率约为 40%；屋盖整体沿水平直线轨道平行移动，直至屋盖完全打开。球穹顶的开启率可达到 100%，但需占用馆外场地[1]。

西班牙马德里的奥林匹克网球中心（Olympic Tennis Centre）中心区域屋顶活动屋盖长 102m、宽 70m，除可以水平移动开启外，翻转高度可达 20m；较小的两个体育馆活动屋盖长 60m、宽 40m，除可平移外，还可翻转 25°；三片活动屋盖共可形成 27 种不同开合方式[22]，如图 2.1.5-4 所示。

2.1.6　可展结构移动方式

可展结构（Deployable Structure）也可用于开合屋盖结构，利用可展结构的机构特性，通过结构自身的折叠与展开实现屋盖开合。1991 年建成的纽约现代艺术馆采用了可展式结构，完全展开时呈现虹膜的形态。膜材附着于结构构件，结构完全伸展时，各部分形成一个完整的球形连续表面[1]（图 2.1.6-1）。

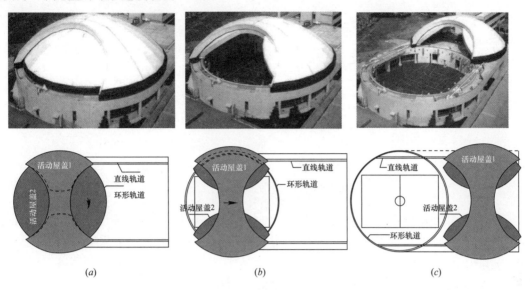

图 2.1.5-3　球穹顶
（a）全闭状态；（b）旋转开合；（c）平行移动

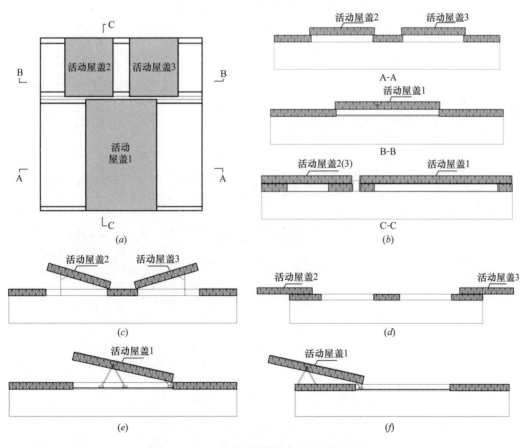

图 2.1.5-4　西班牙马德里奥林匹克网球中心
（a）平面布置；（b）全闭状态；（c）开启方式一；（d）开启方式二；（e）开启方式三；（f）开启方式四

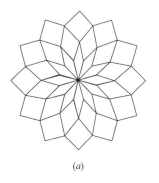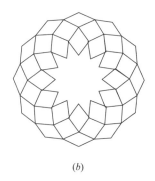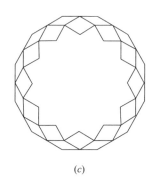

(a) (b) (c)

图 2.1.6-1 纽约现代艺术馆

(a) 全闭状态；(b) 中间状态；(c) 完全展开状态

目前，可展结构多用于航空航天领域，如太阳帆板、可展天线、伸展臂等，在建筑工程领域的应用尚处于起步阶段，交叉杆系构成的网格结构或由板式单元构成的折板结构等，主要用于需要快速安装、拆除的临时性、流动性结构，应用于实际开合屋盖工程尚不多见。故此，本书不对可展结构移动开合方式做过多阐述。

2.1.7 开合技术的其他应用

随着开合屋盖技术的发展，建筑的开合方式也在不断发展与创新，开合技术运用更加灵活。日本札幌的穹顶体育场[23]、荷兰的 Gelredome[24] 及德国的维尔廷斯球场[25]（Veltins Arena）均采用了可移动草坪设计（图 2.1.7-1），确保天然草坪日照充足，为可开合建筑的发展提供了新思路。

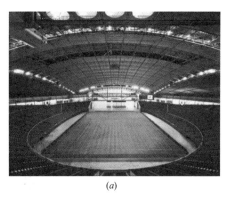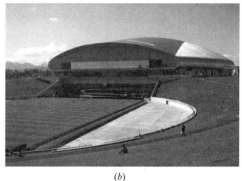

(a) (b)

图 2.1.7-1 札幌穹顶的可移动天然草坪

（a）草坪位于室内；（b）草坪位于室外

按使用阶段要求增设屋盖或取消屋盖，是开合建筑理念在应用中的延伸。俄罗斯菲施特奥林匹克体育场（Fisht Olympic Stadium），位于俄罗斯联邦克拉斯诺达尔边疆区索契市奥林匹克公园内，命名源于俄罗斯的菲施特山（Mount Fisht），可容纳 4 万名观众，2013 年竣工，是举办 2014 年索契冬季奥运会开幕式和闭幕式的主场馆，也是俄罗斯国家足球队的主场。2014 年索契冬季奥运会时，该建筑作为体育馆使用。2017 年进行改造时，取消了中间的屋盖，变为露天足球场（图 2.1.7-2)[26]。

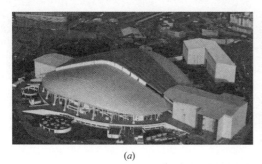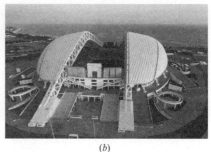

$$(a) \qquad\qquad\qquad (b)$$

图 2.1.7-2 菲施特奥林匹克体育场

（a）改造前；（b）改造后

2.1.8 屋盖的开启率

开启率指开合屋盖结构当活动屋盖处于全开状态时，开口的投影面积与整个屋面投影面积比值的百分率。开启率是衡量开合屋盖建筑效能的重要指标，可按下式计算[27]：

$$\alpha = \frac{A}{A_0} \qquad\qquad (2.1.8-1)$$

式中 α——开启率；

A_0——整个屋面的投影面积；

A——活动屋盖所覆盖开口的投影面积。

屋盖不同开启状态的室内效果如图 2.1.8-1 所示，屋盖开启率对使用体验影响很大。

开启率应根据建筑使用功能、技术可靠性和工程造价等因素综合确定，项目之间差异较大。带有天然草坪的体育场，屋盖应具有较大的开启率，草坪可以得到充足的阳光照射。

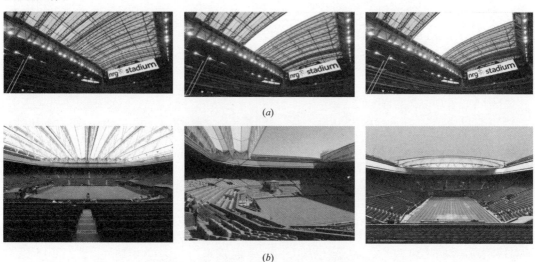

$$(a)$$

$$(b)$$

图 2.1.8-1 可开合建筑屋盖的开合状态（一）

（a）美国瑞兰特体育场；（b）英国温布尔顿中心球场

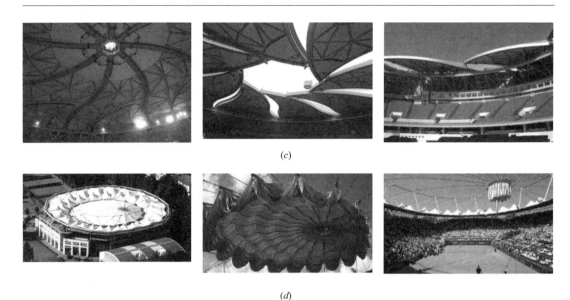

(c)

(d)

图 2.1.8-1 可开合建筑屋盖的开合状态（二）

(c) 上海旗忠网球中心；(d) 德国 Rothenbaum 网球场

　　开合屋盖工程建造费用较高，早期可开合结构的开启率较大，导致工程造价和占用土地面积增加。开启率与活动屋盖重量以及驱动系统有关，较小的开口面积可以有效减小活动屋盖尺寸与重量，降低对驱动力的需求，减小结构地震响应，降低设计施工难度，缩短工期，节约造价，方便后期使用以及维护。因此，目前在开合屋盖设计时，在满足建筑使用功能的前提下，大型建筑普遍采用屋盖可局部开启的方式，中小型建筑可以采用较大的开启率。部分开合屋盖工程的开启率如表 2.1.8-1 所示。

开合屋盖建筑的开启率　　　　　　　　　表 2.1.8-1

工程名称	开合尺寸/面积	开启率（%）	工程名称	开合尺寸/面积	开启率（%）
蒙特利尔奥林匹克体育场	200m（长轴）×140m（短轴）椭圆	27.7	日本球穹顶	1134m²	100
瑞兰特体育场	17884m²	52.5	福冈穹顶	直径222m	20
菲尼克斯班克文球场	21000m²	40	格里韦伯网球场	1000m²	12.4
宫崎海洋穹顶	22726m²	65	釜山穹顶	12900m²	41
荷兰阿姆斯特丹体育场	2片35m×120m活动屋盖	18.7	浙江黄龙中心网球馆	24m×35m	17.6
波兰华沙新国家体育场	240m×270m		南通体育会展中心体育场	17807m²	44
澳大利亚国家网球中心	73m×61m	31.6	上海旗忠网球中心	11876m²	70
新加坡国家体育场	2片210m×49m活动屋盖	26.9	鄂尔多斯东胜体育场	10076.2m²	20.6
仙台壳体	6900m²	46	国家网球中心"钻石球场"	70m×60m	27
小松穹顶	3750m²	19.6	绍兴中国轻纺城体育场	12350m²	24.3
大分体育场	24m×35m	33.9	武汉光谷国际网球中心	60m×70m	24

2.1.9 开合运行时间

活动屋盖开合运行时间是开合屋盖的重要指标，对于小型活动屋盖，开启时间一般控制在 10min 以内；对大、中型活动屋盖，其开启时间一般控制在 30min 以内[27]。

开合屋盖的开合运行时间与活动屋盖重量和运行距离有关。开合时间较长，会影响置身其中的运动员和观众的使用感受；开合时间较短，意味着较大的启动和制动加速度，需要较大的牵引力和制动力，驱动系统成本随之提高，对支承结构和运行部件的冲击力也随之增大。因此，在满足运行安全与造价合理的前提下，开合时间宜尽量缩短。部分开合屋盖工程活动屋盖的开合方式和运行时间见表 2.1.9-1。

活动屋盖开合方式和时间   表 2.1.9-1

工程名称	开合方式	运行时长(min)	工程名称	开合方式	运行时长(min)
加拿大天空穹顶	平行、旋转组合开合	20	宫崎海洋穹顶	平行开合	10
瑞兰特体育场	平行开合	10.7	阿瑞卡体育场	水平开合	17.5
菲尼克斯班克文球场	平行开合	5	福冈穹顶	绕竖向枢轴旋转开启	20
米勒运动场	绕竖向枢轴转转开合	10	仙台壳体	绕竖向枢轴旋转开启	18
塞菲科球场	平行开合	10~20	田岛穹顶	绕竖向枢轴旋转开启	15
Minute Mind	平行开合	12~20	有明竞技场	平行移动	17.5
马林鱼棒球场	平行开合	13	大分体育场	空间轨道移动	15
达拉斯牛仔体育场	沿空间轨道平行开合	12	釜山穹顶	沿径向球面轨道滑行	15
格里韦伯网球场	平行开合	1.5	Shin-Amagi Dome	沿空间轨道移动	10
卢卡斯石油体育场	沿坡屋顶平行开合	9~12	球穹顶	旋转＋平行组合移动	11.5
菲尼克斯大学体育馆	沿空间轨道平行开合	11	小松穹顶	沿空间轨道平行开合	10
瑞兰特体育场	平行开合	10.7	浙江黄龙中心网球馆	平行开合	15
英国温布尔顿中心球场	刚性折叠开合	10	南通体育会展中心体育场	沿空间轨道平行开合	20
阿姆斯特丹体育场	沿空间轨道平行开合	15	上海旗忠网球中心	8 片屋盖旋转开合	20
德国格里韦伯体育馆	平行开合	1.5	鄂尔多斯东胜体育场	平行开合	18
杜塞尔多夫多功能体育场	平行开合	30	国家网球中心"钻石球场"	平行开合	8
华沙新国家体育场	柔性折叠开合	20	绍兴中国轻纺城体育场	沿空间轨道平行开合	18
Marvel Stadium	平行开合	8			
澳大利亚国家网球中心	平行开合	23	武汉光谷国际网球中心	平行开合	8
玛格丽特考特竞技场	平行开合	5			
海信竞技场	平行开合	10			

2.2 活动屋盖结构

2.2.1 概述

活动屋盖通过行走机构与支承结构相连，设计时应遵循安全可靠、适用耐久的原则，确保开合运行顺畅，具体要求如下：

（1）结构选型应与屋盖的开启方式紧密结合，尽量与固定屋盖的建筑风格及结构体系协调一致。

（2）严格控制活动屋盖的自重，选用轻质围护结构。

（3）合理控制活动屋盖刚度，宜采用对边界条件不敏感的柔性结构，对驱动系统适应性强，避免在屋盖开合过程中台车反力突变，延缓机械部件疲劳损伤，延长行走机构使用寿命。此外，活动屋盖对支承结构变形、温度作用、基础不均匀沉降以及轨道制作安装误差等均应具有较好的适应能力，避免变形差异对活动屋盖内力产生显著影响。

（4）活动屋盖质量分布宜均匀，方便与驱动系统相结合，使得各台车受力均衡，屋盖关闭后各板块之间的密封构造严密。

（5）尽量减小台车的横向反力，便于轨道梁设计，降低台车造价。

（6）活动屋盖的屋面坡度应考虑排水需求。

（7）活动屋盖应进行运行过程干涉检验。

活动屋盖可分为刚性结构、刚性折叠结构和柔性折叠结构三种体系。

2.2.2　刚性结构

刚性结构通过活动屋盖单元的平动与转动实现屋盖开合，受力性能可靠，对建筑造型适应性强，是 20 世纪 80 年代末以后活动屋盖采用的主要结构形式。

刚性结构活动屋盖多采用沿跨度方向受力为主的单跨结构[28～30]，少量工程采用多跨连续形式[31,32]。桁架作为传力简明的单向受力体系，是活动屋盖中最常用的结构形式。

绍兴体育场活动屋盖采用平面桁架体系，沿跨度方向共设置 7 道主桁架，主桁架最大高度 6.2m，最小高度 1.5m。在活动屋盖纵向布置檩条，增强主桁架的侧向稳定性。活动屋面周边布置水平支撑，用于保证活动屋盖的整体刚度。活动屋盖尾部弧形边悬挑长度为5m，结构布置如图 2.2.2-1 所示。

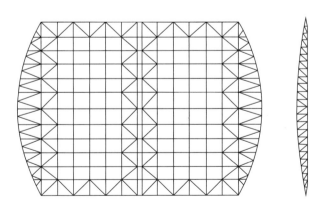

图 2.2.2-1　绍兴体育场活动屋盖的结构布置

门式桁架用于轨道置于混凝土支承结构或直接置于地面的情况。活动屋盖作用于台车顶部的水平推力对台车、驱动系统和支承结构均有较大影响，故此应尽量消除或减小活动屋盖在自重作用下的水平推力。边桁架既是活动屋盖的边缘构件，也是各台车之间的连系构件，减小边桁架刚度可有效降低运行过程中各台车差异变形引起边桁架内力的变化。

网壳属于多次超静定结构，整体性好、传力可靠，但对于活动屋盖而言，其在运行过程中协调变形的能力并不理想。故此，应通过优化网壳布置和构件截面规格等方式，合理控制结构刚度，使各台车反力尽量均匀。单层网壳适用于活动屋盖跨度较小的情况，当活动屋盖面积很大时，可设置多条轨道减小跨度；双层网壳可用于活动屋盖跨度较大的情况。

台车既是活动屋盖的运行装置，又是活动屋盖结构的支座。活动屋盖单元重心的平面投影应尽量接近该活动屋盖单元各台车连线多边形形心的位置，避免出现台车受力过于悬殊、甚至出现台车受拉的情况。水平旋转开启的活动屋盖应设置旋转导向轴，导向轴仅承受屋盖开启过程中的水平荷载，并通过设置多条平面圆弧轨道，将以旋转导向轴为圆心的同心圆弧作为活动屋盖的稳固支承面。

2.2.3　刚性折叠结构

刚性折叠结构通过自身各组件的相对运动，屋面以折叠/展开的方式实现开启与关闭。折叠结构在折叠与展开过程中为可变体系，在折叠或展开完成后，通过锁定装置形成稳定的结构体系。活动屋盖的多榀桁架可以通过铰页进行连接[11,13]。刚性折叠结构应重点关注铰页部件与围护结构的连接构造。折叠铰页机构应具有足够的强度和刚度，防止出现较大的弯曲变形，保证连接部件在折叠/展开过程中平稳自如。

为了避免活动屋盖在反复折叠/展开的过程中屋面材料损坏，应采用抗弯折性能优越的膜材作为屋面材料。此时，桁架作为刚性承重结构，膜材作为柔性围护结构，可有效避免屋面折叠/展开时容易发生故障、屋面材料发生破损的问题。

折叠结构在折叠与展开过程中是一个可变体系，到达预定的展开状态时由机构转变为稳定结构。根据结构展开后的稳定平衡方式，折叠结构的锁定形式可分为自锁式及外加锁式两类。自锁结构又分为几何自锁和构件自锁两种形式。几何自锁式结构的自锁原理主要由结构的几何条件及杆件材料特性决定，锁铰中的杆件只有在完全折叠及完全展开两种状态下才与结构的几何状态相适应，杆件应力为零；在折叠展开过程中杆件会产生不同程度的弯曲变形及弯曲应力，储存变形能，结构完全展开后反方向释放能量，恢复直杆状态。几何自锁式结构展开方便、迅速，但对结构几何构型要求高，且杆件弯曲刚度较小，承受外荷载能力较差，仅适用于小跨度结构。构件自锁式结构的自锁机理主要是通过铰接处的销钉在结构展开时自动滑入杆件端部预留的槽孔而锁定结构。目前，自锁式结构（特别是构件自锁式结构）主要应用于航空航天领域，如可展天线、伸展臂等，较少应用于民用建筑领域。外加锁式结构在折叠、展开过程中，杆件不产生内力，达到预定展开状态时仍为机构体系，需附加构件（刚性杆件或柔性索）、约束或其他锁定装置，才使其成为具有承载能力的结构。外加锁式结构杆件刚度较大，可用于较大跨度结构。

2.2.4　柔性折叠结构

柔性折叠结构依靠膜材的展开与折叠收纳实现活动屋盖的开合，在开合建筑中应用较早[33]。柔性折叠结构的特点是自重轻，但抗风性能较差，易发生故障。近年来随着技术的进步，柔性折叠结构因其轻巧别致，重新受到青睐[14~16]。

膜材材质选择与膜结构设计是柔性折叠结构的重点，应满足以下要求：

（1）在全开与全闭状态下，活动屋盖应分别满足强度、刚度和稳定要求。

（2）应选用可折叠性能优良的膜材，膜面折叠与展开运动自如，保证高频度使用状态下安全可靠。

（3）柔性折叠结构的几何形态应保证屋盖关闭时能够形成所需要的曲面形态，与支承结构紧密贴合。

（4）索系和膜材预应力形成的几何刚度是构成柔性折叠结构刚度的主要部分，索系或膜材松弛将导致结构刚度下降，在风荷载作用下容易出现剧烈振动，甚至导致膜材撕裂。此外，膜材松弛会导致屋面褶皱，影响建筑美观和排水。所以，需要通过对边界索系与膜材施加适当的预张力，避免在不利荷载作用下膜面松弛。

（5）应在固定屋盖洞口边缘设置刚性环梁，以平衡索膜的预张力。根据建筑造型及边界条件等因素，活动屋盖的膜材一般收纳于屋盖内中央[14]，见图 2.2.4-1。

图 2.2.4-1　柔性折叠屋盖

2.3　支承结构

活动屋盖的支承条件主要取决于建筑的功能与造型，直接支承活动屋盖的混凝土结构、专用轨道支架或地面轨道系统，称为刚性支承结构；当活动屋盖支承于大跨度屋盖时，将固定屋盖称为柔性支承结构。

支承结构应为活动屋盖提供可靠的支承条件，保证开合运行顺畅，因此，支承结构要满足强度要求，确保各种荷载工况作用下的承载力。同时，支承结构的刚度应适应驱动系统运行的需求，避免轨道变形过大而导致屋盖运行故障。

对支承结构的变形控制主要为相对变形值，预应力和施工预起拱仅能改善结构的初始位形。对于多单元活动屋盖，还应控制支承结构在各活动屋盖单元运行过程中的变形差。

2.3.1　刚性支承结构

1. 独立混凝土支承结构

混凝土结构作为支承活动屋盖的结构单独设置，与其他结构分离，如美国的马木栓棒球场[34]，针对活动屋盖设置了专门的混凝土支承结构，由巨柱支承两条平行的预应力混

凝土梁作为活动屋盖的支承结构，见
图 2.3.1-1。专用混凝土支承结构受力简单，
结构刚度大，但需要额外占据较大的室外空
间，对建筑造型有一定影响。

　　2. 看台混凝土支承结构

　　出于使用功能与经济性的考虑，体育场
馆的主体结构多采用混凝土结构，除可支承
上部大跨度结构外，还作为观众看台，具有
刚度大、经济性好等优点。美国瑞兰特体育
场，其轨道梁支承于下部混凝土结构的顶
部[35]，日本宫崎海洋穹顶将混凝土外墙作为

图 2.3.1-1　美国马林鱼棒球场

活动屋盖的支承结构，保证了活动屋盖运行平顺[1]。对于大型开合屋盖建筑，为了保证活
动屋盖可靠运行，应尽量避免在下部主体结构设置变形缝，并严格控制基础的不均匀
沉降。

　　3. 地面轨道支承

　　当活动屋盖直接支承于地面轨道时，通常在地面标高以下设置专用的轨道沟槽。为了
避免对场地使用的影响，可将活动屋盖的驱动系统设置在轨道沟槽内，并在沟槽顶面设置
可移动盖板，在活动屋盖非运行状态用盖板封闭沟槽，保证人流和车辆正常通行。沟槽宜
采用钢筋混凝土结构，且周边土体应满足承载力与变形要求。日本仙台壳体采用了绕中央
竖向枢轴旋转开合的方式，活动屋盖直接支承于地面弧形轨道[36]，如图 2.3.1-2 所示。

图 2.3.1-2　仙台壳体沿地面弧形轨道旋转开合

2.3.2　柔性支承结构

　　活动屋盖直接支承于固定屋盖之上，是开合屋盖最常见的支承形式[6,37]。固定屋盖的
几何形态应与活动屋盖的运行需求相一致，优先采用竖向刚度大的结构形式，固定屋盖可
采用桁架、双层或多层网架等竖向刚度较大的结构形式。活动屋盖荷载通过轨道传给固定
屋盖，在沿轨道受力集中的部位布置主桁架或采用相应的加强措施。

　　与普通大跨度结构不同，固定屋盖设计时，除需考虑结构自重、建筑屋面做法、天沟
马道、照明音响等吊挂荷载及检修荷载外，还需要考虑活动屋盖的移动荷载。此外，作为

活动屋盖停靠与运行可靠的支承结构，固定屋盖足够的刚度是确保活动屋盖顺畅运行的重要前提。应严格控制支承轨道主桁架与轨道梁的刚度，保证活动屋盖移动过程中的变形不超过限值要求[27]。此外，固定屋盖的施工精度高于普通大跨度屋盖，需要通过预起拱等措施，为轨道安装精度与活动屋盖单元运行调试提供前提条件。

综上所述，固定屋盖结构的设计要点如下：

（1）采用竖向刚度大、整体性好的结构体系，能够为活动屋盖提供可靠支承；

（2）主桁架沿轨道方向布置，满足活动屋盖行走与驱动系统的需求；

（3）采用空间桁架结构时，应在主桁架的垂直方向布置次桁架，屋盖周边布置环向桁架，上表面内布置檩条与交叉支撑体系，形成空间受力体系，提高结构整体性；

（4）屋盖几何形态应便于屋面排水与减小积雪厚度。

2.3.3 支承结构设计要点

1. 计算模型

对于刚性支承结构，下部混凝土结构的刚度很大，活动屋盖与支承结构之间的相互影响较小，活动屋盖移动的可靠性容易得到保证，支承结构的承载力是主要控制因素。进行活动屋盖简化计算分析时，可将下部支承结构视为边界条件，单独对活动屋盖计算分析。在下部支承结构简化计算分析时，可将活动屋盖视为重力荷载。

对于柔性支承结构，开合过程中活动屋盖与固定屋盖之间的变形与反力不断变化，应采用包括固定屋盖与活动屋盖在内的整体模型进行计算分析。

2. 支承结构设计措施

（1）混凝土收缩徐变与温度应力

1）混凝土支承结构尽量不设置温度缝，增加支承结构的整体性；

2）采用当地气象资料作为设计依据，进行详细的温度应力分析；

3）根据计算分析结果布置温度钢筋与无粘结预应力钢筋；

4）后浇带低温浇筑，超长延迟封闭时间，消除混凝土大部分收缩变形的影响；

5）采用聚丙烯纤维混凝土；

6）采取有效的保温措施；

7）次要部位设置诱导缝，有效控制裂缝出现部位。

（2）混凝土看台结构抗倾覆

体育建筑看台立面外倾，作为支承结构时，上部结构的重力荷载对看台结构产生向外的倾覆力矩。因此，支承活动屋盖的混凝土看台结构不但应满足强度、刚度与延性要求，还应通过结构体系布置有效抵抗倾覆力矩与各种水平力作用，如设置刚度较大的环向构件，配置预应力钢筋避免混凝土构件正常使用状态中出现拉力等。

（3）重要构件与关键节点

当支承结构采用钢与混凝土组合构件或新型节点时，需对构件与节点的强度、锚固性能及防火保护能力等进行专项分析，对连接构造进行细致的研究与比选，当涉及钢管混凝土与型钢混凝土转换等复杂情况时，要确保传力可靠，施工操作方便，综合运用钢筋连接板、连接器、贯通孔等多种连接方式。为节约钢材，减轻结构自重，宜避免大量采用大型铸钢节点。

（4）基础选型与沉降控制

基础选型应有效控制差异沉降。看台结构可采用混凝土灌注桩基础等基础形式，并通过桩端和桩侧后注浆的方式，增加桩承载力、减小沉降量，运用变刚度调平的设计理念，通过调整桩径和承台刚度等措施获取良好的技术经济效果。为减小基础埋深，防止基础在地震作用下发生破坏，可在主体结构受力最大构件的底部设置联合承台，提高基础的安全性与抗震性能。

2.4　围护结构

开合屋盖结构的围护结构除应满足抗风、抗震、防水、密闭及遮阳等基本功能外，还应关注其对变形的适应能力。自重较小的屋面系统可以降低对驱动系统动力的需求。建筑内部应尽量利用日光照明，优先采用透光性好的材料，显著降低使用期间照明能耗。对于常闭状态的开合屋盖，尚应考虑保温隔热等热工性能的要求，预防结露与冷凝水。必要时还应考虑场地的声学效果。屋面围护通常采用膜材、聚碳酸酯板或金属板等轻质材料，小型开合屋盖也可采用玻璃。

2.4.1　材料

2.4.1.1　膜材

膜材具有轻质高强、透光性好及变形性能好等优点。PTFE 膜材强度高，颜色稳定，自洁性好，透光率 8%～18%，高透光产品的透光率可达 50% 以上，耐久性可达 50 年左右。ETFE 膜材透光率可达 90% 以上，并可印刷各种图案，使用寿命 25～35 年，近年来在工程中得到应用[38]。

膜材的隔声效果较差，对于声学效果要求高的工程，应结合膜材的声学性能、构造特点等对建筑声学质量进行评价，符合现行国家标准《民用建筑隔声设计规范》GB 50118[39] 和《声环境质量标准》GB 3096[40] 的规定。单层膜难以适用对声学性能要求高的场馆，此时，可采用吸声效果好的 G 类内膜材料改善场馆的声学效果，也可通过设置吸声材料改善声学性能。

由于膜材自身保温隔热性能较差，单层膜仅适用于气候温和地域或对温度控制要求不高的建筑。当双层膜之间留有 30cm 左右的空气隔离层时，可以达到较好的保温、隔热效果。对室内湿度较大的建筑，应采取措施防止双层膜内部结露，必要时排除冷凝水[1]。对于保温与声学环境要求较高的开合屋盖建筑，可以采用 Tensotherm 保温膜系统，内、外层为 PTFE 膜材，中间为透光隔热性能好的气凝棉，其热阻性能是传统材料的 5 倍左右，具有很好的透光和吸声性能（图 2.4.1-1）[41]。

图 2.4.1-1　Tensotherm 系统示意

1. 膜结构设计要点

（1）膜材作为围护材料，其设计与构造措施应符合《膜结构技术规程》CECS 158：2015 的规定。

（2）应对膜材施加合理的预应力，必要时进行超张拉或二次张拉。

（3）膜面应进行排水设计，避免"兜水效应"。

（4）在雪荷载较大的地区，应采用较大的膜面坡度和必要的防积雪措施，并考虑积雪滑落的安全隐患。雨夹雪易造成膜面积雪层下部结冰，导致雪荷载增大，在南方地区应特别引起注意。

（5）膜材的耐火等级应结合具体防火要求确定，并应符合现行国家标准《建筑设计防火规范》GB 50016 和《建筑内部装修设计防火规范》GB 50222 的规定，尽量采用不燃类膜材。

（6）应根据建筑采光要求选择膜材的透光率。采用双层膜构造时，应考虑对透光率的影响。

（7）膜结构建筑应按照现行国家标准《建筑物防雷设计规范》GB 50057，采取有效的防雷措施。

（8）局部膜面破坏不应引起结构整体失效，且膜材应便于更换。

2. 膜材性能指标

膜材的强度、阻燃性、耐久性、耐久性、自洁性、隔声和声学处理以及保温隔热等性能均为膜结构设计的重要参数。

（1）膜材级别应根据承载力要求选用。《膜结构技术规程》CECS 158：2015 中对膜材的分级如表 2.4.1-1 和表 2.4.1-2 所示[31]。膜材抗拉强度值约为膜材断裂强度平均值的85%，作为抗拉强度标准值采用。膜材的弹性模量可根据生产企业提供的数值或通过试验确定，对不同企业、不同批次生产的膜材应分别进行弹性模量试验。

玻璃纤维膜材（G 类）的分级　　　　表 2.4.1-1

级别	A 级		B 级		C 级		D 级		E 级	
受力方向	抗拉强度(N/3cm)	厚度(mm)重量(kg/m²)	抗拉强度(N/3cm)	厚度(mm)重量(kg/m²)	抗拉强度(N/3cm)	厚度(mm)重量(kg/m²)	抗拉强度(N/3cm)	厚度(mm)重量(kg/m²)	抗拉强度(N/3cm)	厚度(mm)重量(kg/m²)
经向	5200	0.9~1.1 ≥1550	4400	0.75~0.9 ≥1300	3600	0.6~0.75 ≥1050	2800	0.45~0.6 ≥800	2000	0.35~0.45 ≥500
纬向	4700		3500		2900		2200		1500	

聚酯纤维膜材（P 类）的分级　　　　表 2.4.1-2

级别	A 级		B 级		C 级		D 级		E 级	
受力方向	抗拉强度(N/3cm)	厚度(mm)重量(kg/m²)	抗拉强度(N/3cm)	厚度(mm)重量(kg/m²)	抗拉强度(N/3cm)	厚度(mm)重量(kg/m²)	抗拉强度(N/3cm)	厚度(mm)重量(kg/m²)	抗拉强度(N/3cm)	厚度(mm)重量(kg/m²)
经向	5000	1.15~1.25 ≥1450	3800	0.95~1.15 ≥1250	3000	0.8~0.95 ≥1050	2200	0.65~0.8 ≥900	1500	0.5~0.65 ≥750
纬向	4200		3200		2600		2000		1500	

注：表中抗拉强度是指 3cm 宽度膜材上所能承受的拉力值。

（2）膜材的质量保证期和膜结构的设计使用年限可参照表 2.4.1-3 确定。当生产企业出具质量保证期证书时，宜以企业提供的质量保证期为依据。

膜材的质量保证期和膜结构的设计使用年限　　　　表 2.4.1-3

膜材代号	2GT	PCF	PCD	PCA
膜材质量保证期（年）	10~15	10~15	10~12	5~10
膜结构的设计使用年限（年）	＞25	15~20	15~20	10~15

注：GT 指 G 类不燃膜材，基材为玻璃纤维，涂层为聚四氟乙烯 PTFE；PCF、PCD、PCA 指 P 类阻燃类膜材，基材和涂层均为聚酯纤维和聚氯乙烯（PVC），面层分别为聚偏氟乙烯（PCF）、聚偏二氟乙烯（PCD）、聚丙烯（PCA）。

（3）膜材的反射率和透光率可参照表 2.4.1-4 采用。

膜材的反射率和透光率

表 2.4.1-4

膜材种类	颜色	反射率（%）	透光率（%）
G 类	米白	70～80	8～18
P 类	白	75～85	6～13
	有色	45～55	4～6

（4）膜结构计算时应考虑结构的几何非线性，可不考虑材料非线性。结构计算中可考虑膜材的各向异性。对膜结构中的索、膜构件，可不考虑地震作用的影响。支承结构的抗震设计应按照有关现行国家标准的规定执行。

（5）膜结构的初始形态分析应基于边界条件和初张力，并满足建筑造型和使用功能的要求。膜结构中索、膜构件的预张力值应根据膜材类型、膜面荷载、可能产生的变形以及施工等因素确定。预张力值必须保证在第一类荷载效应组合下，所有索、膜构件均处于受拉状态。

（6）设计时，膜结构的变形不得超过规定限值。对于整体张拉式和索系支承式膜结构，其最大整体位移在第一类荷载效应组合下不应大于跨度的 1/250 或悬挑长度的 1/125；在第二类荷载效应组合下不宜大于跨度的 1/200 或悬挑长度的 1/100。对于骨架支承式膜结构，其最大位移应符合有关网格结构设计标准的规定。结构中各膜单元内膜面的相对法向位移不应大于单元名义尺寸的 1/15。

3. ETFE 膜材

开合屋盖建筑常用的膜材为 PTFE 和 ETFE 两种类型，其中 ETFE（Ethylene Tetra-Fluoro- Ethylene polymers）为非玻璃纤维基材类膜材，是将 ETFE 母材经过热压成膜，无色透明，使用寿命 25～35 年，材料性能优越。

（1）防水性。ETFE 遇水稳定，且为憎水性材料，具有良好的防水特性。

（2）高温和低温环境下具有良好的柔韧性和伸展性。ETFE 的熔点为 260～265℃，有效工作温度为 -100～150℃。

（3）抗老化性。ETFE 中的 C—F 化学键能很高，阳光光能对 ETFE 几乎没有破坏作用，同时 ETFE 也对其他化学物品不敏感，因此具有良好的抗老化性。

（4）自洁性。ETFE 的化学性能稳定，表面的灰尘和污物随着雨水的冲刷而被带走，使表面光洁如新。

（5）耐候性。长时间使用仍保持较高的强度。根据生产厂家的试验数据，室外环境使用 15 年，$100\mu m$ 厚的 ETFE 透光率由 96% 变为 94%，抗拉强度由 62.7MPa 变为 56.9MPa；使用 20 年，$60\mu m$ 厚的 ETFE 膜材的抗拉强度保持率为原来的 80%。

（6）燃烧性能。ETFE 遇明火时不燃烧，随着温度的上升会逐步变软，高温挥发而被破坏，整个过程不产生熔滴物。其燃烧特性在德国被定为 A2 级，在我国经检测为 B1 级。

（7）ETFE 没有添加物时无色透明，可通过添加填充剂，制成不同颜色、不同功能的膜材，如无色透明、蓝色透明、白色不透明以及具有抗紫外线、可吸收红外线等功能的膜材。通过物理手段还可以制成磨砂效果，以及在膜材表面印制图案。

国家体育场围护结构选用的 ETFE 膜材料厚度为 $250\mu m$，基材无色透明，透光率$\geqslant$87%；通过在膜上印制银灰色圆点控制透明度，圆点直径为 4mm。膜结构的附属材料，包括三元乙丙橡胶、高强螺栓及连接件、铝型材等材料的性能应符合国家相关标准。ET-FE 膜材的物理性能与力学性能见表 2.4.1-5。

ETFE 膜材物理性能与力学性能指标 　　　　　　　　　　表 2.4.1-5

项目	单位	标准值	检测方法
厚度	μm	250 ± 13	DIN-53370-2006.11
单位面积质量	g/m^2	437 ± 22	ISO-2286-2，2016.09
抗拉强度	N/mm^2	$\geqslant50$	DIN-EN-ISO-527-3，2003.07
10%应变下的抗拉应力	N/mm^2	$\geqslant18$	DIN-EN-ISO-527-3，2003.07
撕裂强度	N/mm	$\geqslant400$	DIN-EN-1875-3，1998.02
弹性模量	N/mm^2	$\geqslant965$	
伸长率	%	$\geqslant350$	DIN-EN-ISO-527-3，2003.07
热收缩率	%	-1 ± 5	150℃ 10min
透光率	%	$\geqslant87$	DIN-EN-410，2011.04
抗冲击强度	kJ/m^2	1050	DIN-EN-ISO-8256，2005.05
防火性能	等级	B1	GB 50222—2017、GB/T 8624—2012、GB/T 8625—2005、GB/T 8626—2007、GB/T 8627—2007 等

ETFE 膜材抗拉强度设计值按膜材抗拉强度标准值的 0.3 倍取用，即膜材的抗力分项系数为 3.3，或按相应的更严格标准。

ETFE 膜的破断强度可达抗拉强度的 6.5 倍以上。单层 $250\mu m$ 厚度的膜单位面积质量为 $437.5g/m^2$。

ETFE 膜燃烧不产生有毒气体，与消防相关的主要性能如下：

熔点：约>260℃

燃烧等级：A2 级（根据 DIN 4102）

火焰蔓延等级：I 级（根据 BS 476 第 7 部分或 ASI 530.3-1999）

可燃指数：　　0

火焰蔓延指数：0

释热指数：　　0

烟气蔓延指数：0

紫外线可以穿透 ETFE 膜材。因此，重要的设施，例如安全照明所用电线必须采用抗紫外线材料包裹。ETFE 膜容易修补，可以利用硅胶类的自粘性 ETFE 胶带。

2.4.1.2 金属屋面

用于开合屋盖的金属屋面主要为铝合金、钢板、不锈钢以及钛合金板材。直立锁边压型金属板和 T 形支座连接构造成熟，屋面板无需穿孔，防水性能好；面板和支座之间能够滑动，可有效吸收屋面板因热胀冷缩等产生的变形，应用超长面板时具有明显优势[42]。

金属屋面的面外刚度与承载能力均较大，施工、维护方便。通过在金属面板下设置保温棉、防潮层以及吸音棉等方式，可以具有很好的保温隔热性能，显著降低雨噪声，减小室内声音反射与噪声。金属屋面为不燃材料，有利于消防设计。

由于金属屋面不透光，全部采用金属屋面时室内白天需要人工照明，除能耗较大外，屋盖开启状态与关闭状态室内光线反差过大，应尽量避免。

1. 金属面板选型

开合屋盖建筑选用金属面板的规格及色泽应符合设计要求，并应满足如下规定[42]：

（1）彩色涂层钢板应符合现行国家标准《彩色涂层钢板及钢带》GB/T 12754 的规定。

（2）镀锌钢板应符合现行国家标准《连续热镀锌钢板及钢带》GB/T 2518 的规定。

（3）压型钢板应符合现行国家标准《建筑用压型钢板》GB/T 12755 的规定。

（4）铝合金压型板应符合现行国家标准《铝及铝合金压型板》GB/T 6891 的规定，铝合金面板宜选用铝镁锰合金板材为基板。

（5）钛合金板强度高、耐腐蚀好、热膨胀系数低，耐高低温性能好、抗疲劳强度高，但价格昂贵，所以通常选用钛合金复合板，复合板面层的钛板厚度为 0.3mm，底层面板可用不锈钢板或铝板。钛合金板应符合现行国家标准《钛及钛合金板材》GB/T 3621 的规定。

（6）金属板表面处理层厚度应符合设计要求。

2. 金属屋面板的构造

（1）压型金属屋面板的材料应具备良好的折弯性能，其折弯半径和表面处理层延伸率应满足冷辊压成型的规定。屋面泛水板、包角等配件宜选用与屋面板相同材质、使用寿命相近的金属材料。压型金属屋面板可根据设计要求选用直立锁边板、卷边板或暗扣板，如图 2.4.1-2 所示。

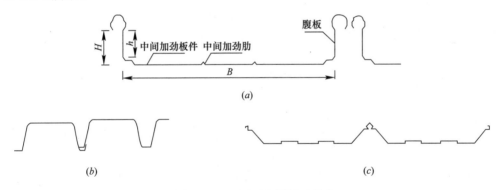

图 2.4.1-2　压型金属屋面形式

(*a*) 直立锁边板；(*b*) 卷边板；(*c*) 暗扣板

（2）铝合金面板中腹板和受压翼缘的有效厚度应按现行国家标准《铝合金结构设计规范》GB 50429 的规定计算。钢面板中腹板和受压翼缘的有效厚度应按现行国家标准《冷弯薄壁型钢结构技术规范》GB 50018 的规定计算。

（3）压型屋面板用铝合金板、钢板的厚度宜为 0.6～1.2mm，且宜采用长尺寸板材，应减少板长方向的搭接接头数量。直立锁边铝合金板的基板厚度不应小于 0.9mm。

（4）由于屋面板热胀冷缩，金属屋面板长度方向的搭接端不得与支承构件固定连接。搭接部位应采用可靠连接，保证搭接部位的结构性能和防水性能，搭接处可采用焊接或泛水板，非焊接处理时搭接部位应设置防水堵头，搭接部分长度方向中心宜与支承构件中心一致，搭接长度应符合设计要求，且不宜小于表 2.4.1-6 规定的限值。

金属屋面板长度方向最小搭接长度		表 2.4.1-6
项目		搭接长度（mm）
波高＞70mm		375
波高≤70mm	屋面坡度≤1/10	250
	屋面坡度＞1/10	200
面板过渡到立面墙面后		120

（5）压型金属屋面板侧向可采用搭接、扣合或咬合等方式进行连接。

（6）金属屋面与女儿墙及突出屋面结构等交接处，应做泛水处理。屋面板与突出构件间预留伸缩缝隙或具备伸缩能力。

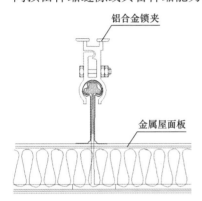

图 2.4.1-3　金属屋面板抗风夹具

（7）屋面板与 T 形固定支座的咬口锁边连接部位是屋面系统的薄弱环节，可采用屋面板咬合工艺或在屋面钢板锁边口支座处增加抗风夹具等构造措施增强金属板屋面的抗风揭能力，如图 2.4.1-3 所示。

（8）金属屋面板相邻接口咬合的方向应与最大频率风向一致。压型金属板的横向搭接方向宜与主导风向一致，搭接不应小于一个波，搭接部位应设置防水密封胶带。

2.4.1.3　聚碳酸酯板

聚碳酸酯板透光性好，透光率最高为 90%。聚碳酸酯自重轻，中空板材自重不大于 $3.0 kg/m^2$，单板长度可以很大，运输与安装成本较低。聚碳酸酯板的热导系数低于普通玻璃，可有效降低热量损失，适用于节能要求较高的建筑屋面[42]。

聚碳酸酯板的隔声性能优于同等厚度的玻璃和亚克力板，是高速公路隔声屏障的首选。根据《建筑材料及制品燃烧性能分级》GB 8624—2012，作为采光顶使用的聚碳酸酯属一级难燃材料，离火后自熄，燃烧时不会产生有毒气体。聚碳酸酯板在 −40～125℃ 范围内不会冷脆和软化，其力学性能非常稳定。

（1）聚碳酸酯板根据板材填充类型可分为中空板与实心板，中空板应符合现行行业标准《聚碳酸酯（PC）中空板》JG/T 116 的要求，实心板应符合现行行业标准《聚碳酸酯（PC）实心板》JG/T 347 的要求。

（2）聚碳酸酯板的强度设计值可按表 2.4.1-7 的规定采用[42]。

聚碳酸酯板强度设计值（N/mm²）			表 2.4.1-7
板材种类	抗拉强度	抗压强度	抗弯强度
中空板	30	40	40
实心板	60	—	90

（3）聚碳酸酯板形式多样，自重也各不相同，根据聚碳酸酯板材生产企业公布的数据，单位面积的重量如表 2.4.1-8 和表 2.4.1-9 所示。

（4）聚碳酸酯板具有良好的耐候性和抗老化性。常见的失效形式是板材黄化，聚碳酸酯板黄色指数变化不应大于 1。

聚碳酸酯中空板的自重标准值（kg/m²） 表 2.4.1-8

类型	双层					三层
厚度（mm）	4	5	6	8	10	10
自重标准值	9.5	11.5	13.5	16.0	18.0	21.0

聚碳酸酯实心板的自重标准值（kg/m²） 表 2.4.1-9

厚度（mm）	2	3	4	5	6	8	9.5	12
自重标准值	24	36	48	60	72	96	114	144

（5）根据现行国家标准《公共场所阻燃制品及组件燃烧性能要求和标识》GB 20286 的规定，作为采光顶面板使用的聚碳酸酯板，其燃烧性能等级不应低于 GB 8624 规定的 B 级，且产烟等级不低于 s2 级、燃烧滴落物/微粒的附加等级不低于 d1 级，产烟毒性等级不低于 t1 级。

（6）聚碳酸酯板最大应力和挠度可按照考虑几何非线性的有限元方法进行计算。

（7）聚碳酸酯板可冷弯成型，中空平板的弯曲半径不宜小于板材厚度的 175 倍，U 形中空板的最小弯曲半径不宜小于板材厚度的 200 倍，实心板的弯曲半径不宜小于板材厚度的 100 倍。

2.4.1.4 玻璃屋面

当活动屋盖跨度不大于 18m 时，可采用玻璃作为采光屋面。应采用防爆安全玻璃，合理控制玻璃分格尺寸，采用铝合金型材作为玻璃面板的龙骨，减轻活动屋盖自重。Low-E 中空玻璃可降低紫外线影响，满足建筑热工要求[42]。铝合金构件设计、加工及安装质量应满足现行国家标准《铝合金结构设计规范》GB 50429 和现行行业标准《铝合金门窗工程技术规范》JGJ 214 的有关规定。

活动屋盖应采用安全性较高的边框支承夹胶玻璃，面板可采用半钢化玻璃或钢化玻璃。对于人流密集的采光顶，还可以设置不锈钢丝网等防护措施，防止玻璃破裂后整体脱落。由于夹丝玻璃金属丝在边缘处容易生锈，美观欠佳，在民用建筑采光顶中较少应用。

2.4.2 排水与防积雪

1. 排水

为了避免屋面在自重作用下变形导致积水、积雪和积灰时，屋面应保证一定的排水坡度：

（1）对于膜材屋面，根据工程经验排水坡度不宜小于 5°～10°；

（2）对于金属板屋面，排水坡度不应小于 3%[42]。

在沿海等强降雨区，较大屋面坡度有利于排水与防渗漏。当受到建筑造型限制无法保证屋面自然排水坡度时，也可设置专门的屋面排水系统。排水系统总排水能力设计采用的重现期，应根据建筑物的重要程度、汇水区域性质、气象特征等因素确定。重要的公共建筑物屋面，其设计重现期应根据建筑的重要性和溢流造成的危害程度确定，不宜小于 50 年。

对于汇水面积大于 5000m² 的大型屋面，宜设置不少于 2 组独立的屋面雨水排水系统，以提高安全度。必要时采用虹吸式屋面雨水排水系统。当直立锁边金属屋面坡度较大且下水坡长度大于 50m 时，宜选用咬合部位具有密封功能的金属屋面系统。

2. 防积雪

在多雪地区可利用屋面坡度减小积雪荷载。积雪自然滑落要求屋面的坡度很大，根据现行国家标准《建筑结构荷载规范》GB 50009[43] 的规定，当屋面坡度大于 25°时，可以考虑雪的滑落效应。屋面坡度过大可能与建筑方案冲突，也会造成驱动力需求增大。为了避免多次积雪导致安全隐患，可设置屋面融雪装置，防止积雪融化后在屋面檐口产生冰凌。

目前开合屋盖的融雪装置主要分为两种：

（1）将加热后的空气吹入屋面双层膜形成的空腔内，空气温度保持在 20℃左右，保证屋顶与轨道无积雪或结冰，室内温度适宜；

（2）在轨道上设置电加热板等融雪除冰装置，保证活动屋盖在冬季正常运行[6]。

2.4.3 其他性能指标

围护结构设计还应包括抗风、水密、气密、热工、隔声和采光等性能设计，其性能分级应符合现行国家标准《建筑幕墙》GB/T 21086 的规定。采光顶性能试验应符合现行国家标准《建筑幕墙气密、水密、抗风压性能检测方法》GB/T 15227 的规定，金属屋面的性能试验应符合现行行业标准《采光顶与金属屋面技术规程》JGJ 255—2012 的规定。

1. 气密性

气密性直接影响围护结构的热工性能，因此在有采暖、空调和通风要求的建筑物中，采光顶与金属屋面气密性能应符合现行国家标准《公共建筑节能设计标准》GB 50189 和《建筑幕墙》GB/T 21086 的相关规定。

2. 隔声

围护结构的隔声性能应根据建筑的使用功能和环境条件确定，不同使用功能建筑的噪声等级可根据现行国家标准《民用建筑隔声设计规范》GB 50118 的相关规定。聚碳酸酯板为轻质材料，在雨水撞击时会产生较大的噪声，因此对声环境要求较高的建筑应经过雨噪声测试，满足设计要求后方可采用。

3. 抗风掀

沿海地区或承受较大负风压的金属屋面，应进行抗风掀检验，其性能应符合设计要求。

4. 防雷、防火与通风

围护结构的防雷设计应符合现行国家标准《建筑物防雷设计规范》GB 50057 和现行行业标准《民用建筑电气设计规范》JGJ 16 的有关规定。采光顶和金属屋面是附属于主体建筑的围护结构，其金属构件一般不单独做防雷接地，而是利用主体结构的防雷体系，与建筑本身的防雷设计相结合，因此应与主体结构的防雷体系可靠连接，并保持导电通畅。当采光顶未处于主体结构防雷保护范围时，应在采光顶的尖顶、屋脊和檐口等部位设避雷带，并与其金属构件形成可靠连接。

5. 节能

围护结构应满足现行国家标准《公共建筑节能设计标准》GB 50189 对屋面热工

性能的要求，金属屋面的传热系数和采光顶的传热系数、遮阳系数应符合其相关规定。

采光带宜采用夹层中空玻璃或夹层低辐射镀膜中空玻璃。明框支承采光顶宜采用隔热铝合金型材或隔热钢型材。采光顶传热系数、遮阳系数和可见光透射比可按现行行业标准《建筑门窗玻璃幕墙热工计算规程》JGJ/T 151 的规定进行计算，金属屋面应设置保温、隔热层，其厚度应经计算确定。金属屋面应按现行国家标准《民用建筑热工设计规范》GB 50176 的规定进行热工计算。

围护结构的热桥部位应进行隔热处理，在严寒和寒冷地区，热桥部位不应出现结露现象。封闭式金属屋面应设置隔汽层，一般应铺设于保温层下方。

2.4.4 密封构造

开合屋盖建筑的结构单元数量较多，活动屋盖之间、活动屋盖与支承结构之间接缝处的密封构造应引起高度关注，应按使用需求满足防雨、防风、防冻以及气密性等要求，密封构造应适应风、地震、雪等荷载作用下结构单元之间缝隙的变化。

1. 活动屋盖单元之间的密封构造

根据开合屋盖的使用要求，密闭构造可分为保温隔热与非保温隔热两种形式。对于不同的开合方式，屋盖的密封构造也有所不同。

（1）活动屋盖单元水平接缝

1）有保温隔热要求时，对接缝隙上方设置悬挑雨篷，下方侧面设置柔性挡水板，对接缝隙下方设置内天沟，如图 2.4.4-1 所示。

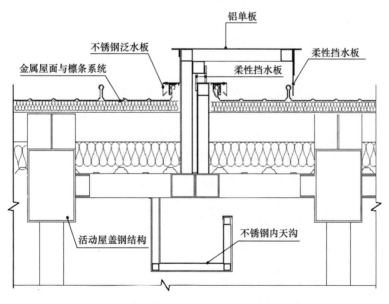

图 2.4.4-1　活动屋盖水平接缝间的保温隔热密封构造

2）无保温隔热要求时，屋面围护材料可选用膜材，闭合间隙设置柔性挡水板，在挡水板内侧设置内天沟，如图 2.4.4-2（a）所示。当采用玻璃做围护材料时，密封构造如图 2.4.4-2（b）所示。

（2）活动屋盖单元上、下搭接

1）当有保温隔热要求时，搭接间隙采用一道柔性挡水板，下侧活动屋盖内侧设置内天沟，密封构造如图2.4.4-3所示。

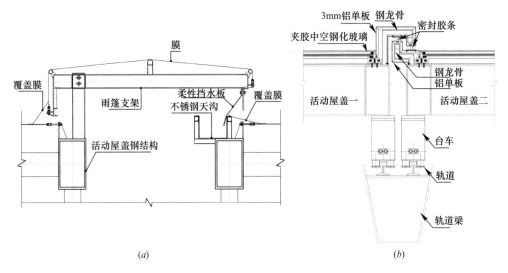

（a）   （b）

图 2.4.4-2　活动屋盖水平接缝间的非保温隔热密封构造

（a）膜材屋面；（b）玻璃屋面

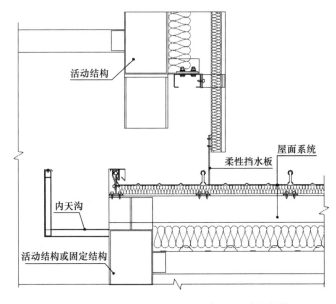

图 2.4.4-3　活动屋盖上、下搭接保温隔热密封构造

2）当无保温隔热要求时，搭接间隙位置采用一道柔性挡水板，密封构造如图2.4.4-4所示。

（3）活动屋盖单元旋转对接

当活动屋盖单元之间旋转对接时，在对接位置上方设置雨篷，雨篷两侧各设置外天沟，下方设置内天沟，屋盖之间设置柔性挡水板，密封构造如图2.4.4-5所示。

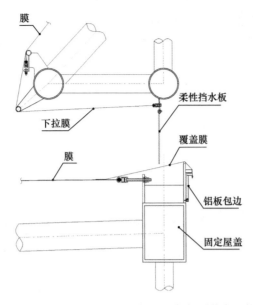

图 2.4.4-4　活动屋盖上、下搭接非保温隔热密封构造

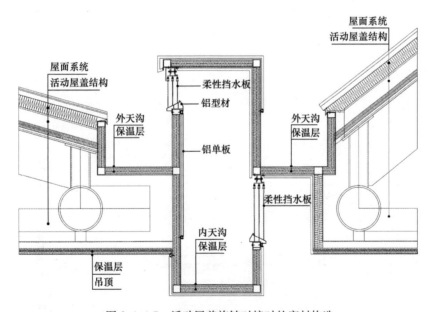

图 2.4.4-5　活动屋盖旋转对接时的密封构造

2. 驱动系统与固定屋盖间的密封构造

驱动系统与固定屋盖之间的密封构造和驱动系统直接相关。每个工程屋盖形式、开合方式、驱动系统各不相同，密封构造各有特点，本节提供工程实际应用的密封构造做法可供设计时参考。

（1）钢丝绳牵引驱动

固定屋盖上设有轨道、托辊、导向轮和检修平台，密封构造层可设置于屋盖上弦下方，通常包括保温或吸声层和天沟，钢丝绳牵引驱动的密封构造如图 2.4.4-6 所示。

（2）轮驱动、齿轮齿条驱动、链轮链条驱动

采用轮驱动、齿轮齿条驱动、链轮链条驱动等驱动方式的开合屋盖，密封构造可设置在轨道梁下部，通常包括保温隔热层、天沟和防水卷材，如图 2.4.4-7 所示。

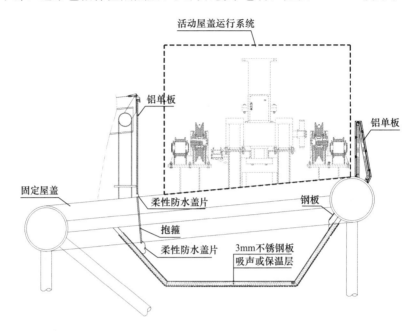

图 2.4.4-6　钢丝绳牵引驱动的密封构造

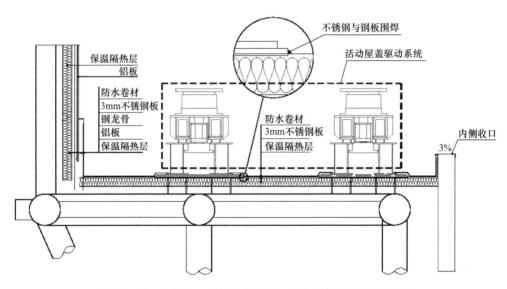

图 2.4.4-7　轮驱动、齿轮齿条驱动、链轮链条驱动的密封构造

3. 活动屋盖与固定屋盖之间的密封构造

活动屋盖与固定屋盖的间隙均应有可靠的密封措施，如图 2.4.4-8 所示。

4. 活动屋盖与轨道梁的连接密封

活动屋盖与轨道梁侧面的密封构造，根据密封接缝位置不同，通常分为侧面与顶部两种形式，如图 2.4.4-9 所示。

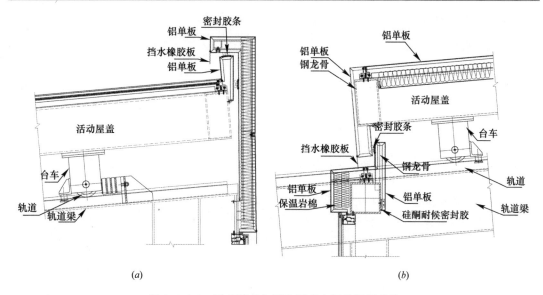

图 2.4.4-8　活动屋盖与固定屋盖之间的密封构造

（a）开启状态；（b）闭合状态

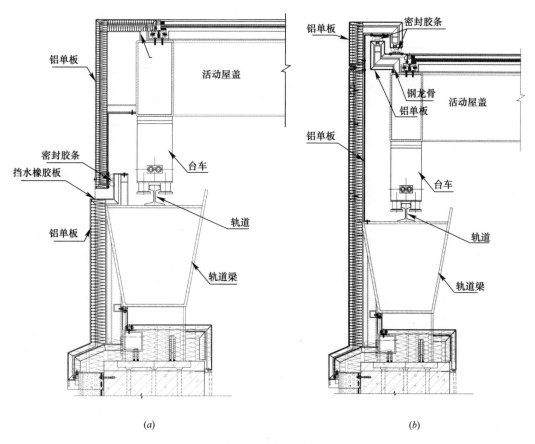

图 2.4.4-9　活动屋盖与轨道梁的密封构造

（a）侧面密封；（b）顶部密封

参考文献

［1］ Kazuo Ishii. Structural Design of Retractable Roof Structure［M］. Boston：WIT Press，2000：111-114.

［2］ Pulley J. Mercedes-Benz Stadium：Creating a mechanical marvel［J］. Engineered Systems，2019，36（2）：24-27.

［3］ 范重，范学伟，赵长军，彭翼，吴学敏，胡纯炀. 国家网球馆"钻石球场"结构设计［J］. 建筑结构，2013，43（4）：1-9.

［4］ https：//www. tensinet. com/index. php/component/tensinet/？view＝project&id＝3939

［5］ Mans D G，Rodenburg J. Amsterdam Arena：A multi-functional stadium［J］. Proceedings of the Institution of Civil Engineers，Structures and Buildings，2000，140（4）：323-331.

［6］ 范重，胡纯炀，李丽，栾海强，彭翼，刘先明. 鄂尔多斯东胜体育场开合屋盖结构设计［J］. 建筑结构，2013，43（9）：19-28.

［7］ https：//www. tensinet. com/index. php/component/tensinet/？view＝project&id＝4669

［8］ Christopher Pinto，Kyle Schmitt. Accounting for Multi-Axial Movement during the Lifting of a Long-Span Roof［C］// Structures Congress 2005：Metropolis and Beyond. New York：ASCE，2005：1-7.

［9］ 智浩，李同进，龚奎成，等. 上海旗忠网球中心活动屋盖的设计与施工——机械结构一体化技术探索与实践［J］. 建筑结构，2007，（4）：95-100.

［10］ https：//www. tensinet. com/index. php/projects-database/projects？view＝project&id＝4003

［11］ Anonymous. Movable Membrane Roof and 13 different Facade Types for Wimbledon Tennis Ground［J］. BAUPHYSIK，2019，41（4）：228-230.

［12］ Shibata. Toyota Stadium，Toyota City，Japan［J］. Structural Engineering International，2003，13（3）：153-155.

［13］ Gentry T R，Baerlecken D，Swarts M，et al. Parametric design and non-linear analysis of a large-scale deployable roof structure based on action origami［J］. Structures and Architecture：Concepts，Applications and Challenges-Proceedings of the 2nd International Conference on Structures and Architecture，ICSA，2013：771-778.

［14］ Göppert Knut，Haspel Lorenz，Stockhusen Knut. National Stadium Warsaw［J］. Stahlbau，2018，81（6）：440-446.

［15］ Goppert K，Stein M. A spoked wheel structure for the world's largest convertible roof-the new commerzbank arena in Frankfurt，Germany［J］. Structural Engineering International，2007，17（4）：282-287.

［16］ Constantinescu Dan，Koeber Dietlinde. The RC Structure of the National Stadium in Bucharest［J］. BAUTECHNIK，2015，92（1）：60-76.

［17］ Goppert K，Moschner T，Paech C，et al. The crown of Vancouver-Revitalisation of the BC Place Stadium［J］. STAHLBAU，2012，81（6）：457-462.

［18］ https：//www. tensinet. com/index. php/projects-database/projects？view＝project&id＝3918

［19］ Michael Allen C，Duchesne D P J. Toronto skydome retractable roof stadium-the roof concept and design［A］// Steel Structures：Proceeding of the Sessions Related to Steel Structures at Structures Congress［C］. New York：The Society，1989：155-164.

［20］ Julie K，Smith. Current Technologies and Trends of Retractable Roofs［D］. B. S. Civil and Environmental.

[21]　Kayvani，Kourosh．Engineering the arch and roof of wembley stadium [C] // Lawrence Griffis，Todd Helwig，Mark Waggoner．Proceedings of the 2009 Structures Congress-Don't Mess with Structural Engineers：Expanding Our Role．Texas：2009：2409-2417.

[22]　Anonymous．Olympic Tennis Center Madrid，Spain 2002-2009 [J]．A + U-ARCHITECTURE AND URBANISM，2009，(468)：66-83.

[23]　http：// www. worldstadiums. com/stadium_menu/architecture/stadium_design/sapporo_dome. shtml

[24]　Mans D G，Rodenburg J．Amsterdam Arena：A multi-functional stadium [J]．Proceedings of the Institution of Civil Engineers，Structures and Buildings，2000，140 (4)：323-331.

[25]　https：// bbs. co188. com/thread-8843891-1-1. html

[26]　https：// www. dezeen. com/2014/02/05/fisht-olympic-stadium-sochi-2014-populous/

[27]　中华人民共和国住房和城乡建设部．开合屋盖结构技术标准：JGJ/T 442—2019 [S]．北京：中国建筑工业出版社，2019.

[28]　Adams J，Reis M．Diamond in the rough (Bank One Ballpark，Phoenix，AZ，architecture by Ellerbe-Becket) [J]．TCI，1998，32 (10)：52-55.

[29]　Waggoner M C．The retractable roof and movable field at University of Phoenix Stadium，Arizona [J]．Structural Engineering International，2008，18 (1)：11-14.

[30]　彭翼，范重，栾海强．国家网球馆"钻石球场"开合屋盖结构设计 [J]．建筑结构，2013，43 (4)：10-18.

[31]　Ayoubi Tarek，Stoebner Andrew，Byle Kenneth．Game Opener [J]．Civil Engineering Magazine Archive，2009，79 (7)：66-75.

[32]　陈以一，陈扬骥，刘魁．南通市体育会展中心主体育场曲面开闭钢屋盖结构设计关键问题研究 [J]．建筑结构学报，2007，(1)：14-20＋27.

[33]　Lazzari M，Majowiecki M，Vitaliani RV，et al．Nonlinear FE analysis of Montreal Olympic Stadium roof under natural loading conditions [J]．ENGINEERING STRUCTURES，2009，31 (1) 16-31.

[34]　Gould N C，Vega R E，Sheppard S H．Extreme Wind Risk Assessment of the Miami Marlins New Ballpark in Miami，Florida [C] // Jones C P，Griffis L G．Proceedings of the 2012 ATC & SEI Conference on Advances in Hurricane Engineering．Learning from Our Past．Miami，2013：194-202.

[35]　Griffis LG，Wahidi A，Waggoner MC．Reliant stadium-A new standard for football [J]．ACI Symposium Publication，2003，213：151-166.

[36]　石井一夫，王炳麟．日本膜结构的发展 [J]．世界建筑，1999 (3)：70-73.

[37]　张胜，甘明，李华峰，等．绍兴体育场开合结构屋盖设计研究 [J]．建筑结构，2013，43 (17)：54-57＋15.

[38]　中国工程建设标准化协会．膜结构技术规程：CECS 158：2015 [S]．北京：中国计划出版社，2015.

[39]　中华人民共和国住房和城乡建设部．民用建筑隔声设计规范：GB 50118—2010 [S]．北京：中国建筑工业出版社，2010.

[40]　环境保护部，国家质量监督检验检疫总局．声环境质量标准：GB 3096—2008 [S]．北京：中国环境科学出版社，2008.

[41]　Smith S，Lerpiniere A，Whitby W，et al．The new Warner Stand at Lord's Cricket Ground：Innovative fabric roof structures [J]．Structures and Architecture-Proceedings of the 3rd International

Conference on Structures and Architecture，ICSA，2016：1190-1196.

[42] 中华人民共和国住房和城乡建设部. 采光顶与金属屋面技术规程：JGJ 255—2012 [S]. 北京：中国建筑工业出版社，2012.

[43] 中华人民共和国住房和城乡建设部. 建筑结构荷载规范：GB 50009—2012 [S]. 北京：中国建筑工业出版社，2012.

第3章

荷载与作用

开合屋盖结构除承受恒荷载、雪荷载、风荷载、温度和地震作用外，还承担活动屋盖运行产生的相关荷载。

开合屋盖结构设计需结合使用功能分别对活动屋盖全开、全闭及半开状态进行计算分析。不同状态屋盖荷载的取值存在较大差异，一般情况下，活动屋盖处于基本开合状态时，作用于结构各类荷载的效应最大，其他状态时荷载值可根据具体情况适当折减。

3.1 恒荷载与活荷载

3.1.1 恒荷载

1. 恒荷载的组成

开合屋盖结构的恒荷载主要由下列部分组成：

(1) 结构构件自重；

(2) 屋面围护系统重量；

(3) 附属设施重量，如天沟、雨水管道、马道、灯具、音响、照明、摄影、标识、电缆桥架、保温隔热材料、声学吊顶等；

(4) 机械装置重量，如活动屋盖的台车、轨道、托辊、导向轮等。

结构自重在恒荷载中所占比例最大，对计算分析影响大，并直接影响结构的地震效应。因此，应选择自重轻的结构体系和轻质围护材料，减轻结构荷载，从而降低驱动装置的动力需求，减小机械装置重量，降低结构与驱动控制系统的加工制作成本，提高驱动系统的可靠性。

2. 自重荷载计算要点

结构自重一般由分析软件自动计算，且需考虑如下方面：

(1) 采用混凝土结构作为屋盖支承结构时，混凝土构件表面积较大，抹灰对结构自重的影响不可忽略。根据工程经验，抹灰荷载约为混凝土结构总重的 5%～10%，结构设计中可通过将混凝土重度放大的方法予以考虑。

(2) 计算支承钢结构和活动屋盖钢结构的自重时，根据结构"强节点、弱构件"的抗震设计原则，通常采用加大壁厚、设置加劲肋甚至采用铸钢节点的方式对节点域进行加强，计算时通过增大钢材重度的方法考虑强节点的影响，根据实际情况，通常可取放大系数 1.05～1.10。

(3) 大跨度屋盖钢结构对荷载分布敏感。各工程屋面材料、设备吊挂、内部装饰的情况不同，根据工程经验，固定屋盖恒荷载取值范围通常为 $0.9～1.1kN/m^2$，活动屋盖恒荷载取值范围通常为 $0.6～0.8kN/m^2$。

3.1.2 活荷载

1. 固定屋盖活荷载

开合屋盖结构的固定屋盖通常为不上人屋面，活荷载取值应满足使用阶段进行维修时人员、材料与设备重量的需要，参考《建筑结构荷载规范》GB 50009 的规定，固定屋盖均布活荷载可取 $0.5kN/m^2$，且可不与雨、雪及风荷载进行组合，但屋面应采取相应的除雪、融雪以及排水、除冰措施。

2. 活动屋盖的活荷载

活动屋盖的活荷载取值可与固定屋盖相同。在实际工程中，为提高开合屋盖设计的经济性，活动屋盖及其围护结构通常采用高强、轻质材料。因此，活动屋盖的活荷载取值通常小于固定屋盖。

结合《建筑结构荷载规范》GB 50009[1] 的相关规定，活动屋盖活荷载取值原则如下：

(1) 全开状态与全闭状态时，活动屋盖活荷载值可根据工程实际情况做相应调整，但不应小于 $0.3kN/m^2$；

(2) 当活动屋盖投影面积小于 $100m^2$ 时，活荷载可参考不上人屋面取 $0.5kN/m^2$，集中检修荷载取 $1.5kN$；

(3) 当活动屋盖处于运行状态时，活荷载可取 $0.1kN/m^2$。

3. 积水荷载

虽然屋面设有排水系统，但仍然可能存在因屋面排水不畅、雨水口堵塞等引起积水荷载的情况，尤其屋面采用柔性材料时，极易产生屋面积水。工程实践中，由建筑屋面积水或积雪造成的事故时有发生。因此，需视具体情况考虑屋面积水荷载，并按照积水可能的深度确定屋面活荷载[2]。

4. 吊挂荷载

当承办重大体育赛事与大型商业演出活动时，屋盖结构需要吊挂各种临时设备，吊挂临时荷载应遵循如下原则：

(1) 临时荷载宜吊挂在固定屋盖上，尽量避免在活动屋盖上吊挂；

活动屋盖需要频繁的开启与闭合，避免吊挂设备，既有助于减轻活动屋盖的运行重量，提高驱动系统的运行效能，又可避免活动屋盖运行时发生碰撞。

(2) 吊挂荷载的最大值不应大于固定屋盖的活荷载限值，尚应考虑雨、雪及风荷载同时发生的可能性。

5. 常用活荷载取值

结合开合屋盖建筑常用功能分区，楼面与屋面活荷载取值可参考表 3.1.2-1。

活荷载取值 （kN/m²）   表 3.1.2-1

部位	荷载值	部位	荷载值
看台、集散大厅、商业售货	3.5～4.0	重型设备房（变压器间、配电间、发电机房、锅炉房、水泵房、冷冻机房）	10.0～12.0
入口大厅、检入厅	3.5	中型设备房（强弱电间、制冷机房、通风机房、电梯机房、空调机房、电梯机房）	7.0
健身房、演播厅	4.0	小型设备房（风机房、喷淋控制室）	5.0

部位	荷载值	部位	荷载值
记者用房、医务室、服务用房	2.0	网络机房、通信机房	8.0
新闻中心	3.0	数据机房	15.0
运动员休息厅、办公室、会议室	3.5	冷却塔	7.0
清洗间、厨房	4.0	小车通道及停车库（跨度不小于 2m 的单向板楼盖和板跨小于 3m×3m 的双向板楼盖）	4.0
卫生间	2.5	小车通道及停车库（跨度不小于 6m×6m 的双向板楼盖和无梁楼盖）	2.5
餐厅	2.5～5.0	机械停车	实重
库房、杂物间	5.0	消防车（跨度不小于 2m 的单向板楼盖和板跨小于 3m×3m 的双向板楼盖）	35
屋顶露台	3.5	消防车（跨度不小于 6m×6m 的双向板楼盖和无梁楼盖）	20
平台绿化区（覆土另算）	4.0	上人屋面	2.0
卸货平台	12.0	不上人屋面	0.5
通道、楼梯间、电梯间、自动扶梯	3.5～4.0		

3.2 雪荷载

由于环境变化，极端天气频发，无雪或少雪的地区也可能突降暴雪，超出设计预期的雪荷载直接影响大跨度结构的安全。

3.2.1 开合屋盖结构的雪荷载

大跨度开合屋盖结构对竖向荷载作用非常敏感，基本雪压应按重现期 100 年取用[2]。

开合屋盖结构的开合状态对积雪的实际分布影响很大，应结合开合屋盖结构的使用情况确定雪荷载取值。在多雪地区，活动屋盖在冬季一般为常闭状态，作为室内环境，利于防风和防尘，满足各种体育运动与公众活动的需求；其他季节可以开启，举行各种露天活动。因此多雪地区的开合屋盖结构，雪荷载的分布与取值可按活动屋盖全闭状态考虑。

同时，雪荷载取值中还应结合气候环境与屋盖的形状特点，充分考虑雪荷载各种可能的不对称分布与局部积雪荷载。

屋面积雪后活动屋盖开合运行较为困难。为保证安全，控制驱动控制系统投资，应尽量避免活动屋盖带载运行。但考虑到降雪的突发性，机械动力系统设计应满足屋盖在少量积雪情况下的运行需求。例如，鄂尔多斯东胜体育场对活动屋盖的运行条件做出规定，当雪荷载不超过 $0.1kN/m^2$ 时，可以进行开合操作。

3.2.2 积雪荷载取值方法

屋面形状复杂的大型开合屋盖，结构跨度大，积雪漂移导致局部积雪可能成为控制荷载工况。目前，计算积雪漂移的方法有风洞试验[3~5]、数值模拟[6~9]与实地观测等。其中风洞试验和数值模拟分析可操作性较强，通过试验或数值分析对不同风向、风速组合条件下雪颗粒堆积情况进行分析，获取相对真实的雪荷载数据。

标准积雪深度可按《建筑结构荷载规范》GB 50009 中 50 年重现期的基本雪压取值。由于重现期 50 年的基本雪压和基本风压同时发生的可能性很小，风速按 50 年重现期的基本风速输入不能反映真实情况。根据哈尔滨工业大学的研究结果[4,8]，输入风速可采用年最大积雪深度伴随风速的均值，当不能获取当地详细数据时，输入风速可采用 0.45 倍 50 年重现期基本风速。通过对风雪相互作用分析，得到年最大堆雪荷载，再对年最大堆雪荷载进行极值分析，可以得到 50 年重现期的最大堆雪荷载。

当采用数值模拟分析风致作用下雪的不均匀分布时，可采用流体力学软件 FLUENT 对结构进行全尺度数值仿真[6~8]，模拟不同风向角时屋面的雪荷载分布。

3.2.3 融雪措施

我国地域辽阔，不同地域降雪情况差异很大，东北地区降雪厚度可达 2m。过大的雪荷载不利于大跨度结构设计的经济性，并且影响建筑的正常使用：

（1）风荷载作用或特殊的屋面形状会造成屋面积雪漂移与滑落，引起雪荷载不均匀分布或局部堆积，导致屋面围护结构变形、下挠，出现屋面积水、结冰等情况，引发建筑事故；

（2）积雪影响膜结构等围护材料的透光性，不利于场馆的正常使用；

（3）屋面积雪与轨道结冰影响台车运行；

（4）活动屋盖积雪滑落对固定屋盖产生冲击力。

多雪地区应尽量利用屋盖坡度减小积雪荷载，但大部分建筑的屋面坡度受建筑造形的限制，无法实现积雪的自然滑落。此时，可以通过设置融雪装置避免屋面积雪。

3.3 风荷载

3.3.1 开合屋盖结构风荷载的特点

开合屋盖结构跨度大，自重轻，刚度小，自振频率低，属于风敏感结构，风荷载通常是开合屋盖结构设计的主要控制荷载。开合结构风荷载的作用比一般大跨度屋盖复杂得多，结构开合状态对风压分布影响显著。由于开合屋盖风荷载的空间分布模式复杂多样，多个结构振型参与风致振动，振型耦合显著。活动屋盖关闭时建筑内部的风压接近于零，活动屋盖开启后，则会引起建筑内部风压的较大变化。

风荷载产生的活动屋盖运行阻力对于驱动系统设计非常重要。为合理进行开合结构抗风设计，科学配置驱动系统性能，有效控制开合屋盖建造成本，工程实践中通过活动屋盖使用管理措施，对开合屋盖在恶劣条件下的使用以及运行状态的环境风速进行限制，具体如下：

（1）大风天气，应将活动屋盖置于受力有利的状态；

（2）应对活动屋盖移动过程中的风速进行严格限制，保证开合屋盖在一般风力条件下能够安全运行。运行时的风速不宜大于 10m/s。设置风速测点，加强风速监测。

3.3.2 风荷载取值

1. 取值原则

（1）开合屋盖结构的风荷载应针对全开状态、全闭状态以及中间状态分别取值。

（2）当建筑物的体型与现行国家标准《建筑结构荷载规范》GB 50009 的规定接近时，屋盖结构的风荷载体型系数可以按《建筑结构荷载规范》GB 50009 取值。

（3）安全等级为一级或体型复杂的开合屋盖建筑，则应根据风洞试验确定建筑的风压分布和脉动效应。当根据风洞试验确定风压系数时，还应考虑室内外压差及风压高度变化系数的影响。

（4）体型规则的小型开合屋盖建筑，可参考已有工程经验，根据具体情况确定风荷载体型系数。

2. 围护结构风荷载

围护结构的风压标准值可按下式计算：

$$w_k = (C_{pe} - C_{pi})\mu_H w_0 \tag{3.3.2-1}$$

式中　w_k——风压标准值；

C_{pe}——局部风压系数极值，围护结构风压系数的最大值和最小值的统称，是在平均风荷载的基础上考虑了脉动风荷载的增大或者减小效应，可按《开合屋盖结构技术标准》JGJ/T 442—2019 附录 B 确定；

C_{pi}——内压系数，屋盖全闭状态的内压系数按现行国家标准《建筑结构荷载规范》GB 50009 确定；非全闭状态的内压系数应通过风洞试验确定；

μ_H——开合屋盖平均高度处的风压高度变化系数，按现行国家标准《建筑结构荷载规范》GB 50009 确定；

w_0——基本风压，按现行国家标准《建筑结构荷载规范》GB 50009 确定。

围护结构表面承受的最大风压力和最大风吸力统称为风荷载极值，其中吸力采用负号表示，最大风吸力即风荷载最小值。外表面风荷载极值需要进行概率分析，以极值发生概率的分位数作为其估计值。

对于封闭式建筑物或半开敞式建筑物，气流通过孔隙、洞口进入或流出室内，室内形成脉动风压力或脉动风吸力，但其波动幅度相对较小，通常将室内风压看作常数，根据风洞试验结果确定内压。综合考虑围护结构外表面、内表面的风荷载作用，将围护结构的风荷载表示为外表面风压极值与内压之差的形式。对于开敞式建筑物，应根据围护结构表面的净风压，进行极值的概率分析和估计，确定开敞式建筑物围护结构风压极值。

在《建筑结构荷载规范》GB 50009—2012 中，围护结构的风压标准值表达式类似于欧洲规范 Eurocode 1：Actions on structures — General actions — Part 1-4：Wind action 的表达式，其中的局部体型系数相当于欧洲规范中的局部风压系数极值。在 GB 50009—2012 中，仅给出了双坡、单坡低矮房屋围护结构的局部体型系数；局部体型系数的表达方式类似英国、欧洲规范的表达方式，即规定了两个 90°风向区间的围护结构局部体型系数。

局部风压系数极值 C_{pe} 相当于《建筑结构荷载规范》GB 50009—2012 中阵风系数 β_{gz} 与局部体型系数 μ_{sl} 的乘积。由于气流遇到屋盖阻碍时会发生气流分离、旋涡脱落、再附着等特殊的绕流现象，阵风系数已经不再适用于描述气流分离区（屋盖表面、背风墙面、侧风墙面）围护结构风荷载。因此，《开合屋盖结构技术标准》JGJ/T 442—2019 未采用《建筑结构荷载规范》GB 50009—2012 中的阵风系数，而是直接采用围护结构的局部风压系数极值作为围护结构构件抗风设计的风荷载。

局部风压系数极值的概念明确了围护结构风荷载的物理含义，并且与美国、加拿大、澳洲、日本等国家的现行规范的规定一致或者类似。另一方面，《开合屋盖结构技术标准》规定的全风向局部风压系数极值的最不利值作为确定围护结构风压标准值的依据，简化了表达方式，方便工程设计应用。因此，《开合屋盖结构技术标准》JGJ/T 442—2019 中围护结构风荷载的规定是对《建筑结构荷载规范》GB 50009 的发展和完善，并且借鉴了多个国外规范的相关规定。

3. 主体结构风荷载

主体结构的风荷载标准值可按下式计算：

$$w_\mathrm{k} = \mu_\mathrm{pe}\mu_\mathrm{H}w_0 \tag{3.3.2-2}$$

式中 μ_pe——等效静力风压系数，按《开合屋盖结构技术标准》JGJ/T 442—2019 附录 C 确定。

主体结构等效静力风压系数 μ_pe 相当于《建筑结构荷载规范》GB 50009—2012 中风振系数 β_z 与体型系数 μ_s 的乘积。根据结构动力学或结构随机振动理论，计算分析主体结构每个风向角风荷载作用下的风振响应（例如位移、内力、应力），按风振响应极值等效的原则确定每个风向角的等效静力风压系数。

3.3.3 风洞试验

大型或体型复杂的开合屋盖结构，风荷载取值通常以风洞试验结果作为主要依据。目前国内的风洞试验多采用刚性模型同步测压方法，分别对活动屋盖开启状态、闭合状态及中间状态的屋盖风荷载特性、活动屋盖的开启对固定屋盖和活动屋盖风压系数影响性以及开合屋盖的净压变化规律等进行研究。

1. 风洞试验基本参数

（1）基本风压、地面粗糙度

根据《建筑结构荷载规范》GB 50009 取用。

（2）风动试验模型

根据建筑使用功能，选取活动屋盖开启状态、闭合状态和若干中间状态的模型。

（3）模型比例

由风洞规模与试验对象的建筑面积确定，通常采用 1∶300～1∶100 缩尺模型。

（4）风向角

按每 10°变化风向角，每个模型有 36 个风向角工况。

2. 风洞试验确定屋盖结构体型系数和风振系数

（1）闭合状态采用单面测压技术，仅在屋盖外表面布置测压点。

（2）开启状态采用双面测压技术，屋盖内、外表面均布置测压点。

（3）测点处设置测压管，用来测量各点的瞬时风压。

（4）风洞数据导入

风洞数据导入模型时，根据风洞试验测点布置，将屋盖平面划分为规则网格，对应于该测点附近屋盖结构布置，根据就近原则确定屋盖结构所承受的风压值。

3. 体型系数

在结构风工程中，物体表面的压力通常采用对应于参考点的无量纲压力系数表示，该系数可按下式确定：

$$C_{pr}^i = \frac{P_i - P_\infty}{P_0 - P_\infty}$$ (3.3.3-1)

式中　C_{pr}^i——测压点 i 处相应于参考点的压力系数；

P_i——作用在测点 i 处的风压；

P_∞、P_0——分别为试验中参考点高度的总风压与静风压。

根据我国规范的相关规定，可以按下式将压力系数转换为体型系数：

$$\mu_s^i = \left(\frac{Z_r}{Z_i}\right)^{0.32} C_{pr}^i$$ (3.3.3-2)

式中　μ_s^i——测压点 i 处的体型系数；

Z_r——参考点高度；

Z_i——测压点高度。

4. 风压分布

基于风洞试验结果得出特定开合状态、特定风向角时的建筑体型系数分布，压力向上或向外为负，压力向下或向内为正。国家网球中心（钻石球场）的风洞试验数据反映了开合屋盖建筑的风压特点[9]。

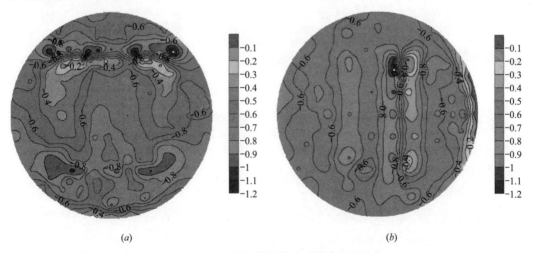

图 3.3.3-1　闭合状态体型系数等值线图

(a) 0°风向角；(b) 90°风向角

（1）当屋盖处于闭合状态时，屋盖均处于上吸负压区，如图 3.3.3-1 所示。造型对称的建筑屋盖体型系数分布具有一定的对称性，来流方向屋盖前缘体型系数数值相对较小。来流在屋盖高低错落的局部区域容易产生分离、再附，表现出锥形涡的特性，体型系数变化剧烈。

（2）当屋盖处于开启状态时，屋盖上表面为上吸负压区，下表面为下压正压区，如图 3.3.3-2 所示。屋盖开启后，风压分布发生了很大改变。由于活动屋盖的影响，来流在固定屋盖迎面向产生了旋涡脱落，表现出一定的锥形涡特性。气流越过屋盖中间洞口后，在活动屋盖前缘产生了明显的旋涡脱落，表现出柱状涡特性，该处风压分布规律与普通悬挑屋盖类似。

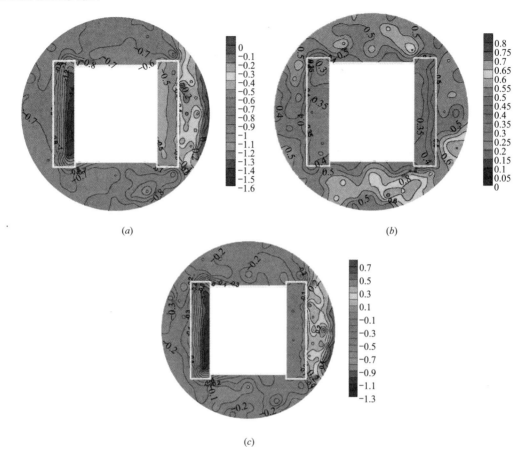

图 3.3.3-2　开启状态 90°风向角的体型系数等值线
(a) 上表面；(b) 下表面，90°风向角；(c) 屋盖整体，90°风向角

因此，屋盖的开启状态和表面形状是影响大跨度可开启屋盖风压分布的主要因素。

（1）屋盖的不同开启状态改变来流的绕流特性，风压分布规律发生显著改变，甚至某些区域风荷载的作用方向将发生改变。

（2）当屋盖开启面积较大时，气流越过孔洞后，将在屋盖前缘发生了明显的旋涡脱落，并表现出柱状涡特性。

（3）屋盖表面较大的高差将诱发特性湍流，使来流在局部屋盖表面产生明显的分离、再附，表现出锥形涡特性。

同时，无论活动屋盖处于关闭或开启状态时，固定屋盖与活动屋盖的最大风压值与最小风压值均存在很大差异，并具有如下特点：

（1）屋盖全闭状态时，屋盖的风荷载分布与一般室内体育馆风压分布比较接近；

（2）屋盖全开状态时，活动屋盖与固定屋盖的位置重叠，相互影响显著，固定屋盖下压风起控制作用，风振系数增大；来流方向的活动屋盖风吸力显著增大，另一侧则有所减小。

5. 风荷载脉动特性

风压的脉动特性决定了屋盖的风致效应及其极值风压，本节将从概率统计、频谱特性、根方差分布等方面分析可开合结构的脉动风特性。此时，开启状态风荷载均指上、下表面经合成以后的总风压。

一般假定脉动风荷载满足高斯分布，并按平稳随机过程确定峰值因子和极值风压，用于围护结构设计。事实上，虽然自然风条件下来流风速可近似为高斯过程，但流场受到建筑物阻挡后，内部结构遭到破坏，作用于建筑物的风压并不一定满足高斯分布，特征湍流作用明显的区域尤为突出。

图 3.3.3-3、图 3.3.3-4 分别给出了闭合状态、开启状态下屋盖典型风压时程的概率密度分布。图中，$C_{pr}^{i,mean}$ 为测压点 i 处压力系数的均值，$C_{pr}^{i,rms}$ 为测压点 i 处压力系数的根方差。

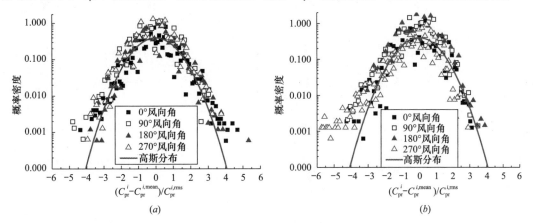

图 3.3.3-3　闭合状态脉动风荷载概率密度分布

（a）固定屋盖；（b）活动屋盖

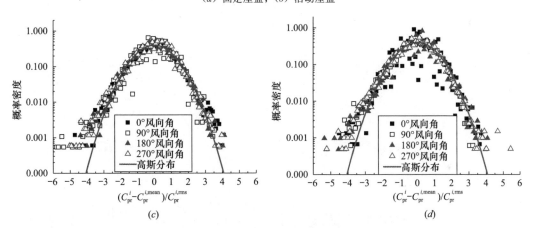

图 3.3.3-4　开启状态脉动风荷载概率密度分布

（a）固定屋盖；（b）活动屋盖

由图 3.3.3-3、图 3.3.3-4 可以看出，不同开启状态时，屋盖风压时程的概率密度分布差别较大，但均不是严格满足高斯分布。屋盖闭合时，作用于屋盖的脉动风荷载偏离平均值的数目及其强度均较高斯分布大，尖峰脉冲明显；屋盖开启后，作用于屋盖的脉动风荷载偏离平均值的数目仍较高斯分布多，但其偏离强度减小。

6. 频谱特性

闭合状态与开启状态下屋盖典型风压的自功率谱曲线表明，屋盖的开启状态将在很大程度上影响脉动风荷载的频谱特性。屋盖开启后，某些位置（尤其是孔洞周围）脉动风荷载功率谱将存在一个较为明显的谱峰，这一特点将显著加大屋盖的风振响应（图 3.3.3-5、图 3.3.3-6）。

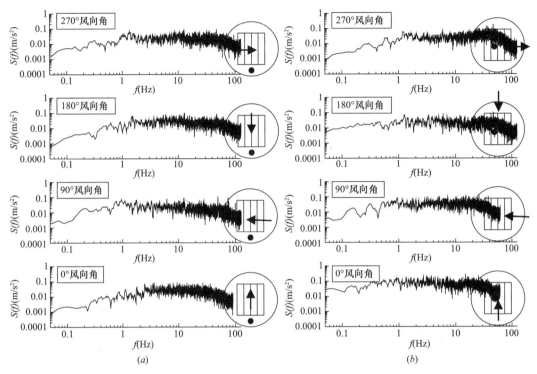

图 3.3.3-5　闭合状态脉动风荷载功率谱
（a）固定屋盖；（b）活动屋盖

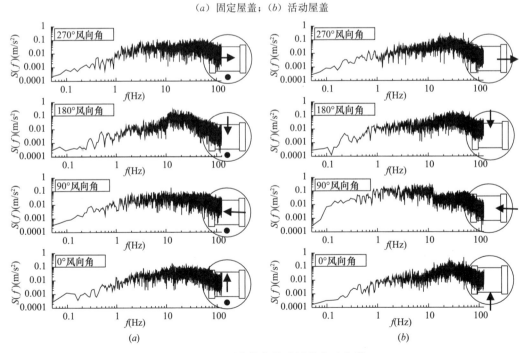

图 3.3.3-6　开启状态脉动风荷载功率谱
（a）固定屋盖；（b）活动屋盖

7. 根方差分布

根据闭合状态、开启状态时的脉动风荷载根方差等值线图（图 3.3.3-7、图 3.3.3-8），屋盖的开启状态，在很大程度上影响脉动风荷载的根方差分布。屋盖开启后，脉动风荷载根方差将增大；当屋盖开启面积较大时，孔洞后屋盖较大区域内脉动风荷载根方差较大。

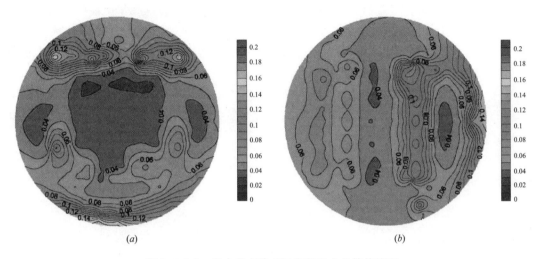

(a)   (b)

图 3.3.3-7　闭合状态脉动风荷载根方差等值线图

(a) 0°风向角；(b) 90°风向角

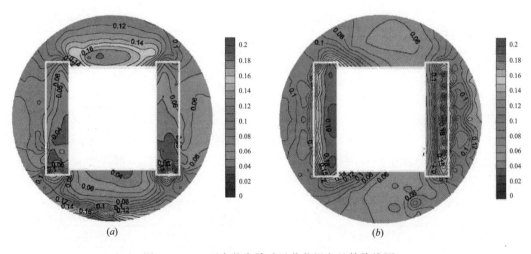

(a)   (b)

图 3.3.3-8　开启状态脉动风荷载根方差等值线图

(a) 0°风向角；(b) 90°风向角

3.4　温度作用

3.4.1　温度作用影响

开合屋盖钢结构多采用大跨度超静定结构，结构形成约束后，环境温度变化与太阳辐射引起的结构温度变化，会产生较大的结构内力和变形，对结构的安全性和用钢量的影响较大。

处于大空间室内环境的钢结构，其温度受到气象温度、太阳辐射、围护结构热工性能、室内空调方式等多种因素的影响。屋盖各部位的温度差异也比较大，如裸露的钢结构构件或在天窗部位的钢结构受到太阳直接照射，而室外悬挑钢结构则主要受到室外环境温度的影响。因此，开合屋盖钢结构应结合其开合状态与屋盖位置准确掌握在使用阶段的极端温度。

同时，温度作用下支承结构与轨道变形对驱动装置的运行有直接影响。驱动行走机构多裸露在大气环境中，需适应极冷和极热的自然条件。炎热季节的高温会缩短电器与电缆使用寿命，也容易导致机电部件的损毁；寒冷季节中机械部件间的润滑材料活性降低，会加剧低温运行的机械部件无误磨损，也容易出现金属材料的冷脆，故此设计中应考虑驱动系统的低温工作性能。

综上，开合屋盖结构受温度影响较大，需通过精细的计算分析，并采取措施减小开合屋盖结构的温度效应。

3.4.2 温度作用分析

1. 材料线膨胀系数

材料线膨胀系数 α_T 是温度作用计算的重要参数。开合屋盖结构中常用材料的线膨胀系数可按《建筑结构荷载规范》GB 50009 取值，如表 3.4.2-1 所示。

常用传统材料的线膨胀系数 α_T　　　　　　　　表 3.4.2-1

材料	轻骨料混凝土	普通混凝土	砌体	钢、锻铁、铸铁	不锈钢	铝、铝合金
线膨胀系数 α_T（$\times 10^{-6}/℃$）	7	10	6～10	12	16	24

《建筑结构荷载规范》GB 50009—2012 未给出预应力拉索线膨胀系数取值。天津大学针对预应力钢索的线膨胀系数进行了一系列理论分析和试验研究，利用自主研制的空气加热和水域加热钢索线膨胀系数测定仪器，对钢绞线、钢丝束和钢丝绳的线膨胀系数进行了测试，并给出了这三种拉索的线膨胀系数取值，如表 3.4.2-2 所示。

拉索的线膨胀系数 α_T　　　　　　　　表 3.4.2-2

材料	钢丝束索	钢绞线索	钢丝绳索	钢拉杆索
线膨胀系数 α_T（$\times 10^{-6}/℃$）	18.7	13.8	19.2	12.0

2. 温差计算

结构温差指建筑服役期间可能出现的最高或最低温度与初始温度的差值。开合屋盖结构温差与活动屋盖运行采用的极端最高温度和极端最低温度，根据当地气象条件与施工进度计划确定，保证开合屋盖在绝大多数气象温度条件下能够正常运行。当屋盖结构敷设金属屋面板与保温隔热材料时，太阳辐射对结构温度的影响可以忽略。

（1）极端温度

极端温度参考建筑物所在地区的历史极端温度统计数据确定。

（2）初始温度

初始温度即合龙温度，是确定温度作用的关键环节，选择适当的合龙温度是降低结构温度作用最直接有效的方法。

初始温度根据结构合龙或形成约束时的温度确定，或根据施工时结构可能出现的不利温度确定。钢结构的合龙温度通常取合龙时的日平均温度，且应考虑太阳辐射的影响。混凝土结构的合龙温度一般可取后浇带封闭时的月平均气温。由于设计阶段难以准确预测施工工期，因此，结构的初始温度通常采用温度区间值，该区间值应涵盖施工中可能出现的合龙温度。

（3）温度作用

结构的温度作用效应考虑温升和温降两种工况。计算方法可参考《建筑结构荷载规范》GB 50009 相关规定。

结构最大温升工况，温度作用标准值按下式计算：

$$\Delta T_{k} = T_{s,max} - T_{0,min} \tag{3.4.2-1}$$

式中　ΔT_{k}——温度作用标准值（℃）；

　　　$T_{s,max}$——结构最高平均温度（℃），并应考虑太阳辐射引起的钢结构温度升高；

　　　$T_{0,min}$——结构最低初始温度（℃）。

结构最大温降工况，温度作用标准值按下式计算：

$$\Delta T_{k} = T_{s,min} - T_{0,max} \tag{3.4.2-2}$$

式中　$T_{s,min}$——结构最低温度（℃）；

　　　$T_{0,max}$——结构最高初始温度（℃）。

结构最高温度 $T_{s,max}$ 和最低温度 $T_{s,min}$ 宜分别根据基本气温 T_{max} 和 T_{min} 确定。有围护的室内结构，结构最高平均温度和最低平均温度一般可依据室内和室外的环境温度，考虑室内外温差的影响，按热工学原理确定；当仅考虑单层结构材料且室内外环境温度类似时，结构温度可近似地取室内外环境温度的平均值。

3.4.3　室内大跨度钢结构温度

3.4.3.1　高大空间的温度特点

开合屋盖钢结构的极值温度取值比较复杂。近年来，为减小大空间建筑的能耗，室内大空间普遍采用分层空调技术，仅对下部人员活动的区域（$H_1 = 3.5m$ 左右）进行温湿环境的控制[10,11]。中国建筑科学研究院空调研究所在大量模型试验的基础上，得到了高大空间垂直梯度温度分布的经验公式，并在《实用供热空气调节手册》[12]中采用比室外温度高 $2\sim3$℃作为高大空间屋顶附近的温度。国内一些学者也对结构温度做了一些研究，黄晨等[13]根据室外参数、建筑热工特性和室内气流组织形式，建立微分方程求解高大空间垂直温度分布。石利军等[14]对成都双流国际机场 T1 航站楼竖向温度进行实测的结果表明，冬季室外平均温度为 9.3℃，候机厅 1.5m 高度处温度为 21.8℃，标高为 20.2m 的屋顶处温度达到 25.3℃；夏季成都极端最高气温为 37.3℃，室内最低温度出现在 3m 处，温度为 24.3℃，屋顶处温度平均值为 38.4℃，温度随高度的增大逐渐升高。

3.4.3.2 实测温度

合理选取极值温度是准确获取钢结构温度作用的前提。中国建筑设计研究院曾对厦门高琦机场 T4 航站楼屋盖钢结构夏季的温度进行了全面测试，得到了详细的室内金属屋面、天窗及室外悬挑等部位钢结构的温度变化数据[15]，并进行了模拟分析，较为合理地确定了在使用阶段大跨度钢结构的温度取值，对开合屋盖结构温度取值有一定的指导和借鉴意义。

温度测试分别针对金属屋面与玻璃天窗部位、钢桁架以及室内沿竖向的分布，测点具体位置及编号见图 3.4.3-1。

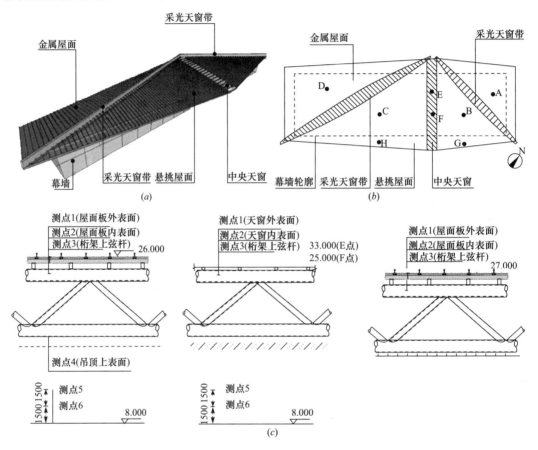

图 3.4.3-1　温度测点布置示意图
(a) 航站楼三维示意；(b) 测点平面布置；(c) 测点立面布置

金属屋面覆盖范围下的室内空调控制区和钢桁架各测点平均温度以及室外气温的变化情况如图 3.4.3-2 所示。钢桁架温度呈昼夜周期性变化，最高温度平均值为 34.0℃，接近于室外最高气温；最低温度高于室外最低气温 2~3℃。钢桁架本体温度显著高于室内空气温度。

玻璃天窗覆盖范围下的室内空调控制区和钢桁架各测点平均温度以及室外气温的变化情况如图 3.4.3-3 所示。钢桁架温度随室外气温呈昼夜周期性变化，最高温度发生在每天午后 14 时左右，钢桁架表面的最高温度可达 42.9℃，显著高于室外气温和金属屋面覆盖范围下的钢桁架最高温度；最低温度高于室外最低气温 2~3℃。受到太阳辐射的影响，天窗部位钢桁架的温度不仅与室外气温有关，还与云量等气象条件有关。此次测试过程中，天窗部位钢桁架的最大昼夜温差为 13.5℃。

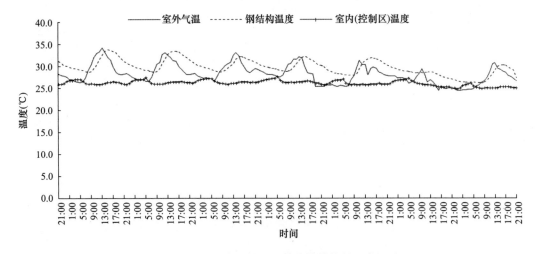

图 3.4.3-2　室内金属屋面部位钢结构的温度记录

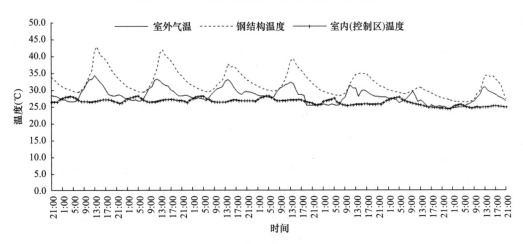

图 3.4.3-3　室内玻璃天窗部位钢结构的温度

根据室外屋盖悬挑部位的测点，钢结构最高温度发生在每天午后 16 时左右，接近于室外最高气温；最低温度发生在上午 7 时左右，高于室外最低气温 2～3℃；与室内金属屋面覆盖部位的变化规律类似。室外钢结构昼夜温差主要受室外气温变化影响，此次测试中的最大昼夜温差为 4.7℃（图 3.4.3-4）。

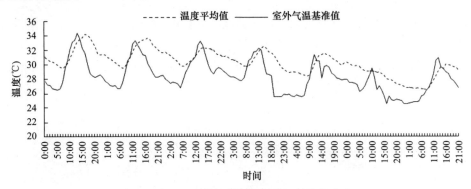

图 3.4.3-4　室外屋盖悬挑部位钢结构的温度

3.4.3.3 室外温度条件模拟

1. 太阳辐射照度

太阳辐射照度是影响钢结构温度的重要因素。现行国家标准《民用建筑供暖通风与空气调节设计规范》GB 50736[16]和张晴原[17]分别给出了我国部分城市标准气象日的太阳辐射照度逐时变化情况。本书在此基础上，提出太阳辐射照度标准曲线（图 3.4.3-5）与太阳辐射照度标准曲线相应的计算公式［式（3.4.3-1）］。该标准曲线假定在日出时刻至日落时刻期间，太阳辐射照度按正弦曲线规律变化，夜间太阳辐射照度为零。

$$J(t)=\begin{cases} J_{\min}\left[t-(t_1-1)\right] & (t_1-1<t<t_1) \\ J_{\min}+(J_{\max}-J_{\min})\sin\left(\dfrac{\pi}{t_2-t_1}t-\dfrac{t_1\pi}{t_2-t_1}\right) & (t_1\leqslant t\leqslant t_2) \\ -J_{\min}\left[t-(t_2+1)\right] & (t_2<t\leqslant t_2+1) \\ 0 & (t_2+1\leqslant t\leqslant t_1+23) \end{cases}$$
$$(3.4.3\text{-}1)$$

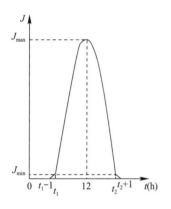

图 3.4.3-5　太阳辐射照度标准曲线

式中　t_1、t_2——拟建场地日出、日落时刻；

$J_{\min}$、$J_{\max}$——分别为拟建场地日出/日落时刻太阳辐射照度、正午 12 时太阳辐射照度，根据当地气象资料确定；

t——拟建场地的太阳时，超过 24h 则代表次日及以后的时刻。

公式（3.4.3-1）与实测太阳辐射照度的比较如图 3.4.3-6 所示。由图可见，晴好天气太阳辐射照度标准曲线与实测值吻合良好，阴雨天气太阳辐射照度标准曲线与实测值存在一定偏差，但仍能反映其总体变化趋势。

2. 室外气温

日气温呈周期性变化，并受到季节、纬度、海拔高度、云量、风速、湿度及雨雪天气等多种因素的影响，通常日气温最低值出现在日出前。由于大地具有明显的蓄热作用，地表附近的温度与太阳照射强度之间存在一定程度的时间延迟[18,19]，最高气温通常发生在下午 14 时左右。日落时的气温明显高于日出时的气温，日落后至次日日出前气温逐渐降低。

基于对我国多个城市春、夏、秋、冬季节标准气象日的气温统计资料[17]，经过大量实验数据拟合，得到日气温标准曲线如图 3.4.3-7 所示。由图可见，日出时刻为日气温最低点，日出时刻至日落时刻之间气温变化采用正弦曲线，圆频率约为 $1.6\pi/(t_{ss}-t_{sr})$，最高气温出现在 $0.375t_{sr}+0.625t_{ss}$。日落时刻气温为 $0.4(t_{f,\max}-t_{f,\min})\sim0.6(t_{f,\max}-t_{f,\min})$ 范围，日落后至次日日出气温变化为直线。与日气温变化标准曲线相应的数学方程参见式（3.4.3-2）。

$$t_f(t)=\begin{cases} \dfrac{t_{f,\max}+t_{f,\min}}{2}+\dfrac{(t_{f,\max}-t_{f,\min})}{2}\sin\left[\dfrac{1.6\pi}{t_{ss}-t_{sr}}t-\dfrac{(t_{ss}+2.2t_{sr})}{2(t_{ss}-t_{sr})}\pi\right] & (t_{sr}\leqslant t\leqslant t_{ss}) \\ kt+t'_{f,\min}-(t'_{sr}+24)k & (t_{ss}<t<t'_{sr}+24) \\ k=\dfrac{t'_{f,\min}-\dfrac{t_{f,\max}+t_{f,\min}}{2}-\dfrac{t_{f,\max}-t_{f,\min}}{2}\sin(1.1\pi)}{t'_{sr}+24-t_2} \end{cases}$$

$$(3.4.3\text{-}2)$$

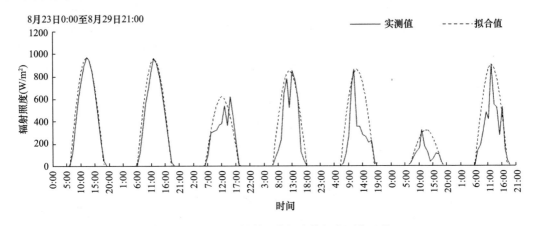

图 3.4.3-6 太阳辐射照度拟合值与实测值比较

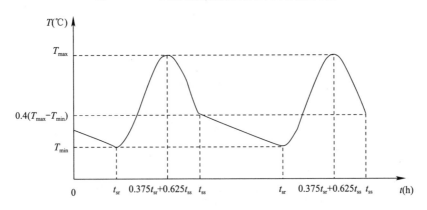

图 3.4.3-7 标准日气温变化曲线

式中 t_{sr}、s_{ss}——分别为日出时刻与日落时刻；

$t_{f,max}$、$t_{f,min}$——分别为当地一日内最高和最低气温；

t'_{sr}、$t'_{f,min}$——分别为次日的日出时刻与最低气温。

标准日气温变化曲线与实测气温对比结果见图 3.4.3-8。从图中可以看出，两者总体吻合情况较好，可以满足工程应用的需求。

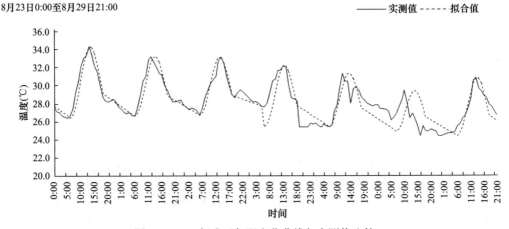

图 3.4.3-8 标准日气温变化曲线与实测值比较

3. 太阳辐射引起的温升

在太阳辐射作用下，结构的温度变化与结构构件吸收的太阳辐射强度有关。现行国家标准《工业建筑供暖通风与空气调节设计规范》GB 50019 给出了太阳辐射引起的钢结构表面温升值 T_r 的计算方法：

$$T_r = \frac{\rho I}{\alpha_w} \tag{3.4.3-3}$$

式中 ρ——结构表面太阳辐射吸收系数，与结构材质和表面颜色有关[2]，按照表 3.4.3-1 确定；

常用面漆材料的太阳辐射吸收系数 ρ   表 3.4.3-1

面漆颜色	太阳辐射吸收系数	面漆颜色	太阳辐射吸收系数
白色	0.40	黄色	0.61
灰色	0.75	超薄型防火涂料	0.35
红色	0.81	薄型防火涂料	0.44
绿色	0.86	厚型防火涂料	0.83

     J——结构所在朝向正午逐时太阳辐射照度（W/m²），按现行国家标准《工业建筑供暖通风与空气调节设计规范》GB 50019 的有关规定确定；

     α_w——结构表面换热系数 [W/(m²·℃)]，按现行国家标准《工业建筑供暖通风与空气调节设计规范》GB 50019 或《实用供热空调设计手册》表 3.1-19 确定。

4. 围护结构外表面综合温度

围护结构外表面的温度是室外气温与太阳辐射两者共同作用的结果，经过大量实验数据拟合，围护结构外表面附近空气的综合温度 t_e 可由下式计算：

$$t_e = t_f + t_r = t_f + \frac{\rho J}{\alpha_w} \tag{3.4.3-4}$$

式中 t_f——室外气温，由日气温标准变化曲线表示。

当围护结构采用浅银灰色铝镁锰金属屋面板时，实测温度与金属屋面外表面综合温度拟合值见图 3.4.3-9。按照太阳辐射照度标准曲线与标准日气温变化曲线计算得到的综合温度与实测值比较接近。金属屋面外表面最高温度为 62.9℃，远高于室外气温。

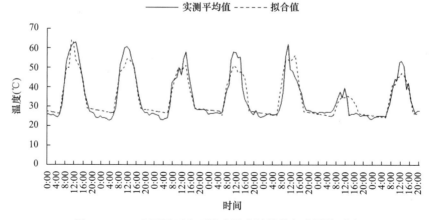

图 3.4.3-9 金属屋面表面综合温度计算值与实测值对比

5. 温度模拟计算

大空间钢结构实测温度的方法费时费力，实践应用中多采用数值模拟精度较高的 CFD 技术进行高大空间的气流组织与热舒适性模拟分析，预测室内的温度场情况，得出对于高大空间的温度垂直分布规律及钢结构的温度[20,21]。

CFD 技术分析过程：

（1）基础参数

1）室外气象参数——所处地区的历史极端温度

2）温度工况

气温极高工况——按夏季室外极端温度进行计算，东、南、西、北四个垂直面的太阳辐射照度和水平面的最大太阳辐射照度都按照最大值进行计算。

气温极低工况——冬季室外极端温度，不考虑太阳辐射的作用。

围护结构外表面综合温度——围护结构外表面综合温度按公式（3.4.3-4）计算。

3）室内设计参数——根据室内空调和采暖设备情况输入

4）建筑外维护结构参数——混凝土墙传热系数、围护结构热传导系数

（2）建模与边界条件

1）极端高温工况

夏季极端室外空气综合温度；

屋盖部分为第三类边界条件，边界材料为屋面围护结构；

外墙部分为第三类边界条件，边界材料为外围护结构，混凝土外墙时，模型侧壁可采用绝热边界条件；

建筑顶部中心为压力出口，出口静压为 0；

建筑底部为绝热边界。

2）气温极低工况

冬季室外极端温度，不考虑太阳辐射的作用；

屋盖部分为第三类边界条件，边界材料为屋面围护结构；

外墙部分为第三类边界条件，边界材料为外围护结构，混凝土外墙时，模型侧壁可采用绝热边界条件；

建筑顶部中心为压力出口，出口静压为 0；

建筑底部为绝热边界。

（3）求解

1）建立求解模型

采用非耦合求解法、隐式算法、三维空间、定常流动进行计算。

2）启用能量方程

启用能量方程考虑热交换问题。

3）启用 k-ε 两方程湍流模型并进行离散

采用湍流模型。运用 k-ε 模型求解流动及换热问题时，控制方程包括连续性方程、动量方程、能量方程、k 方程、ε 方程和湍动黏度表达式。

4）启用自然对流

空气由于温度不同而引起密度变化，流体会由于重力原因导致密度的变化，这属于自

然对流。

  5）输入边界条件和初始条件进行迭代计算

  （4）获得温度场分布结果

3.4.3.4 室内空间温度分布规律[22]

  高大空间通常采用喷口侧送风、下回风的分区空调气流组织方式，高大空间下部为等温空调区，上部为靠近屋盖的热滞留区，中间为主对流区，如图 3.4.3-10 所示。

  为探究极端条件下室内钢结构的温度，故重点关注太阳辐射照度最强、室外综合温度最高时段的情况。对于天窗部位，认为太阳辐射热直接透过玻璃进入室内，覆盖金属屋面的钢结构不直接受太阳辐射作用（图 3.4.3-11）。

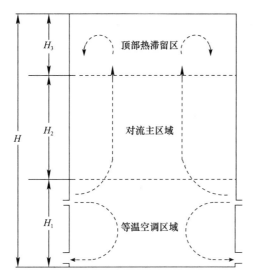

图 3.4.3-10 高大空间分层空调控制方法

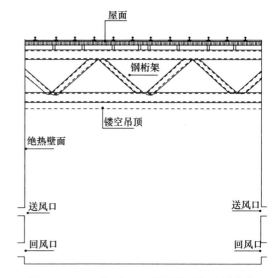

图 3.4.3-11 典型 CFD 分析模型与边界条件

  金属屋面范围的空间温度沿竖向的变化规律如图 3.4.3-12 所示。吊顶上部的空气温度为 33℃左右，明显高于下部，说明格栅铝合金吊顶在一定程度上起到阻隔上部热空气与下部冷空气对流的作用，故此吊顶上、下空气温度差异较大。

  天窗部位高大空间温度沿竖向的变化情况如图 3.4.3-13 所示，钢桁架表面计算平均温度为 44.2℃。由于太阳辐射热能透过天窗进入室内，在室内上部形成巨大的热源，格栅吊顶上部的空气温度明显高于下部，达 41.8℃左右。

  尽管上述方法确定室内温度分布存在一定误差，但可以定性预测室内大空间内的温度分布趋势，具有较大的工程意义，可以用于开合屋盖结构内气流组织分析与钢结构温度确定。

3.4.4 室外悬挑部位钢结构温度

  室外悬挑钢结构由上、下两层围护结构围合而成。分析案例中上层屋面为室内金属屋面的延伸，构造与室内区域相同，下层吊顶为 25mm 厚蜂窝铝板（图 3.4.4-1）。

  围护结构具有较好的保温性能，中间形成封闭的空气间层，此悬挑部位（不考虑金属屋面外表面对流换热过程）的等效传热系数[23]可根据式（3.4.4-1）计算得到：

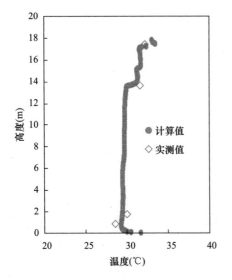

图 3.4.3-12　金属屋面区域 CFD
模拟与实测比较

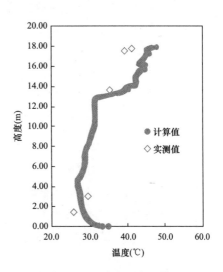

图 3.4.3-13　玻璃天窗区域 CFD
模拟与实测比较

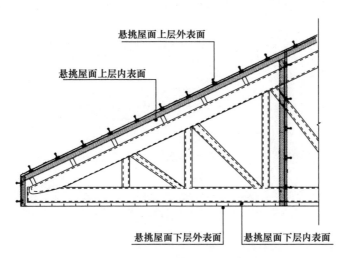

图 3.4.4-1　室外悬挑部位构造

$$K = \frac{1}{R_b + R_k + R_t\cos\theta} \tag{3.4.4-1}$$

式中　K——金属屋面的传热系数；

　R_b、R_t——分别为吊顶与屋面的热阻；

　R_k——封闭空气间层的热阻，当空气间层厚度超过 60mm，R_k 取 0.43（m² · ℃）/W[12]。

根据式（3.4.3-4）确定金属屋面外表面的温度后，则 R_b 和 R_t 可由下式确定（不考虑金属屋面外表面对流换热过程）：

$$R_b = \frac{1}{\alpha_d} + \frac{\delta}{\lambda} \tag{3.4.4-2}$$

$$R_t = \sum \frac{\delta_i}{\lambda_i} \tag{3.4.4-3}$$

式中 α_d——吊顶下表面的对流换热系数，$\alpha_d = \alpha_w$；

    λ——蜂窝铝板导热系数，工程 $\lambda = 203 \text{W}/(\text{m}^2 \cdot \text{℃})$；

    δ_i——第 i 层材料厚度；

    λ_i——屋面第 i 层材料的导热系数。

对于稳态传热，各部分热流密度 q 相等，故此可得：

$$K(t_e - t_n) = \frac{t_e - t_{k1}}{R_t \cos\theta} = \frac{t_{k2} - t_n}{R_b} \qquad (3.4.4\text{-}4)$$

式中 t_e——金属屋面外表面的温度，考虑晴天金属屋面外表面辐射得热较大，采用室外综合温度代表屋面外表面温度；

    t_n——吊顶下表面附近空气的温度，与空气温度相同，即 $t_n = t_f$。

t_{k1}、t_{k2}——分别为悬挑部位空腔上、下部的空气温度，钢结构置于空腔内，因此钢结构温度 t_k 可近似由下式计算：

$$t_k = \frac{t_{k1} + t_{k2}}{2} \qquad (3.4.4\text{-}5)$$

钢结构计算温度如图 3.4.4-2 所示。可知，空腔内部计算温度与室外空气实测温度比较接近，与金属屋面外表面综合温度关系不大。

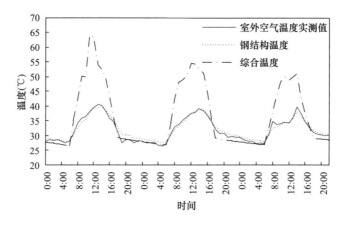

图 3.4.4-2　悬挑部位钢结构温度变化曲线

3.4.5　超长混凝土温度效应

当开合屋盖结构采用混凝土结构作为支承结构时，为减小钢结构屋盖的变形量，混凝土结构常采用不设缝的超长混凝土形式。超长结构温度效应明显，施工阶段季节气温变化产生的结构的内力与变形可能起控制作用。

超长混凝土结构温度作用取值与拟建场地的常年平均气温 $\overline{T}_y$、月平均气温 $\overline{T}_m$、月平均最高气温 T_{max} 和月平均最低气温 T_{min} 直接相关。

1. 结构初始温度

结构的初始温度主要受建设地点的气象温度条件以及施工时的温度影响[1]，超长混凝土结构建设周期较长，可取所在地区年平均气温 $\overline{T}_y$ 作为后浇带封闭即结构的初始温度。考虑到施工工期的不确定性，通常设定一定的温度偏差范围作为结构的初始温度：

$$T_0 = \overline{T}_y \pm \Delta T \qquad\qquad (3.4.5\text{-}1)$$

式中　T_0——结构的初始温度；

　　$\pm \Delta T$——后浇带封闭时气温的正、负偏差值。

对于正偏差 $+\Delta T$，应满足 $+\Delta T \leqslant \max(\overline{T}_m) - \overline{T}_y$，为了避免 $+\Delta T$ 过大，应避免在最热月等高温天气下封闭后浇带。对于负偏差 $-\Delta T$，应满足 $-\Delta T \leqslant \min(\overline{T}_m) - \overline{T}_y$，且 $\overline{T}_m$ 不应低于冬期施工要求的最低气温。由于我国地域辽阔，各地气象条件差异很大，正、负偏差一般可根据情况取 $5 \sim 10℃$。

2. 混凝土收缩当量温度

混凝土的收缩变形主要受材料性质（水泥品种、水灰比、水泥用量、含水量、骨料、外加剂和矿物掺合料等）、养护条件（湿度、风速、温度）、构件尺寸、干燥时间等因素的影响。

计算超长结构混凝土收缩变形时，可采用多系数法进行计算[24]。混凝土收缩应变由下式确定：

$$\varepsilon_y(t) = \varepsilon_{y0} \times (1 - e^{-0.01t}) \eta_1 \eta_2 \cdots \eta_n \qquad\qquad (3.4.5\text{-}2)$$

式中　$\varepsilon_y(t)$——混凝土的收缩应变，为随时间 t 变化的函数；

　　ε_{y0}——混凝土总收缩应变，对于 C40 混凝土，在标准养护情况下 $\varepsilon_{y0} = 3.24 \times 10^{-4}$；

　　η_i——各种非标准情况时的修正系数，$i = 1, \cdots, n$。

后浇带封闭后，超长结构混凝土收缩应变的当量负温差按下式计算：

$$\Delta T_s = -\frac{\varepsilon_y(\infty) - \varepsilon_y(t)}{\alpha_c} \qquad\qquad (3.4.5\text{-}3)$$

式中　ΔT_s——混凝土收缩应变的当量负温差；

　　α_c——混凝土的线膨胀系数，《混凝土结构设计规范》GB 50010—2010[26] 取为 $1.0 \times 10^{-5}/℃$。

从式（3.4.5-2）、式（3.4.5-3）可以看出，后浇带封闭时间越迟，混凝土后期的收缩应变越小。当后浇带封闭分别为 45d、60d 和 90d 时，混凝土收缩应变的当量负温差见图 3.4.5-1。收缩当量温差在前 12 个月内增长较快，其后增长速度缓慢；随着后浇带封闭时间推迟，收缩当量温差逐渐减小，90d 封闭后浇带时的收缩当量温差约为 45d 封闭后浇带时收缩当量温差的 2/3。由此可见，延迟后浇带封闭时间可有效减小收缩变形[25]。

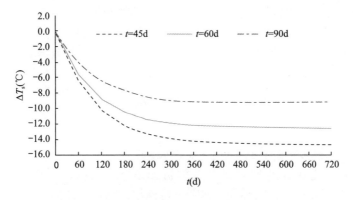

图 3.4.5-1　后浇带封闭时间对混凝土收缩当量温度的影响

3. 正负温差与温差折减系数

混凝土结构的温度作用是由结构本体温度（包含混凝土收缩、徐变影响）与初始温度之间的差异所引起。

多年的工程实践表明，按照弹性假定计算得到的混凝土结构温度应力远大于实测应力，主要原因如下：

① 由于混凝土徐变造成应力松弛，进而引起应力重分布，降低温度应力。

② 当温度应力较高时，混凝土结构会局部进入塑性变形，从而减小应力峰值。

③ 混凝土微裂缝也会降低竖向构件的刚度，减弱柱对梁、板的约束作用。

为了避免分析过程的复杂性，目前多采用对计算温差进行适当折减的计算方法。

在确定混凝土结构施工阶段正、负温差时，需要综合考虑各楼层混凝土后浇带封闭时的平均气温、混凝土收缩变形当量负温差等因素。

对混凝土结构正温差 ΔT_c^+ 的计算主要考虑季节温差，由下式确定：

$$\Delta T_c^+ = k_c(T_{\max} - T_0) \tag{3.4.5-4}$$

式中 $T_{\max}$——后浇带封闭后施工阶段的月平均最高气温，必要时，可考虑太阳辐射引起结构温度的升高；

       T_0——后浇带封闭时结构的本体温度；

       k_c——混凝土温度效应折减系数，根据经验取 0.3～0.5[24]，也可采用考虑配筋影响的应力松弛系数计算方法[27]确定折减系数 k_c，即：

$$k_c(t,t_0) = \frac{1.1}{1+\chi(t,t_0)\varphi(t,t_0)} \tag{3.4.5-5}$$

$$\chi(t,t_0) = \frac{1}{1-k(t,t_0)} - \frac{1}{\varphi(t,t_0)} \tag{3.4.5-6}$$

式中 $\chi(t,t_0)$——混凝土老化系数，表示在连续变化应力作用下徐变的衰减规律，取决于加载龄期和荷载持续时间，取值范围为 0.5～1.0，平均值 0.82；

       $k(t,t_0)$——应变（变形）保持不变时的松弛系数；

       $\varphi(t,t_0)$——徐变函数，可由 CEB-FIP MC90[28] 或《公路钢筋混凝土及预应力混凝土桥涵设计规范》JTG 3362—2018[29]附录 F 等确定；

       t——混凝土龄期，应考虑季节温度周期性变化，如在第一温度变化区间（半年），取 $t = t_0 + 182.5d$，t_0 为构件加载龄期，$t_0 = 7d$。

对混凝土结构负温差 ΔT_c^- 的计算主要包括混凝土收缩当量温度和季节温差，由下式确定：

$$\Delta T_c^- = k_s\Delta\overline{T}_s + k_c(T_{\min} - T_0) \tag{3.4.5-7}$$

式中 $T_{\min}$——后浇带封闭后施工阶段的月平均最低气温；

       $\Delta\overline{T}_s$——后浇带封闭后混凝土收缩变形的当量负温差；

       k_s——混凝土收缩变形当量温差的折减系数，其值略小于 k_c。k_s 也可根据式（3.4.5-5）和式（3.4.5-6）进行计算，此时构件加载龄期 t_0 可取后浇带封闭时间，如 $t_0 = 60d$，持荷时间 $t = \infty$。

3.5　地震作用

3.5.1　开合屋盖地震作用的特殊性

（1）开合屋盖结构由活动屋盖与支承结构组成，结构单元数量多，且各部分质量分布极不均匀。与传统的大跨度结构相比，开合屋盖结构的动力特性更为复杂，活动屋盖对水平地震放大效应明显。

（2）活动屋盖通过驱动系统部件与支承结构相连，边界条件复杂。

（3）开合屋盖结构存在多个使用状态，活动屋盖开启状态对结构地震响应有一定影响，设计时需要针对各使用状态分别进行计算，并分别采用相应的地震动参数，因此，结构的地震效应分析复杂且工作量大。

开合屋盖结构抗震设计宜结合其使用功能采用多个计算模型，包括活动屋盖全开状态模型与全闭状态模型，并根据使用情况选取活动屋盖中间状态的计算模型，还应检验当活动屋盖移动过程中发生地震时结构的安全性。应考虑水平方向与垂直方向的地震作用，分别进行反应谱计算与时程分析，必要时考虑几何非线性与材料非线性的影响。

（4）活动屋盖与支承结构之间的相互作用明显，需要同时考虑水平方向与垂直方向的地震作用。当支承结构平面尺寸很大且为软弱场地时，还应考虑地震行波效应，进行多点多维地震输入响应分析。

（5）当开合屋盖采用下部混凝土支承结构与固定屋盖和活动屋盖形成混合结构时，地震作用计算时应取用合理的阻尼比。

3.5.2　地震动参数基于服役年限的调整

地震的危险性程度主要取决于建筑预期的使用年限以及可以承受的风险水平这两个因素。在我国现行抗震设计方法中，多遇地震、设防烈度地震和罕遇地震 50 年的超越概率分别为 63%、10% 和 2%～3%[30]。开合屋盖结构地震作用取值与其使用状态密切相关。

根据开合屋盖结构的功能要求，将活动屋盖常驻的状态作为其设计基本状态。由于开合屋盖处于非基本状态时间相对较短，设计中可根据建设地点、建筑功能与活动屋盖使用情况，取用低于基本状态的地震动参数，根据折减后的地震作用进行非基本状态的结构计算分析。

日本建筑学会在《开合屋盖结构设计指南》[31]中建议，运行状态开合屋盖的地震作用可根据设计人员的判断适当降低，当经验不足时，可将地震作用降至 50% 左右。周锡元院士等研究了服役期内地震烈度的超越概率与年发生率和服役期之间的关系，提出一种用于估计不同服役期结构设防烈度的简便算法，可以反映设防烈度随服役期的变化情况，并给出了不同服役期结构的抗震设防烈度（表 3.5.2-1、表 3.5.2-2、图 3.5.2-1）[32]。

根据开合屋盖的预期使用情况，将其使用状态持续时间折算成等效服役年限，即可参照表 3.5.2-2 插值计算其地震峰值加速度调整系数。某开合屋盖工程地处设防烈度 8 度区，设计使用年限 50 年，预计每年开合 50 次，每次使用时间为 0.5 天，开合运行时间均为 30min，计算结果见表 3.5.2-3。

当可接受风险概率为 0.1 时，不同服役期结构的抗震设防烈度　表 3.5.2-1

服役年限	1	5	10	15	20	50	100	150	200
7 度	4.33	5.42	5.88	6.10	6.37	7.00	7.49	7.78	8.01
8 度	5.33	6.42	6.88	7.10	7.37	8.00	8.49	8.78	9.01
9 度	5.72	7.41	7.95	8.29	8.48	9.00	9.29	9.43	9.51

不同服役年限地震峰值加速度的调整系数　表 3.5.2-2

服役年限	1	5	10	15	20	50	100	150	200
7、8 度	0.157	0.334	0.460	0.536	0.646	1	1.404	1.717	2.014
9 度	0.103	0.332	0.483	0.611	0.697	1	1.223	1.347	1.424

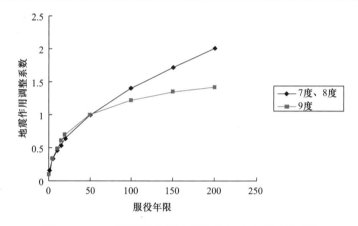

图 3.5.2-1　不同服役年限地震峰值加速度的调整系数

地震峰值加速度调整系数计算　表 3.5.2-3

开合屋盖状态	基本状态	非基本状态	运行状态
等效使用年限	46.575	3.282	0.143
时间百分比（%）	93.15	6.564	0.286
地震峰值加速度调整系数	0.960	0.258	—

　　活动屋盖运行过程中遭遇地震几率的大小与开合时间长短以及开合频率有关，活动屋盖在运行过程中遭遇地震的可能性很小。

　　综合上述分析与国内外工程经验，我国现行行业标准《开合屋盖结构技术标准》JGJ/T 442 对开合屋盖结构地震作用取值规定如下[2]：

　　（1）基本状态应采用该地区设计使用年限的地震动参数。

　　（2）非基本状态的峰值地震加速度可适当降低，但不得低于基本烈度的 50%。

　　（3）鉴于活动屋盖移动过程中遭遇地震的概率极低，且调整后地震作用很小，可不考虑专门进行抗震验算，但需采取抗震构造措施以及应急制动系统，防止脱轨、碰撞、晃动等事故的发生。尤其对于大型开合屋盖结构，应考虑设置地震传感器，当地震达到某一烈度时，及时刹车并自动即时锁定活动屋盖，确保结构安全。

3.5.3 结构阻尼比

1. 研究现状

在结构抗震设计中，阻尼比对结构的地震响应影响显著，是非常重要的参数。大量试验与实测结果表明，钢结构的阻尼比与钢筋混凝土结构的阻尼比存在显著差异[33]。开合屋盖结构的屋盖多采用钢结构，下部支承体系多为钢筋混凝土结构，为钢-混凝土混合体系。混合结构的阻尼比与结构各部分的质量、刚度、几何位置等多种因素有关，在进行此类结构整体计算分析时，取用某一种材料阻尼比或将不同材料的阻尼比按其质量所占比例进行插值，计算结果将产生较大误差。根据我国《建筑抗震设计规范》GB 50011[30] 中，钢结构阻尼比为 0.02，混凝土结构阻尼比为 0.05。现行行业标准《空间网格结构技术规程》JGJ 7 参考多高层钢结构，规定钢结构支承或直接落地的屋盖网格结构阻尼比取 0.02[34]，但对如何计算混合结构的阻尼比未作出具体规定，在结构设计中缺乏确定阻尼比简单有效的方法。

阻尼是固体材料的重要性质，应力波在固体中传播时，由材料内摩擦产生阻尼力，使振动能量逐渐耗散。阻尼主要与材料特性、应变速率及应力的大小有关，当结构体系由多种材料组成时，结构的阻尼比是非均匀的，运动方程不能通过传统的方法进行解耦[35,36]。

吕西林[37] 等通过对分块 Rayleigh 阻尼和模态应变能阻尼进行研究，并结合 12 层 SRC 框架的振动台试验对其有效性进行检验，表明模态应变能阻尼具有耗能等效的物理概念，在时域与频域内均具有较高的精度。曹资[38,39] 等针对网壳屋盖与下部支承结构，提出位能加权平均法，分别确定钢构件与混凝土构件的位能，再与其各自的阻尼比相乘后加权平均，利用该方法研究了网壳与下部结构的相互作用，对维修机库组合结构阻尼比的影响因素进行了分析。周向阳、张其林[40] 等根据复阻尼理论推导了组合结构等效阻尼比的计算公式，在 ANSYS 软件基础上开发了阻尼矩阵计算功能，体育场结构计算结果表明，等效阻尼比能够较好地反映结构的动力性能。关海涛、周建龙[41] 等对混合结构实用阻尼计算方法进行了研究，并对大跨度空间索拱钢屋盖-下部混凝土结构进行了分析。

2. 混合结构阻尼比

考虑到不同材料构件对结构阻尼比的影响，引用等效结构的概念，可将不同材料的屋盖结构与支承体系视为组合结构，用位能加权平均法推导出计算公式。现行行业标准《空间网格结构技术规程》JGJ 7 介绍了这一方法。组合结构阻尼比可采用下式计算：

$$\zeta = \frac{\sum_{s=1}^{n} \zeta_s W_s}{\sum_{s=1}^{n} W_s} \qquad (3.5.3-1)$$

式中 ζ——考虑支承体系与空间网格结构共同工作时，整体结构的阻尼比；

ζ_s——第 s 个单元的阻尼比。对钢构件取 0.02，对混凝土构件取 0.05；

n——整体结构的单元数；

W_s——第 s 个单元的位能，梁单元位能按式（3.5.3-2）计算，杆元位能按式（3.5.3-3）计算。

$$W_s = \frac{L_s}{6(EI)_s}(M_{as}^2 + M_{bs}^2 - M_{as}M_{bs}) \qquad (3.5.3-2)$$

$$W_s = \frac{N_s^2 L_s}{2(EA)_s} \tag{3.5.3-3}$$

式中　L_s、$(EI)_s$、$(EA)_s$——分别为第 s 杆的计算长度、抗弯刚度和抗拉刚度；

　　　　M_{as}、M_{bs}、N_s——分别为第 s 杆两端在重力荷载代表值作用下的静弯矩和轴力。

大量实例及实测结果的统计分析表明，采用混凝土结构支承的空间网格结构的整体阻尼比 W_s 在 $0.025\sim0.035$ 之间，现行国家标准《建筑抗震设计规范》GB 50011 也引用了这个区间。为方便工程设计，现行行业标准《空间网格结构技术规程》JGJ 7 对于混凝土结构支承的空间网格结构，建议整体结构阻尼比取 0.03。

3. 模态阻尼比

模态阻尼比是确定混合结构阻尼特性较为理想的方式之一[42]。根据试验测得的模态阻尼比可以较为准确地反映结构的阻尼耗能性能。对于大跨度体育场馆等混合结构体系，结构各振型的阻尼比可以按照各类单元储存能量的大小确定。

结构第 i 个单元对应于第 j 阶模态的应变能可由下式定义：

$$E_{ij} = \{\phi\}_{ij}^{\mathrm{T}}[k]_j^{\mathrm{e}}\{\phi\}_{ij} = \{\phi\}_j^{\mathrm{T}}[k]_i\{\phi\}_j \tag{3.5.3-4}$$

式中　$\{\phi\}_{ij}$、$\{\phi\}_j$——分别为第 i 个单元相应于第 j 阶模态的位移向量与结构第 j 阶模态的位移向量；

　　　　$[k]_i^{\mathrm{e}}$、$[k]_i$——分别为第 i 个单元的刚度矩阵与对结构整体刚度的贡献矩阵。

混合结构体系中不同类型单元的阻尼比 ξ 各不相同，一般钢构件可取 0.02，混凝土构件可取 0.05。不同 $[k]_i$ 单元对于结构模态阻尼比的贡献主要与单元的应变能有关，应变能大的单元对模态阻尼比的贡献大，反之则小。此时，可根据 j 阶振型各单元的模态应变能确定相应的模态阻尼比：

$$\zeta_j' = \frac{\sum\limits_{i=1}^{m} \zeta_i \{\phi\}_j^{\mathrm{T}}[k]_i\{\phi\}_j}{\sum\limits_{i=1}^{m} \{\phi\}_j^{\mathrm{T}}[k]_i\{\phi\}_j} \tag{3.5.3-5}$$

式中　ζ_i、ζ_j'——分别为第 i 个单元的材料阻尼比与第 j 阶模态的等效阻尼比。

前 n 阶振型的模态阻尼比平均值可按下式计算：

$$\bar{\zeta}_j = \frac{\sum\limits_{i=1}^{j} \zeta_i}{j} \tag{3.5.3-6}$$

式中　ζ_i、$\bar{\zeta}_j$——分别为第 i 阶振型的模态阻尼比和前 j 阶振型的模态阻尼比的平均值。

4. 一致阻尼比

为便于结构设计应用，本节提出一致阻尼比计算方法，将各模态阻尼比进一步根据振型质量参与系数进行加权平均，进而得到大跨度混合结构的一致阻尼比 $\bar{\zeta}$：

$$\bar{\zeta} = \frac{\sum\limits_{j=1}^{n} \zeta_j' \cdot \gamma_{\mathrm{p}j}}{\sum\limits_{j=1}^{n} \gamma_{\mathrm{p}j}} \tag{3.5.3-7}$$

式中　$\bar{\zeta}$——大跨度混合结构的一致阻尼比。

5. 结构阻尼比取值方法验证

上述混合结构阻尼比的取值方法在国家网球馆结构中得到运用。通过对开合屋盖结构的振型模态与自振周期进行深入分析，研究其质量参与系数的分布规律，特别是高阶振型对开合屋盖结构动力响应的影响，以及开合屋盖结构在竖向地震作用的内力与变形。在对模态阻尼比进行深入分析的基础上，提出物理意义明确、便于在工程中应用的阻尼比确定方法，可以有效避免在确定大跨度阻尼比时的盲目性。针对国家网球馆开合屋盖项目，通过对比不同阻尼比时的结构内力与位移，验证本方法的可行性[43]。

（1）结构阻尼比

国家网球馆计算时共考虑了前 150 阶振型，其中较为典型的振型模态如表 3.5.3-1 所示。

开合屋盖结构的振型模态   表 3.5.3-1

振型阶数	振型	振型状态	振型阶数	振型	振型状态
1	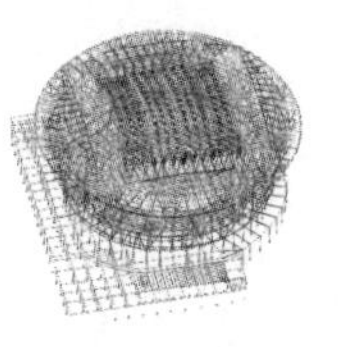	y 方向平动为主的结构整体变形	5	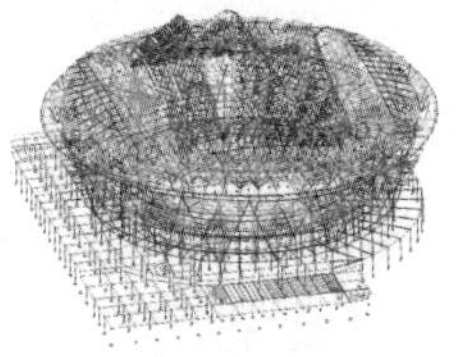	活动屋盖的上、下反对称振动变形为主
2	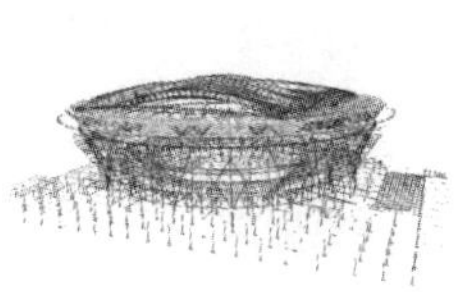	x 方向平动为主的结构整体变形。活动屋盖顺轨道方向振幅较大	7	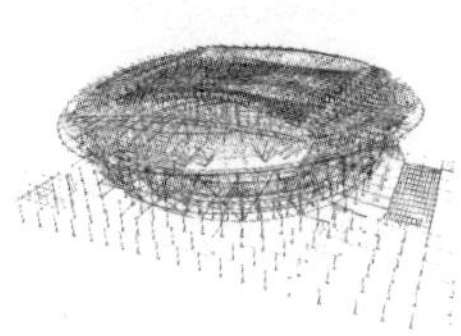	以整体结构平面内的双轴对称变形为主
3	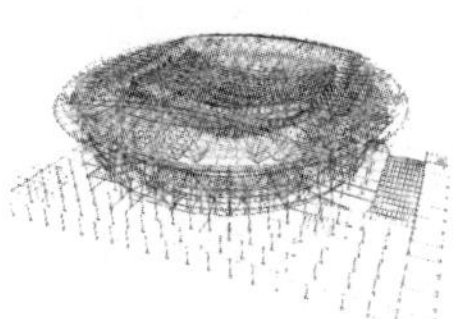	活动屋盖的上、下对称振动变形为主	135	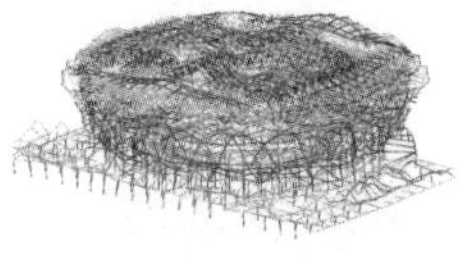	整体结构的竖向振动为主，屋盖有较大振动幅度
4	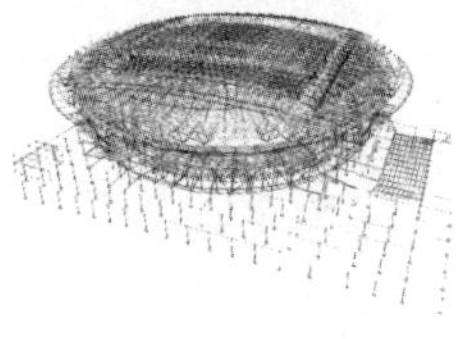	绕 z 轴扭转的结构整体振动	149	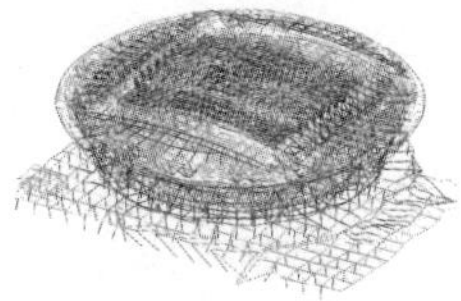	混凝土结构的水平振动为主，屋盖有较大幅度竖向振动

将计算模型前 150 阶振型各方向的阻尼比与质量参与系数代入公式（3.5.3-7），得到结构的一致阻尼比 $\overline{\zeta}=0.0382$。

国家网球中心采用混凝土看台作为支承结构，计算时下部结构阻尼比取 0.05，固定屋盖与活动屋盖钢结构的阻尼比取值 0.02，前 150 阶振型的模态阻尼比如表 3.5.3-2 所示。

结构计算模型的模态阻尼比   表 3.5.3-2

振型阶数	阻尼比									
1~10	0.037	0.036	0.024	0.031	0.022	0.020	0.050	0.021	0.021	0.022
11~20	0.048	0.048	0.049	0.049	0.046	0.046	0.023	0.049	0.023	0.026
21~30	0.042	0.042	0.021	0.021	0.022	0.033	0.034	0.022	0.022	0.020
31~40	0.021	0.050	0.050	0.022	0.050	0.020	0.050	0.049	0.021	0.033
41~50	0.033	0.028	0.050	0.048	0.032	0.026	0.050	0.029	0.025	0.029
51~60	0.050	0.047	0.044	0.028	0.029	0.037	0.041	0.040	0.039	0.046
61~70	0.046	0.049	0.038	0.047	0.037	0.035	0.042	0.043	0.037	0.036
71~80	0.046	0.041	0.045	0.047	0.040	0.044	0.035	0.041	0.042	0.046
81~90	0.047	0.042	0.028	0.048	0.035	0.034	0.037	0.048	0.038	0.042
91~100	0.040	0.041	0.039	0.035	0.029	0.048	0.036	0.037	0.040	0.044
101~110	0.040	0.032	0.037	0.037	0.035	0.047	0.043	0.040	0.037	0.040
111~120	0.040	0.039	0.036	0.038	0.040	0.042	0.047	0.047	0.048	0.047
121~130	0.047	0.046	0.040	0.047	0.048	0.043	0.048	0.049	0.042	0.050
131~140	0.049	0.048	0.048	0.050	0.049	0.050	0.050	0.050	0.049	0.050
141~150	0.050	0.049	0.050	0.050	0.050	0.049	0.049	0.049	0.049	0.033

    由表可知,各阶振型相应的阻尼比均在 0.02~0.05 范围内。以屋盖钢结构变形为主的振型,其振型阻尼比接近于 0.02,如第 3 振型与第 5 振型等;以下部混凝土结构变形为主的振型,其振型阻尼比接近于 0.05,如第 7 阶振型等;以屋盖钢结构与下部混凝土结构整体变形为主的振型,其模态阻尼比较为接近 0.02 与 0.05 的平均值,如第 1 振型、第 2 振型和第 4 振型等。

    结构模态阻尼比与前 n 阶振型的平均模态阻尼比随振型数的变化情况如图 3.5.3-1 所示。由图可见,模态阻尼比的分布形态较为分散。对于低阶振型,屋盖钢结构的局部振型较多;对于高阶振型,下部混凝土结构的局部振型较多。

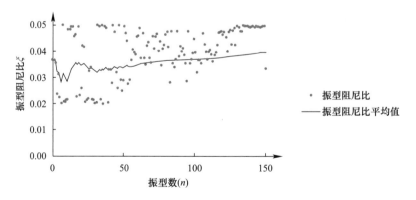

图 3.5.3-1 结构模态阻尼比随振型阶数的变化情况

    低阶振型时的模态阻尼比平均值在 0.03~0.04 范围内波动,30 阶振型以后,平均模态阻尼比与振型阶数之间呈现出明显的线性关系,模态阻尼比平均值随振型数增多逐渐增大。

    (2)重力荷载代表值

    开合屋盖各子结构的重力荷载代表值差异很大,具体如表 3.5.3-3 所示。下部混凝土结构所占比例最大，为总重力荷载代表值的 95.11%；固定屋盖为总重力荷载代表值的 4.11%；活动屋盖所占比例最小，仅为总重力荷载代表值的 0.78%。

结构各部位重力荷载代表值及所占百分比 表 3.5.3-3

部位	整体结构 G_0	下部混凝土结构 G_1	固定屋盖 G_2	活动屋盖 G_3
重力荷载代表值(kN)	886631	843250	36419	6962
G_i/G_0(%)	100	95.11	4.11	0.78

（3）剪重比

当采用结构的模态阻尼比时，根据振型分解反应谱法得到的结构各部位的地震力与其相应的剪重比或反重比如表 3.5.3-4 所示。

结构各部位的地震力与相应的剪重比 表 3.5.3-4

地震方向	整体结构		固定屋盖支座		活动屋盖支座	
	地震力 F_i	F_i/G_i	地震力 F_i	F_i/G_i	地震力 F_i	F_i/G_i
X 方向	61581	0.0695	8829	0.145	3583	0.515
Y 方向	65113	0.0734	8724	0.171	2485	0.357
Z 方向	50694	0.0572	4194	0.0766	1540	0.221

在水平地震作用下，主体结构底部的剪重比为 0.07 左右；固定屋盖支座部位 X 方向与 Y 方向的剪重比分别为 0.145 与 0.171，明显大于主体结构底部的剪重比；活动屋盖台车底部 X 方向与 Y 方向的剪重比分别为 0.515 与 0.357，远大于主体结构底部的剪重比。

在竖向地震作用下，主体结构底部的反重比为 0.0572，固定屋盖支座部位的反重比为 0.0766，明显大于主体结构底部的剪重比，活动屋盖台车底部的反重比为 0.221，远大于主体结构底部的反重比。

（4）地震力

分别采用模态阻尼比与一致阻尼比进行开合屋盖结构计算，一致阻尼比算法得到结构各部位的底部剪力与按照模态阻尼比法的结果非常接近，如表 3.5.3-5 所示。

阻尼比方法对结构地震力的影响（kN） 表 3.5.3-5

地震方向	阻尼比类别	整体结构	屋盖结构	活动屋盖
X 方向 F_{xi}	模态阻尼比	61581	8829	3581
	一致阻尼比	61206	8693	3479
	误差（%）	0.61	1.54	2.83
Y 方向 F_{yi}	模态阻尼比	65113	8724	2482
	一致阻尼比	64567	8603	2440
	误差（%）	0.84	1.38	1.69
Z 方向 F_{zi}	模态阻尼比	50694	4194	1534
	一致阻尼比	50700	4184	1456
	误差（%）	0.01	0.23	5.08

（5）层间位移

取用一致阻尼比与模态阻尼比时，结构层间位移角比较接近，如表 3.5.3-6 和表 3.5.3-7 所示。下部混凝土结构在水平地震作用下均满足《建筑抗震设计规范》GB

50011 中框架结构最大层间位移不大于 1/550 的规定。固定屋盖结构在地震作用下的位移较小。

下部混凝土结构在地震作用下的最大层间位移角 $\Delta u_i / h_i$ 表 3.5.3-6

地震方向	X 方向			Y 方向		
层数	一致阻尼	模态阻尼	误差（%）	一致阻尼	模态阻尼	误差（%）
8	1/2250	1/2250	0.00	1/19565	1/19565	0.00
7	1/1970	1/2020	2.48	1/1948	1/2000	2.60
6	1/2407	1/2455	1.96	1/12465	1/12968	3.88
5	1/1764	1/1800	2.00	1/11348	1/11842	4.17
4	1/699	1/707	1.13	1/5293	1/5612	5.70
3	1/1890	1/1901	0.6	1/2613	1/2739	4.60
2	1/2127	1/2150	1.07	1/2116	1/2116	0.00

固定屋盖结构在地震作用下的最大位移（mm）   表 3.5.3-7

阻尼类别	X 方向	Y 方向	Z 方向
一致阻尼	38.05	35.13	20.23
模态阻尼	39.12	36.22	21.01
误差（%）	2.73	3.01	3.71

（6）屋盖杆件内力

在多遇地震作用下，固定屋盖主桁架在跨中部位上弦杆、中弦杆、下弦杆、上腹杆及下腹杆的最大内力如表 3.5.3-8 所示。采用一致阻尼比与模态阻尼比的计算结果较为接近，两者误差不超过 10%。

在地震作用下固定屋盖杆件的内力最大值（kN）   表 3.5.3-8

地震方向	阻尼比类别	上弦杆	中弦杆	下弦杆	上腹杆	下腹杆
X 方向	模态阻尼比	162.3	509.8	420.0	104.3	278.2
	一致阻尼比	156.2	464.4	409.3	101.9	276.5
	偏差（%）	3.75	8.91	2.53	2.26	0.63
Y 方向	模态阻尼比	355.8	340.9	327.6	140.1	317.3
	一致阻尼比	338.9	336.4	318.6	130.4	318.5
	偏差（%）	4.70	1.32	2.75	6.92	0.35
Z 方向	模态阻尼比	260.9	234.6	221.2	91.36	184.1
	一致阻尼比	248.9	220.8	213.7	86.75	183.8
	偏差（%）	4.60	5.88	3.40	5.05	0.10

（7）活动屋盖位移

活动屋盖上层单元与下层单元在多遇地震作用下的最大位移如表 3.5.3-9 所示。分别采用一致阻尼与模态阻尼进行结构抗震计算时，活动屋盖结构变形结果差异很小。

活动屋盖结构在地震作用下的最大位移（mm）   表 3.5.3-9

屋盖部位	阻尼类别	X 向地震	Y 向地震	Z 向地震
上层单元	一致阻尼	74.31	34.33	29.18
	模态阻尼	77.73	34.84	29.16
	偏差（%）	4.40	1.46	−0.07

续表

屋盖部位	阻尼类别	X 向地震	Y 向地震	Z 向地震
	一致阻尼	52.09	29.76	30.76
下层单元	模态阻尼	55.28	30.09	32.25
	偏差（%）	5.77	1.10	4.62

3.5.4　振型质量参与系数

根据现行国家标准《建筑抗震设计规范》GB 50011 的规定[30]，当采用振型分解反应谱法计算杆件地震作用效应时，计算振型的数量应满足振型参与系数不小于90%的要求。

为便于设计人员使用，现行行业标准《空间网格结构技术规程》JGJ 7 规定对于网架至少宜取前 10～15 阶振型，对于网壳至少宜取前 25～30 阶振型[32]。开合屋盖由下部混凝土结构、固定屋盖结构与活动屋盖结构组成，满足振型参与质量达到总质量的 90% 需提取更多的振型组合。因此，在进行开合结构抗震分析时，为了保证计算精度，特别是在竖向地震作用时的有效质量，振型数应得到充分保证。

1. 振型质量参与系数定义

对于多自由度结构体系，当地面运动为 $v_g(t)$ 时，关于结构位移向量 $\{v\}$ 的惯性力平衡方程如下：

$$[M](\{\ddot{v}\} + \{1\}\ddot{v}_g(t)) + [C]\{\dot{v}\} + [K]\{v\} = \{0\} \tag{3.5.4-1}$$

式中　$[M]$、$[C]$ 和 $[K]$——分别为多自由度结构体系的质量矩阵、阻尼矩阵和刚度矩阵。

将多自由度结构体系的位移向量 $\{v\}$ 视为各主振型的线性组合：

$$\{v\} = [\{\phi\}_1 \cdots \{\phi\}_j \cdots \{\phi\}_n]\{\eta\} \tag{3.5.4-2}$$

式中　$\{\phi\}_j$ 与 η_j $(j=1, 2, \cdots, n)$——分别为 j 阶主振型向量与组合系数。

利用各主振型的正交性，可得 n 组相互独立的运动方程：

$$M_j\ddot{\eta}_j(t) + C_j\dot{\eta}_j(t) + K_j\eta_j(t) = -\{\phi\}_j^T[M]\{1\}\ddot{v}_g(t) \tag{3.5.4-3}$$

式中　M_j、C_j 和 K_j——分别为广义质量、广义阻尼和广义刚度，$M_j = \{\phi\}_j^T[M]\{\phi\}_j$，$C_j = \{\phi\}_j^T[C]\{\phi\}_j$，$K_j = \{\phi\}_j^T[K]\{\phi\}_j$。

对方程（3.5.4-3）进行求解，可以得到第 j 振型相应的解：

$$\eta_j(t) = -\frac{\gamma_j}{\omega_j}\int_0^t \ddot{v}_g(\tau)\sin\omega(t-\tau)d\tau \tag{3.5.4-4}$$

式中　ω_j——与 j 振型相应的圆频率；

γ_j——第 j 阶振型的参与系数，$\gamma_j = \dfrac{\{\phi\}_j^T[M]\{1\}}{\{\phi\}_j^T[M]\{\phi\}_j}$，振型参与系数表征各振型参加结构各方向动力响应的份额。一般来说，对于低阶振型，水平振型参与系数较大，对于高阶振型，竖向振型参与系数较大。

由式（3.5.4-1）、式（3.5.4-3）和式（3.5.4-4），可得质点 i 与 j 振型相应地震作用下的最大惯性力 $F_{ji}(t)_{\max}$ 如下：

$$F_{ji}(t)_{\max} = m_i[\ddot{v}_g(t) + \ddot{v}_{ij}(t)]_{\max}$$

$$= \frac{1}{g} \left[\omega_j \int_0^t \ddot{v}_g(\tau) \sin\omega(t-\tau) d\tau \right]_{\max} \cdot \gamma_j \phi_{ij} m_i \cdot g = \alpha_j \gamma_j \phi_{ij} G_i \quad (3.5.4\text{-}5)$$

式中 m_i、g 和 G_i——分别为质点 i 的质量、重力加速度和重力荷载值；

ϕ_{ij}——第 j 阶主振型中与质点 i 相应的振型分量；

α_j——相应于 j 振型自振周期的地震影响系数，$\alpha = \dfrac{1}{g} \left[\omega_j \int_0^t \ddot{v}_g(\tau) \sin\omega(t - \right.$

$\left. \tau) d\tau \right]_{\max}$。

由于振型参与系数的值域范围很大，正负符号发生变化，不便于在计算中分析判断。故此，将第 j 阶振型的参与系数的平方除以结构总质量，即可得到第 j 阶振型的质量参与系数 γ_{pj}[13]：

$$\gamma_{pj} = \frac{1}{\{1\}^T [M] \{1\}} \cdot \left(\frac{\{\phi\}_j^T [M] \{1\}}{\{\phi\}_j^T [M] \{\phi\}_j} \right)^2 \quad (3.5.4\text{-}6)$$

第 j 阶振型的质量参与系数 γ_{pj} 通常用来表征第 j 阶振型对地震作用的综合贡献，符号均为正值，且 $\sum_{j=1}^{n} \gamma_{pj} = 1.0$。

2. 振型质量分布特点

结合国家网球中心的抗震分析，开合屋盖结构振型分布具有如下特点：

(1) 水平向振型数取到 120 阶方满足振型质量参与系数超过 90% 的要求，各阶振型的质量参与系数差异较大，高阶振型对水平地震作用的影响不可忽略。

(2) 竖向振型数取到 150 阶方满足振型质量参与系数超过 90% 的要求。前 58 阶竖向振型的累计质量参与系数为 0.054，第 59 阶振型的质量参与系数达 0.235，第 149 阶振型 Z 方向的质量参与系数达 7%，其影响非常突出。说明高阶振型对开合屋盖结构的竖向地震作用起控制作用。

3.5.5 地震影响系数

采用振型分解反应谱法进行抗震计算，根据现行国家标准《建筑抗震设计规范》GB 50011[30] 或工程场地地震安全性评价报告提供的地震动参数，按照结构各振型周期 T_i 确定地震作用。

地震影响系数曲线由直线上升段（$T \in 0 \sim 0.1s$）、水平段（$T \in 0.1s \sim T_g$）、曲线下降段（$T \in T_g \sim 5T_g$）以及直线下降段（$T \geqslant 5T_g$）组成。混凝土结构与钢结构的地震影响系数曲线如图 3.5.5-1 所示，并具有如下特点：

(1) 对于水平方向的地震作用，上升段频域范围的地震作用仅占 3% ~ 5%，水平段占 1/3 左右，曲线下降段占比超过 60%，说明长周期与短周期的地震作用占主要比例。

(2) 对于竖向地震作用，直线上升段频域范围的地震作用可达 40% 左右，水平段占 57.7%，曲线下降段仅占 2.8%，短周期与极短周期的地震作用占主要比例。

故此，当场地特征周期 T_g 较大时，长周期振型的影响相对增大。国家网球中心结构振型质量参与系数与自振周期频域范围的相对关系如表 3.5.5-1 所示。

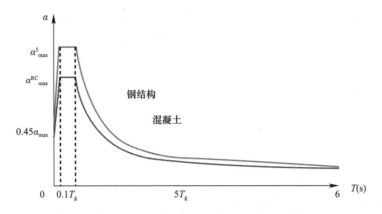

图 3.5.5-1　混凝土结构与钢结构的地震影响系数曲线

振型质量参与系数与自振周期频域范围的相对关系　　　　　　　　　表 3.5.5-1

周期范围	直线上升段	水平段	曲线下降段	直线下降段
X 向（%）	5.2	33.0	61.8	0
Y 向（%）	3.7	34.7	61.6	0
Z 向（%）	39.5	57.7	2.8	0

阻尼比是地震影响系数曲线的主要影响因素，开合屋盖结构的地震影响系数曲线介于混凝土结构与钢结构之间，并具有如下特点：

（1）地震影响系数曲线上升段的起点不受阻尼比的影响，而终点受阻尼比影响较大。

（2）水平段受阻尼比影响很大，当阻尼比为 0.05 时相应的地震影响系数为 0.16，而阻尼比为 0.02 时相应的地震影响系数为 0.203，增大幅度达 26.78%。

（3）曲线下降段受阻尼比影响小于水平段，起点最大增大幅度与水平段相同，为 26.78%，终点最大增大幅度为 13.03%。直线下降段受阻尼比影响小于曲线下降段，起点最大增大幅度为 13.03%，终点最大增幅为 3.96%。对于大跨度结构，基本上没有自振周期超过 $5T_g$ 的频段，故此相应的自振周期对结构地震作用的贡献为零。

3.5.6　地震时程分析选波原则

结构地震时程分析时应选取 5 组天然波和 2 组人工波作为地面输入，七条地震波频谱特性与设计反应谱曲线在统计意义上相符，即多组时程波的平均地震影响系数曲线与振型分解反应谱法所用的地震影响系数曲线相比，在对应于结构主要振型的周期点上相差不大于 20%；在结构主方向的平均底部剪力不小于振型分解反应谱法计算结果的 80%，不大于振型分解反应谱法计算结果的 120%；每条地震波底部剪力计算结果不小于振型分解反应谱法的 65%，不大于振型分解反应谱法的 135%。

地震波的选用应反映地面运动对结构破坏作用的地震三要素：

（1）反映地震强弱（与烈度对应）的加速度峰值；

（2）反映场地土类别和设计地震分组的频谱特性；

（3）反映强震持续时间和较大加速度脉冲的数量。

时程分析结果取所有波的平均值进行结构设计，地震波时程输入应满足如下原则：

（1）弹性时程分析结果与反应谱对比时采用单向输入，其他情况采用三向输入；

（2）地震时程加速度峰值在 $X:Y:Z$ 三向应按 $1:0.85:0.65$ 的比例进行调整。

3.6 活动屋盖运行荷载

与普通大跨度屋盖不同，开合屋盖结构在技术层面存在许多特有问题，活动屋盖设计时需要考虑移动荷载、运行阻力、水平推力、冲击力等特殊荷载。

3.6.1 移动荷载

活动屋盖重量很大，单片活动屋盖可重达数百吨，随着活动屋盖运行过程中平面或空间位置的不断变化，对支承结构作用的位置、方向与大小也随之变化，可视为巨大的移动荷载。因此，在进行开合屋盖结构设计时，应根据活动屋盖各种可能位置确定支承结构的最不利荷载。除应对全开与全闭状态分别进行计算分析外，还应对活动屋盖半开状态进行计算分析。可能时，宜补充活动屋盖 1/4、3/4 开启率或更为详细的开合过程分析[46]。

对于带有多片活动屋盖的结构，在确定多片活动屋盖运行程序时，应尽量降低对下部结构的不利影响，减小对驱动力的峰值需求。对于较为常见的双片开合屋盖，一般应采用匀速、对称、同步的运行模式。

结构分析时，应充分考虑各台车荷载的不均匀性，必要时，可对台车作用于轨道的荷载适当放大。

当控制系统发生故障或进行检修时，活动屋盖可能停靠在对结构受力不利的位置，在设计时应给予关注。

3.6.2 运行侧向荷载

当活动屋盖沿平行轨道移动时，因轨道间距、轨道加工精度、开合屋盖的角度、直线轨道定位不准等因素，都会在垂直轨道的方向产生水平侧向力，该侧向力不同于横向风荷载对轮轨及固定屋盖的作用，属于加工误差产生的水平荷载。

参考《起重机设计规范》GB/T 3811 对起重机偏斜运行时的水平侧向力的计算方法[44]，用横向载荷系数 λ 乘以台车自重与额定载重量之和。

$$P_s = \frac{1}{2} \sum P_i \cdot \lambda$$

$$\lambda = \frac{0.15}{6}\left(\frac{S}{a} - 2\right) + 0.05, 2 \leqslant \frac{S}{a} \leqslant 8 \tag{3.6.2-1}$$

$$\lambda = 0.05, \frac{S}{a} \leqslant 2$$

$$\lambda = 0.2, \frac{S}{a} \geqslant 8 \tag{3.6.2-2}$$

式中　P_s——单侧轨道承受的横向推力（kN）；

　　　$\sum P_i$——轨道受横向推力一侧的最不利轮压之和（kN）；

　　　S——活动屋盖结构跨度（m）；

　　　a——台车有效轴距（m）；

　　　λ——水平横向载荷系数，与活动屋盖结构跨度 S 及台车有效轴距 a 有关。

车轮横向力应考虑支撑点的受力变形影响，该变形值应在轨道跨度和结构跨度的允许范围之内。

由于轨道的水平刚度通常较小，水平侧向力对轨道及其支承结构的受力非常不利。故此，开合屋盖设计时应采取措施避免活动屋盖在行走时产生过大的水平力。通常在台车上设置变形适应与调节机构，根据结构变形量与安装误差确定所需的调节量，释放部分水平推力，使屋盖行走的侧向水平力不超过设计要求。

3.6.3 行走冲击力

当活动屋盖沿轨道运行时，轨道接头和轨道不平整将引起水平和竖向的冲击动力。由于活动屋盖的移动速度很慢，大部分情况下冲击力可以忽略不计，但若轨道竖向变形较大或轨道维修保养条件不好时，冲击力造成的影响不可忽略。

现行国家标准《起重机设计规范》GB/T 3811 中提出了因轨道接头、轨道不平等因素产生的冲击力计算方法[44]。由于道路和轨道不平而使运动的质量产生沿铅垂方向的冲击作用，运行冲击系数 φ 按下式计算：

$$\varphi = 1.10 + 0.058v\sqrt{h} \tag{3.6.3-1}$$

式中　φ——运行冲击系数；

　　　v——台车运行速度（m/s）；

　　　h——轨道接头处或轨道不平整处两轨道面的高度差（mm）。

德国起重机标准《起重机一般设计第 3-1 部分：钢结构性能的极限状态和合格检验》（DIN CEN/TS 13001-3-1 Berichtigung 1—2006）-General design 中也对冲击力增大系数作出规定[45]，如表 3.6.3-1 所示。当移动速度不大于 60m/min 时，冲击力增大系数可按 1.1 考虑，与我国规范数值比较接近。

冲击力增大系数（DIN）		表 3.6.3-1
转速或运行速度	v（m/min）	冲击力增大系数
有拼接轨道	$v \leqslant 60$ $60 < v \leqslant 200$ $v > 200$	1.1 1.2 >1.2
无拼接轨道	$v \leqslant 90$ $90 < v \leqslant 300$ $v > 200$	1.1 1.2 >1.2

3.6.4 惯性力与制动力

1. 惯性力

活动屋盖驱动系统的轮轨装置受力复杂，轮轨之间存在黏着作用，需要较大的启动力。当活动屋盖运行移动后，轮轨之间的静摩阻力转变为较小的滚动摩阻力，而此时台车的驱动力尚未减小，启动驱动力与滚动摩阻力之差将导致出现明显的加速度，可由下式确定[44]：

$$a = (F_D - F_f)/m \tag{3.6.4-1}$$

$$F_D \geqslant F_A \tag{3.6.4-2}$$

式中 F_D——启动驱动力；

F_f——轮轨之间的滚动摩擦阻力，根据《起重机设计规范》GB/T 3811，F_f=0.006mg；

m——运行质量；

F_A——轮轨之间的黏着力，根据《起重机设计规范》GB/T 3811，钢制车轮与钢轨的黏着系数（静摩擦系数），室内工作环境取 0.14，室外工作环境取 0.12。日本《开合式屋盖结构设计指针》推荐 F_A=0.15mg。

当活动屋盖采用较小的驱动力时，则 $a \geqslant (0.15-0.006)mg/m$=1.44m/s²。因此，活动屋盖运行启动后较短时间内开合屋盖结构经历一次振动冲击。

实际工程中，除特殊情况或事故情况外，一般遵循慢速启动与制动的原则，避免惯性力对结构的不利影响。但在驱动系统设计时，应考虑启动或制动时的动力效应。

2. 制动力

驱动系统制动力计算需满足两种制动需求：

（1）活动屋盖从运行到停止所需的制动力；

（2）活动屋盖在运行中遇到突发情况时，使其停止所需的制动力。

活动屋盖运行中可能遭受地震或飓风等突发荷载，必须具有足够的安全储备保证活动屋盖驱动装置及时停止工作，避免发生脱轨，并设置防倾覆装置与应对紧急突发状况的备用制动装置。

参考现行国家标准《起重机设计规范》GB/T 3811 的规定，起重机自身质量及起重质量在运行机构启动或制动时产生的惯性力为该质量 m 与运行加速度乘积的 1.5 倍，但不大于主动车轮与钢轨之间的粘着力。放大系数用于考虑起重机驱动力突加时结构的动力效应[44]。

加速度值根据加/减速时间和所要达到的速度值。国家标准《起重机设计规范》GB/T 3811 对行程较长的中低速起重机，加/减速时间及相应的加速度推荐值[44]见表 3.6.4-1。

起重机运行速度与加/减速时间及相应的加速度   表 3.6.4-1

运行速度（m/s）	2.00	1.60	1.00	0.63	0.40	0.25	0.16
加/减速时间（s）	9.1	8.3	6.6	5.2	4.1	3.2	0.16
加速度（m/s²）	0.22	0.19	0.15	0.12	0.098	0.078	0.064

国外规范对于起重机的惯性力与制动力的取值如表 3.6.4-2 所示。

国外规范起重机惯性力与制动力取值   表 3.6.4-2

BS 英国标准	FEM 欧洲标准	JIS 日本工业标准
$a=v/2000$（m/s²） v：m/min 最小值（a） 二级：1/20 三级：1/15 四级：1/10	$a=0.15\sqrt{v}$（m/s²） v：m/s（中速和低速）	$\beta=0.008\sqrt{v}$ v：m/min

3.7 活动屋盖偶然荷载

偶然荷载虽然尚未纳入以可靠度理论为基础的设计规范，但工程设计人员应凭借理论知识和工程经验对使用过程中可能发生的意外事故作出预判，并在设计中给予相应的考虑。

开合屋盖结构的偶然荷载主要源于制动失灵产生的撞击、非对称停靠及脱轨等几种情况。

3.7.1　非对称运行

带有多片活动屋盖单元的开合屋盖结构，正常使用状态下，各片活动屋盖单元应遵循对称、同步的原则按照预先设定的程序运行，并以活动屋盖对称分布的各个可能位置为基础分析结构的稳定性。但当驱动控制系统发生故障或进行检修时，活动屋盖单元可能停靠在对结构受力不利的位置。

南通体育场设计时假设非常规状态为一片活动屋盖单元由车挡阻挡而位于最低位置，另一片活动屋盖单元由钢索牵引至最高位置，如图 3.7.1-1 所示。

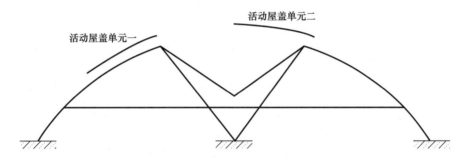

图 3.7.1-1　活动屋盖非常规位置示意

非常规工况分析荷载取恒载标准值，其中包括天沟、马道和灯具等悬挂荷载。主拱的受力与变形如图 3.7.1-2 所示。由图可知，当活动屋盖处于严重非对称位置时，结构容易较早发生失稳。

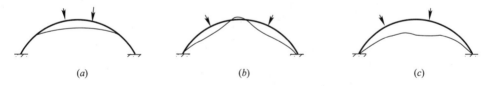

图 3.7.1-2　主拱受力与变形
（a）全闭状态；（b）全开状态；（c）非对称状态

3.7.2　活动屋盖冲击力

1. 端止缓冲器工作原理

当终点行程开关失灵、活动屋盖在预设停止位置未能停止时，通常利用位于轨道端部的缓冲器有效吸收动能强行使其停止，如图 3.7.2-1 所示。端止缓冲器承受与活动屋盖单元碰撞的冲击力，并将其传递给下部结构[45]。

端止缓冲装置设计原理是假定活动屋盖以额定速度冲击缓冲器车挡，根据车挡吸收各运动部分动能计算缓冲器承受的撞击力，撞击力与缓冲器位移关系曲线如图 3.7.2-2 所示。缓冲碰撞力计算应包括活动屋盖的恒荷载、活荷载以及台车等全部质量引起的动能。
日本工业标准《起重机钢结构规范》JIS B 8821 规定：撞击荷载按撞击吸收 70％ 额定速度
的动能后产生的减速值计算确定[45]。

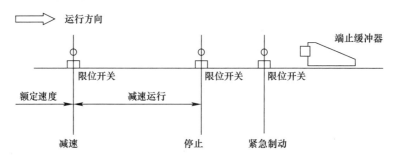

图 3.7.2-1　活动屋盖运行限位装置布置图

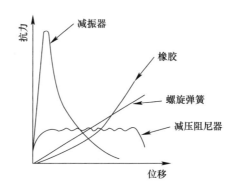

图 3.7.2-2　撞击力与缓冲器位移关系曲线

常用的缓冲器有橡胶缓冲器与液压缓冲器，如图 3.7.2-3 所示。

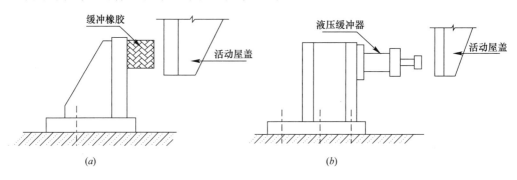

图 3.7.2-3　缓冲器
(a) 橡胶缓冲器；(b) 液压缓冲器

2. 冲击力计算

当活动屋盖以额定速度冲击缓冲器时，运行撞击力分别按下列公式计算：

$$P_{ct} = \frac{\sum G_i}{gs} v^2 \tag{3.7.2-1}$$

$$P_{ct} = \frac{\sum G_i}{2gs} v^2 \tag{3.7.2-2}$$

式中 $\sum G_i$——活动屋盖自重载荷总和（kN）；

υ——额定运行速度（m/s）；

g——重力加速度（m/s²）

s——缓冲器压缩量（m）。

根据欧洲标准 FEM，当活动屋盖为水平运行、且速度≤0.7m/s 时，对缓冲器的撞击荷载可以忽略不计。当活动屋盖沿坡度运行、且无减速器或停止装置时，必须考虑自由滑行时产生的撞击荷载。

对于高差较大的空间轨道，若活动屋盖运行过程中限速控制系统失效，活动屋盖下滑产生的冲击效应可大大超过车挡及其连接的承载能力，活动屋盖与支承结构均难以承受。因此，实际工程中可行措施是，对活动屋盖运行中结构位移和速度等运行参数进行实时控制，将限速设备的失效概率控制到最小。

3.7.3 防倾覆与防脱轨

开合屋盖结构的机械装置应采取可靠的构造措施避免活动屋盖在风荷载作用下发生掀翻或地震作用下发生脱轨、碰撞等事故[45]。

1. 抗震构造措施

当开合屋盖结构在停靠状态或运行状态遭遇地震作用时，应保证各部位连接可靠，活动屋盖不会发生倾覆等意外状况。地震多发地区的大型开合屋盖结构应设置地震传感器，在震级达到某一限值时，活动屋盖可及时锁定在轨道上（表 3.7.3-1）。

抗震措施　　　　　　　　　　　　　　　　表 3.7.3-1

状态	方向	措施
全开状态或全闭状态	运行方向	锁定装置固定
	侧向	水平轮或支撑臂支承
	上下	防倾覆装置
运行状态	运行方向	夹轨器即时锁定
	侧向	水平轮或支撑臂支承
	上下	防倾覆装置

2. 抗风构造措施

活动屋盖与支承结构通过机械部件连接，由于活动屋盖与围护结构的自重较轻，风吸力往往起控制作用。因此，设计中应从构造上采取抗风措施保证其安全（表 3.7.3-2）。

抗风构造措施　　　　　　　　　　　　　　表 3.7.3-2

状态	方向	措施
全开状态或全闭状态	运行方向	锁定装置固定
	侧向	水平轮或支撑臂支承
	上下	防掀翻装置
运行状态	运行方向	安全驱动力，可抵抗瞬时风速达 15m/s 时的正向风压力 安全阻尼力，可抵抗瞬时风速达 15m/s 时的侧向风压力
	侧向	水平轮或支撑臂支承
	上下	防掀翻装置

3.8 荷载组合

3.8.1 荷载组合的基本要求

开合屋盖结构的荷载组合应按承载能力极限状态和正常使用极限状态确定，并取各自最不利的组合。荷载组合应满足现行国家标准《建筑结构荷载规范》GB 50009[1]、《建筑抗震设计规范》GB 50011[30]以及《开合屋盖结构技术标准》JGJ/T 442[2]的规定，并满足如下要求：

（1）仅在开合屋盖基本状态工况组合时考虑风荷载与地震作用的工况组合。

（2）活动屋盖运行过程的结构承载能力极限状态计算，应符合基本组合的相关规定。由于开合屋盖结构在满足一定的条件下才能进行开合操作，故运行时结构的活荷载、雪荷载、风荷载的取值不同于设计基本状态。

（3）活动屋盖结构事故荷载的承载能力极限状态设计，仅考虑永久荷载标准值和偶然事故荷载标准值的组合，结构抗力取值采用材料强度标准值。

（4）活动屋盖运行过程中的变形计算，采用正常使用极限状态的频遇组合。

（5）开合屋盖机械驱动系统计算主要包括疲劳验算、强度验算与稳定验算，与此相对应的计算荷载也分为三类组合。

1）疲劳计算荷载

指开合屋盖结构正常运行时所承受的荷载。主要用于机械零部件的疲劳验算、磨损计算以及驱动装置动力计算，采用许用应力法。

2）强度计算荷载

设计允许的最不利使用条件下的最大荷载，包括风荷载、雪荷载等作用下。主要用于机械零部件或金属钢结构件的强度、稳定性的计算以及行走轮系轮压的计算。

3）紧急状态荷载

指开合屋盖处于某种紧急的非正常工作状态时可能出现的最大荷载。主要用于验算机械零部件和钢结构件，宜采用极限状态设计法进行验算。

3.8.2 荷载组合公式

对于基本组合，开合屋盖结构荷载效应组合的设计值 S_d 应从下列组合中取最不利值确定：

（1）由可变荷载控制的效应设计值，应按下式计算：

$$S_d = \gamma_G S_{SGk} + \gamma_G \sum_{j=1}^{m} S_{RGk_j} + \gamma_{Q_1} \gamma_{L_1} S_{Q_1 k} + \sum_{i=2}^{n} r_{Q_i} \gamma_{L_i} \psi_{c_i} S_{Q_i k} \qquad (3.8.2-1)$$

式中　γ_G——永久荷载分项系数，按现行国家标准《建筑结构荷载规范》GB 50009 的规定采用；

　　　γ_{Q_i}——第 i 个可变荷载分项系数，按现行国家标准《建筑结构荷载规范》GB 50009 的规定采用；

　　　γ_{L_i}——第 i 个可变荷载考虑设计使用年限的调整系数；

S_{SGk}——支承结构的永久荷载效应值；

S_{RGk_j}——第 j 个活动屋盖单元在特定位置时（全开、全闭或运行过程中的位置）的永久荷载效应值；

S_{Q_ik}——按第 i 个可变荷载 Q_{ik} 计算的荷载效应值，其中 S_{Q_1k} 为诸可变荷载效应中起控制作用者；

ψ_{c_i}——第 i 个可变荷载 Q_i 的组合值系数，按现行国家标准《建筑结构荷载规范》GB 50009 的规定采用；

m——活动屋盖的单元数量；

n——参与组合的可变荷载数。

（2）由永久荷载控制的效应设计值，应按下式计算：

$$S_d = \gamma_G S_{SGk} + \gamma_G \sum_{j=1}^m S_{RGk_j} + \sum_{i=1}^n \gamma_{Q_i} \gamma_{L_i} \psi_{c_i} S_{Q_ik} \tag{3.8.2-2}$$

（3）开合屋盖结构荷载标准组合的效应设计值 S_d 应按下式计算：

$$S_d = S_{SGk} + \sum_{j=1}^m S_{RGk_j} + S_{Q_1k} + \sum_{i=2}^n \psi_{c_i} S_{Q_ik} \tag{3.8.2-3}$$

3.8.3 组合工况

1. 承载力设计基本组合

（1）非抗震工况组合

开合屋盖结构基本状态、非基本状态以及活动屋盖运行状态的承载力计算工况如表 3.8.3-1 所示。表中温度荷载按照极值考虑，分项系数取 1.0；如果按非极值考虑，温度分项系数取 1.5。

非抗震设计组合　　　　　　　　　　　　　表 3.8.3-1

序号	荷载工况组合
1.1	1.0 恒
2.1	1.0 活（均布）
3.1	1.0 恒+1.0 活（均布）
4.1	γ_0（1.3 恒+1.5 活）
4.2	γ_0（1.0 恒+1.5 活）
5.1	γ_0（1.3 恒+1.5 风）
5.2	γ_0（1.0 恒+1.5 风）
6.1	γ_0（1.3 恒+1.0 正温差）
6.2	γ_0（1.3 恒+1.0 负温差）
6.3	γ_0（1.0 恒+1.0 正温差）
6.4	γ_0（1.0 恒+1.0 负温差）
7.1	γ_0（1.3 恒+1.5 活+0.6×1.5 风）
7.2	γ_0（1.0 恒+1.5 活+0.6×1.5 风）
7.3	γ_0（1.3 恒+0.7×1.5 活+1.5 风）
7.4	γ_0（1.0 恒+0.7×1.5 活+1.5 风）
8.1	γ_0（1.3 恒+1.5 活+0.6×1.0 正温差）

序号	荷载工况组合
8.2	γ_0 (1.3恒+1.5活+0.6×1.0负温差)
9.1	γ_0 (1.3恒+0.7×1.5活+1.0正温差)
9.2	γ_0 (1.3恒+0.7×1.5活+1.0负温差)
10.1	γ_0 (1.3恒+0.6×1.5风+1.0正温差)
10.2	γ_0 (1.3恒+0.6×1.5风+1.0负温差)
10.3	γ_0 (1.0恒+0.6×1.5风+1.0正温差)
10.4	γ_0 (1.0恒+0.6×1.5风+1.0负温差)
11.1	γ_0 (1.3恒+1.5风+0.6×1.0正温差)
11.2	γ_0 (1.3恒+1.5风+0.6×1.0负温差)
11.3	γ_0 (1.0恒+1.5风+0.6×1.0正温差)
11.4	γ_0 (1.0恒+1.5风+0.6×1.0负温差)
12.1	γ_0 (1.3恒+1.5活+0.6×1.5风+0.6×1.0正温差)
12.2	γ_0 (1.3恒+1.5活+0.6×1.5风+0.6×1.0负温差)
12.3	γ_0 (1.0恒+1.5活+0.6×1.5风+0.6×1.0正温差)
12.4	γ_0 (1.0恒+1.5活+0.6×1.5风+0.6×1.0负温差)
13.1	γ_0 (1.3恒+0.7×1.5活+1.5风+0.6×1.0正温差)
13.2	γ_0 (1.3恒+0.7×1.5活+1.5风+0.6×1.0负温差)
13.3	γ_0 (1.0恒+0.7×1.5活+1.5风+0.6×1.0正温差)
13.4	γ_0 (1.0恒+0.7×1.5活+1.5风+0.6×1.0负温差)
14.1	γ_0 (1.3恒+0.7×1.5活+0.6×1.5风+1.0正温差)
14.2	γ_0 (1.3恒+0.7×1.5活+0.6×1.5风+1.0负温差)
14.3	γ_0 (1.0恒+0.7×1.5活+0.6×1.5风+1.0正温差)
14.4	γ_0 (1.0恒+0.7×1.5活+0.6×1.5风+1.0负温差)

（2）多遇地震

验算构件抗震承载力时，多遇地震设计的荷载组合工况如表3.8.3-2所示。多遇地震验算时，计算结果取反应谱和时程法的包络值。水平地震中包含双向水平地震作用组合。

仅计算竖向地震作用时，竖向地震作用取反应谱计算结果和10%重力荷载代表值的大值；荷载组合不考虑承载力抗震调整系数。

多遇地震作用的工况组合　　　　　　　　　　　表3.8.3-2

序号	组合公式
15.1	1.2 (恒+0.5活)±1.3水平地震
15.2	1.0 (恒+0.5活)±1.3水平地震
16.1	1.2 (恒+0.5活)±1.3竖向地震
16.2	1.0 (恒+0.5活)±1.3竖向地震
17.1	1.2 (恒+0.5活)±1.3水平地震±0.5竖向地震
17.2	1.0 (恒+0.5活)±1.3水平地震±0.5竖向地震
17.3	1.2 (恒+0.5活)±0.5水平地震±1.3竖向地震
17.4	1.0 (恒+0.5活)±0.5水平地震±1.3竖向地震
18.1	1.2 (恒+0.5活)±1.3水平地震+0.3风
18.2	1.0 (恒+0.5活)±1.3水平地震+0.3风

序号	组合公式
19.1	1.2（恒＋0.5 活）±1.3 水平地震±0.3 温度
19.2	1.0（恒＋0.5 活）±1.3 水平地震±0.3 温度
20.1	1.2（恒＋0.5 活）±1.3 水平地震±0.5 竖向地震＋0.3 风
20.2	1.0（恒＋0.5 活）±1.3 水平地震±0.5 竖向地震＋0.3 风
20.3	1.2（恒＋0.5 活）±0.5 水平地震±1.3 竖向地震＋0.3 风
20.4	1.0（恒＋0.5 活）±0.5 水平地震±1.3 竖向地震＋0.3 风
21.1	1.2（恒＋0.5 活）±1.3 水平地震±0.5 竖向地震±0.3 温度
21.2	1.0（恒＋0.5 活）±1.3 水平地震±0.5 竖向地震±0.3 温度
21.3	1.2（恒＋0.5 活）±0.5 水平地震±1.3 竖向地震±0.3 温度
21.4	1.0（恒＋0.5 活）±0.5 水平地震±1.3 竖向地震±0.3 温度
22.1	1.2（恒＋0.5 活）±1.3 水平地震±0.5 竖向地震±0.3 温度＋0.3 风
22.2	1.0（恒＋0.5 活）±1.3 水平地震±0.5 竖向地震±0.3 温度＋0.3 风
22.3	1.2（恒＋0.5 活）±0.5 水平地震±1.3 竖向地震±0.3 温度＋0.3 风
22.4	1.0（恒＋0.5 活）±0.5 水平地震±1.3 竖向地震±0.3 温度＋0.3 风

（3）设防烈度地震（中震）

设防烈度地震又简称为中震，验算构件承载力时，荷载组合如表 3.8.3-3 所示。

1）当构件按中震弹性设计时，强度取材料设计强度，仅竖向地震参与组合时，不考虑抗震承载力调整系数；其他地震工况下则需考虑。

2）当构件按中震不屈服设计时，强度取材料强度标准值，且各组合工况均不考虑作用分项系数和抗震承载力调整系数。

中震作用的荷载工况组合　　　　　　　　　　　　表 3.8.3-3

组合类型	序号	组合名
中震弹性	23.1	1.2（恒＋0.5 活）±1.3 水平地震
	23.2	1.2（恒＋0.5 活）±1.3 水平地震＋0.5 竖向地震
	23.3	1.2（恒＋0.5 活）±0.5 水平地震＋1.3 竖向地震
	23.4	1.0（恒＋0.5 活）＋1.3 竖向地震
	23.5	1.0（恒＋0.5 活）±1.3 水平地震＋0.5 竖向地震
	23.6	1.0（恒＋0.5 活）±0.5 水平地震＋1.3 竖向地震
中震不屈服	24.1	1.0（恒＋0.5 活）＋1.0 水平地震
	24.2	1.0（恒＋0.5 活）＋1.0 竖向地震
	25.1	1.0（恒＋0.5 活）＋1.0 水平地震＋0.5 竖向地震
	25.2	1.0（恒＋0.5 活）＋0.5 水平地震＋1.0 竖向地震

2. 机械系统部件设计荷载组合

驱动系统设计时，应按表 3.8.3-4 选用荷载组合。

驱动系统设计荷载组合　　　　　　　　　　　　表 3.8.3-4

序号	组合
26.1	1.0 恒＋1.0 水平荷载＋1.0 正温差
26.2	1.0 恒＋1.0 水平荷载＋1.0 负温差

序号	组合
27.1	1.0 恒＋1.0 水平荷载＋1.0 运行过程中最大风荷载＋1.0 正温差
27.2	1.0 恒＋1.0 水平荷载＋1.0 运行过程中最大风荷载＋1.0 负温差
28.1	1.0 恒＋1.0 水平荷载＋1.0 运行过程中的最大地震＋1.0 正温差
28.2	1.0 恒＋1.0 水平荷载＋1.0 运行过程中的最大地震＋1.0 负温差
29.1	1.0 恒＋1.0 运行过程中最大风荷载＋1.0 正温差
29.2	1.0 恒＋1.0 运行过程中最大风荷载＋1.0 负温差
30.1	1.0 恒＋1.0 碰撞荷载＋1.0 正温差
30.2	1.0 恒＋1.0 碰撞荷载＋1.0 负温差

参考文献

[1] 中华人民共和国住房和城乡建设部. 建筑结构荷载规范：GB 50009—2019 [S]. 北京：中国建筑工业出版社，2012.

[2] 中华人民共和国住房和城乡建设部. 开合屋盖结构技术标准：JGJ/T 442—2019 [S]. 北京：中国建筑工业出版社，2019.

[3] 刘庆宽，赵善博，孟绍军，李宗益，马文勇，刘小兵. 雪荷载规范比较与风致雪漂移风洞试验方法研究 [J]. 工程力学，2015，32（1）：50-56.

[4] 莫华美，范峰，洪汉平. 积雪漂移风洞试验与数值模拟研究中输入风速的估算 [J]. 建筑结构学报，2015，36（7）：75-80＋90.

[5] 顾明，杨伟，黄鹏，罗攀. TTU 标模风压数值模拟及试验对比 [J]. 同济大学学报（自然科学版），2006（12）：1563-1567.

[6] 周暄毅，顾明. 风致积雪漂移堆积效应的研究进展 [J]. 工程力学，2008（7）：5-10＋17.

[7] 何连华，陈凯，符龙彪. 基于 VOF 方法的雪荷载数值模拟及工程应用 [J]. 建筑结构，2011，41（11）：141-144.

[8] 孙晓颖，洪财滨，武岳，范峰. 建筑物周边风致雪漂移的数值模拟研究 [J]. 工程力学，2014，31（4）：141-146.

[9] Bo Li，Qingshan Yang，Yuji Tian，Zhong Fan，Pan Pan. WIND PRESSURE DISTRIBUTION ON THE RETRACTABLE ROOF OF NEW NATIONAL TENNIS CENTER. The 11th International Symposium on Structural Engineering.

[10] 黄晨，李美玲. 大空间建筑室内垂直温度分布的研究 [J]. 暖通空调，1999，29（5）：28-33.

[11] 石利军，付祥钊. 航站楼通风模型的边界条件设置分析 [J]. 制冷与空调，2011，25（增刊）：11-15.

[12] 陆耀庆. 实用供热空调设计手册 [M]. 北京：中国建筑工业出版社，2008.

[13] 黄晨，李美玲. 大空间建筑室内表面温度对流辐射耦合换热计算 [J]. 上海理工大学学报，2014，23（4）：322-327.

[14] 石利军. 航站楼分层空调上下区负荷分配研究 [D]. 重庆：重庆大学，2011.

[15] 福建省建筑工程质量检测中心有限公司. 厦门高崎国际机场 T4 航站楼室内外温湿度与太阳辐射照度检测报告 [R]. 2016. 9.

[16] 中华人民共和国住房和城乡建设部. 民用建筑供暖通风与空气调节设计规范：GB 50737—2012 [S]. 北京：中国建筑工业出版社，2012.

［17］　张晴原. 中国建筑用标准气象数据库［M］. 北京：机械工业出版社，2004.

［18］　章熙民，朱彤，安青松，等. 传热学［M］. 北京：中国建筑工业出版社，2014.

［19］　尚凯锋，刘艳峰，王登甲，李涛. 室外气温与太阳辐射的随动性关系研究［J］. 土木建筑与环境工程，2015，（5）：116-121.

［20］　P G Schild，P O Tjieflaat，D Aiulfi. Guidelines for CFD Modeling of Atria. ASH RAE Trans，1995，101（2）：1311-1332.

［21］　S Kato，S Murakami，S Shoya，et al. CFD analysis of flow and temperature field in atrium with ceiling height of 130m［J］. ASHRAE Trans，1995，101（2）：1144-1157.

［22］　范重，李夏，晁江月，邢超，葛红斌，黄进芳，曹荣光. 航站楼使用阶段钢结构温度取值研究［J］. 建筑科学与工程学报，2017，34（4）：9-17.

［23］　吴晨晨. 居住建筑坡屋顶传热性能确定方法［D］. 广州：华南理工大学，2012.

［24］　王铁梦. 工程结构裂缝控制［M］. 北京：中国建筑工业出版社，1997：17-32.

［25］　范重，陈巍，李夏，柴丽娜，葛红斌，黄进芳. 超长框架结构温度作用研究［J］. 建筑结构学报，2018，39（1）：136-145.

［26］　中华人民共和国住房和城乡建设部. 混凝土结构设计规范：GB 50010—2010［S］. 北京：中国建筑工业出版社，2010.

［27］　张玉明. 超长混凝土框架结构裂缝控制研究［D］. 南京：东南大学，2006：49-62.

［28］　Model Code for concrete structures：CEB-FIP（MC90）［S］. Lanusanne：Comite Euro-International Beton，1993.

［29］　中华人民共和国交通运输部. 公路钢筋混凝土及预应力混凝土桥涵设计规范：JTG 3362-2018［S］. 北京：人民交通出版社，2018.

［30］　中华人民共和国住房和城乡建设部，中华人民共和国国家质量监督检验检疫总局. 建筑抗震设计规范：GB 50011—2010［S］. 北京：中国建筑工业出版社，2010.

［31］　日本建築学会. 開閉式屋根構造設計指針・同解説及び設計資料集［S］. 1993.

［32］　周锡元，曾德民，高晓安. 估计不同服役期结构的抗震设防水准的简单方法［J］. 建筑结构，2002，32（1）：37-40.

［33］　Ray Clough，Joseph Penzien. Dynamics of structures（Second edition）［C］. 2003，California，USA，Computer and Structures，Inc.

［34］　中华人民共和国住房和城乡建设部. 空间网格结构技术规程：JGJ 7—2010［S］. 北京：中国建筑工业出版社，2010.

［35］　朱镜清. 关于复阻尼理论的两个问题［J］. 固体力学学报，1992，13（2）：113-118.

［36］　张国栋. 非经典阻尼结构体系的动力分析方法［J］. 三峡大学学报，2004，26（2）：144-146.

［37］　吕西林，张杰. 钢和混凝土竖向混合结构阻尼特性研究［J］. 土木工程学报，2012，45（3）：10-15.

［38］　曹资，张超，张毅刚，薛素铎. 网壳屋盖与下部结构动力相互作用研究［J］. 空间结构，2001，7（2）：19-26.

［39］　李雄彦，薛素铎，曹资. 组合结构维修机库阻尼比对地震响应的影响［J］. 北京工业大学学报，2007，33（12）：1268-1272.

［40］　周向阳，张其林. 组合结构等效阻尼比的确定及在有限元计算中的应用［J］. 计算机辅助工程，2007，16（3）.

［41］　关海涛，周建龙. 钢屋盖-混凝土支撑体系阻尼比计算方法研究［J］. 建筑结构，2009. 4，39SI（增刊）.

［42］　Lu Xilin，Zhang Jie. Damping behavior of vertical structures with upper steel and lower concrete components [J]. China Civil Engineering Journal，2012，45（3）：10-15.

［43］ 范重，孟小虎，彭翼. 开合屋盖结构动力特性研究［J］. 建筑钢结构进展，2015，17（4）：27-36.

［44］ 中华人民共和国国家质量监督检验检疫总局，中国国家标准化管理委员会. 起重机设计规范：GB/T 3811—2008［S］. 北京：中国标准出版社，2008.

［45］ Kazuo Ishii. Structural Design of Retractable Roof Structure［M］. Boston：WIT Press，2000：111-114.

［46］ 范重，王义华，栾海强，杨苏，胡纯炀. 开合屋盖结构设计荷载取值研究［J］. 建筑结构，2011，41（12）：39-51.

第4章

开合屋盖结构计算分析

开合屋盖结构计算分析分为承载力极限状态与正常使用极限状态。正常使用极限状态验算的主要目的是保证活动屋盖可靠运行。结构部分可按照现行国家标准《钢结构设计标准》GB 50017[1]、现行行业标准《空间网格结构技术规程》JGJ 7[2] 和《拱形钢结构技术规程》JGJ/T 249[3] 等的相关规定进行计算分析。轨道、台车等驱动系统部件计算也是开合屋盖结构设计的重要内容,本书在第 5 章中进行了具体阐述。

4.1 结构计算模型

开合屋盖结构由活动屋盖及其支承结构等多个子结构构成。活动屋盖与固定结构间通过台车、轨道等机械部件相连,固定屋盖通常又支承于下部混凝土结构,各子结构之间的相互作用机理非常复杂。同时,活动屋盖存在多种空间位置,故此活动屋盖的位形对整体结构的刚度、内力和位移具有显著影响。

4.1.1 计算模型分类

1. 计算模型分类

由于开合屋盖结构的复杂性,设计中一般采用多个模型进行计算分析与结构优化,通常可以分为屋盖模型与总装模型两类。

(1) 活动屋盖模型 Ⅰa:主要用于活动屋盖钢结构的初步计算,阻尼比可取 0.02;

(2) 屋盖模型 Ⅰb:活动屋盖+固定屋盖,主要用于屋盖钢结构的精细计算与杆件优化,阻尼比可取 0.02;

(3) 总装模型 Ⅱ:活动屋盖+下部支承结构,阻尼比取值方法见本书 3.5.3 节。总装模型用于结构整体分析,考察活动屋盖与支承结构之间的相互作用,进行下部混凝土结构设计、结构整体稳定性分析与抗震弹塑性分析。

2. 计算模型数量

结合活动屋盖的结构形式和运行方式,针对活动屋盖可能的不利位置分别建模进行计算,总装模型一般应包括以下计算模型:

(1) 活动屋盖全开状态与全闭状态;

(2) 对于中小型开合屋盖结构,半开状态计算模型不宜少于一个,大型开合屋盖结构半开状态计算模型不应少于一个,一般可选择开启至 1/4、1/2 和 3/4 时位置。

3. 开合屋盖结构计算模型实例

南通体育场设计时采用的计算模型如下:

(1) 全开状态:活动屋盖重量分别由台车和弧形边外侧的车挡平衡,钢丝绳完全松弛;

(2) 全闭状态:两片活动屋盖通过顶面的插销相互锁紧,利用两侧屋盖重力相平衡,

防止下滑,钢丝绳可以松弛;

(3)活动屋盖移动状态:从全开状态开始,上行至全闭状态,根据活动屋盖形心在曲面上移动的角度,分别选取4°、8°和12°三个中间状态。

在上述5个计算模型中,均将活动屋盖视为固定结构,根据其荷载与作用工况分别进行计算分析。由此可见,与通常的大跨度结构相比,开合屋盖结构的计算分析工作量大大增加。

绍兴体育场活动屋盖全开、全闭以及半开状态的计算模型如图4.1.1-1所示。总装模型由混凝土看台结构、固定屋盖与活动屋盖构成,其中固定屋盖采用井字形布置的张弦立体桁架,长轴方向的主桁架承托活动屋盖的轨道。固定屋盖设置了环桁架与次桁架,并通过水平支撑体系增强结构的面内刚度。

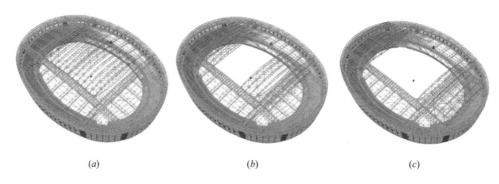

(a)   (b)   (c)

图 4.1.1-1 绍兴体育场整体计算模型

(a) 完全闭合;(b) 开启50%;(c) 完全开启

武汉光谷国际网球中心活动屋盖全开与全闭状态的整体计算模型及屋盖结构计算模型如图4.1.1-2和图4.1.1-3所示,总装计算模型由下部混凝土结构、外围菱形网格结构、固定屋盖和活动屋盖四部分组成。菱形网格结构既能增强下部主体结构的刚度,又能与屋盖结构进行拉结,有利于减小屋盖的变形。下部混凝土结构和外围菱形网格结构整体协同工作,共同形成屋盖结构的支承体系。

(a)   (b)

图 4.1.1-2 武汉光谷国际网球中心整体计算模型

(a) 全闭状态;(b) 全开启状态

4.1.2 单元类型

1. 结构杆件

采用有限元分析软件对开合屋盖结构进行计算时,结构构件模拟方式与其他结构类似:

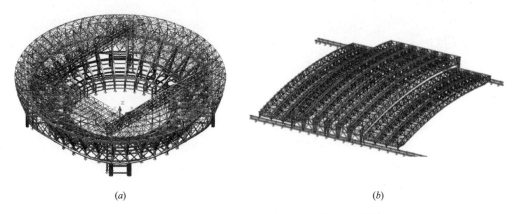

图 4.1.1-3　武汉光谷国际网球中心屋盖结构计算模型
(a) 固定屋盖结构计算模型；(b) 活动屋盖结构计算模型

（1）主体结构梁、柱采用空间梁单元，剪力墙采用壳单元；

（2）单层网壳的杆件采用空间梁单元，双层网壳的杆件可采用空间杆单元；

（3）弦杆之间为刚接；支管与弦杆均为铰接；

（4）轨道梁采用空间梁单元，两端均为铰接。

结构整体计算时，可考虑地基基础与主体结构共同工作的影响。

2. 台车

台车模拟是开合屋盖结构计算中特有的内容，也是准确建立计算模型的关键，应真实反映活动屋盖约束与受力状况台车模拟要点如下：

（1）结构几何不变；

（2）内力和变形等计算结果符合实际状况；

（3）根据开合屋盖结构的具体状态与荷载工况，相应调整台车的模拟方式与约束条件。

活动屋盖运行状态时台车的受力形态如图 4.1.2-1 所示。台车上端与活动屋盖铰接，下端可视为与轨道梁刚接。机械系统设计时通过在台车设置弹簧与阻尼器，减小活动屋盖运行时的横向推力与振动。

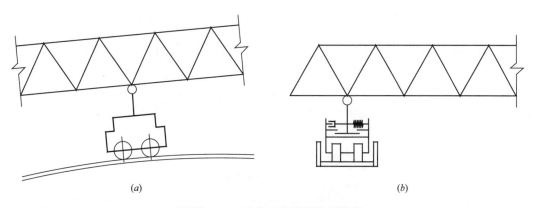

图 4.1.2-1　台车受力形态简化模型
（a）顺轨方向；（b）横轨方向

4.2 静力计算

4.2.1 静力计算的特点

与普通结构相比，开合屋盖静力计算具有以下特点：

（1）荷载取值应考虑开合状态的影响。屋盖开合状态对风压分布与风振响应影响很大，应通过风洞试验确定相应的等效静风荷载，运行状态通常可取 10 年一遇的基本风压。同样，开合状态对雪荷载取值影响也较大。

（2）可变荷载除活荷载、风荷载、雪荷载、温度作用和积水荷载外，台车及各种临时吊挂设施也可视为可变荷载。轨道、端止缓冲器等驱动系统部件及各种设备管线等均可视为永久荷载。

（3）活动屋盖驱动系统属于慢速运行机构，但为了确保结构安全，应适当考虑惯性力的影响。因此，进行驱动系统相连部件的承载力验算时，活动屋盖运行引起的内力应乘以1.1 倍动力放大系数。

（4）支承结构设计应考虑活动屋盖驱动力、横向推力以及端止缓冲力等对支承结构的作用。

（5）在设计使用年限内，年开合次数不超过 400 次的开合屋盖，可不进行结构疲劳验算。根据国内外开合屋盖工程的实际应用情况，开合操作次数差异很大，最大开合次数通常不超过 400 次/年。

4.2.2 变形限值

应合理控制开合屋盖的变形，保证支承结构及轨道梁具有足够的刚度，防止因变形过大影响活动屋盖运行。

1. 挠度控制

（1）支承结构

1）地面轨道系统

当活动屋盖支承于地面的轨道系统时，相邻基础的沉降差不应大于其间距的 1/1200。

2）混凝土结构

当采用混凝土结构作为活动屋盖的支承结构时，其挠度限值除应符合现行国家标准《混凝土结构设计规范》GB 50010 的规定外，支承轨道（梁）混凝土梁的挠度不应大于跨度的 1/800[4]。

3）固定屋盖

活动屋盖支承于固定屋盖是开合屋盖结构最常见的形式。固定屋盖的最大竖向变形应满足表 4.2.2-1 的要求。当支承部位为悬臂结构时，跨度应按悬臂长度的 2 倍取用。固定屋盖因重力荷载引起的变形可以通过预起拱等措施消除。

固定屋盖挠度限值   表 4.2.2-1

类别	永久和可变荷载标准值	可变荷载标准值
一般情况	$l_0/400$	$l_0/500$
行走装置变形适应能力较弱时	$l_0/500$	—

（2）轨道梁

轨道梁刚度对于保证活动屋盖正常运行非常重要，在活动屋盖运行过程中轨道梁的变形不应超过驱动系统的容许变形值[4]。

1）当活动屋盖支承于固定屋盖时，轨道梁跨度较小，轨道梁挠度不应大于其跨度的1/800，且不应大于 15mm；

2）对于活动屋盖设置的大跨度轨道梁，尚应控制相邻台车之间轨道的变形差，根据工程经验，相邻台车间的变形差不应大于台车间距的 1/1000，且不大于 10mm；

3）当轨道梁位于结构悬挑部位时，应根据驱动系统的需求确定轨道梁的允许变形。

（3）活动屋盖结构

为提高屋盖运行的适应性，活动屋盖的刚度不宜过大。故此，活动屋盖满足挠度不大于其跨度的 1/250 的要求即可。

2. 侧向变形

开合屋盖结构在风荷载与地震作用下产生的侧向水平位移，应满足现行国家标准《建筑抗震设计规范》GB 50011[5]、《混凝土结构设计规范》GB 50010[6] 和《钢结构设计标准》GB 50017[1] 限值的规定，如表 4.2.2-2 所示。

开合屋盖结构侧向位移的限值　　　　　表 4.2.2-2

部位	风荷载	多遇地震作用	罕遇地震作用
混凝土框架	1/550	1/550	1/100
钢结构	1/300	1/300	1/50

4.2.3　应力比限值

大跨度空间结构通常采用杆件的应力比表示承载能力的冗余度，其中，也可以包括屋面檩条、临时吊挂等非节点荷载引起的影响。

杆件的应力比限值通常由设计人员结合工程经验，根据结构的重要性、抗震性能目标以及所在部位确定。开合屋盖结构杆件的应力比限值可参考表 4.2.3-1。支承活动屋盖轨道的桁架、轨道梁、轨道、与支座相邻杆件以及与轨道相邻区格内的杆件与节点属于开合屋盖结构的关键构件，应力比控制严于其他构件。驱动系统机械部件受力非常关键，应满足在罕遇地震作用下不屈服的要求，且应力比限值不应低于结构的关键构件。

开合屋盖结构的应力比限值　　　　　表 4.2.3-1

非抗震工况	关键构件	≤0.80
	一般构件	≤0.85
多遇地震工况	关键构件	≤0.85（考虑承载力调整系数 γ_{RE}）
	一般构件	≤0.90（考虑承载力调整系数 γ_{RE}）
设防地震工况	关键构件	≤材料强度设计值（考虑承载力调整系数 γ_{RE}）
	一般构件	≤材料强度标准值

节点的承载力不低于杆件的承载力，节点不先于相连构件破坏

4.3 稳定性分析

4.3.1 结构的整体稳定性

在开合屋盖结构中，活动屋盖与固定屋盖之间的连系相对薄弱，对结构的整体稳定性不利。因此，开合屋盖结构应针对活动屋盖全开、全闭和运行状态分别进行整体稳定性分析，并考虑活荷载满跨布置、半跨布置等不利分布。当开合屋盖结构带有多个活动屋盖单元时，宜对活动屋盖单元非对称布置进行分析。

1. 初始缺陷

结构初始几何缺陷主要由施工安装偏差、杆件初弯曲、杆件对节点偏心等原因引起，对结构稳定承载力有较大影响，在计算中应予以考虑。网壳结构稳定性分析计算结果表明，当假定初始几何缺陷分布符合结构的一阶屈曲模态时，得到的整体稳定承载力最小。参照现行行业标准《空间网格结构技术规程》JGJ 7 的规定，初始几何缺陷的分布可采用一阶整体屈曲模态，最大值可取结构跨度的 1/300。

2. 稳定承载力

在进行开合屋盖结构几何非线性分析时，可将荷载-位移曲线上第一个临界点相应的荷载作为整体稳定极限承载力。当活动屋盖跨度大于 60m 或悬挑长度大于 20m 时，计算时宜考虑材料非线性的影响。对单层球面网壳、柱面网壳和双曲扁网壳，按弹性全过程分析时稳定极限承载力安全系数 K 不应小于 4.2；按弹塑性全过程分析时，稳定极限承载力安全系数不应小于 2.0[2]。

在绍兴体育场设计中，分别对活动屋盖全闭状态和全开状态进行了结构整体稳定分析，选取 1.0 恒＋1.0 雪组合工况进行几何非线性与材料非线性分析。采用三节点梁单元 B32 模拟有初始缺陷杆件，在杆件中点设置杆长 1/1000 的初始缺陷，采用 B31 单元模拟无初始缺陷杆件。

活动屋盖处于全闭状态时，无缺陷与考虑杆件初始缺陷时的稳定极限承载力安全系数 K 分别为 5.43 与 3.13；活动屋盖处于全开状态时，无缺陷与考虑杆件初始缺陷时的稳定极限承载力安全系数 K 分别为 5.45 与 3.13，表明杆件初始缺陷对结构的整体稳定性能影响显著。此外，分析结果也表明，不论考虑杆件初始缺陷与否，结构弹塑性稳定极限承载力安全系数均满足不小于 2.0 的要求。在达到极限承载力时，结构变形如图 4.3.1-1 所示，屋盖最大变形均发生在跨中位置。

4.3.2 杆件屈曲承载力

1. 长细比

长细比是构件稳定性控制指标，应避免细长杆件在运输、施工以及使用阶段中出现弯曲或扭转等变形。此外，受压构件长细比过大时可产生由初始缺陷导致的二阶应力，在外力作用下容易发生失稳。

开合屋盖结构设计时，应结合工程具体情况分别对受拉、受压构件的长细比进行限制，杆件长细比限值可参考表 4.3.2-1。支承结构的长细比限值高于活动屋盖，关键杆件的长细比限值严于一般杆件。

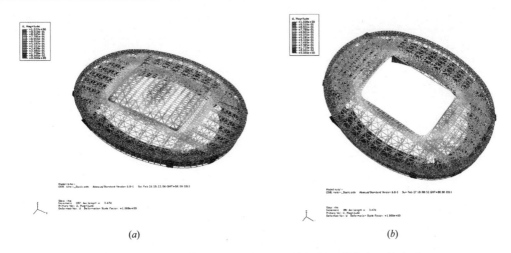

图 4.3.1-1　绍兴体育场屋盖结构在稳定极限承载状态下的变形
(a) 全闭状态；(b) 全开状态

开合屋盖结构杆件的长细比限值　　　　　　　　　　　　表 4.3.2-1

部位	构件		限值
支承结构	一般杆件	受压	120
		受拉	180
	关键杆件	受压	100
		受拉	150
活动屋盖	一般杆件	受压	150
		受拉	250
	关键杆件	受压	120
		受拉	200

现行国家标准《建筑抗震设计规范》GB 50011[5]对大跨结构关键杆件的定义如下：

(1) 对于空间传力体系，关键杆件指邻近支座 2 个区（网）格内的弦杆和腹杆；邻近支座 1/10 跨度范围内的弦杆和腹杆，取两者较小的范围。

(2) 对于单向传力体系，关键杆件指与支座直接相邻节间的弦杆和腹杆。与关键杆件连接的节点定义为关键节点。

(3) 对于开合屋盖结构，关键构件还应包括支承结构中与轨道相邻的杆件。

(4) 关键杆件的地震组合内力设计值应乘以增大系数，7、8、9 度宜分别按 1.1、1.15、1.2 取值；关键节点的地震作用效应组合设计值应乘以增大系数，7、8、9 度宜分别按 1.15、1.2、1.25 取用。

2. 杆件计算长度

目前我国钢结构设计相关标准中，杆件稳定计算主要基于计算长度法。杆件计算长度的几何意义是杆件失稳模态反弯点之间的距离，可以反映构件侧向刚度的影响。杆件计算长度与杆端相邻构件的边界条件相关。常用结构与节点形式杆件的计算长度见表 4.3.2-2。

杆件的计算长度 l_0 表 4.3.2-2

结构体系	杆件形式	节点形式				
		螺栓球	焊接空心球	板节点	毂节点	相贯节点
网架	弦杆及支座腹杆	$1.0l$	$0.9l$	$1.0l$		
	腹杆	$1.0l$	$0.8l$	$0.8l$		
双层网壳	弦杆及支座腹杆	$1.0l$	$1.0l$	$1.0l$		
	腹杆	$1.0l$	$0.9l$	$0.9l$		
单层网壳	壳体曲面内	—	$0.9l$	—	$1.0l$	$0.9l$
	壳体曲面外	—	$1.6l$	—	$1.6l$	$1.6l$
立体桁架	弦杆及支座腹杆	$1.0l$	$1.0l$			$1.0l$
	腹杆	$1.0l$	$0.9l$			$0.9l$

注：l 为杆件的几何长度（节点中心间距离）。

当轴心受压杆件达到稳定极限承载力时，定义计算长度 $l_0 = \mu l$，其中 μ 称为杆件的计算长度系数，欧拉临界荷载可由下式确定：

$$N_{cr} = \frac{\pi^2 EI}{(\mu l)^2} \qquad (4.3.2-1)$$

式中 EI——杆件发生屈曲方向的弹性抗弯刚度；

N_{cr}——杆件相应的屈曲临界荷载。

由式（4.3.2-1）可导出杆件计算长度系数 μ 的表达式：

$$\mu = \frac{1}{l}\sqrt{\frac{\pi^2 EI}{N_{cr}}} \qquad (4.3.2-2)$$

对结构进行特征值屈曲分析或弹塑性稳定全过程分析，得到结构一阶屈曲模态和杆件相应的临界荷载 N_{cr}，代入式（4.3.2-2），即可求出计算长度系数 μ。

受拉构件可不考虑构件计算长度系数的影响。当受压构件达到稳定极限承载力时，如果构件的应力已经超过钢材的屈服强度，其计算长度系数可按 1.0 考虑。

南通会展中心体育场开合屋盖结构设计时，对 3 种不利工况进行结构稳定验算，得到杆件应力比的峰值和分布情况如表 4.3.2-3～表 4.3.2-5 所示，从表中可知，对于 1.2D+1.4L 和 1.2D+1.3T（升温）工况，除少数构件的应力比较大外，大部分构件的应力比处于较低水平；风荷载不起控制作用。

1.2D+1.4L 荷载工况时杆件的应力比分布 表 4.3.2-3

应力比	固定屋盖拱架	活动屋盖边桁架	固定屋盖网壳		活动屋盖网壳	
			平面内	平面外	平面内	平面外
峰值	0.96	0.86	0.98	0.97	0.98	0.80
1.0～0.9	4	0	4	24	4	0
0.9～0.7	24	12	12	74	2	4
0.7～0.5	170	68	44	148	48	32
0.5～0.3	786	200	310	284	152	168
0.3 以下	3520	835	968	808	787	789

1.0D＋1.4W（0°风向角）荷载工况时杆件的应力比分布　　　　表 4.3.2-4

应力比	固定屋盖拱架	活动屋盖边桁架	固定屋盖网壳		活动屋盖网壳	
			平面内	平面外	平面内	平面外
峰值	0.53	0.40	0.59	0.75	0.51	0.41
1.0～0.9	0	0	0	0	0	0
0.9～0.7	0	0	0	4	0	0
0.7～0.5	4	0	10	24	2	0
0.5～0.3	132	16	56	144	8	6
0.3 以下	4368	1099	1272	1066	983	987

1.2D＋1.3T（升温）荷载工况时杆件的应力比分布　　　　表 4.3.2-5

应力比	固定屋盖拱架	活动屋盖边桁架	固定屋盖网壳		活动屋盖网壳	
			平面内	平面外	平面内	平面外
峰值	0.98	0.72	0.84	0.99	0.8	0.65
1.0～0.9	8	0	0	12	0	0
0.9～0.7	24	4	16	32	4	0
0.7～0.5	124	44	24	102	12	12
0.5～0.3	874	160	180	334	124	120
0.3 以下	3574	815	1018	848	853	859

4.3.3　直接分析法

传统的结构稳定承载力验算首先根据杆端的约束情况分别确定各杆件的计算长度系数，采用无初始缺陷的计算模型，通过线弹性分析得到构件的内力与变形。由于空间结构多为整体失稳，而计算长度系数法主要针对单根构件的屈曲性能，不能充分反映构件之间的相互作用，构件承载力计算值偏低。此外，由于结构内力计算采用弹性分析，而构件截面设计允许部分进入塑性，结构的实际承载力高于计算承载力，设计偏于保守。

根据国内外相关研究的最新进展，在进行大跨度屋盖结构计算时，可以采用直接分析法，考虑结构和构件初始缺陷对整体稳定承载力的影响，从而回避了杆件计算长度取值的问题，杆件设计更为优化。直接分析设计法作为一种全过程二阶非线性弹塑性分析设计方法，已被我国现行《钢结构设计标准》GB 50017—2017 所采纳[1]。

1. 直接分析法的特点

（1）计算模型

建立带有几何缺陷的结构和构件模型，可以全面考虑结构和构件初始缺陷、节点连接刚度、二阶效应等对结构和构件的影响。

1）除只受拉的支撑杆件外，为了同时考虑几何缺陷和残余应力，一般构件采用不少于 4 个单元进行模拟；

2）将一阶屈曲模态作为初始缺陷，大跨度钢结构整体初始缺陷可按跨度的 1/300 确定；

3）杆端及杆件内部均可形成塑性铰；

4）在结构整体分析时考虑节点域变形与构件翘曲扭转；

5）可按现行国家标准《建筑结构荷载规范》GB 50009 的规定考虑活荷载折减。抗震设计的结构，采用重力荷载代表值，不再进行活荷载折减。

（2）材料本构关系

钢材可采用理想弹塑性本构关系或其他更为精细的本构关系，允许材料塑性发展和内力重分布，从而得到在各种荷载（作用）下的内力和位移。混凝土的本构关系可按现行国家标准《混凝土结构设计规范》GB 50010 采用。

（3）求解方法

直接分析设计法作为一种全过程的非线性分析方法，需要分别对各种荷载组合进行非线性求解，不允许对荷载效应进行叠加。

（4）结果评价

对直接分析法的计算结果进行判断，验证结构与构件是否满足设计要求：

1）荷载标准组合工况的挠度和侧移；

2）塑性铰的转动角度；

3）未出现塑性变形部位的应力。

当不考虑材料塑性发展时，第一个塑性铰形成时相应的荷载不低于荷载设计值，不考虑内力重分布。

2. 直接分析法构件截面验算

直接分析设计法求得的构件内力可以作为承载能力极限状态和正常使用极限状态时的设计依据。由于直接分析法已经在计算过程中考虑了线弹性设计中计算长度系数法所考虑的因素，故不再需要进行基于计算长度的稳定性验算。构件截面承载力验算按下列公式进行：

（1）当构件有足够侧向支撑防止侧向失稳时：

$$\frac{N}{Af} + \frac{M_x^{\mathrm{II}}}{M_{cx}} + \frac{M_y^{\mathrm{II}}}{M_{cy}} \leqslant 1.0 \qquad (4.3.3\text{-}1)$$

（2）当不考虑材料弹塑性发展、截面板件宽厚比等级不符合 S2 级要求时：

$$M_{cx} = \gamma_x W_x f \qquad (4.3.3\text{-}2)$$

$$M_{cy} = \gamma_y W_y f \qquad (4.3.3\text{-}3)$$

（3）当按弹塑性分析、截面板件宽厚比等级符合 S2 级要求时：

$$M_{cx} = W_{px} f \qquad (4.3.3\text{-}4)$$

$$M_{cy} = W_{py} f \qquad (4.3.3\text{-}5)$$

（4）当构件可能产生侧向失稳时：

$$\frac{N}{Af} + \frac{M_x^{\mathrm{II}}}{\varphi_b \gamma_x W_x f} + \frac{M_y^{\mathrm{II}}}{M_{cy}} \leqslant 1.0 \qquad (4.3.3\text{-}6)$$

式中　M_x^{II}、M_y^{II}——分别为绕 x 轴、y 轴的二阶弯矩设计值（N・mm），可由结构分析直接得到；

　　　　A——构件的毛截面面积（mm²）；

　　　　M_{cx}、M_{cy}——分别为绕 x 轴、y 轴的受弯承载力设计值（N・mm）；

　　　　W_x、W_y——当构件板件宽厚比等级为 S1 级、S2 级、S3 级或 S4 级时，为构件绕 x 轴、y 轴的毛截面模量；当构件板件宽厚比等级为 S5 级时，为构件绕 x 轴、y 轴的有效截面模量（mm³）；

W_{px}、W_{py}——构件绕 x 轴、y 轴的塑性毛截面模量（mm³）；

γ_x、γ_y——截面塑性发展系数；

φ_b——梁的整体稳定性系数。

在进行二阶弹塑性分析时，构件弯矩-转角关系和节点刚度将直接影响计算结果，分析结果的可靠性有时依赖结构的破坏模式，而不同破坏模式适用的非线性增量—迭代策略有所不同。另外，由于可靠度不同，正常荷载工况的设计和特殊荷载工况的设计（如抗倒塌分析或罕遇地震作用等）对构件极限状态的定义存在差异。

3. 直接分析法应用建议

直接分析设计法是一种可以考虑二阶效应的弹塑性分析方法，直接对荷载效应进行叠加的方式不再适用，而需要针对各荷载组合工况分别进行非线性分析。此外，由于非线性计算分析工作量远大于线弹性分析，故此采用直接分析法时计算量将显著增加。

实际设计中，对二阶效应明显的建筑既可考虑采用直接分析法进行计算；也可以常规的计算方法为主，仅选择部分控制工况采用直接分析法进行校验。

4.4　抗震计算

4.4.1　结构动力特性

自振频率是结构的主要动力特性之一，活动屋盖不同位置将引起结构动力特性的变化，活动屋盖开启位置对结构动力特性影响的程度取决于活动屋盖质量占结构总质量的比重。

结合国家网球馆在 5 种开启位置自振周期与振型的计算结果，考察开合屋盖结构的动力特性，其前 10 阶振型的自振周期分别如表 4.4.1-1 和图 4.4.1-1 所示，1/4 开启～全开启状态的结构一阶振型如图 4.4.1-2 所示。由表和图可知，活动屋盖的开合状态对结构的振型与自振周期有一定影响，但由于活动屋盖的质量相对于固定屋盖以及下部混凝土结构很小，自振周期总体变化不大，各阶振型的特征比较接近。

国家网球馆结构前 10 阶自振周期（s）　　　　　　表 4.4.1-1

振型阶数	全闭	1/4 开启	1/2 开启	3/4 开启	全开
1	0.7639	0.7660	0.7692	0.7738	0.7805
2	0.7625	0.7555	0.7550	0.7532	0.7519
3	0.7550	0.7486	0.7391	0.6848	0.6763
4	0.6600	0.6584	0.6627	0.6570	0.6592
5	0.6579	0.6541	0.6536	0.6415	0.6465
6	0.6530	0.6520	0.6346	0.6195	0.6179
7	0.5959	0.6253	0.6184	0.6128	0.6011
8	0.5880	0.5982	0.6024	0.6018	0.5766
9	0.5597	0.5512	0.5472	0.5402	0.5363
10	0.5530	0.5501	0.5455	0.5391	0.5332

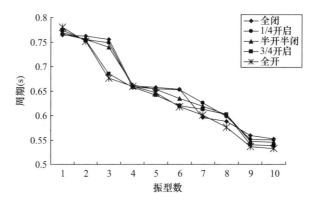

图 4.4.1-1　不同开合状态结构前 10 阶自振周期的变化情况

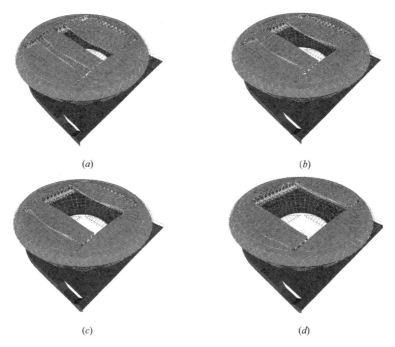

图 4.4.1-2　国家网球馆不同开合状态时的第一振型模态
(a) 1/4 开启；(b) 1/2 开启；(c) 3/4 开启；(d) 全开

4.4.2　地震作用取值方法

我国现行《建筑抗震设计规范》GB 50011 规定[5]，8、9 度设防的大跨度和长悬臂结构应计算竖向地震作用。大型开合屋盖结构跨度通常较大，应考虑三向地震作用。当单体结构平面尺度很大时，地震传播过程中的行波效应、局部场地效应明显，故对于 7 度Ⅲ、Ⅳ场地和 8、9 度区的超长大跨度开合屋盖结构应进行多维多点地震输入分析。其中，竖向地震作用计算主要有等效静力法、反应谱法和时程法等三种方式，必要时可进行包络设计。

1. 等效静力法

根据现行国家标准《建筑抗震设计规范》GB 50011 的规定[5]，大跨度与大悬挑结构的竖向地震作用标准值主要由设防烈度和场地条件决定，取其重力荷载代表值和竖向地震作用系数的乘积，竖向地震作用系数见表 4.4.2-1。竖向地震作用标准值，8 度和 9 度可分别取该结构、构件重力荷载代表值的 10% 和 20%，设计基本地震加速度为 0.3g 时，可取该结构、构件重力荷载代表值的 15%。

大跨度结构的竖向地震作用系数　　　　　　　　　表 4.4.2-1

结构类型	烈度	场地类别		
		I	II	III、IV
平板型网架、钢屋架	8	可不计算（0.10）	0.08（0.12）	0.10（0.15）
	9	0.15	0.15	0.20

注：括号中数值用于设计基本地震加速度为 0.3g 的地区。

2. 振型分解反应谱法

大跨度开合屋盖结构的竖向地震作用可采用振型分解反应谱法进行计算，竖向地震影响系数最大值按水平地震影响系数最大值的 65% 取用，如表 4.4.2-2 所示。由于竖向地震反应谱的特征周期小于水平地震反应谱的特征周期，故此场地特征周期均按第一组采用，如表 4.4.2-3 所示。

水平地震影响系数的最大值　　　　　　　　　表 4.4.2-2

地震作用方向	地震影响	6 度	7 度	8 度	9 度
水平地震	多遇地震	0.04	0.08（0.12）	0.16（0.24）	0.32
	设防烈度	0.12	0.23（0.34）	0.45（0.68）	0.90
	罕遇地震	0.28	0.50（0.72）	0.90（1.20）	1.40
竖向地震	多遇地震	0.026	0.052（0.078）	0.104（0.156）	0.208
	设防烈度	0.078	0.15（0.22）	0.293（0.43）	0.585
	罕遇地震	0.182	0.325（0.468）	0.585（0.780）	0.910

注：括号中数值分别用于设计基础地震加速度为 0.15g 和 0.30g。

竖向地震作用采用的特征周期（s）　　　　　　表 4.4.2-3

设计地震分组	地震影响	场地类别				
		I_0	I_1	II	III	IV
第一组	多遇地震、设防烈度	0.20	0.25	0.35	0.45	0.65
	罕遇地震	0.25	0.30	0.40	0.50	0.70

3. 时程法

时程分析时可采用七条波的平均值进行设计，所选地震波的频谱特性与设计反应谱曲线在统计意义上相符，单条波的基底剪力为反应谱法的 65%～135% 且平均基底剪力为反应谱法的 80%～120%。各条波的地震影响系数曲线与振型分解反应谱法地震影响系数曲线在结构主要振型周期点差异不大于 10%。时程分析法采用的竖向地震加速度峰值应对相应烈度的水平地震加速度峰值进行折减。根据现行《建筑抗震设计规范》GB 50011[5] 的规定，对结构进行三向地震作用输入时，其加速度最大值应按 1（水平 1）：0.85（水平 2）：0.65（竖向）的比例进行调整。时程分析法采用的水平地震加速度峰值按表 4.4.2-4 取用。

时程分析采用的水平地震加速度峰值（cm/s²）　　　　　　表 4.4.2-4

地震水准	6 度	7 度	8 度	9 度
多遇地震	18	35（55）	70（110）	140
设防地震	53	100（150）	200（300）	400
罕遇地震	125	220（310）	400（510）	620

　　国家网球中心分别对屋盖结构进行了在三个设防水准下竖向地震作用时程响应分析，地震加速度峰值分别为 70cm/m²、200cm/m² 和 400cm/m²。地震波采用 Hollistr 波、M2 波和人工波，屋盖结构在竖向地震作用下的总反力与垂重比如表 4.4.2-5 所示。在小震、中震与大震作用下的最大垂重比分别为 8.8%、19.6%、23.37%。

竖向地震作用下屋盖结构的总反力与垂重比　　　　　　表 4.4.2-5

地震等级	Hollistr 波		M2 波		人工波		反应谱法	
	总反力（kN）	垂重比（%）	总反力（kN）	垂重比（%）	总反力（kN）	垂重比（%）	总反力（kN）	垂重比（%）
小震	2587.7	6.11	2351.4	5.55	3730.0	8.8	3352.4	7.90
中震	4695.1	11.00	5084.7	12.01	8329.2	19.6	8446.5	19.95
大震	7098.4	16.76	7904.8	18.67	9896.1	23.37	—	—

　　在竖向罕遇地震作用下，下弦跨中节点输出的绝对加速度时程曲线如图 4.4.2-1 所示。屋盖结构在竖向地震作用下仅在腹杆上出现很少塑性铰，弦杆未出现塑性铰，表明结构在大震作用下具有良好的抗震性能。对于结构中出现塑性铰的位置，在设计中根据情况予以适当调整。

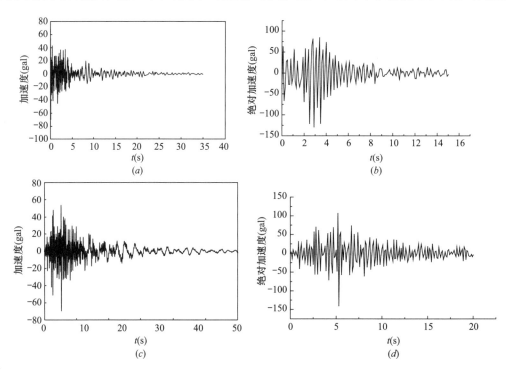

图 4.4.2-1　三条地震波的输入加速度时程与输出绝对加速度时程曲线（一）

（a）M2 波加速度时程曲线；（b）M2 波的绝对加速度输出时程曲线；

（c）Holiister 波加速度时程曲线；（d）Holiister 波的绝对加速度输出时程曲线

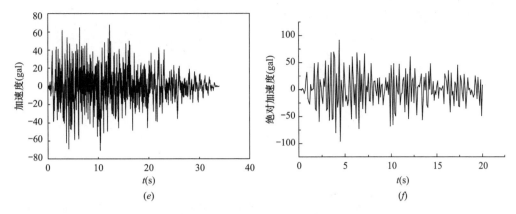

图 4.4.2-1 三条地震波的输入加速度时程与输出绝对加速度时程曲线（二）
（e）人工波加速度时程曲线；（f）人工波的绝对加速度输出时程曲线

4.4.3 抗震性能目标

根据现行行业标准《开合屋盖结构技术标准》JGJ/T 442[4]中规定，大中型开合屋盖结构可采用抗震性能化设计，抗震性能目标如表 4.4.3-1 所示，同时宜遵循下列原则：

（1）计算小震作用时，可按现行国家标准《建筑抗震设计规范》GB 50011 计算。当按照相关要求进行工程场地地震安全性评价时，应分别按《建筑抗震设计规范》GB 50011 与安评地震动参数计算结果进行包络设计。

（2）计算中震与大震作用时，采用现行《建筑抗震设计规范》GB 50011 的地震动参数。

（3）活动屋盖支座以及相邻两个区格内的构件，应满足中震弹性要求，且构件长细比不宜大于 120。

（4）活动屋盖在移动过程中遭遇地震的概率极低，可不进行抗震验算，但应考虑防止出现脱轨、碰撞等事故的抗震构造措施。

开合屋盖结构的抗震性能目标 表 4.4.3-1

地震水准		多遇地震	设防地震	罕遇地震
目标定性描述		不损坏	可修复	不倒塌，中度破坏
关键构件	主要竖向支承构件、轨道桁架、活动屋盖支座及相邻构件	弹性	弹性	不屈服
普通构件	关键构件以外固定屋盖、活动屋盖的弦杆和腹杆	弹性	不屈服	允许进入塑性，轻度损伤
耗能构件	—	弹性	部分屈服	允许进入塑性，控制塑性变形

4.4.4 截面抗震验算

在开合屋盖结构抗震验算时，构件截面应满足下式的要求：

$$S \leqslant R/\gamma_{RE} \qquad (4.4.4\text{-}1)$$

式中 γ_{RE}——承载力抗震调整系数，当仅计算竖向地震作用时，各类结构构件承载力抗震调整系数 1.0，此外均按表 4.4.4-1 采用；

R——结构构件承载力设计值。

承载力抗震调整系数			表 4.4.4-1
材料	结构构件	受力状态	γ_{RE}
钢	柱、梁、支撑、节点板件、螺栓、焊缝	强度	0.75
	柱、支撑	稳定	0.80

当地震作用效应与其他荷载效应进行组合时，地震作用的分项系数如表 4.4.4-2 所示。

地震作用的分项系数		表 4.4.4-2
地震作用	γ_{Eh}	γ_{Ev}
仅计算水平地震作用	1.3	0.0
仅计算竖向地震作用	0.0	1.3
同时计算水平与竖向地震作用（水平地震为主）	1.3	0.5
同时计算水平与竖向地震作用（竖向地震为主）	0.5	1.3

4.5 活动屋盖计算分析

当活动屋盖为拱形时，支座容易出现较大的水平推力，直接影响台车、驱动系统和支承结构，设计时应优化活动屋盖几何构型与结构形式，采取适当约束条件，尽量减小活动屋盖的水平推力。当采用双层活动屋盖单元时，上层单元跨度较大，竖向挠度大于下层单元。为避免上、下层活动屋盖之间发生碰撞，设计时应预留足够的间隙。

开合结构的受力与变形随着活动屋盖的移动而变化。掌握活动屋盖运行时结构的受力与变形规律，对确保开合屋盖结构设计安全性与经济性至关重要。

4.5.1 轨道位移

轨道的变形规律是台车设计的重要依据。各台车在运行过程中不同位置的位移差应小于台车的可调节范围，台车顶部铰支座的转角不应超过机械装置的允许范围，且轨道的水平位移量不超过机械系统可调节范围。

国家网球馆设计时模拟了活动屋盖处于全闭、1/4 开启、1/2 开启、3/4 开启以及全开状态 5 种状态，如图 4.5.1-1 所示。活动屋盖、台车及轨道编号如图 4.5.1-2 所示，其中轨道 A 为邻近洞口的轨道，轨道 B 为离洞口较远的轨道。

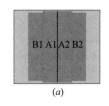 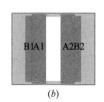 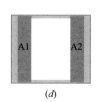 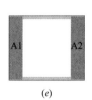

(a)　　　　　(b)　　　　　(c)　　　　　(d)　　　　　(e)

图 4.5.1-1　国家网球馆活动屋盖的开启状态

(a) 全闭；(b) 1/4 开启；(c) 1/2 开启；(d) 3/4 开启；(e) 全开

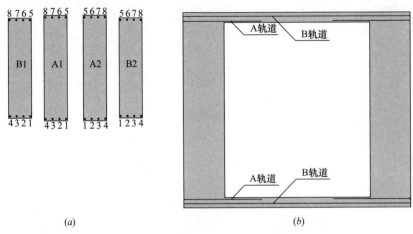

(a)　　　　　　　　　　　　　　　(b)

图 4.5.1-2　国家网球馆活动屋盖、台车及轨道编号

(a) 活动屋盖与台车编号；(b) 轨道位置编号

国家网球馆轨道桁架在屋盖不同开启状态下的竖向变形与水平变形如图 4.5.1-3 所示。由图可知，固定屋盖轨道桁架竖向变形量随活动屋盖开启位置变化而变化，变形特征如下：

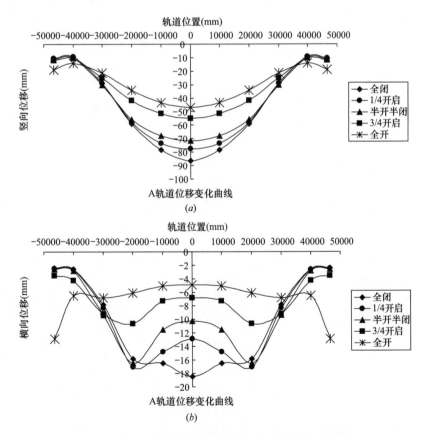

图 4.5.1-3　国家网球馆固定屋盖轨道桁架的变形

(a) 竖向变形；(b) 横向变形

（1）全闭状态时，活动屋盖质量分布靠近跨中，竖向变形最大。

（2）全开状态时，活动屋盖质量分布靠近支座，竖向变形最小。轨道桁架在跨中部位竖向变形最大，靠近支座竖向变形逐渐减小。

（3）与竖向变形量相比，固定屋盖轨道桁架的横向变形量较小。轨道桁架在跨中部位横向变形较大，靠近支座处的横向变形很小。轨道桁架的横向变形将引起台车水平反力的显著增大，需要采取相应的措施。

武汉光谷国际网球中心采用 MIDAS 软件进行计算，得到活动屋盖全开、半开、全闭三种状态下轨道桁架在恒载和活荷载作用下的竖向变形曲线，如图 4.5.1-4 所示。三种状态下的竖向变形均为中间大，两端小，全闭状态变形最大，与国家网球中心轨道变形规律基本一致。在全闭状态下，自重＋恒载＋活载工况变形为-191.9mm。轨道桁架跨度为94.2m，自重＋恒载＋活载的挠跨比为 1/491（＜1/400），说明轨道桁架具有足够的刚度。

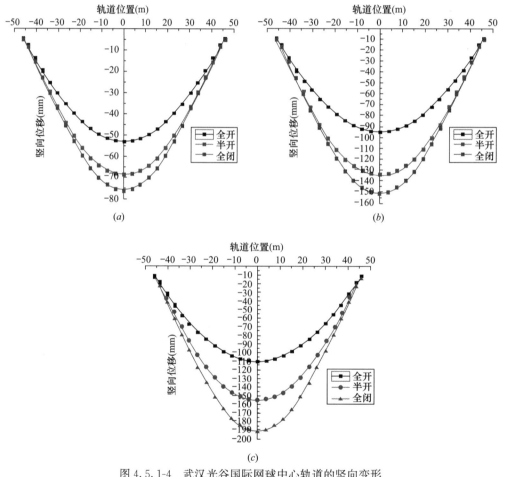

图 4.5.1-4　武汉光谷国际网球中心轨道的竖向变形
（a）自重作用；（b）自重＋恒载；（c）自重＋恒载＋活载

4.5.2　台车反力

合理的台车设计是驱动系统可靠运行的基础。台车承载力、台车数量、相邻台车位移差是台车设计重要的控制参数。活动屋盖移动过程中，台车反力不断变化，研究台车反力在屋盖开合过程中的变化规律，找出其最不利的位置，对于屋盖结构设计非常必要。

在国家网球馆设计时，利用结构布置、荷载分布以及活动屋盖移动的对称性，考察恒荷载作用下，台车反力在活动屋盖移动过程中的变化情况。活动屋盖处于 5 种位置时台车的竖向反力如表 4.5.2-1 与图 4.5.2-1 所示，屋盖单元编号参见图 4.5.1-2。

不同开合状态活动屋盖台车的竖向反力（kN）　　　　　　　表 4.5.2-1

屋盖编号	台车编号	开合状态				
		全闭	1/4 开启	1/2 开启	3/4 开启	全开
A1	1	355.4	401.1	408.8	263.2	141.7
	2	265.3	224.3	224.0	307.5	518.7
	3	270.7	223.6	188.0	459.6	396.2
	4	355.4	397.9	426.1	216.7	190.5
B1	1	327.9	362.8	363.0	308.5	169.5
	2	270.6	232.9	235.7	153.7	437.8
	3	347.8	319.6	310.7	579.5	388.6
	4	267.7	298.6	304.5	172.6	218.6

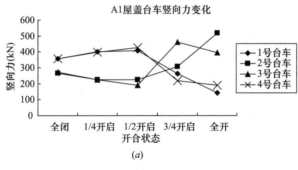

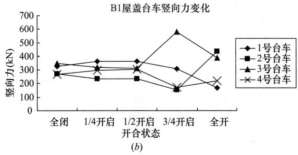

图 4.5.2-1　不同开合状态下台车的竖向反力
(a) 活动屋盖 A1（台车 1～4）；(b) 活动屋盖 B1（台车 1～4）

从以上图表可知，开启状态对台车的竖向反力影响显著。全闭状态时，各台车的竖向反力比较接近；在屋盖移动过程中，台车反力差异逐渐增大。与全闭状态相比，台车竖向反力最大变化幅度可达 95.5%。由此可见，设计时不但要考虑全闭与全开状态，还要考虑运行中可能出现的最不利位置。

　　活动屋盖 A1 与活动屋盖 B1 的情况比较接近。由于沿固定屋盖轨道各处刚度不同，活动屋盖各台车竖向反力之间存在较大差异，但各台车竖向反力之和保持不变。

4.6　固定屋盖预变形分析

　　与普通大跨度结构不同，开合屋盖结构的固定屋盖设计荷载除结构自重、建筑屋面做法、天沟马道、照明音响等吊挂荷载及检修荷载外，还需要承担活动屋盖移动时的荷载效应。在固定屋盖结构设计时应遵循以下主要原则：

　　(1) 固定屋盖的几何形态与活动屋盖的运行需求相一致；

　　(2) 采用结构刚度大、特别是竖向刚度大的结构形式，保证支承活动屋盖台车轨道的变形得到有效控制，对于确保活动屋盖运行顺畅至关重要；

　　(3) 对活动屋盖全开、全闭以及运行状态的各种可变荷载具有良好的适应性；

　　(4) 轨道及支承结构应具有较大的刚度，严格控制轨道在活动屋盖行走过程中的变形。

　　根据开合屋盖结构设计经验，台车轨道变形中约 $40\%\sim60\%$ 的变形量是由结构自重引起的，可以通过制作和安装时的预变形予以消解。活动屋盖移动中几何状态变化引起的附加变形占 $40\%\sim60\%$ 左右。

　　在国家网球馆设计时，针对固定屋盖预起拱方法进行了专项研究[7]。国家网球馆固定屋盖采用网壳结构，在活动屋盖可移动范围内为双层网壳，周边为三层网壳。活动屋盖通过台车支承在固定屋盖的轨道桁架之上，活动屋盖从全闭状态到全开状态的移动过程中，对轨道的平整度要求很高。为保证活动屋盖顺畅运行，应确保轨道桁架具有足够的刚度，还应对固定屋盖进行预起拱。

　　预起拱值可参考固定屋盖的变形值确定。国家网球馆开合屋盖为常闭状态，在活动屋盖全闭状态时固定屋盖的轨道桁架变形值最大，故此采用全闭状态时结构的挠度作为预起拱的反变形值。由于固定屋盖节点数量多，直接按照计算挠度值进行预起拱比较繁琐，因此，需要在活动屋盖轨道变形分析的基础上，寻找一种简洁、实用、高效的起拱方式，建立相应的起拱方程。

　　固定屋盖的外形为圆形，参考圆板在恒荷载作用下的变形方程，最初采用的固定屋盖预起拱变形值为极坐标半径的四次方程，其控制方程如下：

$$f = a(r-30)^4 + b(r-30)^2 + c, 30 \leqslant r \leqslant 70 \tag{4.6-1}$$

　　其中 r 为网架所在节点与固定屋盖中心点的距离；根据活动屋盖轨道二分之一处、四分之一处的位移和固定屋盖外边缘处的位移，求得控制方程中的参数，得到初步的预起拱方程如下：

$$f = 6.426 \times 10^{-6}(r-30)^4 - 5.99 \times 10^{-2}(r-30)^2 + 71.37 \tag{4.6-2}$$

式中　f 的单位为 mm，r 的单位为 m。该起拱方程的曲线如图 4.6-1 (a) 所示。从初步起拱方程的变形曲线来看，该反变形趋势与 SAP2000 计算结果大体一致，但起拱值整体偏大，并且由于圆形固定屋盖中间布置有活动屋盖，实际位移在轨道端部附近存在"拐点"。因此，需要对固定屋盖的预起拱方程进行修正。

　　从初步起拱方程的曲线可以看出，固定屋盖的变形在 $r=47$m 时，位移变形存在"拐点"，因此对预起拱方程修正如下：

$$f = a_1(r-30)^4 + b_1(r-30)^2 + c_1 + a_2(r-47)^3 + b_2(r-47)^2 + c_2 r,$$
$$30 \leqslant r \leqslant 70 \tag{4.6-3}$$

根据活动屋盖轨道二分之一处的位移、四分之一处的位移、轨道端部位移、支座位移和固定屋盖外边缘处的位移，求得控制方程中的参数，最终得到本工程采用的修正起拱方程如下：

$$f = 6.426 \times 10^{-6}(r-30)^4 - 5.99 \times 10^{-2}(r-30)^2 + 71.37 -$$
$$5.68 \times 10^{-3}(r-30)^3 + 0.192(r-30)^2 + 0.317r \qquad (4.6\text{-}4)$$

修正后的起拱方程曲线如图 4.6-1（b）所示，SAP2000 数值解与修正后的起拱方程误差很小。从修正后起拱方程的曲线可以看出，固定屋盖的预起拱趋势不仅与 SAP2000 解保持一致，而且在活动屋盖轨道区域起拱值与计算值拟合精度非常高，在固定屋盖的其他区域亦能满足工程起拱需要。

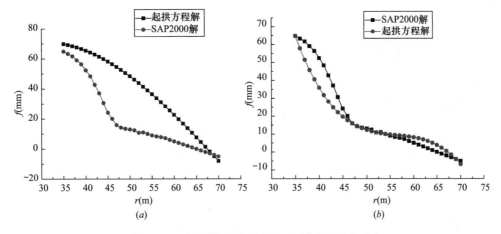

图 4.6-1　预起拱方程与 SAP2000 计算结果的对比
（a）初步预起拱方案；（b）修正预起拱方案

武汉光谷国际网球中心也采取了桁架施工预起拱措施，消除恒载作用下桁架的挠度。起拱值按半开状态下轨道桁架在恒载下的变形值确定，起拱 130mm。轨道安装时，以半开状态下的变形为基准，通过钢板进行轨道梁找平。在全闭、全开状态下，轨道相对竖向变形曲线如图 4.6-2 所示。全开状态最大相对变形为 44.8mm，全闭状态最大相对变形为 －36.9mm，相对变形挠跨比 1/2093，满足台车运行要求。

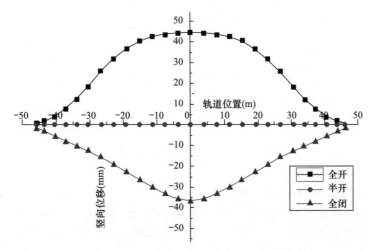

图 4.6-2　武汉光谷国际网球中心固定屋盖预变形后轨道的竖向变形

4.7 节点设计

大型开合屋盖结构的节点形式多种多样，汇交杆件数量多，连接构造复杂，特别是轨道附近的节点直接或间接承受动力荷载。节点设计应符合计算假定，满足受力合理、构造简单、加工方便的原则。

螺栓球节点与焊接球节点主要用于网架与网壳结构，相贯焊接节点主要用于管桁架结构。铸钢节点多用于汇交杆件数量过多且杆件夹角不规则的情况。

4.7.1 相贯节点构造

相贯节点是空间管桁架最常见的节点形式，受力形态复杂，应力分布不均匀，需要对节点强度和刚度进行针对性验算。

圆管相贯焊接节点属于半刚性节点，在管桁架计算分析时假定节点为刚接或铰接，对结构整体性能的影响较大，对于单层网壳性能的影响尤为显著，相贯节点刚度不足将给单层网壳带来非常不利的影响。半刚性节点用于实际结构设计的难度较大，故此，可通过对相贯节点适当补强，有效提高节点的刚度，使其接近或达到节点刚度要求，实现优化结构性能、节约结构用钢量的目标。由于单层网壳杆件的计算长度系数大于桁架结构，为了减小用钢量，宜采用径厚比规格较大的杆件[2]。

1. 相贯节点弹簧刚度模型

在大跨度空间结构中，采用圆钢管直接相贯焊接的方式，可以显著提高钢结构加工制作效率，建筑外形简洁美观。常见的相贯节点形式有 T 形/Y 形、X 形、K 形和双 K 形等，其节点构造如图 4.7.1-1 所示[8]。

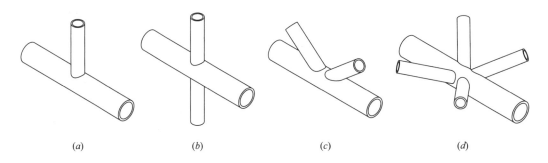

(a)   (b)   (c)   (d)

图 4.7.1-1　常见圆钢管相贯节点形式
(a) T 形/Y 形节点；(b) X 形节点；(c) K 形节点；(d) 双 K 形节点

设计中通常采用杆端弹簧单元模拟相贯节点的刚度，假定弹簧理论长度为零，弹簧置于支管端部。主管在节点处刚接，支管通过弹簧单元与主管在节点处相连，相贯节点的弹簧模型如图 4.7.1-2 所示。

支管杆端弹簧共有轴向变形、面内与面外弯曲变形、扭转变形、面内与面外剪切变形等 6 个自由度，假定各变形分量彼此独立。弹簧单元两端的节点共有 12 个自由度，故此弹簧单元刚度矩阵 $[K_s]$ 为 12×12 阶对角矩阵。模拟相贯节点刚度的弹簧矩阵如下式所示：

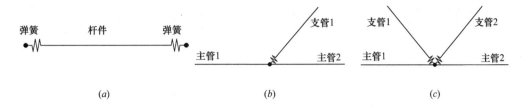

图 4.7.1-2　相贯节点的弹簧模型
(*a*) 支管＋杆端弹簧；(*b*) 单支管节点；(*c*) 多支管节点

$$K_{\mathrm{S}}=\begin{bmatrix} K_{\mathrm{N}} & 0 & 0 & 0 & 0 & 0 & -K_{\mathrm{N}} & 0 & 0 & 0 & 0 & 0 \\ 0 & K_{\mathrm{VY}} & 0 & 0 & 0 & 0 & 0 & -K_{\mathrm{VY}} & 0 & 0 & 0 & 0 \\ 0 & 0 & K_{\mathrm{VZ}} & 0 & 0 & 0 & 0 & 0 & -K_{\mathrm{VZ}} & 0 & 0 & 0 \\ 0 & 0 & 0 & K_{\mathrm{MT}} & 0 & 0 & 0 & 0 & 0 & -K_{\mathrm{MT}} & 0 & 0 \\ 0 & 0 & 0 & 0 & K_{\mathrm{MO}} & 0 & 0 & 0 & 0 & 0 & -K_{\mathrm{MO}} & 0 \\ 0 & 0 & 0 & 0 & 0 & K_{\mathrm{MI}} & 0 & 0 & 0 & 0 & 0 & -K_{\mathrm{MI}} \\ -K_{\mathrm{N}} & 0 & 0 & 0 & 0 & 0 & K_{\mathrm{N}} & 0 & 0 & 0 & 0 & 0 \\ 0 & -K_{\mathrm{VY}} & 0 & 0 & 0 & 0 & 0 & K_{\mathrm{VY}} & 0 & 0 & 0 & 0 \\ 0 & 0 & -K_{\mathrm{VZ}} & 0 & 0 & 0 & 0 & 0 & K_{\mathrm{VZ}} & 0 & 0 & 0 \\ 0 & 0 & 0 & -K_{\mathrm{MT}} & 0 & 0 & 0 & 0 & 0 & K_{\mathrm{MT}} & 0 & 0 \\ 0 & 0 & 0 & 0 & -K_{\mathrm{MO}} & 0 & 0 & 0 & 0 & 0 & K_{\mathrm{MO}} & 0 \\ 0 & 0 & 0 & 0 & 0 & -K_{\mathrm{MI}} & 0 & 0 & 0 & 0 & 0 & K_{\mathrm{MI}} \end{bmatrix}$$

$$(4.7.1\text{-}1)$$

式中　K_{N}、K_{VY} 与 K_{VZ}——分别为轴向刚度、面内剪切刚度与面外剪切刚度；

　　　K_{MT}、K_{MO} 与 K_{MI}——分别为抗扭刚度、面外抗弯刚度与面内抗弯刚度。

　　根据单层网壳结构的受力与变形特点，杆件的扭转变形与剪切变形很小。为了计算简明起见，仅将轴向变形、面内与面外弯曲变形视为弹性变形，忽略其余 3 个自由度的影响。

　　2. 相贯节点刚度计算

　　为了得到相贯节点的轴向弹簧刚度，首先采用梁单元建立计算模型 A，在支管外端施加轴向力 N，得到相应的轴向变形值 u_{xA}；然后采用壳单元建立计算模型 B，施加相同的作用力 N，得到相应的轴向变形值 u_{xB}，如图 4.7.1-3 所示。

　　支管端部的变形由三部分组成，即支管的变形、主管的变形和相贯节点的局部变形。梁元模型与壳元模型前两部分的变形值基本相同，但由于壳元模型可以精确模拟相贯节点的变形，而梁元模型只能考虑刚性节点。故此，根据模型 B 与模型 A 支管端部的轴向变形差，可以得到相贯节点的轴向弹簧刚度：

$$K_{\mathrm{N}}=\frac{N}{u_{\mathrm{xB}}-u_{\mathrm{xA}}}$$

$$(4.7.1\text{-}2)$$

式中　u_{xA}、u_{xB}——分别为模型 A 与模型 B 支管外端的轴向变形量。

　　同理，为了得到相贯节点的抗弯弹簧刚度，分别在计算模型 A 与计算模型 B 支管外端施加面内弯矩 M_{z} 与面外弯矩 M_{y}，可以得到两者支管杆端的变形值。根据模型 B 与模型

A 支管端部的面内与面外变形差，可以得到相贯节点的抗弯弹簧刚度：

$$K_{MI} = \frac{M_z h}{u_{yB} - u_{yA}} \qquad\qquad (4.7.1\text{-}3)$$

$$K_{MO} = \frac{M_y h}{u_{zB} - u_{zA}} \qquad\qquad (4.7.1\text{-}4)$$

式中　u_{yA}、u_{yB}——分别为模型 A 与模型 B 支管外端的面内变形值；

　　　u_{zA}、u_{zB}——分别为模型 A 与模型 B 支管外端的面外变形值；

　　　h——支管的长度。

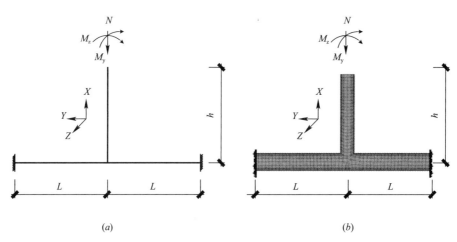

图 4.7.1-3　相贯节点刚度计算模型
（a）模型 A：梁元模型；（b）模型 B：壳元模型

　　通过上式可以得到杆端弹簧的轴向刚度 K_N、面内抗弯刚度 K_{MI} 及面外抗弯刚度值 K_{MO}。在一般情况下，模型 A 节点采用刚接假定，结构刚度较大，杆端变形量较小。当相贯节点的刚度很大、或相贯节点几何尺寸相对较大时，模型 B 的杆端变形值可能小于模型 A。此时，可以将相应的弹簧刚度视为无穷大。

　　根据前述方法，采用 ANSYS 软件分别对典型的 T 形、Y 形、X 形及 K 形相贯节点的刚度进行分析。主管两端采用嵌固边界条件，分别对支管外端施加 10kN 的轴向集中力、10kN·mm 的面内弯矩及 10kN·mm 的面外弯矩。分别采用前述的梁元模型 A 与壳元模型 B，可以得到其支管端部沿轴向、面内及面外的位移，从而得到各种相贯节点的轴向刚度、面内抗弯刚度与面外抗弯刚度。

　　3. 节点加强措施

采用圆钢管构件的空间或平面桁架屋盖结构，节点设计宜遵循如下原则：

　　（1）对于相贯焊接节点，应将内力较大方向的杆件贯通，且各杆件应汇交于节点中心；

　　（2）直接承托轨道梁、承受移动荷载的构件节点，宜设计为内加劲节点，其余节点可为无加劲相贯节点；

　　（3）直接承受活动屋盖作用的搭接节点，隐蔽部分应采用全焊接构造，其他部位的搭接节点隐蔽部位可以不焊接，但构造必须符合结构受力、钢结构设计标准和焊接规范的要求；

（4）受力关键部位的节点宜进行弹塑性有限元分析；

（5）重要节点主管壁厚宜适当加厚，通常取 1.2 倍较大弦杆厚度，并宜在与相贯杆件侧壁对应的位置设置环肋。当采用节点板连接各杆件时，其节点板的厚度不宜小于连接杆件最大壁厚的 1.2 倍。

4.7.2　典型相贯焊接节点的力学性能

1. T 形节点

T 形节点为单根支管垂直相贯焊接于主管之上，支管与主管的夹角为 90°。分析采用主管为 D180×5 规格的圆钢管，长度 L 为 5600mm，支管为 D95×5 规格的圆钢管，长度为 2800mm。主管与支管材质均为 Q345，弹性模量 $E = 2.06 \times 10^5 MPa$，泊松比 $\mu = 0.3$。

分别建立梁单元模型（模型 A）与壳单元模型（模型 B）。模型 A 与模型 B 的变形差异主要体现于节点变形，故此杆件长度等几何尺寸对弹簧刚度的计算结果没有影响。根据前述相贯节点刚度的计算方法，分别对支管端部施加集中力和弯矩，可以计算出两种模型的杆端位移。T 形相贯节点支管杆端位移随主管径厚比的变化情况如图 4.7.2-1 所示。

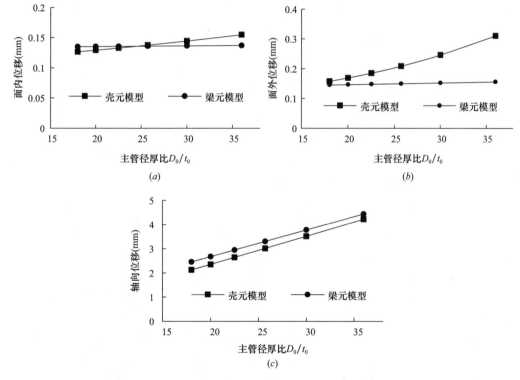

图 4.7.2-1　T 形相贯节点支管杆端位移与主管径厚比的关系

（a）在面内弯矩作用下的位移；（b）在面外弯矩作用下的位移；（c）在轴向力作用下的位移

从图 4.7.2-1（a）可以看出，在面内弯矩作用下，梁元模型的杆端位移随主管径厚比的减小而缓慢减小，壳元模型的杆端位移随主管径厚比的减小而迅速减小，在主管径厚比 D_0/t_0 接近 25 时，模型 A 与模型 B 的位移值相等。

从图 4.7.2-1（b）可以看出，在面外弯矩作用下，梁元模型的杆端位移随主管径厚比的减小而缓慢减小，壳元模型的杆端位移随主管径厚比的减小而迅速减小，在主管径厚比 D_0/t_0 为 18 时，模型 A 与模型 B 的位移值已经比较接近。

从图 4.7.2-1（c）可以看出，在轴向力作用下，梁元模型与壳元模型的杆端位移均随主管径厚比的减小而减小，两者呈线性关系，但此时壳元模型的变形量小于梁元模型，故此可将 T 形节点的轴向弹簧刚度视为无穷大。

根据模型 A 与模型 B 得到的支管面内与面外杆端位移，通过公式（4.7.1-3）和公式（4.7.1-4）可以得到 T 形相贯节点的面内抗弯刚度与面外抗弯刚度，如图 4.7.2-2 所示。由图可知，随着主管径厚比的减小，T 形相贯节点的面内抗弯刚度增大；当主管径厚比 D_0/t_0 小于 25 时，其面内抗弯刚度值为无穷大，能够达到理想刚接的条件。T 形相贯节点的面外抗弯刚度随着主管径厚比的减小而迅速增大，但其面外抗弯刚度远小于其面内抗弯刚度。

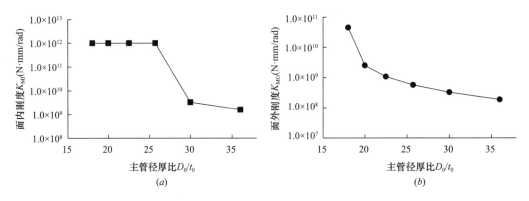

图 4.7.2-2　T 形相贯节点刚度与主管径厚比的关系
（a）面内抗弯刚度；（b）面外抗弯刚度

2. Y 形节点

Y 形相贯节点计算模型的基本参数与 T 形节点保持一致，区别在于支管和主管夹角为 56.2°。Y 形相贯节点支管杆端位移随主管径厚比的变化情况如图 4.7.2-3 所示。

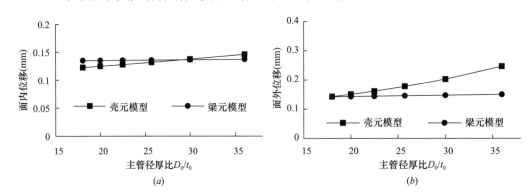

图 4.7.2-3　Y 形相贯节点支管杆端位移与主管径厚比的关系
（a）在面内弯矩作用下的位移；（b）在面外弯矩作用下的位移

从图 4.7.2-3 可知，在面内与面外弯矩作用下，Y 形节点梁元模型杆端位移随主管径厚比的变化情况与 T 形节点非常接近。Y 形节点壳元模型的杆端位移随主管径厚比的变化规律与 T 形节点相同，但杆端位移明显减小，在主管径厚比 D_0/t_0 为 28 时，模型 B 与模型 A 在面内弯矩作用下的位移相同。在主管径厚比 D_0/t_0 为 18 时，模型 B 在面外弯矩作用下的杆端位移已经达到与模型 A 相同。

同样，根据模型 A 与模型 B 得到的支管杆端位移，通过公式（4.7.1-3）和公式（4.7.1-4）可以得到 Y 形相贯节点的面内抗弯刚度与面外抗弯刚度，如图 4.7.2-4 所示。从图 4.7.2-4 中可以看出，Y 形相贯节点的面内与面外抗弯刚度随主管径厚比的变化规律与 T 形节点接近，与 T 形相贯节点相比，Y 形相贯节点的刚度明显增大。在主管径厚比 D_0/t_0 为 26 时，其面内抗弯刚度即可视为无穷大，在主管径厚比 D_0/t_0 为 18 时，其面外抗弯刚度可视为无穷大，能够达到理想刚接的条件。与 T 形节点类似，Y 形节点的轴向弹簧刚度为无穷大。

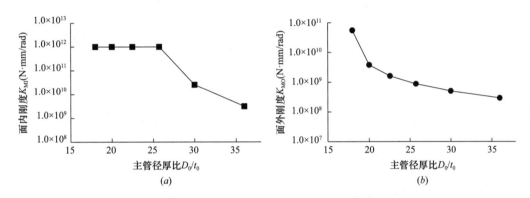

图 4.7.2-4　Y 形相贯节点刚度与主管径厚比的关系
(a) 面内抗弯刚度；(b) 面外抗弯刚度

3. X 形节点

X 形相贯节点计算模型的基本参数与 T 形节点保持一致，两支管与主管的夹角均为 90°。X 形相贯节点支管杆端位移随主管径厚比的变化情况如图 4.7.2-5 所示。

从图 4.7.2-5 (a)、(b) 可以看出，在面内与面外弯矩作用下，X 形节点梁元模型杆端位移随主管径厚比的变化情况与 T 形节点和 Y 形节点类似，但其位移值有所减小。X 形节点壳元模型的杆端位移随主管径厚比的变化规律与 T 形节点和 Y 形节点相同，在主管径厚比 D_0/t_0 为 22.5 时，模型 B 与模型 A 在面内弯矩作用下的位移相同。在主管径厚比 D_0/t_0 为 18 时，模型 B 在面外弯矩作用下的杆端位移与模型 A 相同。

从图 4.7.2-5 (c) 可以看出，在轴向力作用下，壳元模型的杆端位移随主管径厚比的减小而减小；壳元模型的变形量大于梁元模型的变形量，说明此时模型 B 可以反映相贯节点轴向刚度的影响。

根据模型 A 与模型 B 得到的支管杆端位移，同样可以通过公式（4.7.1-3）、公式（4.7.1-4）和公式（4.7.1-2）得到 X 形相贯节点的面内抗弯刚度、面外抗弯刚度和轴向刚度，如图 4.7.2-6 所示。由图可知，X 形相贯节点的面内抗弯刚度随主管径厚比的变化规律与 T 形节点和 Y 形节点接近，在主管径厚比 D_0/t_0 为 22.5 时，其面内抗弯刚度可视为无穷大，在主管径厚比 D_0/t_0 为 18 时，其面外抗弯刚度可视为无穷大，可以达到理想刚接的条件。X 形相贯节点的轴向弹簧刚度随主管径厚比的减小迅速增大，当主管径厚比为 18 时，其轴向刚度接近于无穷大。

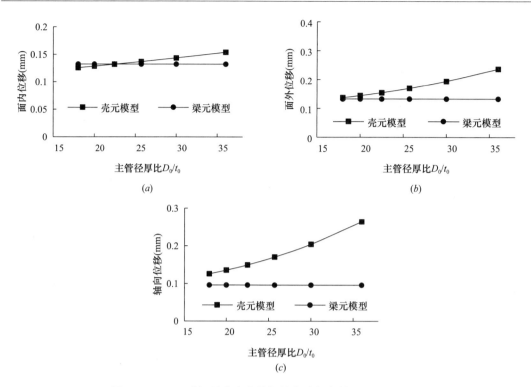

图 4.7.2-5　X 形相贯节点支管杆端位移与主管径厚比的关系

（a）在面内弯矩作用下的位移；（b）在面外弯矩作用下的位移；（c）在轴向力作用下的位移

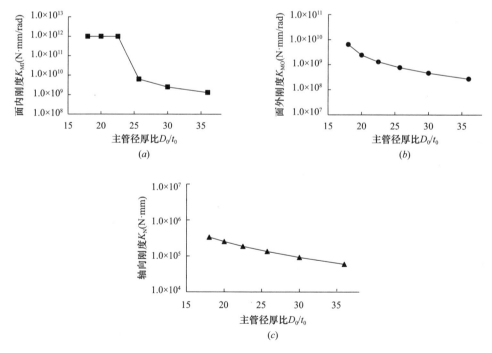

图 4.7.2-6　X 形相贯节点刚度与主管径厚比的关系

（a）面内抗弯刚度；（b）面外抗弯刚度；（c）轴向刚度

4. K 形节点

K 形相贯节点计算模型的基本参数与 Y 形节点保持一致，两个支管与主管的夹角均为 56.2°。K 形相贯节点支管杆端位移随主管径厚比的变化情况如图 4.7.2-7 所示。

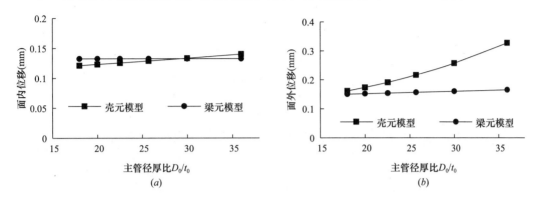

图 4.7.2-7　K 形相贯节点支管杆端位移与主管径厚比的关系
（a）面内弯矩作用下的位移；（b）面外弯矩作用下的位移

从图 4.7.2-7 可以看出，在面内与面外弯矩作用下，K 形节点杆端位移随主管径厚比的变化情况与 Y 形节点非常接近。当主管径厚比 D_0/t_0 为 28.5 时，模型 B 与模型 A 在面内弯矩作用下的位移相同；当主管径厚比 D_0/t_0 为 18 时，模型 B 在面外弯矩作用下的杆端位移可以达到与模型 A 相同。

K 形相贯节点的面内抗弯刚度与面外抗弯刚度随主管径厚比的变化情况如图 4.7.2-8 所示。从图中可以看出，K 形相贯节点的面内与面外抗弯刚度的规律与 T 形节点和 Y 形节点类似。在主管径厚比 D_0/t_0 为 26 时，其面内抗弯刚度即可视为无穷大；在主管径厚比 D_0/t_0 比为 18 时，其面外抗弯刚度可视为无穷大，可以达到理想刚接的条件。与 T 形节点和 Y 形节点类似，K 形节点的轴向弹簧刚度为无穷大。

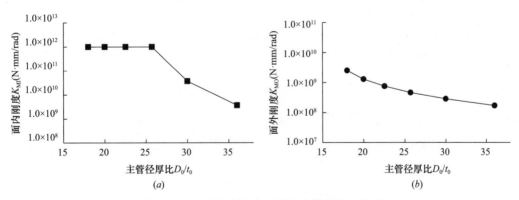

图 4.7.2-8　K 形相贯节点刚度与主管径厚比的关系
（a）面内抗弯刚度；（b）面外抗弯刚度

4.7.3　焊接球节点

1. 焊接空心球节点

（1）焊接球节点承载力计算

当屋盖结构采用空间网架或网壳结构时，杆件之间多采用焊接空心球节点的连接形式。焊接空心球节点由两个半球焊接而成，根据受力大小不同，通常分为不加肋空心球和加肋空心球两种形式。根据《空间网格结构技术规程》JGJ 7—2010，空心球节点构造如图 4.7.3-1 所示。

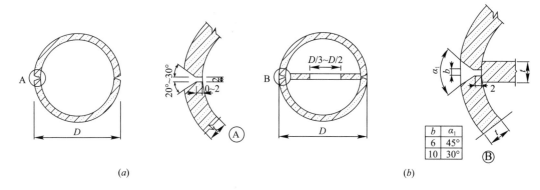

图 4.7.3-1　空心球节点构造
(a) 不加肋空心球；(b) 加肋空心球

根据现行行业标准《空间网格结构技术规程》JGJ 7[2]，当空心球直径为 120～900mm 时，其受压和受拉承载力设计值 N_R(N) 可按下式计算：

$$N_R = \eta_0 \left(0.29 + 0.54 \frac{d}{D}\right) \pi t d f \tag{4.7.3-1}$$

式中　η_0——大直径空心球节点承载力调整系数，当空心球直径≤500mm 时，$\eta_0 = 1.0$；当空心球直径＞500mm 时，$\eta_0 = 0.9$；

　　　D——空心球外径（mm）；

　　　t——空心球壁厚（mm）；

　　　d——与空心球相连的主钢管杆件的外径（mm）；

　　　f——钢材抗拉强度设计值（N/mm²）。

对于尚承受弯矩、扭矩及剪力作用的空心球，由于弯矩作用在杆与球接触面产生的附加正应力在不同部位差异较大，一般可增加 20%～50% 左右。空心球承受压弯或拉弯的承载力设计值 N_m 可按下式计算：

$$N_m = \eta_m N_R \tag{4.7.3-2}$$

式中　N_m——空心球压弯和拉弯承载力设计值（N）；

　　　η_m——考虑空心球受压弯或拉弯作用的影响系数，应按下式确定。

$$\eta_m = \begin{cases} \dfrac{1}{1+c} & 0 \leqslant c \leqslant 0.3 \text{ 时} \\ \dfrac{2}{\pi}\sqrt{3 + 0.6c + 2c^2} - \dfrac{2}{\pi}(1 + \sqrt{2}c) + 0.5 & 0.3 < c < 2.0 \text{ 时} \\ \dfrac{2}{\pi}\sqrt{c^2 + 2} - \dfrac{2c}{\pi} & c \geqslant 2.0 \text{ 时} \end{cases} \tag{4.7.3-3}$$

其中，

$$c = \frac{2M}{Nd} \tag{4.7.3-4}$$

式中　M——杆件作用于空心球节点的弯矩（N·mm）；

N——杆件作用于空心球节点的轴力（N）；

d——杆件的外径（mm）。

（2）加肋焊接球节点承载力计算

对于加肋空心球，现行行业标准《空间网格结构技术规程》JGJ 7[2] 采用承载力提高系数的方式考虑加劲肋的作用。

1）当仅承受轴力或轴力与弯矩共同作用但以轴力为主（$\eta_m \geqslant 0.8$）且轴力方向和加劲肋方向一致时，其承载力可乘以加肋空心球承载力提高系数 η_d，受压球取 $\eta_d = 1.4$，受拉球取 $\eta_d = 1.1$。

2）对于承受弯矩为主的空心球目前缺乏系统研究，实际工程中也难以保证加劲肋位于弯矩作用平面内，因此在弯矩较大的情况下，不考虑加劲肋的作用，确保设计安全。

（3）焊接球节点构造

根据现行行业标准《空间网格结构技术规程》JGJ 7[2]，焊接空心球的构造要求如下。

1）外形尺寸

网架和网壳空心球的外径与壁厚之比宜取 25～45，单层网壳空心球的外径与壁厚之比宜取 20～35；空心球外径与主钢管外径之比宜取 2.4～3.0；空心球壁厚与主钢管的壁厚之比宜取 1.5～2.0；空心球壁厚不宜小于 4.0mm。

2）焊缝

钢管与空心球连接，钢管应开坡口，在钢管与空心球之间应留有一定缝隙并予以焊透，以实现焊缝与钢管等强，否则应按角焊缝计算。

为了避免空心球在受压时由于失稳而破坏，使钢管与空心球连接焊缝做到与钢管等强，壁厚大于 6mm 的钢管应开坡口，焊缝焊透。

根据大量工程实践经验，可在钢管端头设置衬管，易于保证球节点焊缝质量、方便拼装。当焊接工艺可以保证焊接质量时，也可以不加衬管。衬管壁厚不应小于 3mm，长度可为 30～50mm（图 4.7.3-2）。

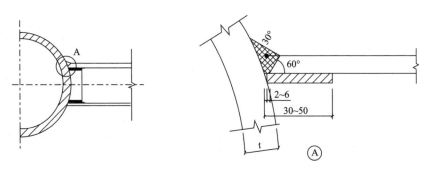

图 4.7.3-2　钢管设衬管时的构造

角焊缝的焊脚尺寸 h_f 应符合下列规定：

① 当钢管壁厚 $t_c \leqslant 4$mm 时，$1.5 \geqslant h_f > t_c$；

② 当 $t_c > 4$mm 时，$1.2 t_c \geqslant h_f > t_c$。

3）杆件之间搭接

为满足焊接质量要求，一般要求在空心球上相邻杆件之间留有一定的焊接间隙。但实际工程中，结构多采用非标准网格，当杆件数量较多、杆件之间的夹角很小时，若保证杆件间的焊接间隙，则会导致焊接球直径过大，对结构受力性能、节点加工制作、建筑外观均会造成不利影响。因此，当空心球直径过大、且连接杆件又较多时，为了减少空心球节点直径，允许部分腹杆与腹杆或腹杆与弦杆相交，但应符合下列构造要求：

① 所有汇交杆件的轴线必须通过球中心线；

② 汇交杆件中，截面积大的杆件全截面焊接在球上（当两杆截面相等时，取受拉杆），其他杆件相贯焊接于大截面杆件。根据工程经验，球体的壁厚不应小于相连杆件最大壁厚的 1.5 倍，被搭接杆件节点区壁厚适当加厚，并不应小于搭接杆件壁厚的1.2 倍；

③ 当空心球外径大于300mm，且杆件内力较大需要提高承载能力时，可在球内加肋；当空心球外径大于或等于500mm 时，应在球内加肋。加肋空心球的肋板应设置在空间网格结构最大杆件与主要受力杆件组成的轴线平面内，且厚度不应小于球壁的厚度。对于受力较大的特殊节点，应根据各主要杆件在空心球节点的连接情况，验算肋板平面外空心球的承载能力。

国家网球馆的焊接空心球节点依据上述原则进行设计，分析结果表明，其构造能保证节点受力均匀，满足安全要求，节点应力分布如图 4.7.3-3 所示。

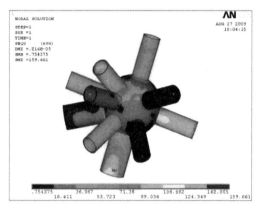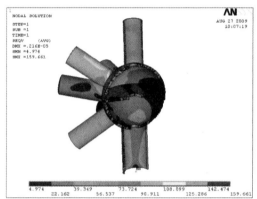

图 4.7.3-3　多杆相交搭接空心球节点的 Mises 应力

2. 钢管贯通焊接空心球节点

随着我国空间结构的快速发展，结构的跨度越来越大，当杆件外形尺寸和轴力很大时，空心焊接球节点无法满足承载力与连接构造要求，需要对焊接空心球节点进行改进。钢管贯通焊接空心球节点是基于工程实践、在传统焊接空心球基础上发展而来的节点形式，其要点是将主受力钢管贯穿球体，而其他汇交杆件仍然可以焊接在空心球表面，兼顾了杆件内力传递与连接构造。钢管贯通球节点传力的特点是主要内力沿主管传递，其他次要杆件内力通过焊接球节点传递。

贯通空心球节点有以下三种形式：球节点两侧主管管径相同，可直接贯通；球节点两侧管径不同，可在焊接球外变截面或在焊接球内变截面，如图 4.7.3-4 所示[2,9]。为了方便施工，宜避免采用在焊接球内变截面的形式。

目前穿心球节点主要用于主通方向管径很大、其他方向管径较小的情况，构造上保证主杆传力顺畅。迄今，穿心球节点尚无完整的设计方法，已有研究成果的设计理念各有不同。北京工业大学[10,11]曾对贯通焊接空心球节点进行了系统性的研究，采用轴力贯通系数表征主管内力传递效能，分析结果表明，贯通钢管壁厚与轴力贯通系数成正比，钢管壁厚越大，可有效传递的轴力越多，而焊接空心球节点的壁厚与轴力贯通系数成反比。也有研究成果认为，轴力均由贯通杆承担，球节点设计时可仅考虑其他焊接于球体的杆件。

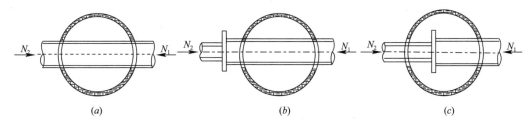

图 4.7.3-4　钢管贯通焊接空心球节点

(a) 主管直接贯通；(b) 球节点外变截面；(c) 球节点内变截面

4.7.4　铸钢节点

在大跨度空间钢结构中，多杆件汇交且交角小、受力相对集中的部位，采用传统的焊接工艺难以实施、或焊接质量难以保证时，可以考虑采用铸钢节点。铸钢节点具有造型美观、整体受力性能好等优点，但由于铸造工艺自身的特点，铸钢节点容易出现缩孔、夹砂等缺陷，材料的密实度相对较低，且当壁厚较大时，其塑性性能和冲击性能明显降低，节点进入塑性后变形发展很快，节点虽未破坏，但已不能使用，属于脆性破坏。是否采用铸钢节点，需要通过对节点受力分析、制作工艺和施工安装方案以及造价、工期等因素进行综合比较后方可确定。

1. 几何构型

铸钢节点的几何构型应满足以下要求：

（1）满足汇交杆件连接的要求，连接构造应保证汇交杆件传力合理，避免出现应力集中；

（2）满足铸造工艺要求，构型应便于质量检验探测，当采用超声波检测铸钢件内部缺陷时，需要有较好的反射面，避免尖角造型形成检测盲区，也可采用磁粉探伤或渗透探伤；

（3）应考虑交通运输、施工吊装、焊接操作、涂装保护等方面的要求。

2. 工艺设计

（1）壁厚

铸钢件壁厚是决定铸钢件质量的重要因素，壁厚过大、过小或不同部位厚度差异过大均不可取。壁厚过厚，铸钢件浇筑过程中容易产生气泡缩松，导致内部缺陷，而且随着壁厚增加，铸钢的屈服强度降低，设计时可通过设置加劲肋等方式减小局部壁厚。厚度过薄则在铸造过程中容易出现浇筑不足和冷隔缺陷。不同部位厚度相差悬殊且变化急剧，浇筑时容易产生缩孔和内应力，而内应力是铸钢件裂纹产生的主要原因。

铸钢件允许的最小厚度和合理厚度可分别参考表 4.7.4-1 和表 4.7.4-2[12]。

铸钢件的最小壁厚（mm）					表 4.7.4-1	
铸钢件最大轮廓尺寸	<200	200～400	400～800	800～1250	1250～2000	2000～3200
壁厚（mm）	9	10	12	16	20	25

铸钢件的合理壁厚（mm）　　　　　　　　　　表 4.7.4-2

铸钢件最大轮廓尺寸	铸钢件次大轮廓尺寸			
	≤350	350～700	700～1500	1500～3500
≤1500	15～20	20～25	25～30	—
1500～3500	20～25	25～30	30～35	35～40
3500～5500	25～30	30～35	35～40	40～45
5500～7000	—	35～40	40～45	45～50

（2）倒角

铸钢节点在板件相交部位均应设置倒角，一方面便于浇筑的金属液体流动、无填充死角，易于保证浇筑质量；另一方面也可避免板件相交部位产生应力集中。倒角半径应根据铸钢件的轮廓尺寸、夹角和铸造工艺要求确定，可参考表 4.7.4-3 与表 4.7.4-4 [12]。

铸钢件内倒角半径（mm）　　　　　　　　　　表 4.7.4-3

$\frac{t_a + t_b}{2}$	内倒角半径 R_1					
	铸钢件内夹角 β					
	<50°	50°～75°	75°～105°	106°～135°	136°～165°	>165°
9～12	10	10	10	12	16	25
13～16	10	10	12	14	20	30
17～20	10	12	14	16	25	40
21～27	10	16	16	20	30	50
28～35	10	16	16	25	40	60
36～45	10	16	20	30	50	80
46～60	12	20	25	35	60	100
61～80	16	25	30	40	80	120
81～110	20	25	35	50	100	150
111～150	20	30	40	60	100	150

铸钢件外倒角半径（mm）　　　　　　　　　　表 4.7.4-4

t_c	外倒角半径 R_2					
	外圆角度 γ					
	<50°	50°～75°	75°～105°	106°～135°	136°～165°	>165°
≤25	2	2	2	4	6	8
25～60	2	4	4	6	10	16
60～150	4	4	6	8	16	25

（3）铸钢件的连接

铸钢件材料的强度通常低于相邻杆件材料的强度，使得等强连接时铸钢件的壁厚较大。为了保证超厚板的焊缝质量，必要时可采取高温回火、机械拉伸、敲击和钻孔等措施来消除厚板焊缝引起的残余应力。

可结合连接杆壁厚的差异设计企口构造，并通过设置过渡段方便焊接操作，改进焊缝质量（图 4.7.4-1）。此外，选用与杆件钢材力学性能相近的铸钢材料也是避免板厚差异过大的有效方法[13]。

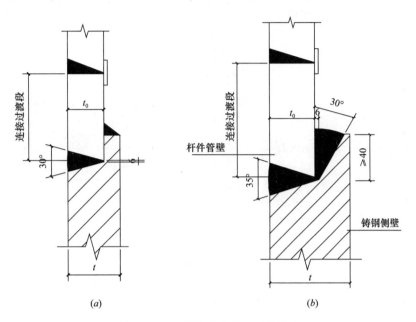

图 4.7.4-1　铸钢节点管口连接构造
(a) 杆件厚度较小时；(b) 杆件厚度较厚时

3. 铸钢节点计算分析

铸钢节点应按承载力极限状态进行承载力设计，强度破坏、局部稳定破坏或因过度变形不适于继续承载，都可视为铸钢节点达到承载力极限状态。铸钢节点有限元分析结果的准确性很大程度取决于单元类型的选取与单元网格划分的密度。铸钢节点有限元分析宜采用实体单元，六面体单元计算精度优于四面体单元。

铸钢节点杆件汇交密集位置、内外表面拐角处、铸钢节点与构件连接处容易出现应力集中，此范围内应进行精细的网格划分。根据计算经验，当网格尺寸为最薄壁厚的 1/3～1/2 时，计算结果较为精确，但计算量较大。因此，实际设计时通常控制实体单元最大边长不大于该处最小壁厚，非关键部位的单元尺寸可适当增大，但单元尺寸变化宜平缓。

重要的铸钢节点宜进行试验。由于铸钢件材料性能、铸造工艺随壁厚变化较大，为反映铸钢节点实际性能，宜采用足尺试件进行检验性或破坏性试验。

4. 工程实例

南通会展中心体育场的固定屋盖和活动屋盖均采用了单层网壳结构，虽然相贯节点也可满足节点抗弯刚度和强度要求，但将导致主管壁厚很大，设置加劲肋则加大施工难度，故此采用了如图 4.7.4-2 所示的环肋式铸钢节点，在确保节点刚度和承载力的前提下，减少了大量现场焊接工作，避免了密集焊缝造成的焊接质量难题。

铸钢节点材料性能参考了德国标准 DIN 17182 中的 GS-20Mn5（N），化学成分要求如表 4.7.4-5 所示，机械性能要求如表 4.7.4-6 所示[12]。

图 4.7.4-2 单层网壳结构铸钢节点构造

铸钢件的化学成分   表 4.7.4-5

C：$0.15\%\sim0.18\%$	Si：$\leqslant0.60\%$	Mn：$1.0\%\sim1.30\%$
P：$\leqslant0.015\%$	S：$\leqslant0.015\%$	Cr：$\leqslant0.30\%$
Mo：$\leqslant0.15\%$	Ni：$\leqslant0.40\%$	

铸钢件的机械性能   表 4.7.4-6

屈服强度：$\geqslant345$MPa	抗拉强度：$\geqslant500$MPa
延伸率：$\geqslant22\%$	冲击功：$\alpha_k\geqslant40$J

有限元分析结果如图 4.7.4-3 所示，该铸钢节点应力分布相对均匀，且应力水平较低，表观可见的最大应力为 100MPa，远远小于材料的屈服强度，内部加劲肋的应力也普遍较小，整体设计合理可靠。

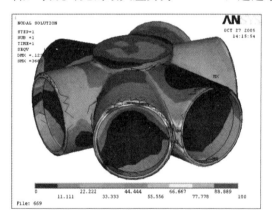

图 4.7.4-3 铸钢节点有限元分析

4.7.5 抗震球形支座

大跨度结构的支座通常处于复杂受力状态，在地震与温度作用下还可能承受很大的水平力，在风荷载作用下也可能出现较大的风吸力。传统球形支座的工作原理是水平力和上拔力由上支座板、底座（含箱体）共同抵抗，转动通过上支座板与球芯、底座的相对移动实现，水平位移通过底座相对于箱体的滑动得以实现。

1. 球形支座的改良

以鄂尔多斯东胜体育馆抗震球形支座为背景，针对固定支座、单向滑动支座、双向滑动支座三类球形支座进行设计。为了更好地适应结构变形要求，在设计中提出对传统球形支座进行了改进。将上支座板的圆筒内壁加工成球面内壁，底座上凸缘外侧也加工成球面，使得底座上凸缘外侧球面与上支座板圆筒内壁球面光滑接触，可以在水平力作用下实现支座的转动。固定支座 WJKQZ1200-GD、单向滑动支座 WJKQZ1200-DX 和双向滑动支座 WJKQZ1000-SX 分别如图 4.7.5-1～图 4.7.5-3 所示[14]。

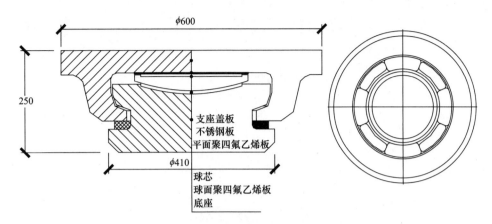

图 4.7.5-1　固定支座 WJKQZ1200 GD

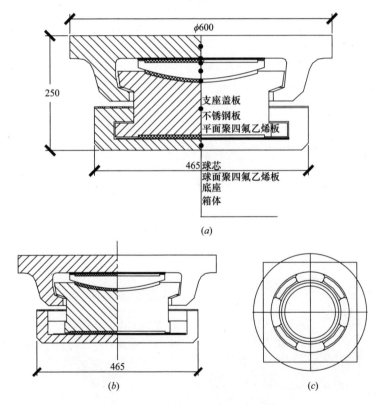

图 4.7.5-2　单向滑动支座 WJKQZ1200 DX
(*a*) *X* 方向；(*b*) *Y* 方向；(*c*) 俯视图

　　从图可见，上支座板的下凸缘与底座的上凸缘相互咬合，支座构造紧凑，安装方便，用钢量较小。球形支座装配示意如图 4.7.5-4 所示，图 4.7.5-4（*a*）所示的上支座板内圆筒壁上设有 4 个凸缘，在底座上边沿位置也设有 4 个凸缘，组装时将上盖板套入底座后旋转 45°，使上盖板和底座的凸缘相咬合，上盖板与底座之间可直接传递拉压力，防止球形支座各部分互相脱离。

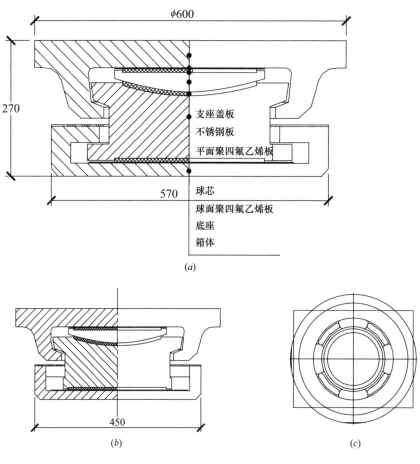

图 4.7.5-3 双向滑动支座 WJKQZ1000 SX

(a) X 方向；(b) Y 方向；(c) 俯视图

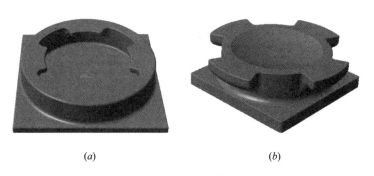

图 4.7.5-4 球形支座装配示意图

(a) 上支座板；(b) 底座

2. 抗震球形支座设计

设计采用的球形支座材料为铸钢 G20Mn5N 或 G20Mn5QT，其设计强度如下：抗拉、抗压、抗弯强度设计值 $f = 235\text{N/mm}^2$，抗剪强度设计值 $f_v = 135\text{N/mm}^2$，焊缝强度设计值 $f_w = 235\text{N/mm}^2$，聚四氟乙烯板（PTFE）的强度设计值 $f_s = 30\text{N/mm}^2$，采用天然橡胶作为密封材料。支座的设计主要参数如表 4.7.5-1 所示。

支座规格型号	竖向承载力 P(kN)	X 向水平剪力 H_x(kN)	Y 向水平剪力 H_y(kN)	竖向抗拔力 F(kN)	支座转动能力 θ(rad)	X 向水平位移量 u_x(mm)	Y 向水平位移量 u_y(mm)
WJKQZ1200 GD	1200	1000	1000	800	0.03	—	—
WJKQZ1200 DX	1200	1000	—	800	0.03	—	±30
WJKQZ1000 SX	1000	—	—	800	0.03	±30	±30
备注	摩擦系数：0.01～0.03（PTFE 滑板在有硅脂润滑条件下） 适用温度范围：－40～60℃						

（1）球形支座关键部位强度计算

以固定支座为例，对支座中各构件的关键部位进行设计与强度校核[14]。

1）聚四氟乙烯板

支座在承受压力时，最薄弱的构件是聚四氟乙烯板，所以支座受压的情况通常只需对聚四氟乙烯板进行强度校核。支座中的四氟滑板的几何尺寸主要根据支座承载力大小来确定。平面四氟滑板和球面四氟滑板的平面尺寸应满足：

$$P_{\max}/A = 4P_{\max}/\pi d^2 \leqslant f_s = 30\text{N/mm}^2 \qquad (4.7.5\text{-}1)$$

式中 $P_{\max}$——支座极限荷载（N）；

d——聚四氟乙烯滑板投影面直径（mm）；

f_s——聚四氟乙烯材料的强度设计值（MPa），为 30MPa。

支座 WJKQZ12000GD 竖向极限承载力 F 为 1200kN，球面四氟板投影直径 d 取为 250mm，满足设计要求。

根据工程经验，球形支座球面聚四氟乙烯板的圆心角 α 应不大于 40°，球芯半径 S_R 一般为球面四氟板水平投影面直径（与平面四氟板直径相同）的 1.5～2.8 倍[15]。球面四氟滑板球面半径的大小，决定了支座转动力矩的大小和竖向载荷的传递，球面半径越大，竖向压力传递越均匀，但转动力矩越大；球面半径越小，竖向压力传递越集中[16]，但转动力矩越小。本支座中的球芯球面半径为 400mm，为聚四氟乙烯滑板直径 d 的 1.6 倍。

按欧洲标准[17]规定，为使球面在工作中不脱离，要求曲面滑动的总偏心量 $e \leqslant L/8$。由于国外按破坏极限状态确定的聚四氟乙烯设计强度为 60MPa，远大于我国按容许应力法设计时的材料强度，所以我国在球形支座设计时可以不考虑曲面滑动面偏心距引起滑板承压面积减小的影响，而直接按垂直荷载的平均应力确定四氟滑板的直径，材料设计强度为 30MPa，方法简单易行，偏于安全[15]。

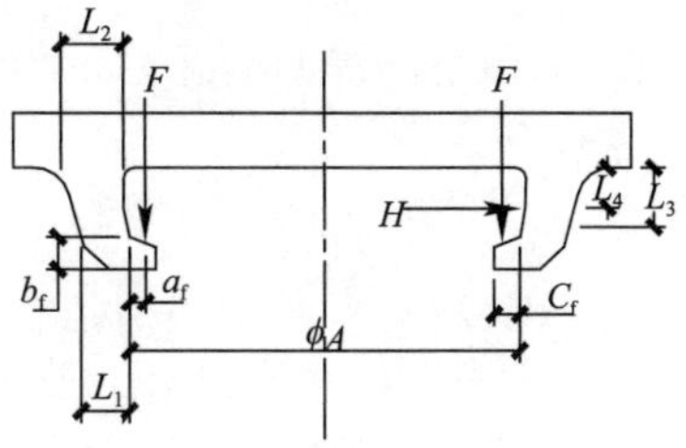

2）上支座板

对上支座板在各种荷载作用下分别进行强度验算，各部分尺寸符号参见图 4.7.5-5。

图 4.7.5-5 上支座板尺寸

① 支座受拉，上支座板凸缘上表面承受压力时，压应力按下式计算：

$$\sigma = F/[0.5\pi(\Phi_A - C_f) \cdot C_f] \leqslant f \qquad (4.7.5\text{-}2)$$

式中　F——支座竖向拉力；

　　　Φ_A——上支座板凸缘围成圆环的直径；

　　　C_f——凸缘宽度。

支座竖向拉力 F 在上支座板凸缘根部产生的弯曲应力按下式计算：

$$\sigma_f = F \cdot a_f / W_f \leqslant f \qquad (4.7.5-3)$$

式中　W_f——凸缘的截面模量；

　　　a_f——拉力 F 作用点到凸缘根部的距离。

上支座板凸缘根部剪力应为：

$$\tau_f = F / S_f \leqslant f_v \qquad (4.7.5-4)$$

式中　S_f——凸缘的横截面积，即 $0.5\pi\Phi_A \cdot b_f$。

上支座板凸缘根部的折算应力应满足下式要求：

$$\sigma_{eq} = (\sigma_f^2 + 3\tau_f^2)^{0.5} \leqslant \beta f \qquad (4.7.5-5)$$

式中　β——计算折算应力的应力设计值增大系数。

② 支座受剪时，水平力通过支座上盖板直接传递给底座，上盖板圆筒臂截面受压面积应按投影面积计算。

如图 4.7.5-6 所示，采取四凸缘的情况下，最不利水平力基本由一个凸缘来承担，凸缘的投影长度为 $0.36\Phi_A$，接触面压应力：

$$\sigma_H = H / S_{f\text{-}jib} = H / (0.36\Phi_A l_3) \leqslant f \qquad (4.7.5-6)$$

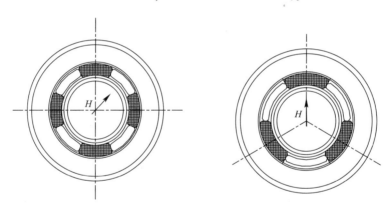

图 4.7.5-6　支座凸缘示意图

采取三凸缘的情况下，凸缘的投影长度为 $0.5\Phi_A$，最不利水平力基本由一个凸缘来承担：

$$\sigma_H = H / (0.5\Phi_A \cdot l_3) \leqslant f \qquad (4.7.5-7)$$

③ 在拉、剪共同作用下，上支座板圆筒臂根部在拉力 F 作用下的拉应力 σ_F、在水平力 H 作用下的剪应力 τ_H，在水平力 H 作用下的弯曲应力 σ_{HW} 以及折算应力 σ_{eq} 应按下式计算：

$$\sigma_F = F / [0.5\pi(\Phi_A + l_2) \cdot l_2] \qquad (4.7.5-8)$$

$$\tau_H = H / [0.5(\Phi_A + l_2) \cdot l_2] \qquad (4.7.5-9)$$

$$\sigma_{HW} = M / W \qquad (4.7.5-10)$$

式中　M——水平力 H 对上支座板圆筒壁根部的力矩；

$M=H \cdot l_4$——（l_4 为上支座板与底座水平作用时作用中点到圆筒根部距离）

W——相对于水平力 H 对上支座板圆筒壁根部的力矩的截面模数。

$$W=0.5\Phi_A \cdot l_2^2/6$$

正应力之和：

$$\sigma_{FH} = \sigma_F + \sigma_{HW} \tag{4.7.5-11}$$

折算应力 $\quad\quad \sigma_{eq} = (\sigma_{FH}^2 + 3\tau_H^2)^{0.5} \leqslant \beta f \tag{4.7.5-12}$

在式（4.7.5-8）、式（4.7.5-9）中，系数 0.5 用于综合反映在水平力作用下筒壁的弯曲应力和应力分布不均匀性的影响。

3）球芯

球芯是支座完成转动的关键部件，其外径的大小应该根据支座转角、球芯的球面半径 S_R 和球面四氟滑板平面投影的直径来确定。球芯的球面半径 S_R 应和球面聚四氟乙烯板的内球面半径相同，保证支座传递竖向荷载时，球面四氟滑板的受力均匀和支座转动的平稳（图 4.7.5-7）。

支座球芯上表面外径为 D 与球芯半径 S_R、支座转角 θ 和平面四氟板圆直径 L 应满足下式关系：

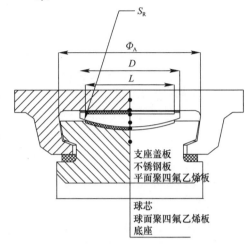

图 4.7.5-7　球芯尺寸示意

$$D \geqslant 2S_R\theta + L \tag{4.7.5-13}$$

上盖板内径 Φ_A 与球芯半径 R 应满足下式要求：

$$\Phi_A > D + 2SR\theta + 10 \tag{4.7.5-14}$$

式中　Φ_A——上盖板内径（mm）；

$\quad\quad D$——球芯上表面外径（mm）；

$\quad\quad S_R$——球芯球面半径（mm）；

$\quad\quad \theta$——要求的球芯转角（rad）。

球芯尺寸示意如图 4.7.5-7 所示，Φ_A 为 367mm，D 为 280mm，R 为 400mm，转角 θ 为 0.03rad，能够满足对球芯外径的要求。

此外，根据欧洲标准 EN1337-7 第 6 条规定[18]，当球面聚四氟乙烯板圆心角 $\alpha<40°$ 时，分布在曲面上的应力与平面上应力之差是可以忽略的，本支座四氟乙烯板的圆心角 $\alpha=36°$，可以有效避免球面传力时的应力集中。

4）底座

底座下凸缘的验算应考虑水平力造成的附加弯矩。在拉、剪共同作用下，应考虑水平力对底座下凸缘的附加力矩以及复合受力状态下折算应力的影响。一般情况下，底座凸缘在受拉时比上盖板凸缘要强得多，所以此时省略对底座上凸缘的计算。对底座的强度计算参照图 4.7.5-8 的尺寸所示。

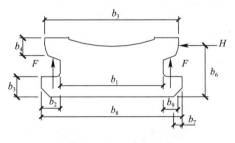

图 4.7.5-8　底座尺寸

① 支座承受剪力 H 时，底座上凸缘的压应力应满足下式要求：

$$\sigma = H/(0.5b_5 \times b_4) \leqslant f \tag{4.7.5-15}$$

②支座承受拉力 F 时，在底座下凸缘根部产生的弯曲应力、剪应力以及折算应力分别由式（4.7.5-16）、式（4.7.5-17）和式（4.7.5-18）确定：

$$\sigma_w = F \times b_2/(\pi b_1 b_3^2 \times /6) \tag{4.7.5-16}$$

$$\tau = F/(\pi b_1 \times b_3) \tag{4.7.5-17}$$

$$\sigma_{eq} = (\sigma_w^2 + 3\tau^2)^{0.5} \leqslant \beta f \tag{4.7.5-18}$$

③支座承受拉剪，底盘焊缝验算

剪力 H 作用下倾覆力臂 b_6，水平力造成的弯矩

$$M = H \times b_6 \tag{4.7.5-19}$$

焊缝截面惯性矩 I，截面模量为 W_w，弯曲应力与剪应力分别为：

$$\sigma_w = M/W_w \tag{4.7.5-20}$$

$$\tau_w = H/(\pi b_8 \times b_7) \tag{4.7.5-21}$$

竖向拉力产生正应力 $\quad \sigma_L = F/(\pi b_8 \times b_7) \tag{4.7.5-22}$

正应力合力为 $\quad \sigma_H = \sigma_w + \sigma_L \tag{4.7.5-23}$

折算应力为 $\quad \sigma_{eq} = (\sigma_H^2 + 3\tau_w^2)^{0.5} \leqslant \beta f \tag{4.7.5-24}$

④支座承受拉剪，验算底盘厚度

由式（4.7.5-23）计算得到正应力 σ_H，按单位长度的拉力 $q = \sigma_H \times b_7$ $\tag{4.7.5-25}$

下盘根部相应的弯曲应力与剪应力分别为：

$$\sigma_w = M/W = q \times b_9/(b_3^2/6) \tag{4.7.5-26}$$

$$\tau = q/(1 \times b_3) \tag{4.7.5-27}$$

折算应力 $\quad \sigma_{eq} = (\sigma_w^2 + 3\tau^2)^{0.5} \leqslant \beta f \tag{4.7.5-28}$

5）箱体

滑动支座还应考虑箱体的强度，保证支座达到设计的 X 向或 Y 向的滑移量以后仍然有一定的水平抗剪力。以下的设计验算以 QZ1000 SX 的箱体的具体尺寸加以校核，如图 4.7.5-9 所示。

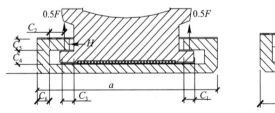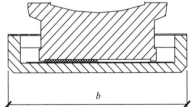

图 4.7.5-9　箱体尺寸

① 支座承受拉力时，箱体的上板受拉力各为 $F/2$，在箱体下部直角处产生的弯曲应力 σ_c^F 为：

$$\sigma_c^F = (F/2) \times (C_2 + C_6/2)/[(bC_6^2)/6] + 0.5F/(C_6 b) \leqslant f \tag{4.7.5-29}$$

式中　b——箱体槽形侧壁的长度；

$\quad C_6$——箱体侧壁厚度。

② 支座承受水平力 H 时，最不利弯矩产生在箱体下直角处，产生的弯矩与相应的弯曲应力及剪应力分别为：

$$\sigma_c^H = H \times (C_4 + C_5/2)/[(b\,C_6^2)/6] \tag{4.7.5-30}$$

$$\tau_c^H = H/(C_6 b) \tag{4.7.5-31}$$

折算应力 $\sigma_{eq}^H = [(\sigma_c^H)^2 + 3(\tau_c^H)^2]^{0.5}$ 应满足小于 βf 的要求。

③ 支座在拉、剪复合受力状态下，最不利弯矩产生在箱体下直角处，拉力和剪力产生的总弯矩相应的正应力为：

$$\sigma^{HF} = \sigma_c^F + \sigma_c^H \tag{4.7.5-32}$$

折算应力 $\sigma_{eq}^{FH} = [(\sigma_c^{FH})^2 + 3(\tau_c^H)^2]^{0.5}$ 应满足小于 βf 的要求。

（2）支座材料物理机械性能要求

上支座板、底座、中间球面钢衬板等采用 20Mn5N 铸钢件，其化学成分、热处理后的机械性能符合 CECS 235：2008 的规定。不锈钢板符合 GB/T 3280 的有关规定，不锈钢板表面加工等级符合 NO.4 抛光精整表面组别的要求。球形支座润滑用 5201-2 优等品硅脂，其技术性能应符合 HG/T 2502 的规定。油漆防锈，防尘构造采用橡胶密封圈。聚四氟乙烯板的材料性能满足欧标 EN1337-2，详见表 4.7.5-2，支座允许尺寸偏差详见表 4.7.5-3。

聚四氟乙烯板的物理性能　　　　　　　　　　表 4.7.5-2

项目	单位	试验标准	试验结果
密度	g/cm³	GJB/T 1033	2.23
拉伸强度	MPa	GJB/T 1040	32
断裂伸长率	%	GJB/T 1040	360
屈服强度	MPa	GJB/T 1040	30
球压痕硬度 H32/60（荷载 132N，持荷 60s）	MPa	GB/T 3398	26

支座几何尺寸偏差　　　　　　　　　　表 4.7.5-3

项目	支座 B₁	项目	支座 B₁
直径	钢板尺测量精度 1mm	贮脂坑尺寸	卡尺精度 0.02mm
厚度	卡尺测量精度 0.02mm	组装间隙	2~3mm
外露厚度	深度尺精度 0.02mm		

（3）试验检验

针对支座形式 2 在同济大学国家重点实验室进行测试。试验由竖向作动器压力为 2000t、水平作动器拉压力为 200t 的 FCS 电液伺服控制试验系统完成。

1）支座竖向承载力试验

试验荷载为设计竖向荷载的 1.5 倍，试验荷载由零至检验荷载均分 10 级加载，并通过安装在支座底板上的四只百分表来测试压缩变形。

竖向荷载作用下，支座各构件与聚四氟乙烯滑板之间无分离现象，支座在加载过程中外观正常，竖向荷载与竖向压缩变形曲线基本呈线性关系。在承压过程中，由于四氟板表面的硅脂逐渐挤出，以及支座各部分间隙压实等因素，使得加载初始变形较大，随着竖向荷载的增加，从竖向荷载达到 1500kN 以后，支座竖向压缩变形基本呈线性增加，如图 4.7.5-10 所示。由于第一次加载后支座各部分组装缝得到压实，第二次和第三次的压缩变形比第一次加载时的变形量小，且第二次和第三次加载时，支座的压缩变形量非常接近，压缩变形量不大于支座总高度 335mm 的 1%，如表 4.7.5-4 所示，符合设计要求。

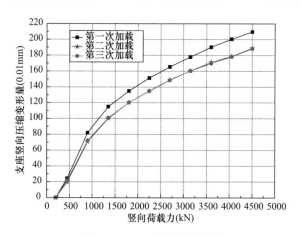

图 4.7.5-10　竖向加载曲线

支座的压缩变形量　　　　　　　　　　　　　　　　　　　　　表 4.7.5-4

测试次数	支座压缩变形（0.01mm）	支座压缩变形量/支座总高度（%）
1	1.737	0.5185<1%
2	1.567	0.4677<1%
3	1.565	0.4672<1%

2）摩擦因数

对支座竖向设计荷载以连续均匀的速度加载至 1.0 倍竖向设计值，用水平力加载装置连续均匀地施加水平力，支座一发生滑动，即停止施加水平力，由此计算出支座的初始静摩擦因数，试验连续进行 5 次，试验记录的数据如表 4.7.5-5 所示。

摩擦因数试验值　　　　　　　　　　　　　　　　　　　　　表 4.7.5-5

实测次数	压力传感器	压力（kN）	
		3000	
		水平力（kN）	初始摩擦系数
1	M1	49	0.0163
2	M1	44	0.147
3	M1	42	0.014
4	M1	40	0.013
5	M1	38	0.0095
初始摩擦系数算术平均值 Δ_N（mm）（第二次至第五次）			1.37%

初始摩擦系数的算术平均值为 1.37%，其结果均小于 0.03，支座外观正常，符合设计要求。在设计中将上支座板的圆筒内壁加工成球面，底座上凸缘外侧也加工成球面，使得底座上凸缘外侧球面与上支座板圆筒内壁球面光滑接触，可以在水平力作用下实现支座转动。通过对球形支座在各种复杂应力状态进行了全面验算，实用设计方法可供结构设计人员参考。球形支座的试验测试结果表明，支座的承载力、压缩变形量与摩擦因数均能满足设计要求。在进行抗震球形支座设计时，还应考虑动力系数的影响。

4.7.6　板式橡胶支座设计

板式橡胶支座由多层橡胶与薄钢板粘合压制而成，具有较大的竖向承压能力，在水平方向具有较大的剪切变形能力和一定的转动能力，在公路桥梁中广泛应用[19]。由于能够有效地减小结构的温度应力、限制屋盖对下部结构的推力，减轻水平地震作用的影响，近年来在大跨度结构中得到应用[20]。

与桥梁结构相比，大跨度结构常采用金属板或膜结构等轻质材料作为围护结构，结构自重轻，支座竖向反力小；由于屋盖的跨度大，温度变化引起的变形量较大；风荷载引起的效应很大，有时出现在风吸力作用下支座受拉的情况。

在设计橡胶支座时，由于支座处的竖向荷载小，橡胶垫板的抗滑移验算很难满足要求。为此，本节在设置限位螺栓的橡胶支座基础上进行了改良，在上下盖板之间设置限位条，有效避免了橡胶垫与上下盖板之间粘结失效的影响。此外，对建筑中橡胶垫的抗压弹性模量的计算公式进行了改进，对带孔橡胶垫抗压弹性模量的影响进行了深入的分析研究，并提出了形状系数的修正方法。最后，对带螺栓孔的板式橡胶支座的抗压弹性模量、抗剪弹性模量与支座转角进行了试验研究，为板式橡胶支座的工程应用提供参考。

1. 支座主要设计参数

以天津北洋园体育中心大跨度结构设计为背景，支座采用氯丁橡胶，适于温度 $-25\sim60℃$，竖向承载力为 850kN，抗拔承载力为 90kN，支座最大转角 $\theta=0.01$rad，水平变形量 15mm。

为了使板式橡胶支座适应于大跨度结构，采取了以下措施[21]：

（1）为了增加橡胶垫的剪切变形能力，采用较低的邵氏硬度，同时适当增大橡胶层的厚度；

（2）尽量减小支座的平面尺寸，增加支座的转动能力；

（3）设置限位螺栓，防止出现过大的侧向变形，并承受风荷载引起的支座拉力；

（4）设置限位条，防止橡胶垫与上下盖板之间粘结失效。

氯丁橡胶具有较好的耐腐蚀性与抗老化性能[15,21]，邵氏硬度59°，橡胶的物理机械性能和橡胶垫板的力学性能符合行业标准《空间网格结构技术规程》JGJ 7—2010[2]的要求。单层薄钢板厚度为3mm。中间层橡胶片厚度为11mm，外层橡胶厚度为2.5mm，橡胶垫层开孔直径54mm，螺栓直径为24mm。支座规格详见表4.7.6-1，支座具体构造如图4.7.6-1所示。

板式橡胶支座规格（mm）　　　　　　　　　　　　　　　　　表4.7.6-1

短边长 a	长边长 b	中间层橡胶厚度 d_i	外层橡胶厚度 d_t	橡胶层总厚度 d_0	单层钢板厚度	钢板总厚度	支座总厚度 t_{RS}	螺栓直径	开孔直径 d
300	400	11	2.5	60	3	18	78	24	54

橡胶与钢板粘结剥离强度应大于7kN/m，橡胶垫板的上、下表面与支座盖板上、下表面粘结可靠。在上、下盖板橡胶垫周边设置限位条，限位条高度为6mm，当橡胶垫与盖板之间粘结失效后，支座仍能正常工作。支座的锚栓采用相互锁紧的双螺母，在垫板与支座底板中间留有2mm的孔隙，确保支座能够转动灵活。

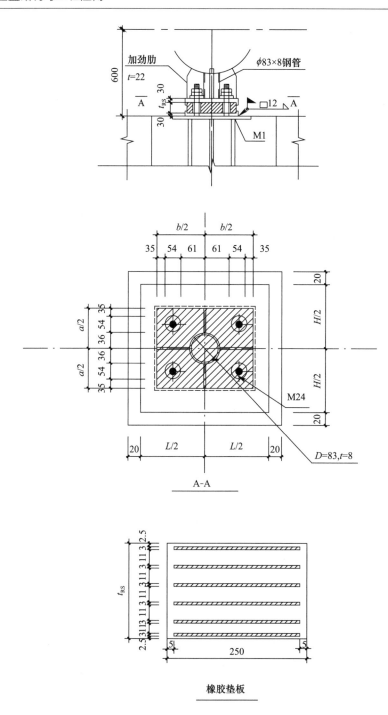

图 4.7.6-1　板式橡胶支座

2. 橡胶垫支座几何尺寸确定与验算

（1）橡胶垫面积确定

根据支座的设计参数，参照《钢结构连接节点设计手册》[22]中板式橡胶支座的规格系列，支座平面尺寸为 300mm×400mm，支座有效承压面积应满足下式要求：

$$\frac{R_{\max}}{A_n} \leqslant [\sigma] \qquad (4.7.6\text{-}1)$$

式中 A_n——支座有效承压面积，即 $A_n = ab - \pi d^2$，a、b 分别为支座短边与长边的边长，d 为开孔直径；

$R_{\max}$——竖向荷载标准值在支座引起的反力设计值；

$[\sigma]$——橡胶垫板的允许抗压强度，可取 $7.84 \sim 9.80\text{MPa}$。

$R_{\max}/A_n = 850 \times 10^3/(400 \times 300 - \pi \times 54^2) = 7.668\text{MPa} < [\sigma]$，故此满足要求。

（2）橡胶垫板厚度

根据橡胶剪切变形条件，橡胶层厚度应同时满足下列要求：

$$0.2a \geqslant d_0 \geqslant 1.43u \qquad (4.7.6\text{-}2)$$

式中 u——由于温度变化等原因在网架支座处引起的最大水平位移，由计算分析得到 $u = 30\text{mm}$。

支座上、下表层橡胶层与中间橡胶层总厚度 $d_0 = 2d_t + nd_i = 2 \times 2.5 + 5 \times 11 = 60\text{mm}$。支座短边尺寸 $a = 300\text{mm}$，$0.2a = 60\text{mm} \geqslant d_0$，满足橡胶垫侧向稳定要求；$1.43u = 42.9\text{mm} \leqslant d_0$，故此满足最小橡胶层厚度的要求。

（3）橡胶垫板压缩变形

橡胶垫板平均压缩变形 w_m 可按下式计算：

$$w_m = \sigma_m . d_0/E = (R_{\max} d_0)/(A_n E) \qquad (4.7.6\text{-}3)$$

式中 E——橡胶垫板的抗压弹性模量。

根据试验结果，橡胶垫板的抗压弹性模量 E 为 170MPa，橡胶垫板的平均压缩变形 $w_m = 850000 \times 60/(170 \times 110844) = 2.7\text{mm}$。$w_m < 0.05d_0 = 3\text{mm}$，满足板式橡胶支座对最大压缩变形量的要求；$w_m > 0.5\theta a = 0.5 \times 0.01 \times 300 = 1.5\text{mm}$，满足板式橡胶支座对最大转角位移的要求。

（4）橡胶垫板抗滑移验算

在水平力作用下，支座的橡胶垫板应满足以下抗滑移条件：

$$GA\gamma \leqslant \mu Rg \qquad (4.7.6\text{-}4)$$

式中 μ——橡胶垫板与钢板间的摩擦系数，按 0.2 取用；

Rg——乘以荷载分项系数 0.9 的永久荷载值引起的支座反力；

G——橡胶垫板的抗剪弹性模量，通常可按 1.0MPa 采用。

支座永久荷载标准值为 466kN，$GA = GAu/d_0 = 1.0 \times 110844 \times 30/60 = 55.22\text{kN} < \mu Rg = 0.2 \times 0.9 \times 466 = 83.88\text{kN}$，橡胶垫板满足不发生滑移的要求。

（5）抗压弹性模量计算

1）计算公式

抗压弹性模量与形状系数、抗剪弹性模量有关。形状系数反映了橡胶支座的膨胀变形效应；抗剪弹性模量与支座的形状尺寸无关，只与支座橡胶的硬度有关[15]。当橡胶硬度为 60 左右时，建议采用 $G = 1.0\text{MPa}$。

在《普通橡胶支座》GB/T 20688.4—2007[23] 及《公路桥梁板式橡胶支座》JT/T 4—2004[24] 中，按下式计算抗压弹性模量：

$$E = 5.4GS^2 \qquad (4.7.6\text{-}5)$$

式中　E——板式支座抗压弹性模量，单位为 N/mm² （MPa）；

　　　G——板式支座抗剪弹性模量，单位为 N/mm² （MPa）；

　　　S——板式支座形状系数；

矩形板式橡胶支座的形状系数按照下式计算：

$$S = \frac{a'b'}{2d_i(a'+b')}$$ (4.7.6-6)

式中　a'——矩形板式橡胶加劲钢板短边尺寸（mm）；

　　　b'——矩形板式橡胶加劲钢板长边尺寸（mm）；

　　　d_i——板式支座中间单层橡胶片厚度（mm）。

根据铁道行业标准《铁路桥梁板式橡胶支座》[25]、《空间网格结构技术规程》[2]，矩形橡胶垫层的形状系数按下式计算：

$$S = \frac{ab}{2d_i(a+b)}$$ (4.7.6-7)

式中　a——支座短边尺寸（mm）；

　　　b——支座长边尺寸（mm）。

可以看出，各规程橡胶支座形状系数的计算公式的差别在于是否考虑加劲钢板与橡胶垫边长之差。

根据各规程计算得到的抗压弹性模量如表 4.7.6-2 所示。从表中可以看出，按各标准得到的抗压弹性模量差距较大。

板式橡胶支座抗压弹性模量 E （MPa）　　　　　　　　表 4.7.6-2

规程类别	S										
	5	6	7	8	9	10	11	12	13	14	15
GB 20688.4—2007、JT/T 4—2004	148	214	279	380	481	594	719	855	1004	1164	1337
TB/T 1893—2006	270	340	420	500	590	670	760	860	950	1060	1180
JGJ 7—2010	265	333	412	490	579	657	745	843	932	1040	1157

2）算例

橡胶垫试件 1——450×350×78 的橡胶垫层，邵氏硬度 59，具体规格详见表 4.7.6-3。

试样实测抗压弹性模量应按下式计算：

$$E = \frac{\sigma_{10} - \sigma_4}{\varepsilon_{10} - \varepsilon_4}$$ (4.7.6-8)

式中　σ_4、ε_4——4MPa 试验荷载下的压应力和累计压缩应变值；

　　　σ_{10}、ε_{10}——10MPa 试验荷载下的压应力和累计压缩应变值。

按照《普通橡胶支座》GB 20688.4—2007[23]和《公路桥梁板式橡胶支座》JT/T 4—2004[24]计算得到的形状系数为 8.72，按照《铁路桥梁板式橡胶支座》TB/T 1893—2006[25]以及《空间网格结构技术规程》JGJ 7—2010[2]计算得到的形状系数为 8.95。试件 1 竖向变形测试结果见表 4.7.6-4，抗压弹性模量试验的应力-应变曲线见图 4.7.6-2。试验结果表明，根据表 4.7.6-4 所示的实测数据，试件 1 橡胶垫的抗压弹性模量为 431.6MPa，应力-应变曲线呈理想线性关系。

试件1的规格参数 表4.7.6-3

试样类型	规格尺寸（mm）	支座面积（mm²）	钢板层数	中间橡胶片厚度（mm）
矩形普通板式橡胶支座	450×350×78	157500	6	11
	钢板尺寸（mm）	钢板面积（mm²）	形状系数	橡胶层总厚度（mm）
	440×340×3	149600	8.72（8.95）	60

试件1竖向变形测试结果（mm） 表4.7.6-4

传感器编号	1MPa	4MPa	10MPa
1号	0.185	0.704	1.53
2号	0.089	0.558	1.384
3号	0.082	0.502	1.359
4号	0.176	0.606	1.445
w_c（压缩变形平均值）	0.133	0.5925	1.4295
ε_i（压缩应变值）	0.0022	0.0099	0.0238
E 试验值 $E=(\sigma_{10}-\sigma_4)/(\varepsilon_{10}-\varepsilon_4)=6/(0.0238-0.0099)=431.6\text{MPa}$			

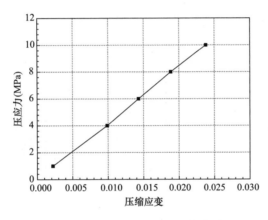

图4.7.6-2 试件1应力-应变曲线

按照不同标准计算所得到的橡胶垫抗压弹性模量与试验值的比较如表4.7.6-5所示。

抗压弹性模量（MPa）计算值与实测值比较 表4.7.6-5

标准类别	计算值（MPa）	试验值（MPa）	误差（%）
GB 20688.4—2007、JT/T 4—2004	447.6	431.6	3.7
TB/T 1893—2006、JGJ 7—2010	559		30

从表4.7.6-5中可以看出，根据《铁路桥梁板式橡胶支座》和《空间网格结构技术规程》，得到抗压弹性模量为559MPa，与试验值偏差30%；《普通橡胶支座》及《公路桥梁板式橡胶支座》与试验值偏差仅为3.7%。

由上述计算结果与试验值对比可知，对于建筑工程中的板式橡胶支座，其抗压弹性模量按照《普通橡胶支座》和《公路桥梁板式橡胶支座》确定较为合适。

3）螺栓孔对橡胶抗压弹性模量的影响

由以上讨论可知，形状系数对橡胶垫的抗压弹性模量影响显著。形状系数 S 的定义为：$S=$有效承压面积/单层橡胶层可自由变形侧表面积。迄今为止，形状系数的计算仅仅针对的是完整的橡胶垫，即不考虑螺栓孔的影响。

对于带螺栓孔的橡胶垫，当支座受压时，不仅支座的周边有自由变形，而且孔内也有自由变形，橡胶层在螺栓孔处的变形约束较小，在相同压应力情况下，带孔橡胶的自由变形比完整的橡胶垫要大，形状系数偏小，抗压弹性模量降低。因此在计算带螺栓孔矩形橡胶垫的形状系数时，应该考虑孔内自由变形的影响，建议此时按照下式计算：

$$S = \frac{a'b' - 0.25n\pi d^2}{2d_i(a'+b') + \beta n\pi dd_i} \qquad (4.7.6\text{-}9)$$

式中　n——橡胶垫螺栓孔的数量；

　　　β——螺栓孔修正系数。

3. 试验研究

通过试验研究螺栓孔对橡胶支座抗压弹性模量的影响，确定螺栓孔形状修正系数的取值，以及对抗剪弹性模量和转角的影响。

（1）支座材性

试验支座所用的橡胶材料的物理机械性能如表4.7.6-6所示。

橡胶标准试块机械性能　　　　　　　　　　表4.7.6-6

项目		标准试件尺寸	试验结果	技术要求
邵氏硬度		$100\times150\times2$	59	55～65
拉伸强度（N/mm²）		$100\times150\times2$	19.90	≥17
300%定伸强度（N/mm²）		$100\times150\times2$	7.50	
扯断伸长率（%）		$100\times150\times2$	550.00	≤-40
扯断永久变形（%）		$100\times150\times2$	23.00	
脆性温度℃		$100\times150\times2$	-40.00	
压缩永久变形		$\phi25\times15$	14	≤15
耐臭氧老化（试验条件25～50pphm，20%伸长40℃×96h）			无龟裂	无龟裂
热空气老化试验（与未老化前数值相比发生的最大变化）	试验条件		100℃×70h	
	拉伸强度降低率（%）	$100\times150\times2$	5	≤15
	扯断伸长变化降低率（%）	$100\times150\times2$	15	≤40
	硬度变化（IRHD）	$100\times150\times2$	+4	0，+10
橡胶与钢板粘结剥离强度（kN/m）		$100\times150\times2$	15.9	>10

试验板式橡胶支座的加劲钢板与周边橡胶边缘的距离为5mm，采用chemlok-250胶粘剂固定加劲钢板与橡胶层，限位螺栓的双螺母与顶面钢板的间隙为2mm。

（2）板式橡胶支座抗压弹性模量试验

根据《公路桥梁板式橡胶支座》[24]，在电液伺服压剪试验系统上对图4.7.6-1所示的支座分别进行如下试验：

试件2：对带孔橡胶垫板的支座进行抗压弹性模量测试（包含上下支座盖板、螺栓、限位条）；

试件3：仅对带孔橡胶垫板进行抗压弹性模量测试。

支座具体规格参见表4.7.6-7。

试验支座（试件 2）的规格　　　　　　　　　　表 4.7.6-7

规格尺寸（mm）	螺栓孔（mm）	支座面积（mm²）	钢板层数	中间橡胶片厚度（mm）
400×300×78	54	120000	6	11
钢板尺寸（mm）	孔面积（mm²）	钢板面积（mm²）	形状系数	橡胶层总厚度（mm）
390×290×3	9156.24	113100（不考虑开孔）	4.64	60

采用分级加载压应力，以承载板四角所测得的变化值的平均值，作为各级荷载下试样的累计竖向压缩变形 Δ_c，按试样橡胶层的总厚度 T_e，求出在各级试验荷载作用下，试样的累计压缩应变 $\varepsilon_i = \Delta_{ci}/T_e$。试样实测抗压弹性模量仍按式（4.7.6-8）计算。

试验表明，根据表 4.7.6-8 所测数据，试件 2 测得的橡胶垫层的抗压弹性模量 169.5MPa，由应力-应变曲线图 4.7.6-3 可以看到橡胶垫层应力应变在该阶段基本呈线性性质。

试件 2 竖向变形的测试结果（mm）　　　　　表 4.7.6-8

	传感器编号	1MPa	4MPa	6MPa	8MPa	10MPa
		113.1kN	452.4kN	678.6kN	904.8kN	1131kN
试件 2	1 号	1.145	2.871	3.801	4.557	5.177
	2 号	1.090	2.806	3.729	4.463	5.062
	3 号	0.947	2.358	3.146	3.779	4.290
	4 号	1.000	2.408	3.206	3.862	4.398
	w_c（压缩变形平均值）	1.0455	2.6108	3.4705	4.1653	4.7318
	ε_i（压缩应变）	0.0174	0.0435	0.0578	0.0694	0.0789
E 试验值	$E=(\sigma_{10}-\sigma_4)/(\varepsilon_{10}-\varepsilon_4)=6/(0.0789-0.0435)=169.5\text{MPa}$					

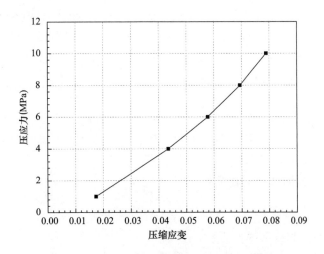

图 4.7.6-3　试件 2 抗压弹性模量试验曲线

试件 3 试验结果如表 4.7.6-9 所示，带螺栓孔橡胶垫层的抗压弹性模量为 170.94MPa，由图 4.7.6-4 的应力-应变曲线可以看出，橡胶垫层应力应变大体呈线性关系。

试件 3 竖向变形的测试结果（mm） 表 4.7.6-9

	传感器编号	1MPa	4MPa	10MPa
		113.1kN	452.4kN	1131kN
试件 3	1 号	0.42	2.09	4.455
	2 号	0.467	2.117	4.493
	3 号	0.254	1.355	3.181
	4 号	0.225	1.358	3.205
	w_c（压缩变形平均值）	0.3415	1.73	3.8335
	ε_i（压缩应变）	0.0057	0.0288	0.0639
E 三次平均值	$E=(\sigma_{10}-\sigma_4)/(\varepsilon_{10}-\varepsilon_4)=6/(0.0639-0.0288)=170.94\text{MPa}$			

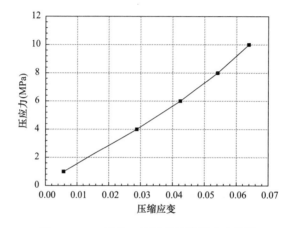

图 4.7.6-4　试件 3 抗压弹性模量试验曲线

通过试验结果可知，试件 2 与试件 3 橡胶垫的抗压弹性模量数值相近，支座板及螺栓对橡胶垫抗压弹性模量的影响很小，可以忽略。根据本次试验测试得到的弹性模量，按照式（4.7.6-5）和式（4.7.6-9）计算，螺栓孔修正系数 β 取 0.5 左右较为合适。

（3）板式橡胶支座抗剪弹性模量试验

1）试验方法

平均压应力 $\sigma=10\text{MPa}$，并在整个抗剪试验过程中保持不变。各级水平荷载下测得的试样累计水平剪切变形 u_i，试样橡胶层的总厚度 d_0，在各级试验荷载作用下，试样的累积剪切应变 $\gamma_i=u_i/d_0$。

实测抗剪弹性模量应按下式计算：

$$G=\frac{\tau_{1.0}-\tau_{0.3}}{\gamma_{1.0}-\gamma_{0.3}}\qquad(4.7.6\text{-}10)$$

式中　G——试样的实测抗剪弹性模量；

$\tau_{1.0}$、$\gamma_{1.0}$——1.0MPa 试验荷载下的剪应力和剪切应变值；

$\tau_{0.3}$、$\gamma_{0.3}$——0.3MPa 试验荷载下的剪应力和剪切应变值。

2）试验结果

带螺栓孔橡胶垫层试件 3 的抗剪弹性模量试验结果见表 4.7.6-10 和图 4.7.6-5。从图 4.7.6-5 中可以看出，当剪应力小于 0.8MPa 时，剪应力-剪应变基本呈线性关系，当剪应力 τ 大于 0.8MPa 以后，剪应力-剪应变曲线表现出一定程度的非线性，抗剪弹性模量有所增大。抗剪弹性模量实测值 1.095MPa 与标准值 1.0MPa 比较接近。

试件3抗剪弹性模量试验结果 表 4.7.6-10

压应力 σ＝10MPa					
传感器	0.1MPa	0.2MPa	0.3MPa	0.4MPa	0.5MPa
1号	37.11	43.01	49.94	56.89	63.69
2号	39.19	45.23	51.84	58.84	65.89
u_i（剪切变形平均值）	38.15	44.12	50.89	57.865	64.79
γ_i（剪切应变）	0.6358	0.735	0.848	0.964	1.080
传感器	0.6MPa	0.7MPa	0.8MPa	0.9MPa	1MPa
1号	69.99	75.49	80.23	84.15	87.81
2号	72.58	78.10	83.03	87.02	90.69
u_i（剪切变形平均值）	71.285	76.795	81.63	85.585	89.25
γ_i（剪切应变）	1.188	1.280	1.361	1.426	1.488
实测值	$G_1=(\tau_{1.0}-\tau_{0.3})/(\gamma_{1.0}-\gamma_{0.3})=0.7/(1.4875-0.8482)=1.095$MPa				

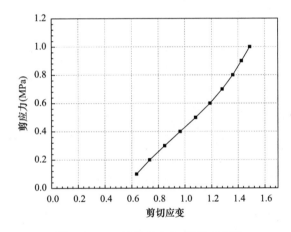

图 4.7.6-5 试件剪应力-剪应变曲线

（4）板式橡胶支座转角试验

加载过程将压应力按照抗压弹性模量试验要求增至 σ＝10MPa，并在整个试验过程中压应力保持不变，用水平千斤顶对中间工字梁施加一个向上的力 P，使其达到预期的转角 θ，持荷 5min 后，记录千斤顶力 P 及传感器的数值。

橡胶垫板转角试验结果 表 4.7.6-11

预期转角值 θ	1/600	1/500	1/400	1/300	1/200	1/100
千斤顶加载 P(kN)	6.1	7.9	10	13.3	20	40.2
向上转动传感器变形值 Δ_1(mm)	0.6295	0.7475	0.94	1.2705	1.9435	4.000
向下转动传感器变形值 Δ_2(mm)	−0.7095	−0.8555	−1.0635	−1.4005	−2.0615	−4.0145
最大承压力时试样累积压缩变形值 w_m(mm)	5.5785					
实测转角正切值 $\tan\theta=(\Delta_1-\Delta_2)/2L$	1/599	1/500	1/400	1/299	1/200	1/100
试样中心平均回弹变形值（mm） $\Delta=(\Delta_1+\Delta_2)/2$	−0.04	−0.054	−0.0618	−0.065	−0.059	−0.0057

续表

垂直承载力和转动共同影响下试样中心处产生的压缩变形量（mm）$w=w_{\mathrm{m}}-(\Delta_1+\Delta_2)/2$	5.6185	5.6325	5.6403	5.6435	5.6375	5.5842
实测转角产生的变形值（mm）$w_\theta=(\tan\theta\times a)/2$	0.255	0.3	0.375	0.495	0.75	1.5
$w_{\max}=w+w_\theta(\mathrm{mm})$	5.8735	5.9325	6.0153	6.1385	6.3875	7.0842
$w_{\min}=w-w_\theta(\mathrm{mm})$	5.3635	5.3325	5.2635	5.1485	4.8875	4.0842

根据表 4.7.6-11 可知，转动力臂 L 为 400mm，矩形支座试样短边尺寸 $a=290$mm 时，当转角 $\theta=1/100$ 时，最小压缩变形 $w_{\min}=4.0842$mm$\geqslant 0$，表明橡胶垫与钢板不脱空，螺栓孔对橡胶垫层的转角影响很小，可以满足设计要求。

结合实际工程中板式橡胶支座的深化设计与试验研究，对其承压能力、水平位移、压缩变形与转动、抗滑移等设计要点进行了探讨。在板式橡胶支座设计中需要注意以下问题：

（1）在橡胶支座形状系数的计算公式中，应采用加劲钢板尺寸代替橡胶垫的轮廓尺寸；

（2）橡胶垫支座抗压弹性模量的计算应该参考《普通橡胶支座》及《公路桥梁板式橡胶支座》中的方法进行；

（3）螺栓孔对板式橡胶支座的抗压弹性模量影响显著，形状系数计算时应该考虑螺栓孔的影响，对橡胶支座形状系数的计算公式进行了修正；

（4）包含上、下支座盖板、螺栓、限位条的完整支座与仅有橡胶垫板情况时的抗压弹性模量差异很小；

（5）螺栓孔对橡胶垫的抗剪弹性模量和转角影响较小。

4.7.7 单层柱面网壳节点

1. 多尺度计算模型

单层柱面网壳结构形式如图 4.7.7-1 所示，节点刚度对单层柱面网壳力学性能的影响不可忽略，设计宜采用多尺度计算模型真实模拟单层柱面网壳相贯节点的作用[26]。

（1）多尺度模型模拟方式

多尺度模型的模拟方式具体如下：

1）在节点域内采用高精度壳单元，在节点域外采用梁单元；

2）通过在节点域形心设置耦合点，保证节点域与梁单元连接面形心处位移与转角的连续性。其中，节点域为支管与主管相交踵部外侧约 0.5 倍主管外径的范围，如图4.7.7-2所示。

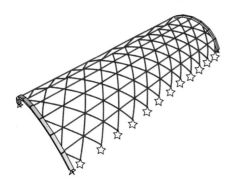

图 4.7.7-1 单层柱面网壳

（2）多尺度计算模型的优势

1）与梁元模型相比，多尺度计算模型可以准确反映节点的力学性能，使单层网壳计算结果的可靠性大大提高；

2）与结构整体采用壳单元或实体单元的计算模型相比，多尺度计算模型结构分析单元的数量大大减小，可直接用于实际结构计算，能够同时完成整体结构与节点的分析。

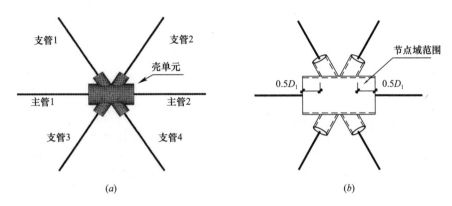

图 4.7.7-2　单层网壳相贯节点的多尺度模拟

（a）多尺度计算模型；（b）节点域范围示意图

2. 计算分析

（1）单元类型选取

采用 Ansys 软件的多尺度模型，节点域选用 Shell181 壳单元进行模拟，节点域以外的杆件选用 Beam188 梁单元进行模拟，使用 CERIG 命令将各自的杆端做刚域耦合在一起，从而满足两种单元之间连续性要求。用于单层柱面网壳计算分析的多尺度计算模型如图 4.7.7-3 所示。

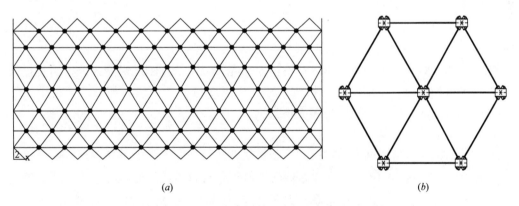

图 4.7.7-3　用于单层柱面网壳计算分析的多尺度模型

（a）整体计算模型；（b）局部计算模型

（2）计算结果

分别采用梁单元模型与多尺度模型进行计算，得到单层柱面网壳的跨中挠度如表 4.7.7-1 所示。从表 4.7.7-1 可以看出，随着支管与主管的外径比不断增大，单层柱面网壳的跨中挠度逐渐减小；梁元模型的跨中挠度均小于多尺度模型的计算结果，仅为多尺度模型跨中挠度的 71.3%～86.1%。

191

单层柱面网壳的跨中挠度（mm）　表 4.7.7-1

支管规格	D60×5	D76×5	D95×5	D127×5	D140×5
D_1/D_0	0.333	0.422	0.528	0.706	0.778
梁元模型 A	45.42	36.43	27.33	16.55	13.56
多尺度模型 B	52.75	44.09	35.65	23.21	18.52
A/B(%)	86.1	82.6	76.7	71.3	73.2

　　单层柱面网壳结构的一阶自振频率如表 4.7.7-2 所示。由表可知，随着支管与主管的外径比增大，单层柱面网壳的自振频率随之缓慢增大，梁元模型的自振频率大于多尺度模型的计算结果。

单层柱面网壳结构的一阶自振频率（Hz）　表 4.7.7-2

支管规格	D60×5	D76×5	D95×5	D127×5	D140×5
D_1/D_0	0.333	0.422	0.528	0.706	0.778
梁元模型 A	4.811	5.336	5.943	6.368	6.402
多尺度模型 B	4.276	4.840	5.307	6.173	6.269
(A−B)/B (%)	12.5	10.2	12.0	3.2	2.1

　　单层柱面网壳结构的特征值屈曲因子如表 4.7.7-3 所示。由表可知，在支管与主管外径比在 0.33～0.78 的范围内，单层柱面网壳梁元模型的屈曲因子显著大于多尺度模型的计算结果。

单层柱面网壳结构的特征值屈曲因子　表 4.7.7-3

支管规格	D60×5	D76×5	D95×5	D127×5	D140×5
D_1/D_0	0.333	0.422	0.528	0.706	0.778
梁元模型 A	2.650	4.428	7.698	14.38	17.60
多尺度模型 B	1.982	2.996	4.576	9.824	13.01
A/B (%)	134	148	168	146	135

　　综上所述，对于采用相贯节点的单层柱面网壳来说，节点刚度影响显著；当直接采用梁元模型进行相贯节点单层网壳分析时，其结构刚度与稳定承载力预估值均大于实际结构，将引起很大的误差，导致结果偏于不安全。

　　（3）相贯节点主管壁厚影响分析

　　相贯节点刚度对单层网壳结构的刚度与稳定性影响很大。为了考察节点刚度与单层网壳结构力学性能之间的关系，采用增加节点域主管的壁厚、支管壁厚保持不变的方式进行验证分析，如图 4.7.7-4 所示。为简单起见，仅以外径为 95mm 的支管为例。

　　（4）变形性能

　　单层柱面网壳跨中挠度随节点域主管壁厚的变化情况如表 4.7.7-4 与图 4.7.7-5 所示。由表可知，当主管径厚比较大时，单层网壳的跨中挠度大于采用梁元模型的计算结果。随着节点域主管壁厚的逐渐增大

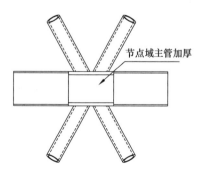

图 4.7.7-4　节点域主管壁厚局部加厚

（或主管径厚比减小），相贯节点刚度提高，结构的跨中挠度不断减小，渐渐接近于梁元模型的挠度值。当节点域主管的径厚比为 14.1 时，单层网壳的跨中挠度与梁元模型的计算结果相同，表明此时相贯节点的刚度可以满足梁单元、节点刚接模型的计算假定。

节点域主管壁厚与结构跨中挠度　　　　　　　　　　　　　表 4.7.7-4

计算模型	节点域壁厚（mm）	5	6	7	8	9	10	12	14
	节点域径厚比	36	30	25.7	22.5	20	18	15	12.9
多尺度模型	最大挠度（mm）	35.65	33.33	31.61	30.32	29.35	28.60	27.59	26.98
梁元模型	最大挠度（mm）	27.33							

（5）动力特性

单层柱面网壳一阶自振频率随节点域主管壁厚的变化情况如表 4.7.7-5 与图 4.7.7-6 所示。由表可知，当主管径厚比较大时，单层网壳的自振频率小于采用梁元模型的计算结果。随着节点域主管壁厚的逐渐增大（或主管径厚比减小），相贯节点刚度提高，结构的自振频率不断增大，渐渐接近于梁元模型的自振频率。当主管的径厚比达到 15 时，单层网壳的自振频率已经很接近于梁元模型的计算结果，表明此

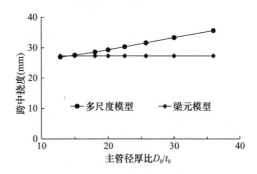

图 4.7.7-5　节点域主管径厚比与跨中挠度的关系

时相贯节点的刚度可以基本满足梁单元、节点刚接模型的计算假定。

节点域主管壁厚与结构的自振频率　　　　　　　　　　　　表 4.7.7-5

计算模型	节点域壁厚（mm）	5	6	7	8	9	10	12	14
	节点域径厚比	36	30	25.7	22.5	20	18	15	12.9
多尺度模型	自振频率（Hz）	5.307	5.462	5.573	5.651	5.704	5.737	5.762	5.751
梁元模型	自振频率（Hz）	5.943							

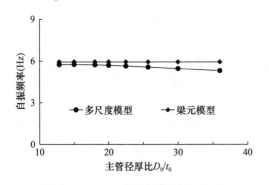

图 4.7.7-6　节点域主管径厚比与结构自振频率的关系

（6）结构整体稳定

单层柱面网壳的特征值屈曲因子随节点域主管壁厚的变化情况如表 4.7.7-6 与图 4.7.7-7 所示。由表可知，当主管径厚比较大时，单层网壳的特征值屈曲因子小于采用梁元模型的计算结果。随着节点域主管壁厚的逐渐增大（或主管径厚比减小），相贯节点刚度逐渐提高，结构的屈曲因子不断增大，结构的整体稳定性得到显著提高，渐渐接近于梁元模型的计算值。当主管的径厚比达到 13.2 时，单层网壳的屈曲因子与梁元模型的计算结果相同，表明此时相贯节点的刚度可以满足梁单元、节点刚接模型的计算假定。

节点域主管壁厚与结构的特征值屈曲因子　　表 4.7.7-6

计算模型	节点域壁厚（mm）	5	6	7	8	9	10	12	14
	节点域径厚比	36	30	25.7	22.5	20	18	15	12.9
多尺度模型	屈曲因子	4.576	5.316	5.923	6.409	6.789	7.085	7.489	7.734
梁元模型	屈曲因子	7.698							

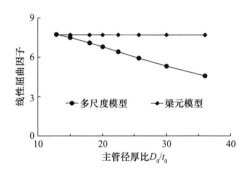

图 4.7.7-7　节点域主管径厚比与
结构特征值屈曲因子的关系

通过以上分析可以看出，加厚节点域主管的壁厚可以有效提高相贯节点的刚度，随着节点域主管径厚比的减小，结构的整体性能指标得到显著提高，逐渐接近于梁元模型的计算值。当径厚比达到 13～15 时，相贯节点的刚度可以满足梁单元、节点刚接模型的计算假定。

（7）相贯节点设置加劲肋影响分析

当单层柱面网壳主管管径较大时，可以考虑通过在节点域设置加劲肋的方法提高相贯节点的刚度。加劲肋于主管内侧焊接，其厚度与支管壁厚相同。根据结构受力特点，采用环形加劲肋代替圆形加劲肋，可以有效减轻节点自重。当采用一道加劲肋时，加劲肋设置于节点中间；当采用两道加劲肋时，加劲肋设置于支管踵部内侧 0.1 倍相贯长度处；当采用三道加劲肋时，一道加劲肋设置于节点中间，两道加劲肋设置于支管踵部内侧 0.1 倍相贯长度处。在相贯节点处设置加劲肋的方式如图 4.7.7-8 所示。

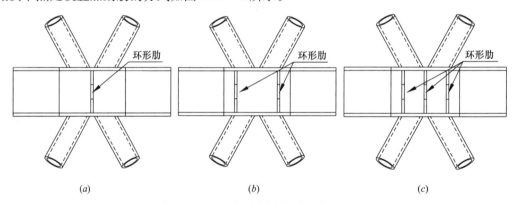

(a)　　　　　　　　　　(b)　　　　　　　　　　(c)

图 4.7.7-8　节点域主管内设置加劲肋
(a) 一道加劲肋；(b) 两道加劲肋；(c) 三道加劲肋

（8）设置加劲肋

支管外径为 95mm 单层柱面网壳节点域设置加劲肋对结构性能的影响如表 4.7.7-7 所示。由表可知，随着加劲肋数量增加，结构跨中最大挠度逐渐减小，当设置三道加劲肋时，结构跨中挠度的已经接近于梁元模型。结构一阶自振频率变化幅度较小，随加劲肋数量的增加逐渐减小，当设置三道加劲肋时，结构一阶自振频率非常接近于梁元模型。同样，结构整体稳定性随着加劲肋数量增加得到迅速改善。可以看出，设置加劲肋对相贯节点刚度的增强作用非常显著，当设置三道加劲肋时，结构的各项性能已经很接近梁单元、节点理想刚接的情况。其他支管外径的情况类似，此处不再赘述。

节点域加劲肋数量与结构的整体性能 表 4.7.7-7

计算模型类别	跨中挠度(mm)	误差(%)	自振频率(Hz)	误差(%)	屈曲因子	误差(%)
无加劲肋	35.65	30.4	5.307	-10.4	4.576	-40.6
1 道加劲肋	30.43	11.3	5.732	-3.6	6.868	-10.8
2 道加劲肋	29.12	6.5	5.852	-1.5	6.864	-10.8
3 道加劲肋	28.07	2.7	5.921	-0.4	7.617	-1.0
梁元模型	27.33	—	5.943	—	7.698	—

（9）主管加厚＋设置加劲肋

在实际工程中，由于大量支管以及加劲肋需要焊接在主管之上，节点域主管壁厚不宜过小。故此，当主管壁厚较小时，可以考虑同时采用增加节点域主管壁厚与设置加劲肋的方法，提高相贯节点的刚度。节点域主管壁厚增加 1.5 倍（径厚比为 24）、同时设置 3 道加劲肋时的计算结果如表 4.7.7-8～表 4.7.7-10 所示。

增加节点域主管壁厚＋设置加劲肋时的跨中挠度 （mm） 表 4.7.7-8

支管规格	D60×5	D76×5	D95×5	D127×5	D140×5
D_1/D_0	0.333	0.422	0.528	0.706	0.778
梁元模型 A	45.42	36.43	27.33	16.55	13.56
多尺度模型 B	45.18	36.33	27.05	16.55	13.37
(A-B)/B（%）	0.53	0.28	1.02	0.00	1.42

增加节点域主管壁厚＋设置加劲肋时的自振频率 （Hz） 表 4.7.7-9

支管规格	D60×5	D76×5	D95×5	D127×5	D140×5
D_1/D_0	0.333	0.422	0.528	0.706	0.778
梁元模型 A	4.811	5.336	5.943	6.368	6.402
多尺度模型 B	4.817	5.275	5.925	6.340	6.383
(A-B)/B（%）	-0.15	1.16	0.30	0.44	0.30

增加节点域主管壁厚＋设置加劲肋时的特征值屈曲因子 表 4.7.7-10

支管规格	D60×5	D76×5	D95×5	D127×5	D140×5
D_1/D_0	0.333	0.422	0.528	0.706	0.778
梁元模型 A	2.650	4.428	7.698	14.38	17.60
多尺度模型 B	2.901	4.271	7.816	14.54	18.03
(A-B)/B（%）	-8.65	3.68	-1.51	-1.10	-2.38

由表可知，当相贯节点同时采用加厚与设置加劲肋的措施后，节点刚度提高很快，结构的各项性能指标已经非常接近采用梁单元、节点理想刚接时的情况。

4.8 开合屋盖结构钢材选用

4.8.1 选材原则

开合屋盖钢结构材质选用与普通钢结构基本相同，材料的强度与性能应满足承载力极限状态与正常使用极限状态的设计要求，并结合结构的特性（表 4.8.1-1）综合考虑，进而合理地选用钢材牌号、质量等级、性能指标和技术要求[27]。

钢材选材应考虑的结构特性　　　　　　　　　　　　　　表 4.8.1-1

结构的重要性	安全等级或设计使用年限
荷载特征	静荷载、动荷载及地震作用
应力状态	构件工作应力或初应力为拉应力、疲劳应力或残余应力等状态
工作环境	高温或低温环境条件
加工条件	焊接构件或经冷弯、热处理等
钢材价格	—
供货条件	—

由于开合屋盖结构存在多种使用状态，钢结构材质选用应与开合屋盖的使用功能相匹配，适应活动屋盖开启状态、闭合状态下的工作环境，并能适应活动屋盖运行过程中的动态荷载作用。

1. 碳素钢与低合金高强度结构钢的选用

结构承受动力荷载时的应力疲劳、变形疲劳等性能与钢材的冲击韧性直接相关。《钢结构设计标准》GB 50017 将钢材分为 B、C、D、E 四个质量等级，分别具有 20℃、0℃、−20℃及−40℃时冲击韧性的合格保证，主要反映钢材冲击吸收功和化学成分的差异[1]。

（1）主要承重结构构宜选用 B 级钢。当符合下列工作条件时，可选用 C 级钢：

1）安全等级为一级的建筑结构中的主要承重梁、柱构件；

2）高烈度抗震设防由地震作用控制的截面，并可能进入弹塑性工作的主要承重梁、柱构件。

（2）工作环境不高于−20℃的受拉构件及承重构件的受拉板材应符合下列规定：

1）所用钢材厚度或直径不宜大于 40mm，质量等级不宜低于 C 级；

2）当钢板厚度大于 40mm 时，其质量等级不得低于 D 级；

3）重要承重结构的受拉板材宜满足现行国家标准《建筑结构用钢板》GB/T 19879[28]的要求。

（3）需要疲劳验算的构件，可按其工作环境温度对冲击功的要求分别选用 B、C、D、E 质量等级，当截面由疲劳计算控制时，其质量等级宜偏高选用。其中，环境温度对非采暖房屋可采用现行国家标准《采暖通风和空气调节设计规范》GB 50019[29]中所列的最低日平均温度；对采暖房屋内的结构可提高 10℃采用。

（4）《建筑抗震设计规范》GB 50011[5]规定，对于 8 度乙类建筑和 9 度设防时，连接焊缝及热影响区 V 形切口要求−20℃的冲击功大于 27J，即钢材质量等级不低于 D 级。

（5）对于设计使用年限为 100 年的建筑，目前气象资料统计的年限较短，存在一定的波动幅度，故此重要性高的建筑可适当提高钢材低温冲击韧性的要求。

钢材具体选用可参考表 4.8.1-2。Q420 钢的质量等级可参考表中 Q390 钢选用。当按表中第 4 项或第 9 项选用钢材，且厚度大于 40mm 的 Q345、Q390 和 Q420 板材，其质量等级宜提高一级。

钢材牌号、质量等级及力学性能保证要求 表 4.8.1-2

项目	荷载性质	结构类别	工作环境温度	焊接结构			非焊接结构		
				钢材牌号与质量等级	力学性能基本保证项目	化学成分基本保证项目	钢材牌号与质量等级	力学性能基本保证项目	化学成分基本保证项目
1	承受静载及间接动荷载	一般承重结构	>−30℃	Q235BZ Q345B Q390B	$R_{eL(H)}$、R_m、A、冷弯	PSC (CEV)	Q345B Q390B	$R_{eL(H)}$、R_m、A、冷弯	PS
2			≤−30℃	Q235BZ Q345B Q390B			Q345B Q390B		
3		重要承重结构	>−20℃	Q235BZ Q345B Q390B	$R_{eL(H)}$、R_m、A、冷弯		Q235BZ Q345B Q390B	$R_{eL(H)}$、R_m、A、冷弯	
4			≤−20℃	Q235BZ Q345B(或C) Q390B(或C)			Q235BZ Q345B(或C) Q390B(或C)		
5	直接承受动荷载	不需验算疲劳或疲劳验算不控制截面的结构	>−20℃	Q235BZ Q345B Q390B	$R_{eL(H)}$、R_m、A、冷弯	PSC (CEV)	Q235BZ Q345B Q390B	$R_{eL(H)}$、R_m、A、冷弯	PS
6			≤−20℃	Q235BZ Q345B(或C) Q390B(或C)	$R_{eL(H)}$、R_m、A、冷弯、冲击功		Q235BZ Q345B Q390B		
7		由疲劳验算控制截面的结构	>0℃	Q235BZ Q345B(或C) Q390B(或C)	$R_{eL(H)}$、R_m、A、冷弯、常温、冲击功	PSC (CEV)	Q235BZ Q345B Q390B	$R_{eL(H)}$、R_m、A、冷弯、常温、冲击功	PS
8			−20℃ ~0℃	Q235C Q345C Q390D Q420D Q460D	$R_{eL(H)}$、R_m、A、冷弯、冲击功		Q235BZ Q345B Q390C Q420C Q460C	$R_{eL(H)}$、R_m、A、冷弯、常温、冲击功	
9			≤−20℃	Q235D Q345D Q390E Q420E Q460E			Q235C Q345C Q390D Q420D Q460D		

注：A、B、C、D 代号表示钢材的质量等级，Z 表示镇静钢；力学性能 $R_{eL(H)}$、R_m、A 分别表示下（上）屈服强度、抗拉强度及断后伸长率；化学成分 C、P、S 表示碳、硫、磷元素，CEV 表示碳当量。

2. 焊接结构用铸钢件牌号的选用

开合屋盖多为大跨度空间结构，采用铸钢节点替代多杆件汇交复杂焊接节点比较常见。开合屋盖钢结构应采用可焊接结构铸钢，具体选用标准可参考表 4.8.1-3 的规定[12,30]。表中直接动力荷载不包括需要计算疲劳的动力荷载。选用 ZG340-550H 牌号铸钢件时，宜要求其断后伸长率不小于 17%。

铸钢件材料的力学性能原则上应与构件母材相匹配，但其屈服强度、伸长率在满足计算强度安全的条件下，允许在一定范围调整。当对于低温冲击功、收缩率或碳当量有要求时，应作为订货保证条件加以约定。

焊接结构铸钢件牌号及性能要求　　　　表 4.8.1-3

荷载特征	节点类型与受力状态	工作环境温度	性能要求项目	铸钢牌号
承受静力荷载或间接动力荷载	单管节点单、双向受力状态	高于−20℃	常温冲击功 $A_{kv}\geqslant27J$	ZG 270-480H ZG 340-550H G17Mn5
		低于或等于−20℃	0℃冲击功 $A_{kv}\geqslant27J$	
	多管节点三向受力等复杂受力状态	高于−20℃	常温冲击功 $A_{kv}\geqslant27J$	ZG 300-500H ZG 340-550H G20Mn5
		低于或等于−20℃	0℃冲击功 $A_{kv}\geqslant27J$	
承受直接动力荷载或7~9度设防的地震作用	单管节点单、双向受力状态	高于−20℃	0℃冲击功 $A_{kv}\geqslant27J$，屈强比≤0.85	ZG 270-480H ZG 300-500H ZG 340-550H G20Mn5
		低于或等于−20℃	常温冲击功 $A_{kv}\geqslant27J$，屈强比≤0.85；−20℃冲击功，$A_{kv}\geqslant27J$	
	多管节点三向受力等复杂受力状态	高于−20℃	0℃冲击功 $A_{kv}\geqslant27J$，屈强比≤0.85	
		低于或等于−20℃	常温冲击功 $A_{kv}\geqslant27J$，屈强比≤0.85；−20℃冲击功，$A_{kv}\geqslant27J$，9度地震设防时−40℃冲击功，$A_{kv}\geqslant27J$	

针对每个工程各自的特点，铸钢件产品各不相同，属于个性定制，成本较高。由于其属于铸模成型，壁厚较大，且各个部位壁厚差异大，其材质的均匀性、致密性、晶粒度以及焊接性能均不如轧制钢材。为了改善性能，铸钢产品均以正火或调质状态交货。

同时，由于铸钢件屈服应力等力学性能随厚度增大明显降低，因此铸钢件壁厚不宜大于150mm。

4.8.2 开合屋盖钢结构常用的钢材牌号及其性能指标

1. 各牌号钢材应用情况

开合屋盖钢结构材质主要有碳素结构钢、低合金高强度结构钢、高性能钢与铸钢几种形式[31~35]。其中Q345、Q345GJ是选用的主要钢种，Q390、Q420、Q460强度高，但其韧性、延性以及焊接性能相对差，且价格较高，市场所占比重较少。

2. GJ钢材

（1）延性好

GJ钢材是参照日本SN系列钢材研制生产的结构用高性能钢材，多项技术指标优于日本的SN系列相应牌号。与普通结构钢相比，GJ钢的磷、硫含量明显降低，且有碳当量控制要求，如表4.8.2-1所示，因此GJ钢材具有更好的延性、塑性与可焊性[31]。

Q345GJ、Q345GJZ 和 SN490B、SN490 的碳当量 Ceq（%）　　　　表 4.8.2-1

牌号		Q345GJ、Q345GJZ		SN490B、SN490C	
板厚（mm）		≤50	>50~100	≤40	>40~100
交货状态	热轧或正火	≤0.42	≤0.44	≤0.44	≤0.46
	TMCP	≤0.38	≤0.40		

（2）强度高

GJ 钢材具有厚度效应小的特点。普通结构用钢材强度随着钢板厚度的增加降低较快，对于 50～100mm 厚板，其屈服强度仅为 275MPa，强度降低达 20％。而 GJ 钢的厚板屈服强度明显提高，对于 50～100mm 厚板，屈服强度为 325MPa，仅降低 6％。

Q345GJ 与普通 Q345 相比，价格相差很小，故中厚钢板采用 Q354GJ，可以取得明显的经济效益。

（3）其他性能

GJ 钢材的屈强比限值，纵向冲击功也有所提高，完全能够满足《建筑抗震设计规范》GB 50011 对钢材强屈比、伸长率及冷弯性能等相关性能的要求。

GJ 钢的屈服强度波动范围小。YB 4104—2000 将 Q345GJ（Z）屈服点的波动范围限定在 110MPa 以内，其屈服点波动范围低于日本标准 JIS G3136-1994 中的 120MPa，从而有力地保证了"强柱弱梁""强节点弱构件"等抗震构造措施能够顺利实现。

3. 常用钢材性能比较

表 4.8.2-2 中对普通结构钢、GJ 钢以及 SN490 钢材的性能进行了对比，GJ 钢的性能优势明显[28,31]。

Q345、Q345GJ、Q345GJZ 与 SN490 的拉伸、冲击和弯曲性能　　　　表 4.8.2-2

牌号	质量等级	屈服点 σ_s (MPa) 钢板厚度(mm)				抗拉强度 σ_b(MPa)	伸长率 δ（%）≥	冲击功 A_{kv} 纵向		180°弯曲试验板厚（mm）	
		6～16	>16～35	>35～50	>50～100			温度(℃)	(J)不小于	6～16	>16～35
Q345	B	≥345	≥325	≥295	≥275	470～630	21	20	34	2a	3a
	C						22	0	34		
	D						22	−20	34		
	E						22	−40	27		
Q345GJ	C	≥345	345～455	335～445	325～435	490～610	22	0	34	2a	3a
	D							−20			
	E							−40			
Q345GJ-Z	C	≥345	345～455	335～445	325～435	490～610	22	0	34	2a	3a
	D							−20			
	E							−40			
SN490	B	≥325	325～445	325～445	295～415	490～610	17～23	0	27	—	—
	C	—									

随着绿色建筑理念的推广，国家对钢材综合性能的要求逐渐较高，《绿色建筑评价标准》GB/T 50378[36] 中要求，Q345 及以上高强钢材占总钢材用量的比例，是绿色建筑评价的重要指标，"高强钢材用量达到 50％，得 8 分；达到 70％，得 10 分。"

2008～2012 年间，Q345GJ、Q390 因其优异的材料性能，已成为市场的主力钢种。

根据我国钢结构十三五规划目标，"至 2020 年，钢材将从目前的 Q345＋Q235 为主，过渡到 Q345＋Q390 为主，高性能钢材和高性能结构超过 50％；并逐步推进 Q420、Q460 的应用；适用场合采用 Q550～Q690。"

4.8.3 钢材选用的相关标准

目前，各类常用钢材所依据的国内外相关标准分别如表 4.8.3-1 和表 4.8.3-2 所示[27]。

国内钢结构常用的钢材标准   表 4.8.3-1

类别	名称
钢种	1《碳素结构钢》GB/T 700—2006
	2《低合金高强度结构钢》GB/T 1591—2008
	3《耐候结构钢》GB/T 4171—2008
板材	1《建筑结构用钢板》GB/T 19879—2015
	2《连续热镀锌钢板和钢带》GB/T 2518—2008
	3《建筑用压型钢板》GB/T 12755—2008
	4《厚度方向性能钢板》GB/T 5313—2010
	5《彩色涂层钢板与钢带》GB/T 12754—2006
	6《碳素结构钢冷轧薄板和钢带》GB/T 11253—2007
	7《碳素结构钢冷轧钢带》GB/T 716—1991
	8《碳素结构钢和低合金结构钢热轧钢带》GB/T 3524—2015
	9《碳素结构钢和低合金结构钢热轧厚钢板和钢带》GB/T 3274—2017
	10《碳素结构钢和低合金结构钢冷轧薄钢板和钢带》GB/T 912—2008
	11《热轧钢板和钢带的尺寸、外形、重量及允许偏差》GB/T 709—2006
管材	1《建筑结构用冷弯矩形钢管》JG/T 178—2005
	2《结构用冷弯空心型钢尺寸、外形、重量及允许偏差》GB/T 6728—2017
	3《直缝电焊钢管》GB/T 13793—2016
	4《焊接钢管尺寸及单位长度重量》GB/T 21835—2008
	5《低压流体输送焊接钢管》GB/T 3091—2015
	6《结构用无缝钢管》GB/T 8162—2008
	7《无缝钢管尺寸、外形、重量及允许偏差》GB/T 17395—2008
	8《双焊缝冷弯方形及矩形钢管》YB/T 4181—2008
型材	1《热轧 H 型钢和剖分 T 型钢》GB/T 11263—2017
	2《结构用高频焊接薄壁 H 型钢》JG/T 137—2007
	3《焊接 H 型钢》YB3301—2005
	4《热轧型钢》GB/T 706—2016
	5《热轧钢棒尺寸、外形、重量及允许偏差》GB/T 6723—2008
	6《通用冷弯开口型钢尺寸、外形、重量及允许偏差》GB/T 6723—2017
	7《冷弯型钢》GB/T 6725—2008
线材与棒材	1《预应力混凝土用钢丝》GB/T 5223—2014
	2《预应力混凝土用钢绞线》GB/T 5224—2014
	3《重要用途钢丝绳》GB 8918—2006
	4《高强度低松弛预应力热镀锌钢绞线》YB/T152-1999
	5《桥梁缆索用热镀锌钢丝》GB/T 17101—2008
	6《预应力筋用锚具、夹具和连接器》GB/T 14370—2015
	7《钢拉杆》GB/T 20934—2016
铸钢	1《焊接结构用铸钢件》GB/T 7659—2010
	2《一般工程用铸造碳钢件》GB/T 11352—2009

国外常用结构钢材标准　　　表 4.8.3-2

类别	名称	主要钢材牌号或级别
美国标准 （ASTM）	《碳素结构钢》《Standards Specification for Carbon Structural Steel》ASTM A36/A36M-2014	A36（250MPa） C≤0.25%～0.29%
	《高强度低合金钢》《Standards Specification for High-Strength Low-Alloy Structural Steel》ASTM A242/A242M-2013	A45、380（板宽≤335mm） C≤0.27%
	《高强度低合金铌钒钢》《Standards Specification for High-Strength Low-Alloy Columbium-Vanadium Structural Steel》 ASTM A572/A572M-2015	共有 290(42)、345(50)、380(55)、415(60) 和 450(65) 等牌号级别，其板（棒）材最大厚度依次为 152mm、101mm、50mm、32mm，强度不因厚度折减 C≤0.21%～0.26%
欧洲标准 （EN）	《热轧结构钢》EN10025 部分 1：交货技术条件 EN10025：1-2005 部分 2：非合金结构钢交货技术条件 EN10025：2-2005 部分 3：正火/正火轧制可焊接细晶粒钢交货技术条件 EN10025：3-2004 部分 4：热轧可焊接细晶粒结构钢交货技术条件 EN10025：4-2004 部分 5：耐候结构钢交货技术条件 EN10025：5-2005	共有 S235、S275、S355 和 S450 共 4 个牌号，耐候钢前 3 个牌号有工艺性能、碳当量保证
	《非合金和细晶粒结构钢的最终热成型管材》EN10210-2006	S275、S355、S450
	《非合金和细晶粒结构钢的冷成型管材》EN10219-2006	S275、S355、S450
日本标准 （JIS）	《普通结构用轧制钢材》JIS G3101—2010	SS400、SS490、SS540
	《焊接结构用轧制钢材》JIS G3106—2008	SS400、SS490、SS520、SS570
	《建筑结构用轧制钢材》JIS G3136—2012	SN400、SN490，有屈强比，碳当量及 Z 向性能保证

4.8.4　大直径高强钢拉杆

在绍兴体育场项目中，首次应用了 200mm 超大直径的高强钢拉杆（650 级），并结合工程应用对高强钢拉杆性能进行了研究。

1. 杆体材料选取

由于钢拉杆承载巨大，设计选用了 42CrMo 超高强钢材。42CrMo 钢材具有高强度、高韧性、淬透性好，且无明显的回火脆性、可加工性强等特点，调质处理后具有较高的疲劳极限和抗多次冲击能力，低温冲击韧性好，是高强钢拉杆的理想原料，其化学成分如表 4.8.4-1 所示。

特制 42CrMo 化学成分　　　表 4.8.4-1

主要化学成分	C	Si	Mn	Cr	Mo
含量（%）	0.38～0.45	0.17～0.37	0.50～0.80	0.90～1.20	0.14～0.25

2. 钢拉杆加工制作

根据构件节间设计跨度要求，每跨钢拉杆等分成二段，以调节套筒连接，两端采用 U 形接头与节点连接。调节套筒与杆体间螺纹配合、销轴公差及套筒内预留调节空间。成套钢拉杆组成如图 4.8.4-1 所示，其加工制作如图 4.8.4-2 所示。

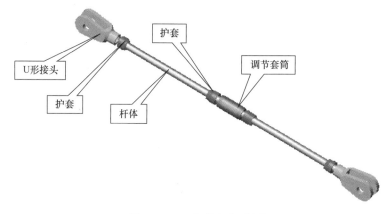

图 4.8.4-1 钢拉杆组成图

(a)   (b)

(c)   (d)

图 4.8.4-2 钢拉杆加工流程（一）
(a) 两头镦粗；(b) 调质热处理；(c) 车螺纹；(d) 护套及连接耳板热处理

(e)　　　　　　　　　　　　　　　　　　　(f)

图 4.8.4-2　钢拉杆加工流程（二）

(e) 机加工；(f) 钢拉杆包装

3. 钢拉杆试验

选取三根完成热处理的钢拉杆进行拉伸、冲击试验。试验结果显示，最小屈服强度为 680MPa，延伸率 12%，试验结果稳定，可满足设计性能要求，试验照片如图 4.8.4-3 所示。

通过加载试验得到钢拉杆的施工预紧力值，从而掌握钢拉杆内力与挠度的关系，指导施工安装。由于一组钢拉杆采用了套筒连接的两根拉杆单元的形式，每组钢拉杆整体为非连续体，从而使钢拉杆在初始加载阶段的内力-变形曲线呈几何非线性特征，如图 4.8.4-4、图 4.8.4-5 所示。

图 4.8.4-3　钢拉杆试验实景

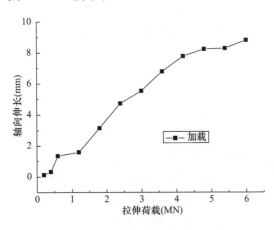
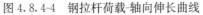

图 4.8.4-4　钢拉杆荷载-轴向伸长曲线

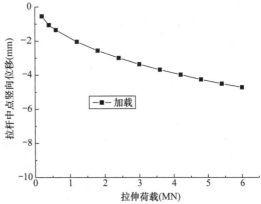

图 4.8.4-5　钢拉杆荷载-横向位移曲线

4.9　防腐蚀设计

开合屋盖钢结构防腐蚀设计目的是保证在预期的防腐年限内，防腐蚀措施能满足开合屋盖结构各种使用状态时的防腐需求。

防腐蚀设计涵盖很多技术环节，主要包括钢材表面处理、防腐涂料设计、涂装施工、涂层检测及防腐维护几个方面。明确开合屋盖结构所处的环境条件、使用要求、耐久性年限、钢材材质、结构形式、施工与维护管理条件是防腐蚀设计的前提。

4.9.1 环境等级分类及腐蚀性

1. 环境对钢结构的腐蚀性等级

大气环境所含腐蚀性物质的成分、含量、相对湿度是影响钢结构腐蚀的重要因素，相对湿度的上升、冷凝现象、大气污染物总量上升都会直接导致钢结构腐蚀速率加快。试验数据表明，被二氧化硫污染的空气能使钢铁的腐蚀速率增大5倍；广东沿海的钢结构腐蚀速度是西藏拉萨的近30倍。严重腐蚀多发生在相对湿度大于80%且温度高于0℃的环境，但如果存在污染物或吸湿盐分，较低的湿度条件下也会发生腐蚀。

同一开合屋盖钢结构，不同地理位置所受环境腐蚀作用也不相同。室外钢结构直接受雨雪、太阳辐射及大气污染物的侵蚀；对于室内钢结构，气候影响较小。屋盖闭合时，钢结构受大气污染物影响减少，但如果微环境存在高湿度或冷凝水，也会引起钢结构腐蚀。

准确把握建筑物所处环境的类别与各部位微环境的特点，是开合屋盖钢结构防腐蚀设计的前提。国际标准、国家标准及行业标准中均对环境腐蚀等级作出明确规定。

（1）国际标准

国际标准 ISO 12944-2：2017《色漆和清漆 防护涂料体系对钢结构的防腐蚀保护-第2部分 环境分类》中，基于标准样板暴露一年的质量损失（或厚度损耗），定义了大气环境腐蚀性级别，并对处于典型自然大气环境中的结构给出了腐蚀性评估建议[37]，如表4.9.1-1所示。

大气腐蚀等级和典型环境示例　　　　　　　　　　　　　　　表 4.9.1-1

腐蚀性等级	低碳钢		锌		温和气候下典型的环境示例（仅供参考）	
	质量损失（g/m²）	厚度损失（μm）	质量损失（g/m²）	厚度损失（μm）	外部	内部
C1 很低的腐蚀性	≤10	≤1.3	≤0.7	≤0.1	—	加热的建筑物内部，空气洁净，如办公室、商店、学校和宾馆等
C2 低腐蚀性	>10~200	>1.3~25	>0.7~5	>0.1~0.7	低污染水平的大气，大部分是乡村地带	冷凝有可能发生的未加热建筑物，如库房、体育馆等
C3 中等腐蚀性	>200~300	>25~50	>5~15	>0.7~2.1	城市和工业大气，中等的二氧化硫污染以及低盐度沿海地区	高湿度和有空气污染的生产厂房内，如食品加工厂、洗衣场、酒厂、乳制品工厂等

腐蚀性等级	低碳钢		锌		温和气候下典型的环境示例（仅供参考）	
	质量损失（g/m²）	厚度损失（μm）	质量损失（g/m²）	厚度损失（μm）	外部	内部
C4 高腐蚀性	>400~650	>50~80	>15~30	>2.1~4.2	中等含盐度的工业区和沿海区域	化工厂、游泳池、沿海船舶和造船厂等
C5 很高的腐蚀性	>650~1500	>80~200	>30~60	>4.2~8.4	高湿度和恶劣大气的工业区域和高含盐度的沿海区域	冷凝和高污染持续发生和存在的建筑和区域
CX 极端的腐蚀性	>1500~5500	>200~700	>60~180	>8.4~25	具有高盐度的海上区域以及具有极高湿度和侵蚀性大气的热带亚热带工业区域	具有极高湿度和侵蚀性大气的工业区域

ISO 12944 对浸没在水中或埋在土壤中的钢结构腐蚀等级及相应的环境和结构示例如表 4.9.1-2 所示。

水和土壤的等级　　　　　　　　　　　　　　　　　表 4.9.1-2

等级	环境	环境和结构示例
Im1	淡水	河流设施，水力发电站
Im2	海水或盐水	港口地区的构筑物，例如：闸门、水闸、防波堤；海上构筑物
Im3	土壤	埋在地下的储罐、钢桩、钢管

钢结构的腐蚀性级别也可根据 ISO9223《金属和合金的耐腐蚀性 大气腐蚀性 分类》，通过综合考虑环境因素、年湿润时间、二氧化硫年度平均含量值和氯化物的年平均沉积量进行评估。

国家标准《色漆和清漆 防护涂料体系对钢结构的防腐蚀保护》GB/T 30790—2014[38] 与国际标准 ISO 12944 大致相同，但国际标准 ISO 12944 全系列于 2017 年和 2018 年进行了修订和完善，与现行工程应用更为贴近。

（2）行业标准

我国行业标准《建筑钢结构防腐蚀技术规程》JGJ/T 251[39] 对腐蚀环境作出详细的划分，根据碳钢在不同大气环境下暴露第一年的腐蚀速率（mm/a），将腐蚀环境类型分为从无腐蚀到强腐蚀六个等级，对应 ISO 12944 的腐蚀性等级 C1~CX，如表 4.9.1-3 所示。其中，国家标准《大气环境腐蚀性分类》GB/T 15957[40] 根据大气环境湿度以及空气中腐蚀物质的成分与含量，将大气环境分为海洋大气、工业大气、城市大气、乡村大气四类，腐蚀性依次减弱。

环境对建筑钢结构长期作用下的腐蚀性等级　　　　　　　表 4.9.1-3

腐蚀类型		腐蚀速度（mm/a）	腐蚀环境		
等级	名称		环境气体类型	相对湿度（年平均）（%）	大气环境
Ⅰ	无腐蚀	<0.001	A	<60	乡村大气
Ⅱ	弱腐蚀	0.001~0.025	A B	60~75<60	乡村大气、城市大气

续表

腐蚀类型		腐蚀速度 (mm/a)	腐蚀环境		
等级	名称		环境气体类型	相对湿度（年平均）（%）	大气环境
Ⅲ	轻腐蚀	0.025～0.050	A B C	>75 60～75 <60	乡村大气、 城市大气和工业大气
Ⅳ	中腐蚀	0.050～0.20	B C D	>75 60～75 <60	城市大气、 工业大气和海洋大气
Ⅴ	较强腐蚀	0.20～1.00	C D	>75 60～75	工业大气
Ⅵ	强腐蚀	1～5	D	>75	工业大气

表 4.9.1-3 中的环境气体根据大气环境中腐蚀性物质的含量分为 A、B、C、D 四种类型，具体如表 4.9.1-4 所示。当大气中同时含有多种腐蚀性气体时，腐蚀级别应按最高的选取。

大气环境气体类型   表 4.9.1-4

大气环境 气体类型		腐蚀性物质含量（kg/m^3）			
		A	B	C	D
腐蚀性物 质名称	二氧化碳	$<2\times10^{-3}$	$>2\times10^{-3}$	—	—
	二氧化硫	$<5\times10^{-7}$	5×10^{-7}～1×10^{-5}	1×10^{-5}～2×10^{-4}	2×10^{-4}～1×10^{-3}
	氟化氢	$<5\times10^{-8}$	5×10^{-8}～1×10^{-6}	5×10^{-6}～1×10^{-5}	1×10^{-5}～1×10^{-4}
	硫化氢	$<1\times10^{-8}$	1×10^{-8}～5×10^{-6}	5×10^{-6}～1×10^{-4}	$>1\times10^{-4}$
	氮的氧化物	$<1\times10^{-7}$	1×10^{-7}～5×10^{-6}	5×10^{-6}～2.5×10^{-5}	2.5×10^{-5}～1×10^{-4}
	氯	$<1\times10^{-7}$	1×10^{-7}～1×10^{-6}	1×10^{-6}～5×10^{-6}	5×10^{-6}～1×10^{-5}
	氯化氢	$<5\times10^{-8}$	5×10^{-8}～5×10^{-6}	5×10^{-6}～1×10^{-5}	1×10^{-5}～1×10^{-4}

由于钢材锈蚀对钢结构的安全影响很大，外露或侵蚀性介质环境中的钢结构选材与结构选型应充分考虑其抗腐蚀性能。

（3）中国工程建设协会标准

根据《钢结构钢材选用与检验技术规程》CECS 300：2011[27]，环境条件对钢结构的侵蚀作用分类见表 4.9.1-5。一般城市的商业区及住宅区泛指微腐蚀性介质的地区，工业区是包括受侵蚀介质影响及散发微侵蚀介质的地区。表中的相对湿度指当地的年平均相对湿度，对于恒温恒湿或有相对湿度控制的建筑物，则按室内相对湿度采用。

环境条件对钢结构的侵蚀作用分类   表 4.9.1-5

地区	相对湿度（%）	对钢结构的侵蚀作用分级		
		室内（采暖房屋）	室内（非采暖房屋）	露天
农村、一般城市的 商业区及住宅	干燥，<60	微侵蚀性	微侵蚀性	弱侵蚀性
	普通，60～75	微侵蚀性	弱侵蚀性	中等侵蚀性
	潮湿，>75	弱侵蚀性		
工业区、沿海地区	干燥，<60	弱侵蚀性	中等侵蚀性	中等侵蚀性
	普通，60～75	弱侵蚀性		
	潮湿，>75	中等侵蚀性		

对于特殊场地与额外腐蚀负荷作用下的钢结构，应将其腐蚀作用等级应提高。

（1）风沙大的地区，风携带砂砾会加剧钢结构的磨蚀；

（2）承载车辆通行或吊装机械的钢结构，如钢桥、活动屋盖运行轨道或吊车轨道等；

（3）吸潮性物质沉积于钢结构表面的情况。

2. 开合屋盖钢结构腐蚀等级的确定原则

开合屋盖结构根据其使用功能要求进行开启和闭合，存在两种甚至多种使用状态。故此，开合屋盖的防腐蚀设计与普通钢结构差异较大。开合屋盖结构防腐蚀等级应综合大气环境、开合屋盖的使用功能以及建筑重要性等多方面因素确定，并满足如下原则：

（1）开合屋盖结构的防腐蚀保护应以建筑使用基本状态为基础：

1）基本状态为常开状态的开合屋盖，宜按露天环境进行防腐蚀设计；

2）基本状态为常闭状态的开合屋盖，可根据具体情况，比室内钢结构防腐等级适当提高。基本状态为常闭状态的开合屋盖，从经济性角度考虑，开合屋盖结构不宜全部按室外结构进行防腐设计，但是由于很多开合屋盖建筑即使在全闭状态时也难以达到完全密闭的效果；

3）常闭状态与常开状态使用比例相当的情况，宜按露天环境进行防腐蚀设计。

（2）活动屋盖结构构件的防腐蚀做法应与支承结构的防腐蚀做法协调一致。

（3）开合屋盖驱动控制系统部件的防腐蚀等级应根据其设计使用年限确定。活动屋盖运行轨道承受动力荷载和摩擦作用，防腐蚀等级宜相应提高或采取特殊的防腐蚀处理。

（4）驱动控制系统部件与结构构件之间的连接件的防腐蚀等级与所连接的主体结构一致。销轴及其相应连接板等易磨损构件可采用镀锌等附着性好的防腐蚀措施。

（5）当钢结构的腐蚀性级别为 C1 时，原则上虽然不需要做腐蚀防护，但仍应采取适当的防腐蚀保护：

1）从建筑美观角度考虑进行涂装，可选择 C2 腐蚀性级别的防腐涂装体系；

2）从运输与施工考虑进行塑料。处于腐蚀性级别 C1 使用环境下的钢构件，若完全不采取腐蚀防护，在运输、临时储存或组装时处于露天环境，难以避免遇到空气湿度大、含有污染物与盐分的情况，导致钢结构发生腐蚀。因此，钢构件应有必要的防护措施，干膜厚度应适合于预期的存放时间和存放环境的腐蚀程度。

3. 腐蚀性环境下钢结构的要求

开合屋盖钢结构在室内、室外环境间进行切换，不可避免接触露天环境或侵蚀性介质环境。因此，主要承重钢结构防腐蚀设计除了考虑侵蚀类别的影响外，构件还宜尽量符合下列要求[39]。

（1）结构构件宜选用封闭的管材截面，同时在重量、承载力相近的情况下，选用壁厚适宜的截面规格。

（2）当处于外露或中等侵蚀环境时，应要求钢结构表面初始锈蚀等级不低于现行国家标准《涂覆涂料前钢材表面处理表面清洁度的目视评定 第 1 部分：未涂覆过的钢材表面和全面清除原有涂层后的钢结构表面的锈蚀等级和处理等级》GB/T 8923.1 规定的 B 级标准。

（3）结构部件的间隙应满足防腐涂装操作的要求。

（4）应避免沉积物聚集和雨水滞留的结构构造（图 4.9.1-1），难以避免时应设置排水孔排除积水（图 4.9.1-2）。

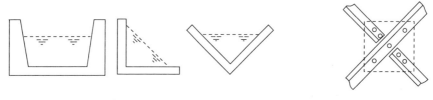

图 4.9.1-1　容易积水积雪的构造　　　图 4.9.1-2　设焊接缺口避免积水

（5）避免难以喷射清理和防腐涂装的连接构造（图 4.9.1-3）。

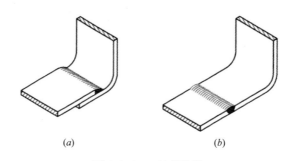

(a)　　　　　　　　　　　(b)

图 4.9.1-3　连接构造
(a) 难以喷射清理和涂装的构造；(b) 易于喷射清理和涂装的构造

（6）活动屋盖钢结构与混凝土支承结构连接的位置，应采取适当方式封闭焊缝，且防护涂层宜延伸至混凝土内大约 5cm（图 4.9.1-4）。

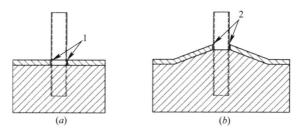

(a)　　　　　　　　　　　(b)

图 4.9.1-4　预埋件与混凝土连接位置的构造做法
(a) 易于腐蚀的焊缝；(b) 做封闭处理的焊缝

（7）螺栓、螺母和垫圈等连接部件应达到和主体钢结构相同的耐久性防腐蚀保护措施。

（8）当有可靠技术依据时，外露环境或有中度腐蚀环境中的重要焊接结构可选用耐候钢。

4. 耐候钢

耐候钢的抗腐蚀原理是在钢材中添加少量铜（Cu）、磷（P）、铬（Cr）、镍（Ni）等合金元素，使钢材锈蚀层与基体之间形成致密且与基体金属粘附性好的氧化物层，有效阻止大气中氧和水向基体渗入，减缓锈蚀向钢材的纵深发展，从而提高钢材的耐大气腐蚀能力。当耐候钢的成分与使用环境不同时，耐候钢抵抗大气腐蚀的能力也不相同，但通常可达普通钢材的 2～8 倍，时间愈长，愈能显示其优越性，涂装性能可提高 1.5～10 倍。

（1）耐候钢化学成分与力学性能

现行国家标准《耐候结构钢》GB/T 4171—2008 给出了目前国内常用规格耐候结构钢的化学成分、力学性能与冷弯性能、抗冲击性能，如表 4.9.1-6～表 4.9.1-8 所示。

耐候结构钢的化学成分 表 4.9.1-6

类别	牌号	化学成分（%）（质量分数）								
		C	Si	Mn	P	S	Cu	Cr	Ni	其他元素
高耐候钢	Q265GNH	≤0.12	0.10～0.40	0.30～1.25	0.07～0.12	≤0.020	0.20～0.45	0.30～0.65	0.25～0.50^e	a,b
	Q295GNH	≤0.12	0.10～0.40	0.20～0.50	0.07～0.12	≤0.020	0.25～0.45	0.30～0.65	0.25～0.50	a,b
	Q310GNH	≤0.12	0.25～0.75	0.20～0.50	0.07～0.12	≤0.020	0.20～0.50	0.30～1.25	≤0.65	a,b
	Q355GNH	≤0.12	0.20～0.75	≤1.00	0.07～0.15	≤0.020	0.25～0.55	0.30～1.25	≤0.65	a,b
焊接耐候钢	Q235NH	≤0.13^f	0.10～0.40	0.20～0.60	≤0.030	≤0.030	0.25～0.55	0.40～0.80	≤0.65	a,b
	Q295NH	≤0.15	0.10～0.50	0.30～1.00	≤0.030	≤0.030	0.25～0.55	0.40～0.80	≤0.65	a,b
	Q355NH	≤0.16	≤0.50	0.50～1.50	≤0.030	≤0.030	0.25～0.55	0.40～0.80	≤0.65	a,b
	Q415NH	≤0.12	≤0.65	≤1.10	≤0.025	≤0.030^d	0.20～0.55	0.30～1.25	0.12～0.65^e	a,b,c
	Q460NH	≤0.12	≤0.65	≤1.50	≤0.025	≤0.030^d	0.20～0.55	0.30～1.25	0.12～0.65^e	a,b,c
	Q500NH	≤0.12	≤0.65	≤2.00	≤0.025	≤0.030^d	0.20～0.55	0.30～1.25	0.12～0.65^e	a,b,c
	Q550NH	≤0.16	≤0.65	≤2.00	≤0.025	≤0.030^d	0.20～0.55	0.30～1.25	0.12～0.65^e	a,b,c

^{a} 为了改善钢的性能，可添加一种或一种以上的微量元素：Ni 0.015%～0.060%，V0.02%～0.12%，Ti0.02%～0.10%，Alt≥0.020%。若上述元素组合使用时，应至少保证其中一种的元素含量达到上述化学成分的下限规定。

^{b} 可以添加下列合金元素：Mo≤0.30%，Zr≤0.15%。

^{c} Nb、V、Ti 等三种合金元素的总添加量不应超过 0.22%。

^{d} 供需双方协商，S 的含量可以不大于 0.008%。

^{e} 供需双方协商，Ni 的含量下限可不做要求。

^{f} 供需双方协商，C 的含量可以不大于 0.15%。

耐候结构钢的力学性能和冷弯性能 表 4.9.1-7

钢材牌号	屈服强度 R_{eL}(N/mm^2)				抗拉强度 R_m (MPa)	断后伸长率 A(%)				180°弯曲试验 弯心直径 d		
	钢板厚度(mm)									钢板厚度（mm）		
	≤16	>16～40	>40～60	>60		≤16	>16～40	>40～60	>60	≤6	>6～16	>16
Q235NH	≥235	≥225	≥215	≥215	360～510	≥25	≥25	≥24	23	a	a	a
Q295NH	≥295	≥285	≥275	≥255	430～560	≥24	≥24	≥23	22	a	2a	a
Q295GNH	≥295	≥285	—	—	430～560	≥24	≥24			a	2a	a
Q355NH	≥355	≥345	≥335	≥325	490～630	≥22	≥22	≥21	20	a	2a	a
Q355GNH	≥355	≥345	—	—	490～630	≥22	≥22			a	2a	a
Q415NH	≥415	≥405	≥395	—	520～680	≥22	≥22	≥20		a	2a	a
Q460NH	≥460	≥450	≥440	—	570～730	≥20	≥20	≥19		a	2a	a
Q500NH	≥500	≥490	≥480	—	600～760	≥18	≥16	≥15		a	2a	a
Q550NH	≥550	≥540	≥530	—	620～780	≥16	≥16	≥15		a	2a	a
Q265GNH	≥265	—	—	—	≥410	≥27				a	—	a
Q310GNH	≥310	—	—	—	≥450	≥26				a	—	a

注：a 为钢材直径。Q265GNH、Q310GNH 为冷轧状态交货的钢材。

质量等级	V 形缺口冲击试验		
	试件方向	温度（℃）	冲击吸收能量 KV_2（J）
A	纵向	—	—
B		+20	≥47
C		0	≥34
D		-20	≥47
E		-40	≥27

耐候结构钢的冲击吸收功   表 4.9.1-8

（2）腐蚀环境中耐候钢的要求

外露或中度腐蚀环境中的重要焊接结构可选用 Q235NH、Q355NH、Q415NH 牌号的焊接耐候钢，其材质、性能要求应符合现行国家标准《耐候结构钢》GB/T 4171 的规定[41]，并保证下列各项指标符合要求：

1）钢材晶粒度不应小于 7 级；

2）钢材的非金属夹杂物应按现行国家标准《钢材非金属类杂物含量的测定》GB/T 10561 的 A 法进行检验，其结果应符合表 4.9.1-9 的规定。

钢材的非金属夹杂物含量   表 4.9.1-9

A	B	C	D	DS
≤2.5	≤2.0	≤2.5	≤2.0	≤2.0

3）钢材的耐腐蚀性指数 K_a 不应小于 6.0，K_a 值根据耐候钢的化学元素含量按下式确定：

$$K_a = 26.01(\%Cu) + 3.88(\%Ni) + 1.2(\%Cr) + 1.49(\%Si) + 17.28(\%P)$$
$$- 7.29(\%Cu)(\%Ni) - 9.10(\%P)(\%Ni) - 33.39(\%Cu)^2 \qquad (4.9.1-1)$$

耐候钢化学元素含量应符合表 4.9.1-10 的要求，并应以钢材熔炼成分计算。

耐候钢化学元素含量范围   表 4.9.1-10

元素	Cu	Ni	Cr	Si	P
含量范围	0.012%～0.51%	0.05%～1.1%	0.10%～1.3%	0.10%～0.64%	0.01%～0.12%

4.9.2 防腐蚀涂装的性能指标

开合屋盖钢结构防腐蚀设计主要依据的标准有国际标准《色漆和清漆 防护涂料体系对钢结构的防腐蚀保护》ISO 12944—2017/2018、国家标准《色漆和清漆 防护涂料体系对钢结构的防腐蚀保护》GB/T 30790—2014 和行业标准《建筑钢结构防腐蚀技术规程》JGJ/T 251—2011，ISO 12944 是目前行业权威的防护涂料与涂装技术的国际标准，也是防护涂料选择的重要依据。

1. 防腐涂装的耐久性

钢结构防腐蚀涂装的耐久性是防腐蚀设计中最关键的指标。ISO 12944—1：2017 中将防腐涂装的耐久性定义为防腐涂装需进行第一次大修的年限，即整个钢结构表面从建造至需要重新涂装的时间。具体如表 4.9.2-1 所示。

大型开合屋盖结构的设计使用年限通常为 50 年，钢结构应采用长效防腐措施，防腐涂装的设计年限通常为 20～25 年。防腐涂装的耐久性均应通过国内权威机构关于底漆干膜锌含量以及耐老化测试的第三方检测。在防腐年限之内，需进行定期检查和维修。

防腐涂装的耐久性　　　　　　　　　　　　表 4.9.2-1

耐久性	防腐设计年限	标准定义
低（L）	短期防腐	≤7 年
中（M）	中期防腐	7～15 年
高（H）	长效防腐	15～25 年
很高（VH）	超长效防腐	>25 年

对于结构完成后无法再进入的部位，应采取能够在整个结构服役期内提供有效防腐蚀保护的防腐蚀措施。

2. 防腐涂层的主要性能指标

对设计使用年限长、防腐蚀要求高的大型开合屋盖钢结构，防腐涂装应采用高性能、长效的防腐涂料，保证在长年防紫外线照射、雨水、冰雹、防霜、沙尘等环境下色彩与光泽无明显的变化。面漆应具有较好的防静电与自洁性，外来物不易附着。防腐涂料在高温情况下不产生有毒物质。在入口及立面等人员可以接触到的部位，应具有良好的耐磨性和抗涂划性。设计人员可结合实际情况提出更全面的防腐蚀性能目标要求，由专业厂家提出防腐方案，综合比选确定实施方案。

（1）外观质量要求

1）面漆的颜色、光泽由建筑师确定，承重钢结构及其他附属钢构件应采用外观效果相同的面漆。全部钢结构应采用同一种底漆。

2）锈蚀程度

锈蚀程度的评价标准参考 ISO 4628-3《色漆和清漆 漆膜降解的评定 缺陷的量值和大小以及外观均匀变化程度的规定 生锈等级的评定》[42]。钢材表面一般部位与焊接部位锈蚀面积的百分比应满足表 4.9.2-2 的要求。

钢材表面锈蚀面积百分比　　　　　　　　　表 4.9.2-2

使用年限	一般部位	焊接部位
5 年	≤0.01%	≤0.05%
10 年	≤0.05%	≤0.50%
25 年	≤0.50%	≤1.00%

（2）防腐及耐候性要求

1）底漆或整个防腐涂料系统应至少满足①、②所述的防腐性能要求之一。

① 底漆防腐性能

采用加速盐雾试验进行常规耐腐蚀性测试，5000h 以上无明显物理变化，采用国家标准《色漆和清漆 耐中性盐雾性能的测定》GB/T 1771—2007[43]（相当于 ISO 7253：1984）。

② 整个防腐涂料系统性能

依据《挪威海上平台防腐测试方法及标准》NORSOK M501—2004[44]，采用循环防腐测试来模拟温度冷热循环、紫外线循环照射以及干湿环境的交替等多种恶劣环境要素，4200h 划痕腐蚀宽度小于 1mm。

2）面漆耐候性能

依据国家标准《色漆和清漆 人工气候老化和人工辐射暴露》GB/T 1865—2009[45]（相当于 ISO 11341—1994），通过人工紫外线照射测试，保证钢结构防腐涂装系统的面漆在长期使用后仍然具有良好的外观效果，限制其光泽损失程度。在人工紫外线照射时间 6000h 后，面漆满足以下基本性能要求：光泽保持度：＞90％；颜色变化：ΔE≤1.0；涂装材质：面漆表面无起泡、粉化。

根据建筑外观质量要求程度不同，面漆的光泽保持度和颜色变化值限值可结合使用时间提出具体要求，参见国家网球中心的要求（表 4.9.2-3）。

表 4.9.2-3

国家网球中心面漆外观要求

使用时间（年）	光泽保持度	颜色变化最大值 ΔE
5	＞90％	≤1.5
10	＞80％	≤2
20	＞70％	≤3

（3）化学成分要求

1）底漆宜采用富锌底漆，含锌量（干膜重量百分比）≥80％。

2）对于聚硅氧烷面漆，体积固体含量应大于 70％。对于氟碳面漆，氟碳固体含量不应小于 65％，满足日本标准 JIS K5659。溶剂可溶物的氟含量不小于 24％。

3）体积固体含量与 VOC

防腐涂层中的体积固定含量指涂料的非挥发性物质成分与液态涂料的体积比。"十三五"挥发性有机物污染防治工作方案要求，"钢结构制造行业，大力推广使用固体涂料，到 2020 年底前，使用比例达到 50％以上。"

挥发性有机物 VOC（Volatile Organic Conpounds）是防腐涂层环保控制的主要指标，我国税收法规定"对施工状态下 VOC 含量低于 420 克/升（含）的涂料免征消费税。"

（4）太阳辐射吸收系数

为减小开合屋盖钢结构的温度效应，应选择太阳辐射吸收系数小、红外线反射能力强的防腐涂层。外露钢结构面漆的太阳辐射吸收系数不宜大于 0.45。

1）室内测试部分

太阳辐射吸收系数的测试标准采用 Airbus Industrial Test Method Solar absorption of paints，AITM2-0018，Airbus Industry，September，1998。太阳辐射波长的范围 320～2300nm，波长精度为±5nm，测量精度为±2％，光谱带宽 4nm，用分光光度仪测试全光谱的反射分量，散射量小于 10％。在进行测试之前，应将试样置于温度 23±2℃、相对湿度（RH）为 50％±5％的环境中 15～72h。空气质量相当于大气透明度等级为 1 级。

2）室外测试部分

测试环境要求天气晴好、空气质量等级不低于 1 级、大气透明度等级为 1 级（《工业建筑供暖通风与空气调节设计规范》GB 50019—2015）[29]。测试时刻为当日正午 12:00，试件表面与太阳照射方向垂直。室外风速较低，一般不高于 1.0m/s。

太阳辐射温升测试要求在进行正式测试 2h 前，应将试样置于测试环境中。采用高精度仪器对试样在测试环境中的温度进行记录。对同时刻的太阳辐射照度、气温、湿度、风速等环境条件进行记录。

（5）涂层附着力

为了保证钢结构防腐涂料各层之间良好的粘接性能，应对各涂层之间及整个防腐涂装系统的附着力大小提出要求，附着力的测定可参见采用国家标准《色漆和清漆 拉开法附着力试验》GB/T 5210—2006。附着力按 ISO 16276 进行评估。

（6）耐磨性

应保证钢结构防腐涂料具有良好的耐磨性能，通常面漆的耐磨性能不大于60mg/1000r，耐磨性指标可依据国家标准《色漆和清漆 耐磨性的测定 旋转橡胶砂轮法》GB/T 1768—2006 或用《泰伯尔磨蚀机测定有机涂层耐磨性的标准试验方法》ASTM D4060 进行测定。

（7）漆膜硬度与柔韧性

面漆漆膜划伤硬度应不低于 3～4H，采用国家标准《色漆和清漆 铅笔法测定漆膜硬度》GB/T 6739。同时，面漆漆膜还应具有良好的柔韧性，投标单位应提供面漆在 25℃温度下经过 4 周固化后面漆不产生裂纹的最小弯曲原棒直径，参考标准 ASTM D522《涂覆有机涂层的芯杆弯曲试验的标准试验方法》或 ISO 1519《色漆和清漆 弯曲试验（圆柱轴）》。

（8）耐冲击性

底漆、中间漆和面漆的耐冲击性能均应不小于 50cm，采用国家标准《漆膜耐冲击测定法》GB/T 1732[46]。

4.9.3　防腐蚀体系设计

1. 表面处理

适当的表面处理是保证防腐涂层可靠持久的前提。根据工程经验，基层表面处理质量对涂层寿命的影响程度约为 50%，是影响防腐蚀涂层有效使用寿命的关键因素之一，在钢结构涂装前应进行认真的表面处理。

根据国家标准《涂覆涂料前钢材表面处理 表面清洁度的目测评定 第 1 部分：未涂覆过的钢材表面和全面清除原有涂层后的钢材表面的锈蚀等级和处理等级》GB/T 8923.1—2011[47]，钢材锈蚀等级分为 A、B、C、D 四个级别，具体如表 4.9.3-1 所示。大多数情况下，钢材锈蚀等级依靠目测判断，将最差等级作为锈蚀等级评估结果。对于暴露在严峻环境中的涂装，需要依据 ISO 8502 规定的物理和化学方法检测钢材表面上可溶解盐和其他不可见污染物。

钢材锈蚀分级　　　　　　　　　　　　　　　　表 4.9.3-1

锈蚀等级	表现
A 级	大面积覆盖着氧化皮而几乎没有铁锈的钢材表面
B 级	已发生锈蚀，并且氧化皮已开始剥落的钢材表面
C 级	氧化皮已因锈蚀而剥落，或者可刮除，而且在正常视力观察下可见轻微点蚀的钢材表面
D 级	氧化皮已因锈蚀而剥落，而且在正常视力观察下可见普通发生点蚀的钢材表面

工程中多采用喷砂清理、手工或动力除锈及火焰清理等方式进行热轧钢材涂装前的表面处理，各等级的清理目标如表 4.9.3-2 所示。

钢材除锈等级 表 4.9.3-2

喷射清理等级	Sa1 轻度的喷射清理	在不放大情况下观察时，表面应无可见的油、脂和污物，并且没有不牢固的氧化皮、铁锈、涂层和外来杂质
	Sa2 彻底的喷射清理	在不放大情况下观察时，表面应无可见的油、脂和污物，而且几乎没有氧化皮、铁锈、涂层和外来杂质。任何残留污染物应附着牢固
	Sa2.5 非常彻底的喷射清理	在不放大情况下观察时，表面应无可见的油、脂和污物，并且没有氧化皮、铁锈、涂层和外来杂质。任何污染物的残留痕迹应仅呈现为点状或条纹状的轻微色斑
	Sa3 使钢材表面洁净的喷射清理	在不放大情况下观察时，表面应无可见的油、脂和污物，并且应无氧化皮、铁锈、涂层和外来杂质。该表面应具有均匀的金属光泽
手工和动力工具清理等级	St2 彻底的手工和动力工具清理	在不放大情况下观察时，表面应无可见的油、脂和污物，并且没附着不牢固的氧化皮、铁锈、涂层和外来杂质
	St3 非常彻底的手工和动力工具清理	同 St2，但表面处理应彻底得多，表面应具有金属底材的光泽
火焰清理	F1	在不放大情况下观察时，表面应无氧化皮、铁锈、涂层和外来杂质。任何残留的痕迹应仅为表面变色

根据《钢材在涂料油漆及有关产品前的基底预处理—表面清洁度的目测评定》ISO 8501-1[48]，碳钢表面锈蚀的最低处理等级如表 4.9.3-3 所示，可根据工程具体情况提高处理等级要求。

碳钢表面处理 表 4.9.3-3

基材	最低处理等级	防腐底漆
锈蚀等级为 A、B、C、D 的碳钢	Sa2.5	富锌底漆
	Sa2.5	其他底漆
	根据 ISO 2063	热喷涂金属涂层和封闭漆

2. 防腐涂层厚度

防腐涂层构造与涂层厚度应根据结构的使用环境类别、腐蚀性分级和涂装耐久性确定。《色漆和清漆 防腐涂料体系对钢结构的防腐蚀保护 第 5 部分 防护涂料体系》ISO 12944—2018[37]中给出了经喷射清理碳钢基材在不同耐久性要求和大气腐蚀级别下的涂装道数与干膜厚度，如表 4.9.3-4、表 4.9.3-5 所示。

经喷射清理碳钢基材常用的防腐涂料体系 表 4.9.3-4

腐蚀等级	耐久性	底涂层				后道涂层	总涂层数	总干膜厚度（μm）
		底漆类型	基料	涂层数	额定干膜厚度（μm）	基料		
C2	长期 H	富锌底漆	环氧、聚氨酯、硅酸乙酯	1	60	—	1	60
	超长期 VH	富锌底漆		1	60～80	环氧、聚氨酯、丙烯酸	2	160
C3	长期 H	富锌底漆	环氧、聚氨酯、硅酸乙酯	1	60～80	环氧、聚氨酯、丙烯酸	2	160
	超长期 VH	富锌底漆		1	60～80	环氧、聚氨酯、丙烯酸	2～3	200

续表

| 腐蚀等级 | 耐久性 | 底涂层 | | | | 后道涂层 | 总涂层数 | 总干膜厚度（μm） |
		底漆类型	基料	涂层数	额定干膜厚度（μm）	基料		
C4	长期 H	富锌底漆	环氧、聚氨酯、硅酸乙酯	1	60～80	环氧、聚氨酯、丙烯酸	2～3	200
	超长期 VH	富锌底漆		1	60～80	环氧、聚氨酯、丙烯酸	3～4	260
C5	长期 H	富锌底漆	环氧、聚氨酯、硅酸乙酯	1	60～80	环氧、聚氨酯、丙烯酸	3～4	260
	超长期 VH	富锌底漆		1	60～80	环氧、聚氨酯、丙烯酸	3～4	320

浸没腐蚀环境下防腐蚀涂装体系 表 4.9.3-5

| 腐蚀等级 | 耐久性 | 额定干膜厚度 | |
		长期	超长期
Im-1，Im-2，Im-3	底漆类型	富锌底漆	富锌底漆
	底漆基料	环氧、聚氨酯、硅酸乙酯	环氧、聚氨酯、硅酸乙酯
	后道涂层	环氧、聚氨酯	环氧、聚氨酯
	涂装道数	2	2
	额定干膜厚度（μm）	360	500

开合屋盖结构的防腐设计耐久性年限用多为长期或超长期，环境腐蚀等级在 C3 级别以上，ISO 12944-5：2018[37] 中对应的防腐涂层最低漆膜厚度如表 4.9.3-6 所示。

大气腐蚀环境、使用寿命和最低漆膜厚度的关系 表 4.9.3-6

| 腐蚀等级 | 耐久性 | 额定干膜厚度 | |
		非富锌体系	富锌体系
C3	中等	120	60
	长期	160	160
	超长期	260	200
C4	中等	180	160
	长期	240	200
	超长期	300	260
C5	中等	240	200
	长期	300	260
	超长期	360	320
Im1、Im2、Im3	中等	—	—
	长期	380	360
	超长期	540	500

《建筑钢结构防腐蚀技术规程》JGJ/T 251—2011 中，对不同设计使用年限钢结构防腐蚀涂层的最小厚度也作了规定，如表 4.9.3-7 所示[37]。该表格依据 ISO 12944—1998 编制，可供参考。

钢结构防腐蚀保护层最小厚度 表 4.9.3-7

防腐蚀保护层设计使用年限（a）	钢结构防腐蚀保护层最小厚度（μm）				
	腐蚀等级Ⅱ级	腐蚀等级Ⅲ级	腐蚀等级Ⅳ级	腐蚀等级Ⅴ级	腐蚀等级Ⅵ级
2≤t<5	120	140	160	180	200
5≤t<10	160	180	200	220	240
10≤t<15	200	220	240	260	280

3. 涂层的检查

涂层检查主要包括外观检查、干膜厚度检查、附着力与孔隙率等内容。

（1）外观检查

防腐蚀涂层外观检查采用目测评估的方式，包括如下内容：均匀性、颜色、遮盖力检查以及漏涂、起皱、缩孔（凹坑）、气泡、剥落、裂纹和流挂等涂层缺陷检查。

（2）干膜厚度检查。

干膜厚度包括额定值和最大值，在每个关键阶段及整个体系施工完毕后都应进行检查。关键阶段指涂装施工责任方发生改变或者涂装底漆后经过很长时间才涂装后道漆等情况。

涂层干膜厚度检查应按 ISO 19840—2012《粗糙表面干膜厚度的测量和验收准则》(Paints and varnishes-Corrsion protection of steel structures by protective paint systems-Measurement of，and acceptance criteria for，the thickness of dry films on rough surfaces) 的要求，采用非破坏性测试方法，并考虑如下问题：

1）所采用的方法、采用的测量仪器、测量仪器的校准细节以及如何考虑表面粗糙度对测量结果的影响；

2）抽样计划，每种类型的表面应如何选择测试点、需要测多少个点；

3）如何报告测量结果，如何比对测量结果和可接受的验收准则。

（3）附着力

涂层间附着力按 ISO 2409《涂料和清漆 划格试验》(Paints and varnishes-Cross-cut test) 或 ISO 4624《色漆和清漆 粘附力拉脱试验》(Paints and varnishes-Pull-off test for adhesion) 的要求，采用破坏性测试方法。

（4）孔隙率

孔隙率采用电流或高电压测试仪进行测试。

4.9.4 防腐涂层类型及特点

根据涂层涂装顺序及作用，防腐蚀涂层分为底漆、中间漆与面漆。各涂层性能特点不同，应根据要求配套选择。另外，为喷射清理后的钢材在建造期间提供临时保护的快速干燥预处理底漆，为提高内涂层间的附着力而增加的过渡涂层等，在此不做赘述。

1. 环氧富锌底漆

环氧富锌漆是目前钢结构防腐涂装配套中最常用的底漆，其锌粉含量达到80％，符合 SSPC Paint 20 Level Ⅱ（SSPC 全称为美国防护涂料协会，为全世界最为专业和权威的防腐蚀机构之一）和国际标准 ISO 12944 对锌粉含量的要求，具有长效防腐、快干的特点，可用于复杂严苛腐蚀环境的长效防腐蚀保护（表 4.9.4-1）。

环氧富锌漆的性能指标　　　　　　　　　　　表 4.9.4-1

性能参数		技术要求	测试方法
容器中状态		搅拌后均匀无硬块	目测
细度（μm）		≤60	GB/T 1724—1979
体积固体含量		≥60%	GB/T 9272—2007
重量固体含量		≥83%	GB/T 1725—2007
密度（g/mL）		≥2.5	GB 6750—2007
干燥时间，23℃	表干（h）	≤1	HG/T 3668—2009
	实干（h）	≤3	
储存稳定性-沉降程度，级（组分 A，50℃，15d）		≥6	GB/T 6753.3—1986
适用期（25℃）（h）		≥2	GB/T 1723—1993
附着力（MPa）		≥5	GB/T 5210—2006
柔韧性（mm）		≤2	GB/T 1748—1979
耐冲击性（cm）		≥50	GB/T 1732—1993
干膜中锌含量		≥80%	HG/T 3668—2009
耐盐雾性（1000h）		不生锈、不起泡、不开裂、不脱层	GB/T 1771—2007
循环腐蚀试验		通过	ISO 20340：2003

2. 环氧云铁中间漆

环氧云铁中间漆是双组份快干型高固体含量的环氧漆，具有优异的干燥速度和覆涂性能，适用于在−5～40℃环境下的施工以及高膜厚状态下的涂装施工。快干环氧中间漆的体积固体含量高达 80%，一次成膜可高达 300μm，也可以低至 100μm，有效减少涂层道数和施工工序。挥发性有机化合物（VOC）含量很低，满足绿色建筑规范 LEED 的要求。

环氧云铁中间漆含有防锈颜料云母氧化铁 Fe_2O_3，其鳞片状结构在漆膜中层叠排列可有效阻挡水分、氧气及其他腐蚀介质的渗透，并且表面具有一定的粗糙度，有利于面漆的粘结。环氧云铁漆的漆膜坚韧，具有良好的抗渗透性、耐磨性及耐腐蚀性。其性能指标如表 4.9.4-2 所示。

环氧云铁中间漆的性能指标　　　　　　　　表 4.9.4-2

性能参数		技术要求	测试方法
容器中状态		搅拌后均匀无硬块	目测
体积固体含量		≥80%	GB/T 9272—2007
重量固体含量		≥85%	GB/T 1725—2007
密度（g/mL）		≥1.5	GB 6750—2007
干燥时间，23℃	表干（h）	≤1.5	GB/T 1728—1989
	实干（h）	≤4	
储存稳定性-沉降程度，级（组分 A，50℃，15d）		≥6	GB/T 6753.3—1986
适用期（25℃）（h）		≥2	GB/T 1723—1993
附着力（MPa）		≥5	GB/T 5210—2006
柔韧性（mm）		≤2	GB/T 1748—1979
耐冲击性（cm）		≥50	GB/T 1732—1993
耐盐雾性（1000h）		不生锈、不起泡、不开裂、不脱层	GB/T 1771—2007

3. 面漆

聚氨酯面漆、丙烯酸聚硅氧烷与氟碳面漆属于耐候面漆,对防腐涂层外观要求较高时可采用。产品性能具体可参见规范《胶联型氟树脂涂料》HG/T 3792—2014[49]。

(1) 脂肪族聚氨酯面漆

脂肪族聚氨酯面漆是双组分、高固体份含量的脂肪族聚氨酯面漆,属于保光保色性好的高性能面漆,具有较高的耐久性和耐候性,通常用于腐蚀性大气环境中,其性能指标如表 4.9.4-3 所示。聚氨酯面漆具有无最大覆涂间隔限制、重涂性能好、干燥快、色彩丰富等特点。脂肪族聚氨酯面漆与环氧富锌底漆和环氧云铁中间漆配合使用,可以通过 ISO 20340:2003 标准 4200h 循环测试。

脂肪族聚氨酯涂料性能指标　　　　表 4.9.4-3

性能参数		技术要求	测试方法
细度 (μm)		≤30	GB/T 1724—1979
体积固体含量		≥61%	GB/T 9272—2007
重量固体含量		≥65%	GB/T 1725—2007
光泽 (60°)		≥85	GB/T 9754—1988
干燥时间,23℃	表干 (h)	≤3.5	GB/T 1728—1989
	实干 (h)	≤10	
储存稳定性-沉降程度,级 (组分 A,50℃,15d)		≥6	GB/T 6753.3—1986
适用期 (25℃) (h)		≥1.5	GB/T 1723—1993
附着力 (MPa)		≥5	GB/T 5210—2006
柔韧性 (mm)		≤2	GB/T 1748—1979
耐冲击性 (cm)		≥50	GB/T 1732—1993
耐磨性 (500r/500g) (g)		≤0.05	GB/T 1768—2006
重涂性		可覆涂	HG/T 3792—2005
紫外光老化 (QUV 3000h)		允许 1 级变色、1 级失光和 1 级粉化	GB/T 14522—2008
循环腐蚀试验		通过	ISO 20340:2003

(2) 丙烯酸聚硅氧烷面漆

丙烯酸聚硅氧烷面漆是双组分、丙烯酸改性的聚硅氧烷高性能面漆,具有优异的保光保色性、0℃低温固化和优异耐候性,其性能指标如表 4.9.4-4 所示。适用于对保光保色性要求高的严酷腐蚀性大气环境中,可满足较高的耐久性和耐候性要求。

丙烯酸聚硅氧烷面漆 Hardtop Pro 不含异氰酸酯,体积固体份含量 65%,一次成膜可高达 130μm,也可低至 50μm,有效减少涂层道数和施工工序,具有优异的覆涂性能,适用于 0~40℃ 环境下的施工。VOC 含量低,仅为 300g/L,满足涂装环境要求,不含铅铬,绿色环保。

丙烯酸聚硅氧烷涂料的性能指标　　　　表 4.9.4-4

性能参数	技术要求	测试方法
细度 (μm)	≤35	GB/T 1724
不挥发物含量 (%)	≥60	GB/T 1725
体积固体含量	≥76%	GB/T 9272—2007
重量固体含量	≥84%	GB/T 1725—2007

性能参数		技术要求	测试方法
光泽（60°）		≥85	GB/T 9754—1988
干燥时间，23℃	表干（h）	≤2	GB/T 1728—1989
	实干（h）	≤24	
储存稳定性-沉降程度，级（组分A，50℃，15d）		≥6	GB/T 6753.3—1986
附着力（MPa）		≥5	GB/T 5210—2006
硬度		≥0.6	GB/T 1730
弯曲性（mm）		≤2	GB/T 1748—1979
耐冲击性（cm）		≥50	GB/T 1732—1993
耐磨性（500r/500g）（g）		≤0.06	GB/T 1768—2006
重涂性		可覆涂	HG/T 3792—2005
紫外光老化（QUV 3000h）		允许1级变色、1级失光和1级粉化	GB/T 14522—2008
不含异氰酸酯		通过	GB/T 6040—2002

（3）氟碳面漆

氟碳面漆的氟含量不低于24%，体积固体含量不小于65%，VOC含量不大于300g/L，通过3000h耐人工气候老化性、耐湿热、耐盐雾测试，其性能指标如表4.9.4-5所示。产品性能要求应符合规范《公路桥梁钢结构防腐涂装技术条件》JT/T 722—2008[50]。

氟碳面漆涂料的性能指标 表4.9.4-5

性能参数		技术要求	测试方法
细度（μm）		≤35	GB/T 1724—1979
不挥发物含量（%）		≥55	GB/T 1725
体积固体含量		≥75%	GB/T 9272—2007
重量固体含量		≥84%	GB/T 1725—2007
光泽（60°）		≥85	GB/T 9754—1988
干燥时间，23℃	表干（h）	≤2	GB/T 1728—1989
	实干（h）	≤24	
附着力（MPa）		≥5	GB/T 5210—2006
硬度		≥0.6	GB/T1730
弯曲性（mm）		≤2	GB/T 1748—1979
耐冲击性（cm）		≥50	GB/T 1732—1993
耐磨性（500r/500g）（g）		≤0.05	GB/T 1768—2006
溶剂可溶物氟含量（%）		≥24	HG/T 3792
重涂性		可覆涂	HG/T 3792—2005
紫外光老化（QUV 3000h）		允许1级变色、1级失光和1级粉化	GB/T 14522—2008
不含异氰酸酯		通过	GB/T 6040—2002

4.9.5 典型防腐配套

1. 防腐配套选取原则

防腐蚀涂装设计应满足国际标准《色漆和清漆 防护涂料体系对钢结构的防腐蚀保护》

ISO 12944—2018 与国家标准《色漆和清漆 防护涂料体系对钢结构的防腐蚀保护》GB/T 30790—2014 的要求，并遵循如下原则。

（1）结构基材与涂层之间应具有良好的兼容性。防腐蚀涂装配套中的底漆、中间漆和面漆之间也应具有良好的兼容性。

（2）用于室外环境时，可选用氯化橡胶、脂肪族聚氨酯、聚氯乙烯萤丹、氯磺化聚乙烯、高氯化聚乙烯、丙烯酸聚氨酯、丙烯酸环氧等涂料。对涂层的耐磨、耐久和抗渗性有较高要求时，宜选用树脂玻璃鳞片涂料。

（3）锌、铝和含锌、铝金属层的钢材，其表面应采用环氧底涂料封闭，底涂料的颜料应采用锌黄类。在有机富锌或无机富锌底涂料之上，宜采用环氧云铁或环氧铁红涂料。

（4）有防火要求的钢构件应采用消防部门认可的防火涂料并满足设计要求的耐火极限，防腐涂料与防火涂料应相容。防火涂料的技术性能应符合现行国家标准《钢结构防火涂料》GB 14907—2002 的规定，防火构造与施工应满足《建筑钢结构防火技术规范》GB 51249—2017有关规定。

（5）对涂料供应商和涂装施工单位应进行资质审查。一般要求涂料供应商和施工单位应获得《质量管理体系 要求》GB/T 19001 ISO 9001、《环境管理体系要求及使用指南》GB/T 24001 ISO 14001 和《职工健康安全管理体系要求》GB/T 28001 OHSAS 18001 认可证书，具备履约能力；其中，防腐涂装施工单位要求具备防腐保温二级及以上资质或是国家一级及以上企业资质；防火涂装施工单位应具备国家公安消防机关颁发的消防施工资质证书，并具备保证工程安全与质量的能力。

2. 常用的防腐配套方案

室内环境（环境类别 C3）钢结构防腐涂装配套设计   表 4.9.5-1

序号	涂装要求	设计值	备注
1	表面净化处理	无油、干燥	GB 11373—2017
2	抛丸喷砂除锈	Sa2.5	GB/T 8923.1—2011
3	表面粗糙度	Rz 40～70μm	GB 11373—2017
4	环氧富锌底漆	60μm	高压无气喷涂
5	环氧中间漆	100μm	高压无气喷涂
6	脂肪族聚氨酯面漆（或氟碳面漆）	40μm 两道	高压无气喷涂

室外钢结构防腐涂装配套设计（C4 环境类别）   表 4.9.5-2

序号	涂装要求	设计值	备注
1	表面净化处理	无油、干燥	GB 11373—2017
2	抛丸喷砂除锈	Sa2.5	GB/T 8923.1—2011
3	表面粗糙度	Rz 40～70μm	GB 11373—2017
4	环氧富锌底漆	70μm	高压无气喷涂
5	环氧云铁中间漆	100μm	高压无气喷涂
6	脂肪族聚氨酯面漆（或氟碳面漆）	40μm 两道	高压无气喷涂

室外钢结构（环境类别 C5）防腐涂装配套设计　　　表 4.9.5-3

序号	涂装要求	设计值	备注
1	表面净化处理	无油、干燥	GB 11373—2017
2	抛丸喷砂除锈	Sa2.5	GB/T 8923.1—2011
3	表面粗糙度	Rz 40~70μm	GB 11373—2017
4	环氧富锌底漆	80μm	高压无气喷涂
5	环氧云铁中间漆	160μm	高压无气喷涂
6	脂肪族聚氨酯面漆（或氟碳面漆）	40μm 两道	高压无气喷涂

室外钢结构防腐涂装配套设计（镀锌件外表面）　　　表 4.9.5-4

序号	涂装要求	设计值	备注
1	表面拉毛	—	GB 11373—2017
2	环氧连接漆	50μm	高压无气喷涂
3	环氧云铁中间漆	100μm	高压无气喷涂
4	脂肪族聚氨酯面漆（或氟碳面漆）	30μm 两道	高压无气喷涂

（1）有较高保光保色要求的碳钢、低合金钢，其防腐涂装方案可参考表 4.9.5-5。

一般情况的室外防腐涂装　　　表 4.9.5-5

环境类型	室外		
部位	屋盖桁架，有阳光照射构件		
防腐设计年限	>15 年（ISO 12944—1：2017）		
表面处理	表面处理需喷砂处理至 Sa2.5（ISO 8501—1：2007）非常彻底的喷射处理，在不放大的情况下进行观察时，表面应无可见的油脂和污垢，并且没有氧化皮、铁锈、油漆涂层和异物。粗糙度应满足 30~85μm（ISO 8503-2：2012）		
涂料系统	产品类型及名称	干膜厚度（μm）	施工方法
底漆	环氧富锌底漆	80	无气喷涂
中间漆	环氧云铁中间漆	100	
面漆	丙烯酸聚硅氧烷面漆	80	
总干膜厚度		280	

当有较高环保要求时，可参考表 4.9.5-6 方案进行涂装。

环保要求高的室外防腐涂装　　　表 4.9.5-6

涂料系统	产品类型及要求	干膜厚度（μm）	施工方法
底漆	水性环氧底漆 或环保型环氧磷酸锌底漆 或环保型环氧底漆	60	无气喷涂
中间漆	环保型环氧云铁中间漆	120	
面漆	厚浆型聚硅氧烷面漆	60	
总干膜厚度		240	

（2）有防火要求的碳钢、低合金钢，其防腐涂装方案可参考表 4.9.5-7。

有防火要求的防腐涂装　　　　　　　　　　　　　　表 4.9.5-7

环境类型	有防火要求的构件		
防腐设计年限	>15 年（ISO 12944-1:2017）		
表面处理	表面处理需喷砂处理至 Sa2.5（ISO 8501-1:2007）非常彻底的喷射处理，在不放大的情况下进行观察时，表面应无可见的油脂和污垢，并且没有氧化皮、铁锈、油漆涂层和异物。粗糙度应满足 Ry5 30～85μm（ISO 8503-2：2012）。		
涂料系统	产品类型及名称	干膜厚度（μm）	施工方法
底漆	环氧富锌底漆	60	无气喷涂
中间漆	环氧云铁漆	100	
防火涂料	超薄型钢结构防火涂料	由防火时限决定	
面漆	脂肪族聚氨酯面漆	80	
总干膜厚度（不含防火涂料）		240	

当有较高环保要求时，可参考表 4.9.5-8 中的绿色环保方案进行涂装。

有较高环保要求与防火要求的防腐涂装　　　　　　　表 4.9.5-8

涂料系统	产品类型及要求		干膜厚度（μm）	施工方法
底漆	水性环氧底漆或环保型环氧磷酸锌底漆		80×2	无气喷涂
防火涂料	水性超薄型钢结构防火涂料		根据防火时限	
面漆	绿色认证聚氨酯面漆	VOC 小于 250g/L，不含 HAPs 清单所列溶剂，体积固体含量≥73%	80	
总干膜厚度（不含防火涂料）			240	

（3）无防火要求的室内碳钢、低合金钢，其防腐涂装方案可参考表 4.9.5-9。

一般情况的室内防腐涂装　　　　　　　　　　　　　表 4.9.5-9

环境类型	无防火要求的室内构件		
部位	屋盖桁架，无阳光照射构件		
防腐设计年限	>15 年（ISO 12944-1:2017）		
表面处理	表面处理需喷砂处理至 Sa2.5（ISO 8501-1:2007）非常彻底的喷射处理，在不放大的情况下进行观察时，表面应无可见的油脂和污垢，并且没有氧化皮、铁锈、油漆涂层和异物。粗糙度应满足 30～85μm（ISO 8503-2:2012）		
涂料系统	产品类型及名称	干膜厚度（μm）	施工方法
底漆	环氧富锌底漆	80	无气喷涂
中间漆	环氧云铁中间漆	100	
面漆	脂肪族聚氨酯面漆	80	
总干膜厚度		280	

当有较高环保要求时，可参考表 4.9.5-10 中的绿色环保方案进行涂装。

环保要求较高的室内防腐涂装　　　　　　　　　　　表 4.9.5-10

涂料系统	产品类型及名称		干膜厚度（μm）	施工方法
底漆	环保型环氧磷酸锌底漆	VOC 小于 250g/L，不含 HAPs 清单所列溶剂，体积固体含量≥75%	80	无气喷涂

续表

涂料系统	产品类型及名称		干膜厚度（μm）	施工方法
中间漆	环保型环氧云铁中间漆	VOC 小于 250g/L，不含 HAPs 清单所列溶剂，体积固体含量≥76%	120	无气喷涂.
面漆	绿色认证聚氨酯面漆	VOC 小于 250g/L，不含 HAPs 清单所列溶剂，体积固体含量≥73%	80	
总干膜厚度			280	

（4）有工业尘埃、气候性腐蚀的自然环境，钢结构的防腐涂装可参考表 4.9.5-11。

大气环境腐蚀性较高时的防腐涂装方案　　　　表 4.9.5-11

防腐设计年限	>15 年（ISO 12944-1：2017）	
涂料系统	产品类型及名称	干膜厚度（μm）
底漆	环氧富锌	80
中间漆	环氧云铁	160
面漆	丙烯酸聚硅氧烷	2×40

3. 工程防腐蚀涂装实例

（1）以常开状态为主的体育场，其防腐蚀设计按室外环境考虑，钢结构表面涂装方案如表 4.9.5-12 所示。

防腐涂装实例一　　　　表 4.9.5-12

序号		涂装要求	设计值	标准	备注
1		表面净化处理	无油、干燥	GB 10373—89	
2		抛丸喷砂除锈	Sa 2.5	GB 8923—88	
3		表面粗糙度	Rz 40~70μm	GB 10373—89	
无防火漆涂覆部分	4	环氧富锌底漆	100μm（2×50）		高压喷涂
	5	环氧中间漆	70μm（2×35）		高压喷涂
	6	可覆涂聚氨酯面漆	80μm（2×40）	颜色参建筑	高压喷涂
有防火漆涂覆部分	7	环氧富锌底漆	100μm（2×50）		高压喷涂
	8	防火涂料（薄型）	>4200μm		高压喷涂
	9	可覆涂聚氨酯面漆	50μm	颜色参建筑	高压喷涂

（2）某沿海城市体育场屋面桁架钢结构与网架墙的防腐涂装方案，如表 4.9.5-13 所示。

屋面钢结构的防腐涂装方案　　　　表 4.9.5-13

序号	涂装要求	漆膜厚度（μm）	符合要求
1	环氧富锌底漆	50	锌粉在干膜的重量比为≥80%，体积固体含量≥65%
2	环氧云铁中间漆	150	体积固体含量≥78%，具有快干和-5℃低温固化施工性能，常温下的重涂间隔时间应小于 2h
3	聚氨酯面漆	60	体积固体含量不小于 66%
合计		260	

4.9.6　防腐蚀涂装施工与维护

开合屋盖防腐涂装工程应满足《钢结构工程施工质量验收标准》GB 50205 的各项基本要求[51]，外露或中等侵蚀环境中的结构，应要求其钢材表面初始锈蚀等级不低于现行国家标准《涂覆涂料前钢材表面处理 表面清洁度的目测评定 第 1 部分：未涂覆过的钢材表面和全面清除原有涂层后的钢材表面的锈蚀等级和处理等级》GB/T 8923.1 规定的 B 级标准[47]，并应满足以下要求：

（1）底漆应在工厂完成涂装工作。

（2）钢结构表面应平整，施工前必须认真清除钢材表面的氧化皮、焊渣、焊疤、灰尘、毛刺、铁锈、油污和水迹等。除锈等级应符合《涂覆涂料前钢材表面处理 表面清洁度的目测评定 第 1 部分：未涂覆过的钢材表面和全面清除原有涂层后的钢材表面的锈蚀等级和处理等级》GB/T 8923.1 的规定。

（3）保证基层表面足够的粗糙度，一般取 $Rz=60\mu m$。

（4）对于分段对接处和喷射或抛丸达不到的位置，采用动力工具机械打磨除锈，根据《涂覆涂料前钢材表面处理 表面清洁度的目测评定 第 1 部分：未涂覆过的钢材表面和全面清除原有涂层后的钢材表面的锈蚀等级和处理等级》GB/T 8923.1 选取钢材除锈等级。

（5）经处理的钢结构基层，应及时涂刷底漆，间隔时间不应超过 5h。

（6）已经处理的钢结构表面，不得再次污染，当受到二次污染时，应重新进行表面处理。

（7）钢结构部分安装完毕后，对工地焊接部位、紧固件以及防锈受损的部位，应首先清除焊渣，进行表面除锈，除锈等级为 St3，然后用同种涂料进行补漆。

（8）涂料的混合性能与涂覆方法应满足钢结构的实际情况与施工计划安排。涂装时构件表面不应有结露，涂装后 4h 内应避免雨淋。

（9）涂料应具有良好的干燥性能与较短的干燥时间。当底漆与面漆涂装间隔时间较长时需要采取保护措施。

（10）在涂装工程施工中应采取防护措施，产品应有明显的安全提示标志。

（11）涂料应具有良好的可复涂性，在施工现场修补应保证不出现可视的色差，使用过程中的修补不应出现明显的色差。

（12）钢结构构件涂装后，防止在堆放、运输、吊装过程中的损坏，并采取有效的保护措施。

（13）各类钢结构装饰构件均采用与主体结构相同的涂装体系。带有外覆建筑装饰薄钢板的部位可以仅涂装底漆与封闭漆，此时应保证外包板材的拼接位置具有良好的密闭性，以防止渗漏造成主体钢结构损坏。

（14）钢结构和驱动与控制系统均应定期进行防腐蚀检查和维修。

4.10 防火设计

4.10.1 我国钢结构防火设计现状

1. 防火设计原理

火灾下钢结构的破坏是由于高温下钢材强度下降，导致钢结构承载力迅速降低无法承担外部荷载和作用而失效破坏，因此，防火保护是钢结构设计的关键。

目前，我国的钢结构防火设计理念是通过防火保护延缓钢结构的升温速度，将钢结构的耐火极限提高至规范规定的范围，防止钢结构在火灾中迅速升温发生形变、塌落。防火设计方法主要基于承载力极限状态的结构分析与耐火验算，该方法与欧洲钢结构协会 ECCS 钢结构防火设计标准、英国规范 BS5950 Part 8、欧洲规范 ENV1993-1-2、美国规范 AN-SI/AISC 360-10 等规范所采用的方法相同[52]。

根据《建筑钢结构防火技术规范》GB 51249—2017，当满足下列条件之一时，应视为钢结构整体达到耐火承载力极限状态[52]：

（1）钢结构产生足够的塑性铰形成可变机构；

（2）钢结构整体丧失稳定。

当满足下列条件之一时，应视为钢构件达到耐火承载力极限状态：

（1）轴心受力构件截面屈服；

（2）受弯构件产生足够的塑性铰而成为可变机构；

（3）构件整体丧失稳定；

（4）构件达到不适于继续承载的变形。

由于高温下钢材的弹性模量急剧下降，结构发生较大变形不可避免，按正常使用极限状态进行钢构件的防火设计过于严苛，故通常不对火灾下结构的正常使用极限状态加以控制，但当建筑物有灾后使用的要求时，可酌情控制。

2. 耐火等级

耐火等级是衡量建筑物耐火程度的分级标度，我国国家标准《建筑设计防火规范》GB 50016—2014 根据建筑规模、使用功能、重要性等因素将建筑物的耐火等级分为四级，重要的大跨度公共建筑应采用一、二级耐火等级[53]。

《建筑钢结构防火技术规范》GB 51249—2017，针对各类建筑构件的耐火极限作出规定，大跨度钢结构相关构件的耐火时间如表 4.10.1-1 所示。

<table>
<tr><td colspan="3" style="text-align:left">构件的设计耐火极限 （h）</td><td style="text-align:right">表 4.10.1-1</td></tr>
</table>

构件类型	建筑耐火等级	
	一级	二级
柱、柱间支撑	3.00	2.50
楼面梁、楼面桁架、楼面支撑	2.00	1.50
楼板	1.50	1.00
屋顶承重构件、屋面支撑、系杆	1.50	1.00

3. 高大空间防火设计特点

由于高大空间建筑多采用大跨度钢结构形式，火灾下钢结构强度与弹性模量的快速衰减，结构容易发生局部失稳甚至整体坍塌。同时，为保证建筑功能空间的连续性，很多高大空间在实际使用中很难严格按照现行防火规范进行防火分区和防火分隔，一旦发生火灾，火势扩散较快，过火面积难以有效控制。此外，火灾探测装置通常安置于建筑顶棚位置，对于高大空间建筑而言，火灾烟气迅速上升，同时烟气浓度随之降低，导致传统的感烟与感温探测器难以在火灾初期及时做出响应。

因此，防火保护是大跨度钢结构设计的重要内容，并且具有不同于常规结构的特殊性。国内外学者对于大空间钢结构防火保护进行了诸多研究[54~62]，但由于情况复杂，目前尚未在规程标准中制定出针对性的系统解决方案。采取对大跨度钢结构全面覆涂防火涂料的方式针对性不强，防护效果未必理想；防火涂料受有效期限制，需要维护和更新，成本相应提高；厚型防火涂料不仅影响建筑美观，还将导致结构荷载增加。因此，大空间钢结构防火设计应结合具体工程火灾发展的规律，基于整体结构的火灾风险评估，有针对性地采取切实有效的防火保护措施。

4.10.2 大空间火灾特点与钢材的温升特性

1. 大空间钢结构的火灾特点

一般室内火灾由建筑内部某一起火点开始，整个火灾过程可分为初始增长期、全盛期、衰退期三个阶段。由于烟气比较集中，经过不断积累后发生瞬时"轰燃"，大部分可燃物燃烧，火灾进入全面发展阶段，环境温度急剧升高，危及结构安全。

体育馆、展览馆、候车厅等高大建筑空间的火灾与普通室内火灾但有显著不同的特点。高大建筑空间发生火灾后，烟气能够得到及时的扩散并迅速上行蔓延至建筑屋顶范围，可以避免烟气聚集后发生轰燃的情况，使得火灾环境温度峰值大大降低。高大空间与普通室内空间的火灾温升曲线以及国际 ISO834 标准火灾温升曲线对比情况如图 4.10.2-1 所示[52]。

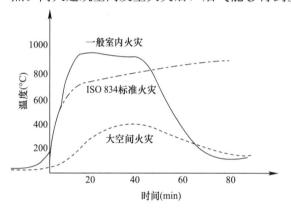

图 4.10.2-1　高大空间火灾的升温曲线

2. 现有高大空间防火设计的局限性

（1）尚未建立基于实际高大空间的温度场分布模型

《建筑钢结构防火技术规范》GB 51249—2017 的钢结构耐火验算与防火保护设计基于 ISO834 标准火灾温升曲线，该温升曲线与高大空间的大跨度钢结构火灾温升曲线差别很大。真实的火灾曲线与建筑火灾荷载的类别、密度以及通风排烟措施紧密相关，尤其对于带有可开合屋盖的大跨度结构，其火灾温升情况差别更大，据此进行大空间防火设计具有一定的局限性。《建筑钢结构防火技术规范》CECS 200:2006 中虽然给出了高大空间建筑火灾温升计算公式，但适用范围相对局限，仅针对建筑空间 500～6000m² 、建筑高度 6～20m 时发生三种特定火源类型火灾时的烟气温度场分布[63]。

高大空间防火设计应采用真实的火灾温度场模型，充分体现火灾温升曲线的阶段完整性与火场温度分布的不均匀性，并真实预测高大空间建筑火灾温度的最大值。但是火灾场景的设置、非均匀的动态温度场分布规律及数学模型、温度场荷载的施加等问题还欠缺系统化的可操作性强的实施方法。

（2）高大空间钢结构温升模型有待进一步完善

火灾中传递的热量主要包括对流换热与辐射换热两部分，其中对流换热部分约占 2/3，辐射换热部分约占 1/3[56]。目前，国内外对于钢构件的温升计算是根据烟气与钢构件的对流换热公式计算受火构件的热量增量，再根据热平衡方程建立受热钢构件的温升模型，均未考虑火源的辐射温度和火焰直接灼烧构件引起的温升。但对于高大空间建筑，火灾规模一般较大，火焰的热辐射作用明显，尤其是竖向承重钢构件，很可能紧邻起火点，火焰热辐射作用不可忽略。

（3）高大空间钢结构建筑安全评估标准的针对性需进一步改进。

现行防火规范中的钢结构耐火验算与防火保护主要基于构件，构件在耐火极限时间内在火灾荷载作用下满足承载力要求则认为钢结构是安全的，不满足承载力要求则需对钢结构进行防火保护；发生火灾时，在耐火极限时间内构件温度不超过所设定的极限温度，否则需要采取防火保护。

高温下钢材的性能与工程实践表明，当构件温升达 100℃时，钢材弹性模量开始降低，超静定结构中由变形产生的构件内力可能已经造成了受压构件破坏，而膨胀型防火涂料在 200℃后才发生膨胀，起不到预想的隔热作用。非膨胀型防火涂料又常常因为建筑外观的限制不被采用。因此，对高大空间钢结构而言，基于构件承载力的防火设计。

高大空间钢结构防火设计安全应以人员安全为前提，在考虑火灾发展全过程非均匀温度场的基础上进行整体结构的稳定性分析，确保整体结构或子结构在火灾发生后一定时间内不能倒塌，使建筑内人员有足够的时间逃生，消防员有足够时间灭火。因此，高大空间钢结构防火设计应以整体结构的稳定或不倒塌为目标。

开合屋盖结构属于高大空间建筑，其可开合屋盖又可作为消防排烟装置，火灾时将屋盖开启可起到迅速排烟的作用，是非常有效的消防措施。因此，开合屋盖结构的防火设计除了满足一般高大空间在耐火时间内的整体性要求外，还应具有相应的结构变形控制要求，来保证发生火灾时屋盖顺利开启。

3. 结构钢的高温性能

结构用钢通常采用有屈服平台的低碳结构钢和低合金结构钢，其材料力学性能在高温时降低明显，在 300℃高温下，钢材已无明显的屈服平台；当温度超过 400℃时，屈服强度随温度升高急剧下降；温度达到 650℃时，钢材大部分强度已丧失；钢材的弹性模量则在 100℃温度时已出现下降。

钢材的生产与加工工艺对钢材的高温力学性能影响较大，《建筑钢结构防火技术规范》GB 51249—2017 在综合比较了国内试验资料与欧洲标准《钢结构设计 第 1.2 部分：结构防火设计》EN1993-1-2：2005、英国标准《建筑钢结构 第 8 部分：耐火设计实施规范》BS5950-8：2003 等的基础上，绘出了高温下结构钢的强度设计值和弹性模量，在常温性能基础上对高温下的钢材屈服强度和弹性模量进行折减[52]，如图 4.10.2-2 与表 4.10.2-1 所示。

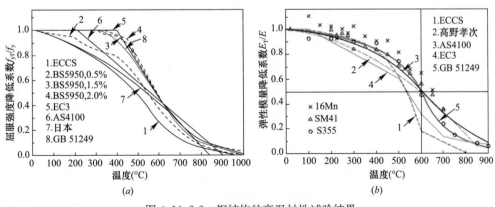

图 4.10.2-2　钢结构的高温材性试验结果
（a）屈服强度；（b）弹性模量

钢材高温下的屈服强度折减系数 η_{T} 和弹性模量折减系数 χ_{T}　　表 4.10.2-1

温度（℃）		20	100	200	300	400	450	500	550	600	650	700	750	800	900	1000
结构钢	χ_{T}	1.000	0.981	0.949	0.905	0.839	0.791	0.727	0.637	0.500	0.318	0.214	0.147	0.100	0.038	0.000
	η_{T}	1.000	1.000	1.000	1.000	0.914	0.821	0.707	0.581	0.453	0.331	0.226	0.145	0.100	0.050	0.000
耐火钢	χ_{T}	1.000	0.968	0.929	0.889	0.849	0.829	0.810	0.790	0.770	0.750	0.610	0.470	0.330	0.050	0.000
	η_{T}	1.000	0.980	0.949	0.909	0.853	0.815	0.769	0.711	0.634	0.528	0.374	0.208	0.125	0.042	0.000

　　钢材的物理特性主要取决于钢材的化学组分，碳素结构钢和低合金结构钢等所含的碳元素、合金元素比例很小，因此，钢材的高温物理特性随温度变化不明显，且各类结构钢之间的高温物理性能差别很小。

　　《建筑钢结构防火技术规范》GB 51249—2017 综合对比了英国钢结构规范（BS5950）、美国钢结构建筑设计规范（AISC）、日本规范、澳大利亚钢结构规范（AS4100）以及欧洲钢结构规范（EC3）的钢材高温物理参数的取值（图 4.10.2-3），并在此基础上给出了高温下钢材的物理参数与相应计算公式，其中物理参数如表 4.10.2-2 所示[52]。

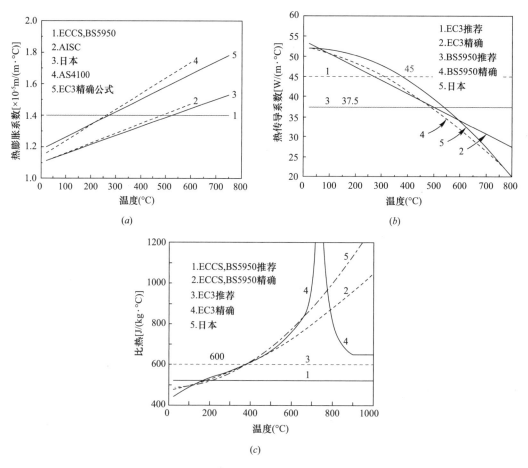

图 4.10.2-3　各国规范的高温下钢材物理参数取值

（a）热膨胀系数随温度变化曲线；

（b）热传导系数随温度变化曲线；（c）比热随温度变化曲线

高温下钢材的物理参数[52]

表 4.10.2-2

参数	符号	数值	单位
热膨胀系数	α_s	1.4×10^{-5}	m/(m·℃)
热传导系数	λ_s	45	W/(m·℃)
比热容	c_s	600	J/(kg·℃)
密度	ρ_s	7850	kg/m³

4. 耐火钢

耐火钢是抗火性能较好的钢材，最初由日本于 20 世纪 80 年代提出，其基本原理是在钢材中添加钼（Mo）等耐高温的合金元素，使钢材在高温时形成比铁（Fe）原子大的化合物碳化钼（Mo_2C），起到阻止或减弱晶粒滑移的作用，从而显著提高了钢材的高温强度。

耐火钢在常温状态下的机械性能、可焊性、施工性以及高温下的热膨胀系数、热传导系数、比热等物理参数等与普通结构钢基本一致，规格、等级也与普通结构钢相对应，设计时可直接参照普通结构钢的有关公式进行计算。耐火钢的突出优势在于 450～700℃温度区间内的强度损失小于普通结构钢，600℃高温环境下 2h 的屈服强度不低于屈服强度最低值的 2/3。

耐火钢与耐热钢有本质的不同，耐热钢对钢的高温性能，如高温持久强度、蠕变强度等有严格的要求，而耐火钢只要求在构件设计耐火极限内能够保持较高的强度。因此，耐火钢的合金元素含量稍高于结构钢，但远低于同强度级别的耐热钢。

欧美、日本等国家都曾开展过耐火钢的研发与生产，如日本的 SN400 系列、SN900 系列、SN400FR 系列、SM400FR 系列、SN490FR 系列以及 SM490FR 系列钢材，美国的 ASTMA36、A572 Gr50 等，英国按 BS4360 标准研制的系列钢材。为了适应国内钢结构建筑对高性能钢的需求，武钢、宝钢、马钢、鞍钢等企业也相继研制出了我国自己的耐火钢产品，并在实际工程中得到了应用。

近年来，由于钼（Mo）的原材料价格上涨幅度很大，耐火钢成本每吨增加上千元，导致耐火钢的工程造价大幅度提高，从而工程应用受到影响。

相对普通结构钢，耐火钢的耐火温度可提高 200℃左右，达到 400～600℃。普通建筑的火灾升温较高，采用耐火钢虽然可在一定程度降低防火涂料厚度，但总体造价上并无优势。由于开敞结构或高大空间结构火灾温升不高，如果单纯利用耐火钢的高温力学性能即能满足结构抗火设计要求时，使用耐火钢具有较大的实际意义。

4.10.3　消防性能化设计

消防性能化设计通过科学地分析可能发生的火灾对钢结构安全性的影响，使大跨度钢结构防火设计不再仅靠遵守建筑防火设计规范的条文，能够合理地达到规范要求的安全度。消防性能化设计方法结合建筑空间与结构的特点，建立火灾模型，设定火灾场景，采用数值模拟的方式预测火灾的发生与发展，获得真实的高大空间火灾温升曲线，数值化地表现受火钢结构的温升状态，根据模拟和分析结果进行钢结构抗火性能论证与量化评估，从而有针对性地制定有效的防火保护措施。开合屋盖结构的火灾温升特点与常规结构不同，宜结合活动屋盖的常驻位置和使用功能进行消防性能化分析。

1. 高大空间火灾下的温度场

(1) 理想火灾模型

理想高大空间的火灾温升分为发展阶段、稳定阶段与衰退阶段。火源的热释放速率随火灾的发展过程而变化，可表述为时间 t 的变量函数。

1) 火灾发展阶段。该阶段决定了火灾的发展速度。由于建筑空间高大，初期氧气充足，火焰由火源点沿可燃物向外蔓延的速度恒定，热释放速率 Q 与火灾持续时间 t^2 成正比，公式表示为：

$$Q = \alpha t^2 \quad t \leqslant t_g \quad\quad (4.10.3-1)$$
$$\alpha = \pi q v^2$$

式中 t——火灾发展时间（s）；

t_g——火灾进入稳定燃烧阶段的时间（s）；

q——火源单位面积热释放速率（kW/m²）；

v——火焰蔓延速度（m/s）；

α——火灾增长系数（kW/s²），是表征火灾蔓延速度的指标，根据美国消防协会NFPA240M《排烟标准》（Standards of Smoke and Heat Venting）（2002 年版），火灾发展阶段可分为慢速火、中速火、快速火及超快速火，其火灾发展趋势如图 4.10.3-1 所示，火灾增长系数与典型可燃物的对应关系如表 4.10.3-1 所示。高大空间的可燃物多为木质材料与纤维织物等，火灾发展系数通常介于中速火与快速火之间。

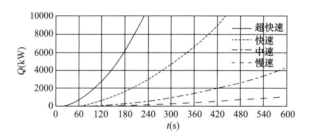

图 4.10.3-1   火灾发展阶段模型

火灾增长系数 α 表 4.10.3-1

可燃材料	火灾增长类型	α(kW/s²)	$Q_0 = 1MW$ 的时间 t_g(s)
废纸篓	慢速	0.0029	600
无棉制品/电视机/泡沫胶枕头	中速	0.0117	300
塑料泡沫/堆积的木板/含邮件的邮袋	快速	0.0469	150
液体甲醇/软垫座椅沙发/圣诞树	超快速	0.1876	75

2) 火灾稳定阶段。当高大空间内的可燃物全部过火后，火灾的热释放速率将达到最大值 Q_{max} 并维持一段时间。

$$Q = Q_{max} = q A_{max} \quad\quad (4.10.3-2)$$

式中 A_{max}——最大过火面积（m²）。

3) 火灾衰退阶段。当接近 80% 的火灾荷载被消耗掉时，火灾进入衰减阶段，火灾热释放速率近似呈线性递减趋势。目前，国内针对火灾衰退阶段的研究相对较少。

当火灾的增长速率、最大热释放速度以及火灾持续时间确定后,可确定火灾发展的数学模型。在进行结构抗火设计时,火灾的持续时间可取为结构耐火极限。

Shi C L 曾在中国科技大学火灾试验大厅进行了高大空间火灾试验[60],试验空间长22.4m,宽 11.9m,高 27m,采用柴油作为火源,火灾烟气温度也呈现典型的升温、稳定及降温阶段,但火灾温度的最大值仅为 160℃。同时也反映出,高大空间火灾、火场烟气温度具有典型的时空分布特征。任一时刻,高大空间火灾烟气温度场呈非均匀分布,远离火源处温度低,靠近火源处温度高;空间某点的火灾烟气温度则随时间呈现典型的温升、稳定和降温阶段。因此,高大空间的火灾烟气温度场是随时间与空间坐标变化的函数。由于高大空间特有的蓄烟、蓄热特点,烟气上升过程中被冷却,温度明显下降,吊顶附近烟气温度远低于 ISO 834 曲线温度、BS EN1991-1-2:2002 曲线温度以及 ASTM-E119Y 曲线温度[61]。

(2) 火灾场景设计

火灾场景设计是根据建筑的防火分区类型、火灾荷载类型、数量及分布情况、建筑开口情况、消防设施等,假定可能发生火灾的位置与火源能量。火灾荷载是火灾场景设计的主要内容。

火灾荷载是可燃物燃烧所产生的总热量,其数值直接影响火灾发生的规模和持续时间。为消除建筑面积因素对火灾荷载的影响,设计引入了荷载密度的概念。荷载密度为单位面积可燃物的总热量,一般通过统计和计算两种方法获得[61]。

1) 统计方法确定火灾荷载密度

澳大利亚、美国、瑞士、日本等发达国家针对火灾荷载密度做过相应的统计工作,并给出一些参考值,如表 4.10.3-2 所示。

不同建筑内火灾荷载密度参考值[62]　　　　表 4.10.3-2

建筑类型	火灾荷载密度参考值（MJ/m²）
居民	780
医院	230
医院储藏室	2000
医院病房	310
办公室	420
商店	600
车间	300
车间和仓储	1180
图书馆	1500
学校	285

2) 基于计算方法确定火灾荷载密度

$$q = \frac{\sum M_V H_V}{A_f} \tag{4.10.3-3}$$

式中　q——火灾荷载密度（MJ/m²）;

　　M_V——室内可燃材料 V 的总质量（kg）;

　　H_V——室内可燃材料 V 的热量（MJ/kg）;

A_f——楼层面积（m^2）。

重要的高大空间建筑，尽量采用不燃材料或难燃材料作为建筑内部的装饰材料，以减少建筑内部的火灾荷载，通过合理布置火灾荷载范围，设置相应的防火分隔与喷淋灭火装置，也是有效的消防措施。

（3）FDS 场模拟技术

高大空间火灾烟气温度场模型的建立，需要对典型温度场的普遍规律进行归纳总结，对不同高度、不同建筑面积、不同火源功率等参数进行大量的分析，从而找到高大空间火灾烟气温度场的普遍性规律，建立其数学模型。进行大批量的火灾试验难度极大且成本高昂，不具备实际操作性。目前，高大空间火灾温度场的研究主要借助于 FDS 模拟技术，FDS（Fire Dynamics Simulator）是目前国内外最专业的火灾烟气运移场模拟平台。

有限容积法（Finite Volume Method）是目前传热问题数值计算中比较成熟且应用广泛的方法，将所计算区域划分为一系列控制容积，每个控制容积都有一个节点代表，通过守恒方程对控制容积进行积分，导出离散方程。FDS 中建立温度场模型的过程即质量守恒、动量守恒以及能量守恒的三个基本守恒方程的求解过程[57,58]。

连续方程：$\dfrac{\partial \rho}{\partial t} + \dfrac{\partial (\rho u_j)}{\partial x_j} = 0$

动量方程：$\dfrac{\partial (\rho u_i)}{\partial t} + \dfrac{\partial (\rho u_j u_i)}{\partial x_j} = \dfrac{\partial}{\partial x_j}\left(\mu \dfrac{\partial u_j}{\partial x_j}\right) + S_{uj}$

能量方程：$\dfrac{\partial (\rho h)}{\partial t} + \dfrac{\partial (\rho u_j h)}{\partial x_j} = \dfrac{\partial}{\partial x_j}\left(\Gamma_h \dfrac{\partial h}{\partial x_j}\right) + S_h$

式中　ρ——流体密度（kg/m^3）；

u_i——流体速度（m/s）；

x_j——空间几何坐标；

S——方程源项，通常动量方程源项包括体积力、压力梯度和部分黏性力，能量方程源项则包括辐射换热和气动热。

运用 FDS 进行火灾模拟分析，得到各火灾场景下大空间温度变化及烟气运动等规律，研究表明，在采取合理网格划分的前提下，FDS 场模拟能准确预测非均匀分布的高大空间火灾烟气温度场。

2. 火灾下钢结构受力性能分析的基本方法

对结构进行火灾下安全性分析时，火灾的影响可视为"结构作用"，通过削弱材料性能以及产生温度效应来引起结构的内力和变形等效应。在实际计算中，把建筑内部可燃物称为火灾荷载，可燃物的类型、数量直接决定了潜在火灾的发展特性。从广义上讲，建筑的通风排烟条件对火灾发展有影响的因素也可作为火灾荷载。

在得到火灾全过程的结构温度场的前提下，将火灾下钢结构节点温度场作为温度荷载施加至结构有限元模型，实现非均匀分布的时空温度场与结构应力的耦合，从而对火灾过程中非均匀受火钢结构的整体受力性能进行分析，其过程如图 4.10.3-2 所示，火灾下钢材的热膨胀效应、弹性模量、屈服强度、应力-应变关系等都会随温度的变化而变化，结构受火时间可取耐火极限，当钢结构在耐火极限时间内承载力不能满足要求时，需要涂敷防火涂料进行保护。

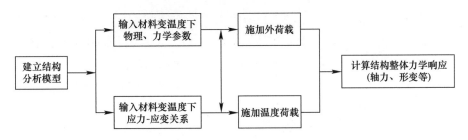

图 4.10.3-2　高大空间受火结构力学分析过程

4.10.4　钢结构防火保护计算

迄今，钢构件防火设计是根据构件极限耐火时间直接选取对应的防火涂层厚度，该厚度取值源于构件耐火试验的结果，根据《构件耐火试验方法》要求，构件耐火试验采用 4m 长规格为 H360 的标准简支梁，根据其在标准温升环境下的耐火表现确定防火涂料厚度。但是大量的工程实践与研究表明，该试验方法具有很大的局限性。

《建筑钢结构防火技术规范》GB 51249—2017 中给出了基于集总热量原理的钢构件升温计算公式。火灾下构件的温升与构件截面形状、变力形态与大小都有直接关系。构件临界温度随荷载率变化曲线如图 4.10.4-1 所示。

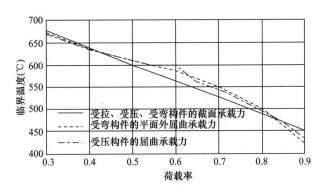

图 4.10.4-1　构件的临界温度随荷载率的变化

根据《建筑钢结构防火技术规范》GB 51249，火灾下无防火保护钢构件的温度可按式（4.10.4-1）～式（4.10.4-3）计算。由公式可见，钢构件温升速度与截面形状系数、热传递系数直接相关，钢构件截面受火面积越大，导热媒质的热传递越快，钢结构的温升速度越高。

$$\Delta T_{\mathrm{s}} = \alpha \cdot \frac{1}{\rho_{\mathrm{s}} c_{\mathrm{s}}} \cdot \frac{F}{V} \cdot (T_{\mathrm{g}} - T_{\mathrm{s}}) \Delta t \qquad (4.10.4\text{-}1)$$

$$\alpha = \alpha_{\mathrm{c}} + \alpha_{\mathrm{r}} \qquad (4.10.4\text{-}2)$$

$$\alpha_{\mathrm{r}} = \varepsilon_{\mathrm{r}} \sigma \frac{(T_{\mathrm{g}} + 273)^4 - (T_{\mathrm{s}} + 273)^4}{T_{\mathrm{g}} - T_{\mathrm{s}}} \qquad (4.10.4\text{-}3)$$

式中　t——火灾持续时间（s）；

Δt——时间步长（s），取值不宜大于 5s；

ΔT_{s}——钢构件在时间（t，$t+\Delta t$）内的温升（℃）；

T_{s}、T_{g}——分别为 t 时刻钢构件的内部温度和热烟气的平均温度（℃）；

ρ_s、c_s——分别为钢材的密度（kg/m³）和比热 $[J/(kg \cdot ℃)]$；

F/V——无防火保护钢构件的截面形状系数（m⁻¹），如表 4.10.4-1 所示。$F/V \geqslant 10$ 的构件称为轻型钢构件，即构件表面均匀受热的情况下，可认为截面温度均匀分布；反之称为重型钢构件，受热时截面各点温度差别较大。工程中采用的大部分钢构件均为轻型钢构件；

F——单位长度钢构件的受火表面积（m²）；

V——单位长度钢构件的体积（m³）；

α——综合热传递系数 $[W/(m^2 \cdot ℃)]$；

α_c——热对流传递系数 $[W/(m^2 \cdot ℃)]$，可取 $25W/(m^2 \cdot ℃)$；

α_r——热辐射传递系数 $[W/(m^2 \cdot ℃)]$；

ε_r——综合辐射率，按表 4.10.4-2 取值。参考美国标准 ANSI/AISC360-10《Specification for Structural Steel Buildings》（2010）的基础上，采用综合辐射率 ε_r 来综合考虑烟气辐射率以及辐射角系数的影响。当实际火灾与理想火灾升温曲线偏差较大时，应调整综合辐射率 ε_r 的取值；

σ——斯蒂芬-玻尔兹曼常数，为 $5.67 \times 10^{-8} W/(m^2 \cdot ℃)$。

无防火保护钢构件的截面形状系数 表 4.10.4-1

截面类型	截面形状系数 F/V	截面类型	截面形状系数 F/V
	$\dfrac{2h+4b-2t}{A}$		$\dfrac{2h+3b-2t}{A}$
	$\dfrac{2h+4b-2t}{A}$		$\dfrac{2h+3b-2t}{A}$
	$\dfrac{a+b}{t(a+b-2t)}$		$\dfrac{b+a/2}{t(a+b-2t)}$
	$\dfrac{d}{t(d-t)}$		$\dfrac{4}{d}$
	$\dfrac{2(a+b)}{ab}$		

综合辐射率 ε_r　　　　　　　　　　　　　　表 4.10.4-2

钢构件形式			综合辐射率 ε_r
四面受火的钢柱			0.7
钢梁	混凝土楼板放置在上翼缘	上翼缘埋于混凝土楼板内，仅翼缘、腹板受火	0.5
		上翼缘的宽度与梁高之比大于或等于 0.5	0.5
		上翼缘的宽度与梁高之比小于 0.5	0.7
	箱梁、格构梁		0.7

因此，若取得构件防火保护涂料的准确厚度，构件试验中需提取真实的构件火灾下内力与荷载，模拟真实的构件边界条件。由于该方法在实际工程中操作难度较大。故可采用临界温度确定防火保护层厚度。

临界温度法，关键是决定临界温度值。临界温度与构件受力大小直接相关，当构件承受荷载越大时，破坏发生得越快，临界温度也越低。《建筑钢结构防火技术规范》GB 51249—2017采用截面强度荷载比表示结构构件受力的大小。钢结构在受到火灾作用时，其内力不断变化，决定构件是否发生破坏往往是构件的瞬时荷载，在实际设计中难以精确分析。《建筑钢结防火技术规范》GB 51249 对此进行了简化处理，根据荷载比得到的临界温度如表 4.10.4-3 所示。

按截面强度荷载比 R 确定的钢构件的临界温度 T_d（℃）　　表 4.10.4-3

	R	0.30	0.35	0.40	0.45	0.50	0.55	0.60	0.65	0.70	0.75	0.80	0.85	0.90
构件材料	结构钢	676	656	636	617	599	582	564	546	528	510	492	472	452
	耐火钢	726	713	702	690	677	661	643	622	599	571	537	497	447

采用临界温度法进行钢结构耐火验算的步骤如下：

（1）计算构件火灾下最不利荷载作用；

（2）根据构件和荷载类型，计算临界温度 T_d；

（3）计算无防火保护构件在设计耐火极限时间 t_m 内的最高温度 T_m；当 $T_d > T_m$ 时，构件耐火能力满足要求，可不进行防火保护；当 $T_d \leqslant T_m$ 时，按步骤（4）、（5）确定构件所需防火保护；

（4）确定防火保护方法，计算构件的截面形状系数；

（5）根据《建筑钢结构防火技术规范》GB 51249—2017 第 7 章公式计算防火保护层厚度。

钢结构的防火保护层的设计厚度应结合钢构件的临界温度确定。

（1）膨胀型防火涂料，求得所需防火保护材料的等效热阻，从而推算出防火保护层厚度。等效热阻可根据临界温度按下式计算：

$$R_i = \frac{5 \times 10^{-5}}{\left(\dfrac{T_d - T_{s0}}{t_m} + 0.2\right)^2 - 0.044} \cdot \frac{F_i}{V} \qquad (4.10.4-4)$$

膨胀型防火涂料火灾下的膨胀厚度主要取决于涂料自身特性、涂层厚度。由于涂层太厚容易造成膨胀层的过早脱落，因此膨胀型防火涂料存在最大厚度。膨胀型防火涂料涂层厚度和膨胀层厚度、热传导系数之间均为非线性关系，因此膨胀型防火涂料不宜采用等效热传导系数。

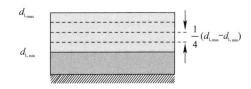

图 4.10.4-2 等效热阻取值示意

膨胀型防火涂料供货商应给出最大使用厚度、最小使用厚度的等效热阻以及防火涂料使用厚度按最大使用厚度与最小使用厚度之差的 1/4 递增的等效热阻（图 4.10.4-2）。

（2）非膨胀型防火涂料的设计厚度，宜根据防火涂层的等效热传导系数按下式确定：

$$d_i = R_i \lambda_i \qquad (4.10.4-5)$$

式中　R_i——防火保护层的等效热阻（$m^2 \cdot ℃/W$）；

　　　　T_d——钢构件的临界温度（℃）；

　　　　T_{s0}——钢构件的初始温度（℃），可取 20℃；

　　　　t_m——钢构件的设计耐火极限（s）；当火灾热烟气的温度不按标准火灾升温曲线确定时，应取等效曝火时间；

　　　　$\dfrac{F_i}{V}$——有防火保护钢构件的截面形状系数（m^{-1}）；

　　　　d_i——防火保护层的设计厚度（m）；

　　　　λ_i——防火保护材料的等效热传导系数 $[W/(m \cdot ℃)]$。

目前国内工程用防火涂料产品很多，各厂家的产品参数与特点各有不同。当施工选用的防火涂料热传导系数与设计要求不符时，需要根据热传导系数对防火涂料厚度进行换算。

$$d_2 = d_1 \frac{\lambda_2}{\lambda_1} \qquad (4.10.4-6)$$

式中　d_1——设计采用防火涂料的厚度；

　　　　d_2——施工采用防火涂料的厚度；

　　　　λ_2——设计采用防火涂料的热传导系数；

　　　　λ_1——施工采用防火涂料的热传导系数。

当火灾为非标准火灾时，火灾时间应采用等效曝火时间 t_e。由于真实火灾升温曲线与标准火灾升温曲线相差较大，为了保持标准升温曲线的实用性，又能更好地反映真实火灾对构件的破坏程度，因而提出了等效曝火时间 t_e 的概念。等效曝火时间按实际火灾升温曲线、时间轴、时刻 t 直线三者围成的面积与标准火灾升温曲线、时间轴、时刻 t_e 直线所围成的面积相等的原则经计算确定，如图 4.10.4-3 所示。

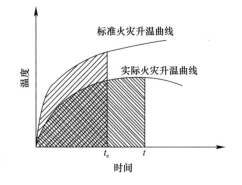

图 4.10.4-3 等效曝火时间

4.10.5 开合屋盖的消防联动

《建筑设计防火规范》GB 50016 中，将火灾危险等级分为轻危险级、中危险级、严重危险级和仓库危险级四个等级。开合屋盖属于公共建筑，其火灾危险等级为中危险级的 I 级，防火安全设计非常重要[53]。大型开合屋盖结构防火设计应根据现行国家标准《建筑设计防火规范》GB 50016、《高层民用建筑设计防火规范》

GB 50045 确定建筑耐火等级与构件耐火极限。

体育场属于高大空间建筑物，火灾下环境温度低于标准火灾温升，尤其对于以常开状态为基本使用状态的开合屋盖钢结构可认为处于室外环境。根据工程经验，通过对大跨度钢结构的消防性能分析，当活动屋盖下的墙面、楼（地）面采用不燃材料时，活动屋盖离楼（地）面超过一定高度，位于潜在起火点相邻范围外，屋盖钢结构受火灾的影响较小，可采取相对宽松的防火措施。

火灾中有毒烟气最容易致命，可开合屋盖自身的特点在消防排烟方面具有很大优势。开合屋盖消防性能化设计时，可将活动屋盖的开合控制系统与消防系统联动设计，实现排烟系统、自动喷淋灭火系统与消防报警系统相互关联。当发生火灾时，感应器检测到环境温升或烟气后，迅速启动消防警报，活动屋盖，作为排烟通道自动开启，建筑物内部烟雾能够迅速从屋顶排出。此外，配合喷洒灭火系统使室内温度快速下降，从而可以有效避免火灾中人员的伤亡。

根据国内相关设计经验，当活动屋盖开启与消防报警装置联动时，消防设计时可将建筑视为室外空间，从而可以降低消防扑救标准。对于高大空间建筑，烟气迅速上升蔓延的同时，浓度降低，故此对感烟与感温探测器的灵敏度要求较高。由于空间高度大，自动灭火系统的喷水在下落过程中部分蒸发，灭火效率损耗较大。因此，在消防设备选用上应充分考虑高大空间的特点。

此外，为保证开合屋盖结构驱动系统在火灾时可靠运行，设备及电缆等应具有相应的保护措施，电气动力线路应采用矿物绝缘电缆，并且与控制电缆等均布置在桥架内；接地保护可靠，防止由电气短路引起的火灾事故。

1. 工程实例

根据现有的工程经验，大跨度钢结构建筑空间高大，火灾烟气及时扩散并迅速上升，结构温度升高有限。在合理设置防火分区分隔、限制可燃材料的使用、科学采用灭火喷淋系统及排烟装置的情况下，在距离地面一定高度之上以及屋面钢结构可以不进行专门的防火保护。

国家体育场消防性能化设计实例　　　　　　　　　　表 4.10.5-1

工程名称	国家体育场
工程概况	位于北京奥林匹克公园，建筑面积 25.8 万 m²，座席数 10 万个
建筑用途	大型体育场
结构特点	24 榀门式钢桁架绕环桁架呈辐射状布置
采用性能化设计原因	结构安全等级高，形式特殊，无法依据现行防火规范进行防火设计
火源位置	比赛场地中花车引起的火灾、看台区域的座椅发生火灾、集散大厅售货亭引起的火灾
分析结果	（1）起火点位于比赛场地时，屋顶钢结构表面温升低于 200℃，不影响结构安全。 （2）看台座椅引起的火灾，导致火源高度 6.5m 处的钢构件温度达到 200℃，因此采取了严格限制钢构件附近潜在火荷载的措施。特定区域内的座椅采用不燃材料制作。此外，为了避免火灾对水平方向的影响，在最后一排座椅的后侧设置具有 1h 耐火极限的墙体。 （3）集散大厅售货亭、垃圾箱等引起的火灾，4m 以外的钢结构构件温升不大于 200℃，钢结构不进行防火保护亦能保证其承载力
防火措施	外围钢结构有火灾危险影响的区域做可燃物控制或设 1h 耐火的防火隔断，不覆涂防火涂料

2. 大空间消防设计参考规范

目前国内尚未颁布专门针对大跨度空间钢结构的消防设计标准，设计时可参考以下的消防性能化设计指导文件和相关国际标准。

全国消防标准化技术委员会建筑消防安全工程分技术委员会（SAC/TC113/SC13）2015 年颁布了消防安全工程 14 部系列标准，分别是：

《消防安全工程 总则》GB/T 31592—2015

《消防安全工程 第 1 部分：计算方法的评估、验证和确认》GB/T 31593.1—2015

《消防安全工程 第 2 部分：所需数据类型与信息》GB/T 31593.2—2015

《消防安全工程 第 3 部分：火灾风险评估指南》GB/T 31593.3—2015

《消防安全工程 第 4 部分：设定火灾场景和设定火灾的选择》GB/T 31593.4—2015

《消防安全工程 第 5 部分：火羽流的计算要求》GB/T 31593.5—2015

《消防安全工程 第 6 部分：烟气层的计算要求》GB/T 31593.6—2015

《消防安全工程 第 7 部分：顶棚射流的计算要求》GB/T 31593.7—2015

《消防安全工程 第 8 部分：开口气流的计算要求》GB/T 31593.8—2015

《消防安全工程 第 9 部分：人员疏散评估指南》GB/T 31593.9—2015

《消防安全工程指南 第 1 部分：性能化在设计中的应用》GB/T 31540.1—2015

《消防安全工程指南 第 2 部分：火灾发生、发展及烟气的生成》GB/T 31540.2—2015

《消防安全工程指南 第 3 部分：结构响应和室内火灾的对外蔓延》GB/T 31540.3—2015

《消防安全工程指南 第 4 部分：探测、启动和灭火》GB/T 31540.4—2015

开合屋盖结构中预应力钢结构部分的防火要求尚应符合现行工程建设协会标准《预应力钢结构技术规程》CECS 212 的有关规定；

开合屋盖结构的防火涂料应符合工程建设标准化协会现行标准《钢结构防火涂料应用技术规程》CECS 24 的规定，并应与防腐涂装具有较好的相容性，优先选用重量轻、附着性好的薄型防火涂料。

防火涂料的施工应符合现行国家标准《钢结构工程施工质量验收标准》GB 50205 的规定；

驱动控制系统设计时，除应符合其相关行业规定外，尚应符合开合屋盖建筑消防的要求。目前，国内现行与建筑防火相关的标准还有：

《建筑防火设计规范》GB 50016—2014

《建筑钢结构防火技术规范》GB 51249—2017

《汽车库建筑设计规范》JGJ 100—2015

《汽车库、修车库、停车场设计防火规范》GB 50067—2014

《建筑内部装修设计防火规范》GB 50222—2017

《消防给水及消火栓系统技术规范》GB 50974—2014

《自动喷水灭火系统设计规范》GB 50084—2017

《火灾自动报警系统设计规范》GB 50116—2013

《建筑灭火器配置设计规范》GB 50140—2005

《水喷雾灭火系统技术规范》GB 50219—2014

《消防应急照明和疏散指示系统》GB 17945—2010

《消防控制室通用技术要求》GB 25506—2010

《建筑防火封堵应用技术规程》CECS 154：2003

《自动喷水灭火系统施工及验收规范》GB 50261—2017

《工业建筑供暖通风与空气调节设计规范》GB 50019—2015

《建筑给水排水与采暖工程施工质量验收规范》GB 50242—2002

《气体灭火系统施工及验收规范》GB 50263—2007

《防火卷帘》GB 14102—2005 等。

其他国家可参考的消防标准如表 4.10.5-2 所示。

国际消防标准　　　　　　　　　　　　　　　表 4.10.5-2

欧洲标准	CEN，Eurocode 1《Action on Structures Part1-2 General Actions-Actions on Structures Exposed to Fire》 CEN，Eurocode 3 BS EN 1993-1-10—2005《Design of Steel Structure，Part1-2 Structure Fire Design》
美国消防协会标准	《NFPA 1National Fire Code》 《Comprehensive Concensus Code》 《NFPA 1 Uniform Fire Code》 《NFPA 1 Uniform Fire Code Handbook》
英国标准	British Standard DD240《Fire Safety Engineering in Building》 英国屋宇设备工程师协会《CIBSE 指导手册 E—消防工程》
澳大利亚标准	BGA96《Building Code of Australia》
日本标准	《日本新建筑标准的结构抗火设计》
国际消防工程师协会《SFPE 消防工程手册》	

参考文献

[1] 中华人民共和国住房和城乡建设部，中华人民共和国国家质量监督检验检疫总局. 钢结构设计标准：GB 50017—2017 [S]. 北京：中国建筑工业出版社，2017.

[2] 中华人民共和国住房和城乡建设部. 空间网格结构技术规程：JGJ 7—2010 [S]. 北京：中国建筑工业出版社，2010.

[3] 中华人民共和国住房和城乡建设部. 拱形钢结构技术规程：JGJ/T 249—2011 [S]. 北京：中国建筑工业出版社，2011.

[4] 中华人民共和国住房和城乡建设部. 开合屋盖结构技术标准：JGJ/T 442—2019 [S]. 北京：中国建筑工业出版社，2019.

[5] 中华人民共和国住房和城乡建设部，中华人民共和国国家质量监督检验检疫总局. 建筑抗震设计规范：GB 50011—2010 [S]. 北京：中国建筑工业出版社，2010.

[6] 中华人民共和国住房和城乡建设部，中华人民共和国国家质量监督检验检疫总局. 混凝土结构设计规范：GB 50010—2010 [S]. 北京：中国建筑工业出版社，2010.

[7] 彭翼，范重，栾海强，刘学林，杨苏，王义华. 国家网球馆"钻石球场"开合屋盖结构设计 [J]. 建筑结构，2013，43（4）：10-18.

[8] 范重，张宇. 单层柱面网壳节点刚度模拟方法研究 [J]. 空间结构，2014，12，120（4）：39-47.

[9] 中华人民共和国住房和城乡建设部. 钢网架焊接空心球节点：JG/T 11—2009 [S]. 北京：中国标准出版社，2009.

[10] 涂远军，吴金志，张毅刚. 钢管贯通焊接空心球节点试验研究 [C] //第七届全国现代结构工程学术研讨会论文集. 天津大学：全国现代结构工程学术研讨会学术委员会，2007：532-536.

[11] 廖俊，张毅刚. 焊接空心球节点荷载-位移曲线双线性模型研究 [J]. 空间结构，2010，16（2）：31-38.

[12] 中华人民共和国住房和城乡建设部. 铸钢结构技术规程：JGJ/T 395—2017 [S]. 北京：中国建筑工业出版社，2017.

[13] 范重，杨苏，栾海强. 空间结构节点设计研究进展与实践 [J]. 建筑结构学报，2011，32（12）：1-15.

[14] 沈银澜，范重，张培基. 建筑结构球形支座设计要点 [J]. 钢结构，2011，26（6）：6-11.

[15] 庄军生. 桥梁支座 [M]. 3 版. 北京：中国铁道出版社，2008.

[16] 李军. 超大吨位球型支座的结构设计 [D]. 重庆大学，2006.

[17] European Committee for Standardization. Structural bearings-part 2：Sliding elements EN1337-2-2004 [S]. 2004.

[18] European Committee for Standardization. Structural bearings-part 7：Spherical and cylindrical PTFE bearings EN1337-7-2004 [S]，2000.

[19] 范重，王春光，董京. 宁波国际会展中心屋盖管桁架结构设计 [J]. 建筑结构，2003，33（6）：54-57.

[20] 严慧，董石麟. 板式橡胶支座节点的设计与应用研究 [J]. 空间结构，1995（2）：33-40＋22.

[21] 金吉寅，冯郁芬，郭临义. 公路桥涵设计手册. 桥梁附属构造与支座 [M]. 北京：人民交通出版社，1991.

[22] 李星荣，魏才昂. 钢结构连接节点设计手册 [M]. 北京：中国建筑工业出版社，2004.

[23] 中华人民共和国国家质量监督检验检疫总局，中国国家标准化管理委员会. 橡胶支座 第 4 部分：普通橡胶支座：GB 20688. 4 [S]. 北京：中国标准出版社，2007.

[24] 中华人民共和国交通运输部. 公路桥梁板式橡胶支座：JT/T4—2019 [S]. 北京：人民交通出版社，2019.

[25] 中华人民共和国铁道部. 铁路桥梁板式橡胶支座：TB/T1893—2006 [S]. 北京：中国铁道出版社，2007.

[26] 范重，张宇，李丽. 单层柱面网壳相贯刚度影响分析 [J]. 建筑钢结构进展，2015，17（1）：20-26.

[27] 中国钢结构协会，中冶建筑研究总院有限公司. 钢结构钢材选用与检验技术规程：CECS 300—2011 [S]. 北京：中国计划出版社，2011.

[28] 中华人民共和国国家质量监督检验检疫总局，中国国家标准化管理委员会. 建筑结构用钢板：GB/T 19879—2015 [S]. 北京：中国标准出版社，2015.

[29] 中华人民共和国住房和城乡建设部，中华人民共和国国家质量监督检验检疫总局. 工业建筑供暖通风和空气调节设计规范：GB 50019—2015 [S]. 北京：中国计划出版社，2003.

[30] 中华人民共和国国家质量监督检验检疫总局，中国国家标准化管理委员会. 焊接结构用铸钢件：GB/T 7659—2010 [S]. 北京：中国标准出版社，2011.

[31] 中华人民共和国国家质量监督检验检疫总局，中国国家标准化管理委员会. 低合金高强度结构：GB/T 1591—2008 [S]. 北京：中国标准出版社，2009.

[32] 中华人民共和国国家质量监督检验检疫总局，中国国家标准化管理委员会. 碳素结构钢：GB/T 700—2006 [S]. 北京：中国标准出版社，2006.

[33] 中华人民共和国国家质量监督检验检疫总局，中国国家标准化管理委员会. 直缝电焊钢管：GB/T 13793—2016 [S]. 北京：中国标准出版社，2016.

[34] 中华人民共和国建设部. 建筑结构用冷弯矩形钢管：JG/T 178—2005 [S]. 北京：中国建筑工业出版社，2005.

[35] 中华人民共和国国家质量监督检验检疫总局，中国国家标准化管理委员会. 连续热镀锌钢板及钢带：GB/T 2518—2008 [S]. 北京：中国标准出版社，2008.

[36] 中华人民共和国住房和城乡建设部，中华人民共和国国家质量监督检验检疫总局. 绿色建筑评价标准：GB/T 50378—2019 [S]. 北京：中国建筑工业出版社，2019.

[37] ISO. 色漆和清漆 防护涂料体系对钢结构的防腐蚀保护：ISO 12944-2 [S]. 2017.

[38] 中华人民共和国国家质量监督检验检疫总局，中国国家标准化管理委员会. 色漆和清漆防护涂料体系对钢结构的防腐蚀保护：GB/T 30790—2014 [S]. 北京：中国标准出版社，2014.

[39] 中华人民共和国住房和城乡建设部. 建筑钢结构防腐蚀技术规程：JGJ/T 251—2011 [S]. 北京：中国建筑工业出版社，2011.

[40] 国家技术监督局. 大气环境腐蚀性分类：GB/T 15957—1995 [S]. 北京：中国标准出版社，1995.

[41] 中华人民共和国国家质量监督检验检疫总局，中国国家标准化管理委员. 耐候结构钢：GB/T 4171—2008 [S]. 北京：中国标准出版社，2009.

[42] BSI. Paints and varnishes-Evaluation of degradation of coatings-Designation of quantity and size of defects，and of intensity of uniform changes in appearance-Assessment of degree of rusting BS EN ISO 4628-3—2003 [S]. 2003.

[43] 中华人民共和国国家质量监督检验检疫总局，中国国家标准化管理委员会. 色漆和清漆耐中性盐雾性能的测定：GB/T 1771—91 [S]. 北京：中国标准出版社，2008.

[44] Standard Norway. 挪威海上平台防腐测试方法及标准：NORSOK M501—2004 [S]. 2004.

[45] 中华人民共和国国家质量监督检验检疫总局，中国国家标准化管理委员会. 色漆和清漆人工气候老化和人工辐射暴露滤过的氙弧辐射：GB/T 1865—1997 [S]. 北京：中国标准出版社，2010.

[46] 国家技术监督局. 漆膜耐冲击测定法：GB/T 1732-93 [S]. 北京：中国标准出版社，1993.

[47] 中华人民共和国国家质量监督检验检疫总局，中国国家标准化管理委员会. 涂覆涂料前钢材表面处理 表面清洁度的目测评定 第 1 部分：未涂覆过的钢材表面和全面清除原有涂层后的钢材表面的锈蚀等级和处理等级：GB/T 8923. 1—2011 [S]. 北京：中国标准出版社，2012.

[48] IX-ISO. 钢材在涂料油漆及有关产品前的基底预处理—表面清洁度的目测评定：ISO 8501-3—2006 [S]. 2006.

[49] 中华人民共和国工业和信息化部. 胶联型氟树脂涂料：HG/T 3792—2014 [S]. 北京：化学工业出版社，2015.

[50] 中华人民共和国交通部. 公路桥梁钢结构防腐涂装技术条件：JT/T 722—2008 [S]. 北京：人民交通出版社，2008.

[51] 中华人民共和国住房和城乡建设部. 钢结构工程施工质量验收标准：GB 50205—2020 [S]. 北京：中国计划出版社，2020.

[52] 中华人民共和国住房和城乡建设部，中华人民共和国国家质量监督检验检疫总局. 建筑钢结构防火技术规范：GB 51249—2017 [S]. 北京：中国计划出版社，2018.

[53] 中华人民共和国住房和城乡建设部，中华人民共和国国家质量监督检验检疫总局. 建筑设计防火规范：GB 50016—2014 [S]. 北京：中国计划出版社，2014.

[54] 杜咏，李国强. 大空间建筑火灾中钢结构不需防火保护的条件 [J]. 消防科学与技术，2008（7）：487-491.

[55] 程樱. 大空间建筑物的火灾特点与性能化防火设计 [J]. 消防技术与产品信息，2016（1）：23-25.

［56］ 刘晓平. 高大空间建筑火灾性能化设计中的数值模拟［D］. 合肥：中国科学技术大学，2005.

［57］ 石永久，白音，王元清. 大空间结构防火性能化设计方法研究［J］. 空间结构，2005（4）：17-21.

［58］ 石永久，白音，王元清. 大空间钢结构防火性能化设计与关键技术研究［J］. 工程力学，2006（S2）：85-92.

［59］ Shi C L，Zhong M H，Fu T R，et al. An investigation on spill plume temperature of large space buliding fires［J］. Journal of Loss Prevention in the Process Industries，2009，22（1）：76-85.

［60］ Shi C L，Lu W Z，Chow W K，et al. An investigation on spill plume development and natural filling in large full-scale atrium under retail shop fire［J］. International journal of heat and mass transfer，2007，50（3）：513-529.

［61］ 张国维. 高大空间钢结构建筑火灾全过程性能化防火设计方法研究［D］. 徐州：中国矿业大学，2015.

［62］ Gross D. Data sources for parameters used in predictive modeling of fire growth and smoke spread［M］. US Department of Commerce，National Bureau of Standards，1985.

［63］ 同济大学，中国钢结构协会防火与防腐分会. 建筑钢结构防火技术规范：CECS200：2006［S］. 北京：中国计划出版社，2006.

第5章

驱动与控制系统

驱动系统与控制系统分别属于机械工程与自动控制领域，是开合屋盖结构的重要组成部分。驱动系统与控制系统共同构成一个有机整体：驱动系统为活动屋盖运行提供动力，控制系统负责发出指令，随时发现并处理运行中的各种问题。

开合屋盖结构的控制系统是完成活动屋盖开启与闭合动作的精密管控体系，具有监测、反馈及调节功能，向驱动系统发出各种运行参数指令，及时消除活动屋盖运行中出现的卡轨、干涉、蛇行等隐患，确保活动屋盖同步、平稳、安全地运行。

5.1 驱动系统

驱动系统主要由行走机构（轨道、台车等）与驱动机构（电动机、减速机、联轴器、制动装置等）两部分组成。通常将活动屋盖安装在行走机构之上，通过动力装置驱动行走机构在轨道上移动[1]。因此，驱动系统具有两个主要功能，一是将活动屋盖的荷载安全地传递给下部支承结构，二是为活动屋盖顺畅运行提供可靠的动力。

行走机构应与驱动机构相匹配，保证运行稳定性和制动可靠性。驱动系统可安装在支承结构或活动屋盖结构上，并设置监控装置，监测活动屋盖以及支承结构的工作状态，便于随时判断屋盖运行的安全性。

驱动系统的选择应根据设计荷载、建筑几何尺寸、空间需求、可靠性、施工以及操作、维护等方面的因素综合确定。1985 年在加拿大多伦多穹顶设计过程中，针对活动屋盖的驱动系统，对电力与液压混合动力系统、液压和气动系统、牵引系统、齿轮齿条系统、驱动轮轨系统以及低摩擦硬化钢轮轨系统等进行了测试试验[2]，最终确定采用轮驱动系统。

迄今，在开合屋盖中应用较多且可靠性较高的有轮驱动、钢丝绳牵引驱动、齿轮齿条驱动、链轮链条驱动和液压驱动五种方式。

5.1.1 轮式驱动系统

1. 系统特点与设计要点

轮式驱动属于自驱动方式，轮式驱动系统由车架、车轴和轴承、驱动轮、从动轮、侧向轮以及电动机、制动器、减速机、联轴器、锁定装置、抗倾覆装置等主要部件构成，其工作原理如图 5.1.1-1 所示。

轮式驱动系统主要借鉴了门式起重机的相关技术，驱动系统与台车一体化，在主动台车上安装驱动电机，通过减速器驱动车轮，利用轮轨之间的摩擦力驱动台车

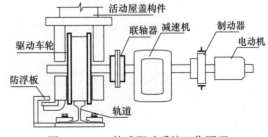

图 5.1.1-1 轮式驱动系统工作原理

243

行走，设备紧凑、简洁，故障率低[3]。该驱动方式台车对轨道的反力较大，对支承结构刚度要求较高，轨道变形控制严格，轨道沟槽占用场地面积大。轮式驱动主要适用于水平或坡度很小的轨道，对轨道变形和安装精度要求很高。

轮式驱动系统设计要点如下：

（1）轮式驱动主要适用于水平或坡度很小的轨道。当轨道有坡度时，需采用聚氨酯等高摩擦系数表面材料。

（2）驱动轮与轨道之间应具有足够的粘着力，避免驱动轮打滑，驱动车轮与轨道之间的摩擦系数一般不宜小于0.15，且驱动车轮支承的总载荷不宜低于所有车轮支承总载荷的50%。在设计时，需要考虑车轮打滑的可能，在轨道行程终点及中间位置安装行程校验装置。

（3）驱动机构通常随活动屋盖一起运动，采用移动电缆或滑触线等方式向电动机供电。

（4）轮式驱动的轨道除承受台车车轮的压力外，还承受上掀力与侧推力的作用。当台车的侧向推力较大时，应设置专门的侧向支承轨道。

（5）轮式驱动系统的轨道宜置于刚性地坪或刚度较大的支承结构上，同时应保证轨道的平行度与平整度。轮式驱动系统轨道的平行度与平整度对活动屋盖平稳运动的影响较大，根据现行行业标准《开合屋盖结构技术标准》JGJ/T 442 的规定，轨道变形量不大于1/2000[4]。

（6）当活动屋盖直接支承于地面时，沟槽宜采用钢筋混凝土结构，其基础应满足承载力和变形要求。在活动屋盖不运行期间，沟槽顶面用活动盖板进行封闭，便于车辆与人员通行。

（7）轮式驱动系统可以根据荷载大小采用单轨单轮、单轨多轮、双轨多轮等多种形式。活动屋盖较多采用单轨多轮驱动方式，即一条轨道上采用多个主动轮同步驱动。

2. 工程实例

迄今，我国采用轮式驱动的开合屋盖工程还较少，国外已建成采用轮式驱动的开合屋盖结构有加拿大多伦多的天空穹顶[5]、日本仙台壳体[6]和福冈穹顶[5]等。

仙台壳体采用台车自驱方式，轨道与驱动装置如图 5.1.1-2 所示。沿建筑周边的环形轨道设置在混凝土沟槽内，将承重轨道置于底部，导向轨道置于侧壁，屋盖结构支承在台车上。在该轮式驱动装置中，对润滑和液压系统采取抗冻措施，确保在低温环境下可靠运行。

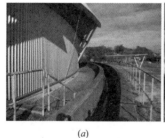 

(a)　　　　　　　　　　　(b)

图 5.1.1-2　日本仙台壳体的驱动系统

(a) 轨道沟槽；(b) 驱动装置

5.1.2　钢丝绳驱动系统

1. 系统特点与设计要点

钢丝绳驱动系统通常由卷扬机、钢丝绳、转向滑轮、导向轮、托辊、均衡梁以及缓冲限位装置等部件组成。钢丝绳的一端固定于卷扬机卷筒，另一端依次绕过转向滑轮、托辊、均衡梁，再绕回固定于卷筒。电动机、减速器固定不动，钢丝绳与活动屋盖相连，通过卷扬机旋转，实现活动屋盖的开启与闭合。与齿轮/齿条和链轮/链条驱动系统相比，钢丝绳驱动系统更适合于较大的行程[7]。

当活动屋盖在空间轨道上行走时，单向钢丝绳牵引一般不需要设张紧装置。当轨道坡度较大时，上行时靠卷扬机收绳牵引活动屋盖沿轨道运行。下行时主要利用屋盖自重下滑或辅以较小反向牵引力完成，卷扬机的牵引力主要用来克服重力载荷、风力和摩擦力。当活动屋盖的重心保持大于 5°倾角时，可利用屋盖自重下滑实现屋盖开启。钢丝绳驱动系统的工作原理如图 5.1.2-1 所示。

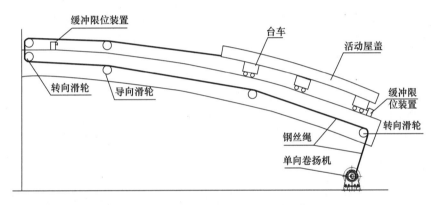

图 5.1.2-1　单向钢丝绳驱动系统的工作原理

对于水平或坡度较小的轨道，可采用双向钢丝绳牵引方式进行驱动，即活动屋盖在开、合双方向均由卷扬机/钢丝绳驱动。卷扬机和转向滑轮组成钢丝绳闭环系统，卷扬机的牵引力主要用来克服风力和摩擦力，并设置钢丝绳张紧装置，确保钢丝绳双向受力均处于张紧状态。通过卷扬机正、反方向旋转，实现活动屋盖的开启与闭合。双向钢丝绳驱动系统的工作原理如图 5.1.2-2 所示。

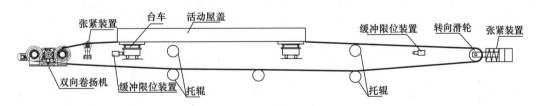

图 5.1.2-2　双向钢丝绳驱动的工作原理

钢丝绳驱动系统适用于水平或空间轨道，加工制作和现场安装较为方便，工程成本较低。钢丝绳驱动系统动力传动可靠性高，驱动力大，技术成熟，受轨道变形、台车行走姿态的影响小，排除故障较为方便。

钢丝绳驱动系统的设计要点如下：

（1）采用合理的配线方式控制钢丝绳的牵引力，降低对钢丝绳规格与卷扬机牵引力的要求，钢丝绳的安全系数不应小于6.0。

（2）卷扬机卷筒的直径应与钢丝绳规格相匹配，卷筒直径一般不小于钢丝绳直径的20倍。

（3）钢丝绳应选用强度高、柔韧性好、自润滑性能良好、耐磨性好的优质产品，符合现行国家标准《重要用途钢丝绳》GB 8918[8]和《起重机设计规范》GB/T 3811[9]的有关规定。为延长钢丝绳使用寿命，在适当位置设置钢丝绳润滑装置。

（4）钢丝绳缠绕方式应简单、合理，尽量减少钢丝绳反向折弯的次数。钢丝绳绕进绕出滑轮时，钢丝绳对滑轮的最大偏斜角度不宜大于3°。

（5）为防止出现乱绳及钢丝绳滑脱现象，沿钢丝绳长度方向间隔设置导向滑轮与托辊。转向滑轮、托辊等的固定支架应与主体结构可靠连接。托辊安装前应根据上部转向滑轮轴线位置进行定位，并根据现场实际情况进行配装。

（6）应采取有效的措施，控制钢丝绳在相邻滑轮之间的垂度，防止钢丝绳松弛，并设置防止钢丝绳跳槽的装置。

（7）当轨道坡度较大时，应设置备份驱动系统，避免活动屋盖运行失控。

（8）每根钢丝绳上均宜安装测力装置，实时判断牵引钢丝绳松弛或断索情况。当突发断索时，及时发出信号传输至中央控制器。此外，变频电机的力矩变化情况也可通过信号传输到中央控制器，使中央控制器作出相应的反应，自动实现工作状态停止。对多条轨道进行位移检测时，应考虑在牵引力长期作用下钢丝绳长度变化对精确定位的影响。

2. 主要部件

（1）卷扬机

卷扬机主要包括机架、卷筒、主轴、电动机、减速箱、联轴器、开式齿轮减速装置、高速端制动器、低速端棘爪制动装置等。卷扬机由电动机驱动，动力沿电动机→变速箱→联轴器→齿轮减速装置→卷筒→钢丝绳→活动屋盖均衡梁的路径进行传递。活动屋盖钢丝绳驱动系统中的卷扬机如图5.1.2-3所示。

卷扬机卷筒应采用Q345B或更高强度的钢材制造，卷筒的表面和绳槽进行精加工及相应的热处理。绳槽采用深槽型，槽深不小于1/2绳径。卷筒应为单层缠绕，卷筒上应设有压绳器及防止钢绳缠绕装置，设置检测辊可探测钢丝绳是否位于绳槽内。卷筒应具有足够的尺寸，当钢丝绳绕开至最大位置时，卷筒上至少应留有3~5圈钢丝绳；当钢丝绳全部绕回时，卷筒上应留有不少于2圈空槽。绳端应采用压板固定在2个槽上。卷筒两端应带有法兰盘，钢丝绳绕在卷筒上，法兰盘超过钢丝绳的凸出高度不小于2倍钢丝绳直径。

卷扬机电动机的转速由变频器控制，控制系统根据检测元件反馈的数据进行判断，控制电机的启停；同时，可通过改变电动机的转速调节卷筒的转速，控制牵引钢丝绳的张力，保证活动屋盖正常运行。为保证机械传动系统的安全性，卷扬机应具有多级保护装置：在电动机高速输出端设置制动器，在卷扬机的低速输出端（卷筒）设置棘轮棘爪装置。变频电机应设置力矩检测以及速度限制等安全装置和联锁保护装置。开合屋盖驱动控制系统的卷扬机多设置于地面或专用的地下机房，如图5.1.2-3所示；可也固定于台车上，如图5.1.2-4所示。

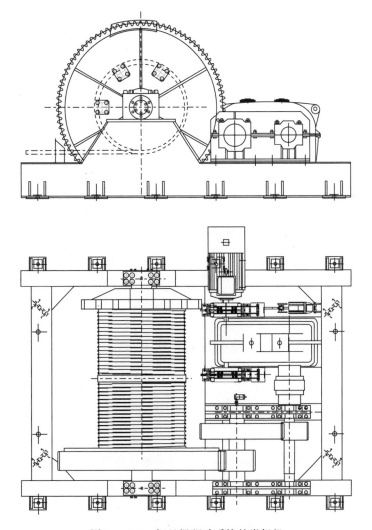

图 5.1.2-3　钢丝绳驱动系统的卷扬机

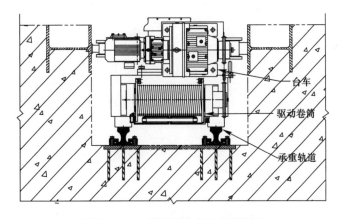

图 5.1.2-4　固定于台车上的卷扬机

（2）转向与导向系统

转向与导向系统包括转向轮、导向轮以及托辊等部件，是钢丝绳的支撑和导向机构，如图 5.1.2-5 所示。滑轮系统及其支承结构应满足安装空间、载荷及承载力要求，滑轮的设计计算可参照现行行业标准《起重机用铸造滑轮》JB/T 9005 的相关规定[10]。导向轮与转向轮将对支承结构产生较大的反作用力，在进行支承结构设计时应予以关注。

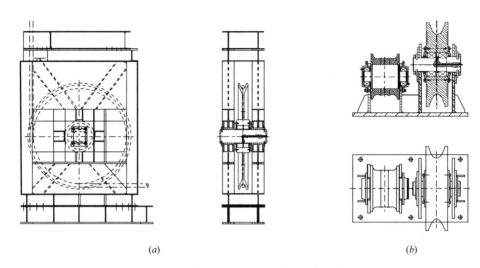

(a)   (b)

图 5.1.2-5   钢丝绳驱动系统的转向与导向装置
(a) 转向轮；(b) 托辊与导向轮

(3) 均衡梁

均衡梁是钢丝绳在活动屋盖上的牵引点，可避免活动屋盖偏心受力和钢丝绳相互缠绕。均衡梁上安装测力销实时监控钢丝绳的张力，并设置关节轴承。在牵引活动屋盖的过程中，均衡梁可以转动，两侧钢丝绳的拉力保持相等。根据工程实际情况，均衡梁形式有所不同，常用的形式如图 5.1.2-6 所示。

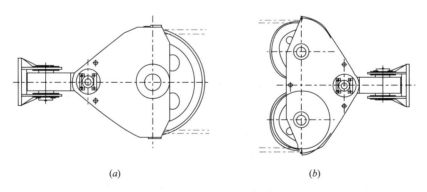

(a)   (b)

图 5.1.2-6   钢丝绳驱动系统的均衡梁
(a) 单轮转向；(b) 双轮转向

3. 工程实例

采用钢丝绳牵引驱动的开合屋盖结构较多，如美国的瑞兰特体育场[11]，我国的鄂尔多斯东胜体育场[12]、南通会展中心体育场[13]和绍兴体育场[14]等也采用了这种驱动方式。

日本有明体育场活动屋盖采用了门式刚架结构，在正常工作状态下，柱脚产生竖向压力与向外侧水平推力。因此，设置了带有竖向轮轨与水平轮轨的双轨双轮行走机构，采用钢丝绳牵引驱动，并通过嵌套在基础上的抗浮钢臂防止活动屋盖在风荷载作用下倾翻（图 5.1.2-7）[15]。

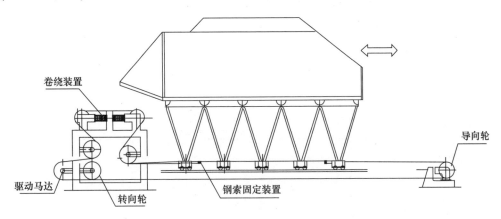

图 5.1.2-7　日本有明体育场的钢丝绳驱动装置

绍兴体育场共设置 4 套卷扬牵引装置，布置于体育场外侧的地下机房内，每片活动屋盖均由两端的卷扬机进行牵引，从而实现活动屋盖的开合。卷扬机额定拉力为 1300kN，额定输出转速为 0.637r/min，电机额定功率为 90kW。钢丝绳额定绳速 3m/min，总重量约 54t。卷筒直径为 1400mm，卷扬机减速方式为减速器＋两级开式齿轮。主机电源 AC380V±10%，50Hz±0.5%，三相四线制供电。采用的进口钢丝绳直径为 58mm，钢丝公称抗拉强度为 2160MPa，最小破断力为 3142kN，设计安全系数大于 6。每台双出绳卷扬机均布置 2 套下部转向滑轮与 2 套上部转向滑轮，整个系统共布置了 96 套轮辊装置[14]。

南通会展中心体育场的活动屋盖采用了钢丝绳牵引的双轨多轮行走系统，并在世界上首次采用了多点驱动卷扬机（共 8 台），每片活动屋盖由 4 套钢丝绳驱动系统同步牵引行走，每套驱动系统均由液压动力站、卷扬机、下部转向滑轮、导向滑轮、上部转向滑轮、均衡梁、压紧滑轮及钢丝绳等组成。单台卷扬牵引力约 1360kN，采用了六点液压马达同步驱动技术。卷扬机设计了整体底座，可以在制造车间进行安装调试和出厂试验，冗余度较高，可靠性增加（图 5.1.2-8）。当 2 台减速机同时发生故障时，仍然可以保证设备正常工作[13]。

图 5.1.2-8　南通会展中心体育场的驱动卷扬机

驱动系统采用两套液压动力系统，分别为卷扬机两侧的 6 台由低速大扭矩液压马达、制动器和减速机组成的液压回转装置，由 6 个小齿轮对卷筒两侧的大齿圈进行传动，驱动卷筒旋转。南通会展中心体育场驱动系统的主要技术参数如表 5.1.2-1 所示。

南通会展中心体育场驱动系统的主要技术参数　　　　　　　　　　　表 5.1.2-1

项目	参数	项目	参数
卷扬机传动形式	6 点驱动双开式齿轮传动	大齿圈直径	1776mm
卷扬机额定计算拉力	1365kN	小齿轮直径	240mm
卷筒直径	1600mm	小齿轮转矩	25kN·m
卷扬机额定计算扭矩	1092kN·m	传动减速机速比	28
活动屋盖运行速度	3m/min	卷扬机额定功率	100kW
卷扬机额定转速	0.6rad/min	卷扬机总重量	36t

分别在固定屋盖中部的 6 道主拱上设置轨道，单片活动屋盖共计 22 部台车，其中内侧 4 道主拱下为驱动台车，其他均为从动台车。通过收紧钢丝绳实现活动屋盖上行（屋盖关闭），放松钢丝绳实现活动屋盖下行（屋盖开启）。

5.1.3　齿轮齿条驱动系统

1. 系统特点与技术要点

齿轮齿条驱动系统由导轨、台车、电动机、减速机、齿条工作副等组成[16]，其原理是将齿轮转动作为动力源，电动机通过减速机带动齿轮转动，利用齿轮与齿条之间的啮合作用驱动活动屋盖开合运行。

当活动屋盖的运行距离大于活动屋盖的长度时，可将齿条固定于支承结构，电动机、减速机安装在活动屋盖上，通过调控电动机正反旋转，带动屋盖往复移动，如图 5.1.3-1 (a) 所示。当活动屋盖的运行距离不大于活动屋盖的长度时，可将电动机、减速机固定于支承结构，齿条安装在活动屋盖上，提高活动屋盖运行的安全性，减少因硬质杂物落在齿条上造成齿轮齿条损坏，如图 5.1.3-1 (b) 所示。对于小型活动屋盖结构，可采用无源开启/关闭方式，也可采用单个电动机通过联轴器和传动轴驱动多个齿轮齿条系统，如图 5.1.3-1 (c) 所示。

齿轮齿条驱动系统适用于刚性开合屋盖，多用于活动屋盖在平面轨道和空间轨道上移动的情况。齿轮与齿条之间的咬合力大，传动效率高，传动位置控制精确，运行速度均匀，传动稳定，易于实现精确的同步控制。齿轮齿条驱动系统结构紧凑，占用空间小，可靠性高，使用寿命长。齿条需要高精度机加工，制造和维护成本高。

齿轮/齿条驱动系统的设计要点如下：

（1）齿轮、齿条应选用强度高、耐磨性好的 40Cr 或 45 号钢，齿弯曲强度的安全系数不小于 2.5。

（2）齿轮、齿条加工制作应符合现行国家标准《齿轮几何要素代号》GB/T 2821[17] 与《齿条精度》GB/T 10096[18] 的有关规定。

（3）宜采用浮动式啮合设计，确保齿轮与齿条精确啮合。

（4）齿轮、齿条表面应进行防锈处理。为避免异物落入轮、齿之间引发故障，宜将齿条的齿朝下或侧向安装，或采取防尘措施。

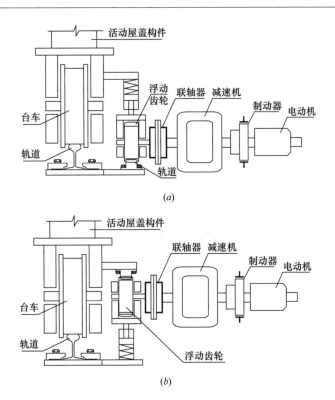

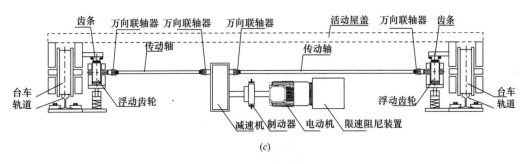

图 5.1.3-1　齿轮齿条驱动系统的工作原理

（a）齿条固定、驱动装置随活动屋盖移动；（b）齿条随活动屋盖移动/驱动装置固定；

（c）单个电动机通过联轴器和传动轴驱动多个齿轮齿条系统

（5）应确保齿轮齿条的安装精度，齿条安装定位应可调节，调节范围为 0.5 的模数，避免在使用过程中出现明显的磨损。

（6）齿条延伸线应尽量与运行方向保持平行，齿条对接处的公法线长度偏差不大于齿条公法线长度偏差。

齿轮齿条传动设计主要包括运行功率计算及电动机型号的选择、传动比计算及减速机型号选择、轮齿模数估算及标准模数选择以及轮齿弯曲强度校核计算和接触强度校核计算。

轮齿模数是开合屋盖运行速度计算的主要参数，齿轮模数大小决定节圆直径，节圆直径大小决定齿轮圆周速。主动齿轮的齿数在不根切条件下越少越好，开合屋盖运行系统的驱动齿轮一般取 17~22 齿。齿形取渐开线直齿。基准齿形和参数按照现行国家标准《通用机械和重型机械用圆柱 齿轮 标准基本齿条齿廓》GB 1356—2001 执行[16]，并应符合表 5.1.3-1 的规定。

基准齿形和基本参数　　　　　　　　　　　表 5.1. 3-1

基本参数	符号	数值
齿形角	a	20°
齿顶高系数	f	1.0
径向间隙数	c	0.25
齿根圆角半径	r	0.38mm

确定开合屋盖驱动系统齿轮模数常用两种方法：一是先按经验取值，再进行强度校算；二是先将工程数据代入现行国家标准《通用机械和重型机械用圆柱齿轮 模数》GB 1357 的公式进行初步计算后，再进行强度校核计算[19]。

2. 应用实例

齿轮齿条在刚性活动屋盖体系中得到广泛应用，荷兰阿姆斯特丹体育场[20]以及我国国家网球馆[21]均采用了此种驱动方式。

国家网球馆"钻石球场"的齿轮齿条驱动系统包括电动机、减速机、水平反力轮和台车等，电动机、减速机和齿轮安装在固定屋盖上，齿条随活动屋盖运动（图 5.1.3-2）。每片活动屋盖两侧各有 4 部台车，由 8 组动力装置进行多点驱动。活动屋盖支座杆件通过法兰盘和高强螺栓与台车顶部相连，台车采用平衡梁双轮结构，可提供 3000kN/m 的侧向刚度。

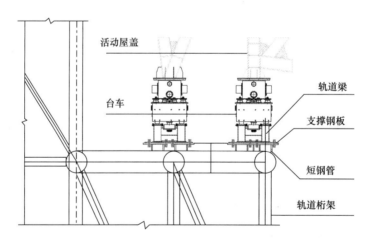

图 5.1.3-2　国家网球馆"钻石球场"的齿轮齿条驱动系统

5.1.4　链轮链条驱动系统

1. 系统特点与技术要点

链轮链条驱动系统的工作原理与齿轮齿条驱动相近，电动机带动链轮或链条，利用链轮与链条的啮合作用驱动活动屋盖运行[22]，结构紧凑、噪声较小，适用于沿直线轨道或圆弧轨道运行的活动屋盖。

链轮链条驱动分为开放式链条与封闭式链条两类。开放式链条将链条沿运行方向固定于活动屋盖或支承结构，类似于齿条的作用，如图 5.1.4-1（a）所示，主要区别在于链条可以适应曲率较大的轨道；封闭式链条与主动链轮、从动链轮及张紧轮共同构成传动机构，即环形链条驱动装置，牵引活动屋盖运行，如图 5.1.4-1（b）所示。

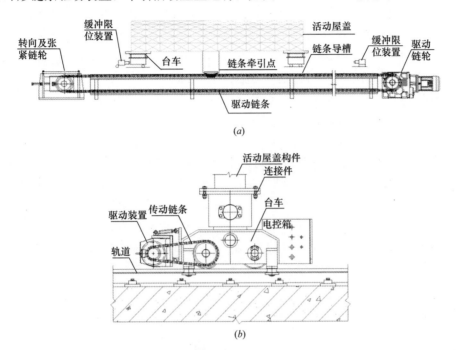

图 5.1.4-1　链轮链条驱动系统的工作原理
(a) 开放式链条；(b) 封闭式链条

用于工业设备的链条链轮驱动系统，链条载荷安全系数一般不小于 1.8。现行国家标准《齿形链和链轮》GB/T 10855[22]规定，对于非正常工况或极端恶劣的工作条件，安全系数应适当放大。考虑到开合屋盖一般用于重要的公共建筑，故此对链条的安全系数应进行适当放大。

链轮链条驱动系统的特点是链条与链轮始终咬合，动力传递效率高，位置保持性能好，运行时较为容易实现精确的同步定位；链条为标准产品，批量生产成本较低。与轮轨驱动系统相比，链轮链条驱动系统牵引力较小，适用于较小的活动屋盖。当活动屋盖需要较大的驱动力时，可采用多排链条的方式，但安装所需宽度较大。链轮径向和宽度方向均需保证较高的啮合精度与导向精度，固定链条安装调试较为复杂，排除故障难度较大。链轮、链条之间落入异物容易引发故障，磨损严重，不适用于风沙较大的地区，链条润滑、定期清洁等维护工作量大。

链轮链条驱动系统的设计要点如下：

（1）当采用封闭式链条时，链轮链条啮合的包角宜大于 120°，并应设置张紧装置，确保链条处于张紧状态。

（2）链条与链轮的设计与加工制作应符合现行国家标准《齿形链和链轮》GB/T 10855[16]的有关规定。

（3）设置链条啮合导向和限位装置，确保链轮和链条可靠啮合。当链条长度较大时，宜采用带滚轮的链条，并设置链条导槽，对链条进行支撑和导向。

（4）活动屋盖驱动系统中，按静力计算进行链条强度验算时，安全系数不应小于4.0。

2. 应用实例

上海旗忠网球中心采用了链轮链条驱动系统，每片活动屋盖均由3部台车支承，转轴安装在固定屋盖的环梁。台车A安装在活动屋盖，台车B和台车C固定于环梁，通过曲线轨道与台车之间的相对运动，驱动活动屋盖开合移动。转轴是活动屋盖叶瓣的转动轴心，采用关节轴承，轴承内孔与立轴间设有间隙，轴承可沿立轴上下移动，满足转动灵活、不影响叶瓣上下浮动的要求[23]。单片活动屋盖的运动机制如图5.1.4-2所示。

台车A与反钩轮装置如图5.1.4-3所示。

钢结构加工制作与施工安装时会产生一定偏差，支承结构自身也存在挠曲变形。故此，在上海旗忠网球中心驱动系统设计时，半径方向采用了大型燕尾槽结构，补偿半径方向的偏差。在曲梁圆弧内侧安装平衡轮，圆弧外侧安装链条和驱动链轮，平衡轮与链轮安装在能够沿燕尾槽滑动的同一支承板上，使链轮始终与链条良好啮合，补偿曲梁在半径方向的偏差。此外，链轮与驱动轴采用花键联结，使链轮可以沿花键轴上下运动，用于补偿高度方向的偏差，从而实现驱动装置的多向浮动，保证屋盖结构和曲梁在运动过程中仍能保证良好的啮合和传动。上海旗忠网球中心采用的链轮链条驱动装置如图5.1.4-4所示。

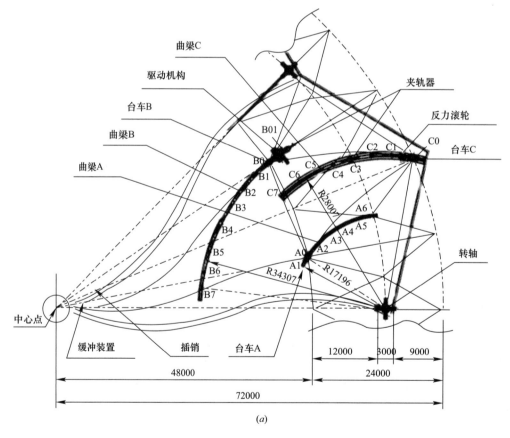

(a)

图5.1.4-2　上海旗忠网球中心单片活动屋盖的运动机制（一）

(a) 关闭状态

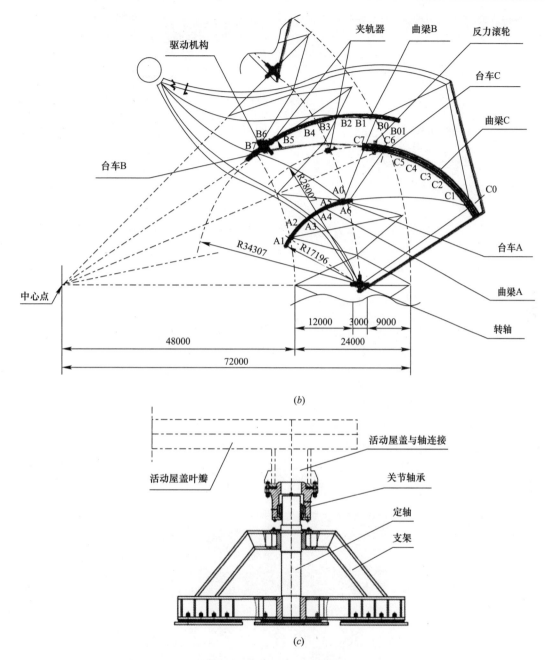

图 5.1.4-2 上海旗忠网球中心单片活动屋盖的运动机制（二）

（b）开启状态；（c）转轴构造

5.1.5 液压驱动系统

1. 系统特点与技术要点

液压驱动是利用液压千斤顶的顶推运动提供动力，驱动活动屋盖平移或翻转，从而实现屋盖的开启与闭合，也可采用液压马达代替电动机作为执行元件驱动屋盖运行[24]，如图 5.1.5-1 所示。对于大型液压千斤顶，需要配套油路系统和泵房，适用于有效行程短、

图 5.1.4-3　上海旗忠网球中心活动屋盖的台车与反钩轮装置

(*a*) 台车 A；(*b*) 关闭状态时的反钩轮装置

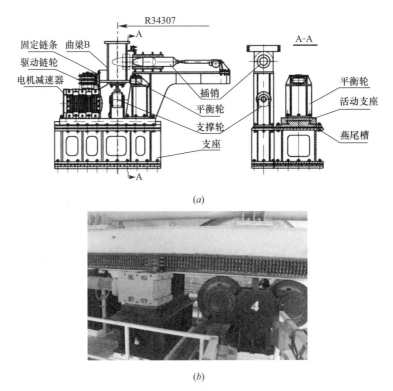

图 5.1.4-4　上海旗忠网球中心的链轮链条驱动装置

(*a*) 链轮链条驱动装置；(*b*) 现场照片

出力大、速度慢的情况，多用于绕水平枢轴翻转、短行程水平移动等开合方式。液压系统的缺点是容易漏油造成污染，液压设备的维护要求和费用较高。

液压驱动系统的设计要点如下：

(1) 当采用液压驱动活动屋盖时，驱动系统宜设置于支承结构，避免油管过长；

(2) 液压驱动系统的负载额定值与负载设计值之比不小于 1.4，并根据需要确定千斤顶的行程；

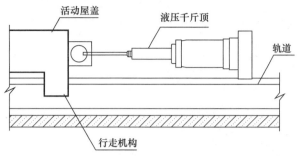

图 5.1.5-1　液压驱动系统的工作原理

（3）千斤顶、油马达等液压元件应符合现行国家或行业标准要求；

（4）液压驱动系统应便于使用与维修，密封可靠，无外泄漏，尽量减少内泄漏。

2. 应用实例

由于液压驱动方式受到行程短等因素的限制，在开合屋盖结构中应用较少，仅在驱动系统中局部采用或与其他驱动方式配合使用。日本札幌媒体公园[25]、英国温布尔登网球场[26]和西班牙马德里 Olympic Tennis Centre[27]均采用了液压千斤顶驱动装置。英国温布尔登网球场改造工程的开合屋盖如可折叠的手风琴，采用液压千斤顶与铰页构成驱动装置，通过铰页展开将各榀桁架分开，桁架之间的膜材随之伸展，从而覆盖整个比赛场地，如图 5.1.5-2 所示。

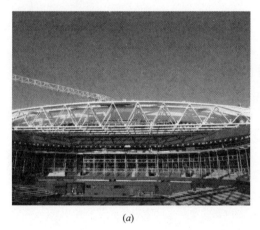
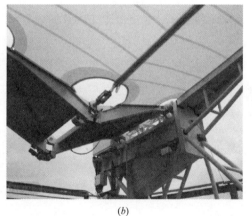

(a)　　　　　　　　　　　　　　(b)

图 5.1.5-2　温布尔顿中心球场改造工程

(a) 活动屋盖可移动桁架；(b) 活动屋盖驱动装置

5.2　驱动系统关键部件

5.2.1　台车

1. 台车构造与分类

（1）台车构造

台车是活动屋盖行走机构的重要组成部分，同时也是活动屋盖的支承部件，将上部活动屋盖荷载传至下部支承结构。台车主要分为车架、车轮、导向轮、反钩装置、滑动关

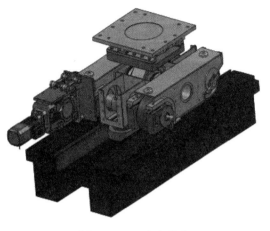

图 5.2.1-1　台车构造

节、横向调节和竖向调节装置等组件，如图 5.2.1-1 所示。

导向轮的作用是在活动屋盖牵引偏斜和支承结构变形的情况下，能够保证台车始终沿着轨道方向行进。为了适应活动屋盖与支承结构之间相对位置的变化，避免导向轮横向荷载过大发生卡轨，可以通过横向调节机构改变台车姿态，保证活动屋盖运行顺畅。为了适应支承结构的制造、安装误差以及活动屋盖运行过程中发生的变形，通过导向轮测力装置和变形调节装置，避免台车和导向轮发生过载。绍兴体育场台车的技术参数如表 5.2.1-1 所示。

绍兴体育场台车的技术参数　　　　　　表 5. 2. 1-1

项目	技术参数
竖向额定承载力	2000kN
侧向承载力	100kN
竖向最大调整量	±140mm
横向最大调整量	±100mm
角度最大调整量	±7°

设计台车时应注意以下问题：

1）台车除应满足支承活动屋盖荷载的需求外，还应适应施工安装误差和运行过程中结构的变形；

2）台车与活动屋盖之间宜采用铰接，以适应活动屋盖的变形，并根据垂直于轨道方向的变形需求，设置横向变形调节机构，以防止横向过载而出现卡轨现象，保证活动屋盖运行顺畅；

3）台车布设应合理，确保各个台车受力均衡。对于多轮台车，应保证各车轮承载均匀；

4）当需要调整安装高度或避免台车超载时，可设置竖向调节机构，调整各台车竖向高度与载荷；

5）台车应设置导向和防倾覆机构，保证活动屋盖及台车始终沿着轨道方向行进，防止脱轨。

（2）台车的分类

台车可根据是否带有驱动装置分为主动台车和从动台车，如图 5.2.1-2 所示。主动台车自带电动机、减速器等动力装置，牵引活动屋盖行走；从动台车仅作为活动屋盖的支承部件，跟随主动台车行走。

根据承重车轮和轨道的数量，台车可分为单轨单轮、单轨双轮、双轨双轮、双轨多轮等形式。单轨单轮台车适用于轨道和台车分散布置、台车载荷较小的情况，如图 5.2.1-3 所示。单轨双轮台车适用于台车载荷较大、轨道截面尺寸受限的情况，如图 5.2.1-4 所示。单轨台车可通过车轮与轨道的圆弧踏面适应轨道的转弯半径。单轨单轮台车宜采用双轴滑移结构，单轨双轮台车宜采用单轴滑移、平衡车架结构，保证车轮承载均匀。

图 5.2.1-2 主动台车与从动台车

(a) 主动台车;(b) 从动台车

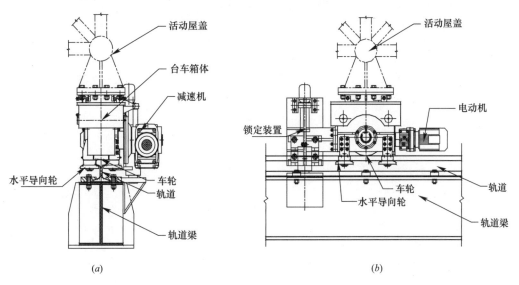

图 5.2.1-3 单轨单轮台车及轨道

(a) 顺轨方向;(b) 横轨方向

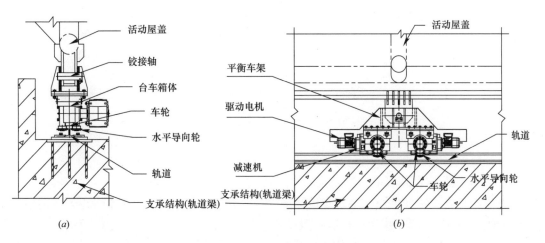

图 5.2.1-4 单轨双轮台车与轨道

(a) 顺轨方向;(b) 横轨方向

双轨台车适用于跨度大、载荷重的大型活动屋盖，如图 5.2.1-5、图 5.2.1-6 所示。应根据车轮和导向轮对台车自由度的约束情况，采用单向铰轴、十字铰轴、关节轴承、平衡梁等部件适应台车变形的需求，保证各车轮承载均匀，并通过滑移调节装置满足台车横向变形的要求。

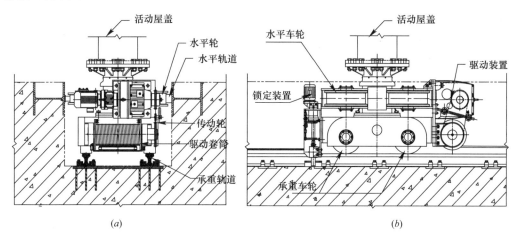

图 5.2.1-5　承受水平推力的双轨驱动台车与轨道
(a) 顺轨方向；(b) 横轨方向

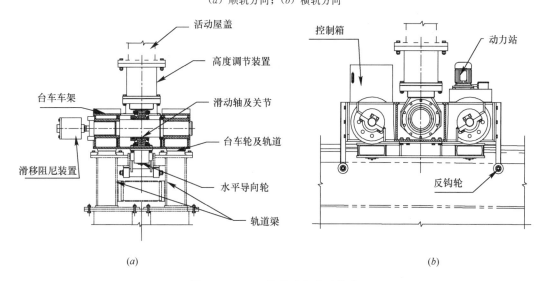

图 5.2.1-6　双轨从动台车及轨道
(a) 顺轨方向；(b) 横轨方向

2. 台车设计

(1) 强度安全系数与许用应力

台车结构及其零部件设计均采用许用应力法，即计算应力不大于材料的许用应力。许用应力值以材料、零部件或连接的规定强度 R（例如钢材屈服点、弹性稳定极限或疲劳计算中的极值应力）除以相应的安全系数来确定。根据现行国家标准《起重机设计规范》GB/T 3811 中第 5 章的规定，许用应力可按下列方式取用[9]。

拉伸、压缩和弯曲的许用应力 $[\sigma]$ 按以下两种情况计算：

对于 $\sigma_s/\sigma_b < 0.7$ 的钢材，基本许用应力 $[\sigma]$ 为钢材屈服点 σ_s 除以强度安全系数 n，如表 5.2.1-2 所示；

对于 $\sigma_s/\sigma_b \geqslant 0.7$ 的高强度钢材，基本许用应力 $[\sigma]$ 按下式计算：

$$[\sigma] = \frac{0.5\sigma_s + 0.35\sigma_b}{n} \qquad (5.2.1-1)$$

式中　$[\sigma]$——钢材的基本许用应力（N/mm²）；

　　　σ_s——钢材的屈服点（N/mm²），当钢材无明显屈服点时，取 $\sigma_{0.2}$ 为 σ_s（$\sigma_{0.2}$ 为钢材标准拉力试验残余应变达 0.2% 时的试验应力）；

　　　σ_b——钢材的抗拉强度（N/mm²）；

　　　n——与荷载组合类别相关的强度安全系数，按表 5.2.1-2 取值。

强度安全系数 n 和钢材的基本许用应力 $[\sigma]$　　　　　　　表 5.2.1-2

荷载组合	A	B	C
强度安全系数 n	1.48	1.34	1.22
基本许用应力 $[\sigma]$（N/mm²）	$\sigma_s/1.48$	$\sigma_s/1.34$	$\sigma_s/1.22$

表 5.2.1-2 中荷载组合，A 代表无风荷载工况，B 代表有风荷载工况，C 代表受到特殊载荷作用的工况或非工作情况。荷载组合 C 特殊荷载组合包括以下九种情况：

1）起重机在工作状态下，用最大起升速度提升地面荷载，例如电动机或发动机起升地面松弛的钢丝绳，当荷载离地时起升速度达到最大值；

2）起重机在非工作状态下，有非工作状态风荷载及其他气候影响产生的荷载；

3）起重机在动载试验状态下，提升动载试验荷载，并有试验状态风荷载，与正常使用状态的驱动加速力相组合；

4）起重机带有额定起升荷载，与缓冲碰撞力产生的荷载相组合；

5）起重机带有额定起升荷载，与倾翻力产生的荷载相组合；

6）起重机带有额定起升荷载，与意外停机引起的荷载相组合；

7）起重机带有额定起升荷载，与机构失效引起的荷载相组合；

8）起重机带有额定起升荷载，与起重机基础外部激励产生的荷载相组合；

9）起重机在安装、拆卸或运输期间产生的荷载组合。

（2）荷载组合选用

1）台车处于工作状态时，其设计荷载包括恒荷载、活荷载、风荷载（允许运行的最大风速）以及横向支承反力，如台车上设置驱动部件，还应考虑与行走方向一致的驱动荷载（含加速或减速运动产生的惯性力），对应于起重机设计的荷载组合 A 与荷载组合 B；

2）台车处于非工作状态时，其设计荷载包括恒荷载、活荷载、风荷载、冰雪荷载、地震作用、温度作用以及横向支承反力，如台车上设置锁定部件，还应考虑与行走方向一致的锁定荷载，对应于起重机设计的载荷组合 C；

3）台车作为活动屋盖结构的支承部件，其工作状态与非工作状态的支承反力应根据整体结构计算分析确定。

（3）台车设计

台车设计包括车架、轮轴、轮径以及轮距与数量等内容。

1) 台车车架

车架是台车的主要受力部件，确定轮距时应考虑活动屋盖跨度的影响，轮距过小可能导致台车蛇行行走。当采用多轮台车时，相邻台车的轮距不宜过小。此外，车架应预留维修操作的空间。台车车架通常在工厂加工完成后运到现场，故此车架尺寸和轮距还应考虑运输条件的限制。

2) 台车轮轴

台车轮轴承受的载荷设计值为活动屋盖支座处的最大竖向荷载。轮轴材料通常采用延展性好、强度高的碳钢或者铬钼钢。轮轴承担活动屋盖传递的压力、弯矩及剪力，以及驱动力产生的扭矩。车轴插入车轮部分的直径最小，但承担的力最大，因此轮轴变截面处容易出现应力集中，导致允许疲劳动较低。设计中应重点关注轮轴的安全性，避免在任何情况下出现疲劳破坏。

3) 台车车轮

台车车轮传给轨道的应力值可采用赫兹公式求解圆柱面与平面接触时的支承应力。支承应力值主要取决于轮径，根据车轮能够承受的最大应力与车轮尺寸即可确定支承应力。

车轮构造通常为双法兰型，材质通常为锻钢或铸钢。与铸钢车轮相比，锻钢车轮具有更好的耐久性，能够承受更大的载荷，且轮径较小，实际应用较多。

3. 台车设计实例

南通体育会展中心体育场，东、西两侧活动屋盖分别由 22 部台车支承，为了适应钢结构加工制造、安装施工的误差以及活动屋盖运行过程产生的变形，保护台车和导向轮不发生过载，在台车上设置了横向和纵向检测与调节装置和导向轮测力装置。每个台车均安装电控箱和液压站，为台车在运行中调整姿态提供控制和动力装置。在活动屋盖运行过程中，台车将检测到的各种数据传送给主控设备并接受主控设备的指令，完成各种运行调整功能。在活动屋盖外侧的台车安装屋盖位移检测装置、预停止开关、零位开关或全闭状态位置开关。南通体育会展中心体育场活动屋盖的台车与轨道如图 5.2.1-7 所示，台车的主要技术参数如表 5.2.1-3 所示。

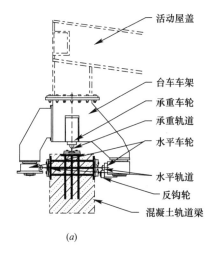

活动屋盖
台车车架
承重车轮
承重轨道
水平车轮
水平轨道
反钩轮
混凝土轨道梁

(a)

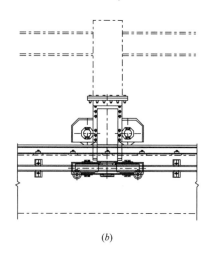

(b)

图 5.2.1-7 南通体育会展中心体育场活动屋盖的台车与轨道
(a) 顺轨方向；(b) 横轨方向

南通体育会展中体育场活动屋盖台车的主要技术参数 表 5.2.1-3

项目	参数
台车竖向承载力	1500kN
台车横向承载力	200kN
台车竖向调节量	±150mm
台车水平调节量	±75mm
台车关节轴承球铰允许转动量	7°
导向拱（C、D）横向调节弹簧刚度系数	10kN/mm
非导向拱（A、B、E、F）横向调节弹簧刚度系数	3kN/mm

5.2.2 轨道

1. 轨道形式

轨道是保证活动屋盖顺畅运行的重要部件，应根据承载需求与台车构造，合理选择轨道的形式与数量，并综合考虑开合方式、运行频率、施工方法以及经济性等因素。

根据轨道规格与承重需求，工程常用的轨道形式分为起重机钢轨、重轨、轻轨和钢板轨道四种形式，如图 5.2.2-1 所示，其中起重机钢轨规格可按现行冶金行业标准《起重机用钢轨》YB/T 5055[28]选用，钢轨规格可参照现行铁路行业标准《43kg/m～75kg/m 钢轨订货技术条件》TB/T 2344—2012[29]选用，轻轨规格可按现行国家标准《热轧轻轨》GB/T 11264[30]选用，钢板轨道的截面形式应结合支承条件和台车具体情况确定。

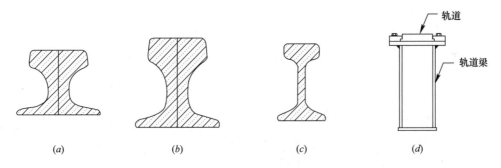

图 5.2.2-1 轨道形式

(a) 起重机轨；(b) 重轨；(c) 轻轨；(d) 组合钢板轨道

活动屋盖运行期间，轨道承受行走机构传递的动荷载，受力特点与起重机轨道类似。轨道应采用强度高、耐磨性好的材料。根据工程经验，起重机钢轨材料的力学性能不低于冶金行业标准《起重机用钢轨》YB/T 5505 中的 U71Mn 钢材[28]；重轨材料的力学性能不低于现行国家标准《铁路用热轧钢轨》GB 2585[31]及 U71Mn 钢材、《43kg/m～75kg/m 钢轨订货技术条件》TB/T 2344[29]的要求；轻轨材料的力学性能不低于现行国家标准《热轧轻轨》GB/T 11264 中的 55Q[30]。当采用钢板作为承重轨道或导向轮反钩轮作用于轨道梁上时，应根据其材质和硬度适当降低轮压。

轨道系统通常对称布置，轨道由轨道梁和高强钢轨构成。轨道梁固定于支承结构，高强钢轨支承于轨道梁。根据轨道数量的不同，可分为单轨与双轨两种形式，如图 5.2.2-2 所示。

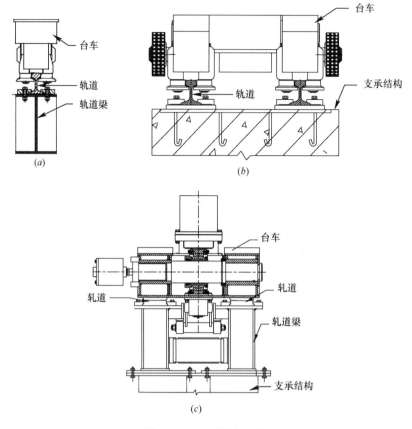

图 5.2.2-2　单轨与双轨

（a）单钢轨；（b）双钢轨；（c）双钢板轨

2. 轨道设计要点

轨道设计应符合现行国家标准《起重机设计规范》GB/T 3811 的相关规定[9]，并应满足如下要求：

（1）轨道承载力应满足竖向承压、侧向承压、水平导向以及防倾覆的要求，轨道刚度应满足台车运行的要求。

（2）轨道截面形式主要取决于台车轮压与屋盖跨度，并应安装、调节方便。

（3）轨道在台车轮压作用下的压应力可通过赫兹公式进行计算。轨道顶部承受的水平力和底部上掀力均不应超过台车轮压的 20%。当水平轮或反钩轮的载荷大于轮压的 20% 时，应设置专门的轨道进行支承，或直接作用在轨道梁上。

（4）轨道材质应具有强度高、硬度高、耐磨性好的特点，且与台车车轮踏面的强度、耐磨性相匹配。在轨道刚度满足活动屋盖运行要求的前提下，应尽量减轻轨道自重。

（5）轨道固定应安全可靠，可通过垫板和压板固定在轨道梁上，固定点间距不宜大于 600mm，并根据最大轮压对固定点之间的钢轨进行强度与疲劳验算，满足现行国家标准《起重机设计规范》GB/T 3811 的相关要求[9]。

（6）当轨道固定于混凝土梁并且轮压较大时，活动屋盖运行将引起冲击力，容易造成混凝土开裂。可借鉴吊车梁的处理方式，在轨道和混凝土梁之间铺设缓冲垫，或设置轨枕，轨枕半埋入混凝土，并通过地脚螺栓和垫板与之固定。此外，还可将轨道放置在预埋钢板之上。

（7）轨道梁应保证轨道系统的刚度和侧向稳定性，轨道梁的连接构造能够充分适应主体结构的变形。

3. 轨道其他问题

（1）轨道接头

轨道接头应合理留有伸缩缝以适应温度变化引起的轨道变形，伸缩缝大小根据温度变化范围、轨道线膨胀系数以及轨道长度确定。当台车轮距与轨道伸缩缝的间距相同时，运行时轨道间隙处将产生较大的撞击力和振动，伸缩缝的处理时应避免。

实际工程中，为保证活动屋盖运行顺畅，轨道接头主要采用焊接方式。沿轨道全长范围将轨道与轨道梁/支承结构可靠固定，并应严格控制轨道安装时的温度。轨道接缝位置不得与轨道梁接缝位置重合，轨道拼接焊缝应打磨平整。

（2）轨道精度

轨道加工精度应符合现行国家标准《起重机 车轮及大车和小车轨道公差》GB/T 10183 的规定[32]。轨道梁安装时应对标高、垂直度、曲线度和平面位置等进行严格控制，确保轨道梁精确就位。安装误差过大将导致活动屋盖难以顺畅运行或出现逶迤蛇形的行走姿态，引起活动屋盖及其连接部件的变形和附加应力。安装轨道梁时，应在主体结构恒荷载全部施加完毕后进行精细调节定位。根据现行行业标准《开合屋盖结构技术标准》JGJ/T 442，活动屋盖轨道的允许偏差如表 5.2.2-1 所示[4]。

值得注意的是，旋转开启的活动屋盖，支承轨道易出现倾斜变形，在轨道截面的两个主轴方向均会出现弯曲，因此在设计中需予以重视，并进行精确计算分析。

活动屋盖轨道的允许偏差　　　　　　　　　　　表 5.2.2-1

检查项		允许误差
跨度	≤10m	±3.0mm
	10～20m	±4.0mm
	20～30m	±5.0mm
	≥30m	±6.0mm
两侧轨道的水平标高差		≤跨度的 1/300，且不应大于 5mm
轨道表面平整度		≤1/1000
轨道拼接处的高差		≤0.5mm
轨道拼接处的水平错位		≤0.5mm
轨道连接处的间隙		≤2mm，同时保证夏季高温时不接触

5.2.3　电动机与减速器

活动屋盖运行所需驱动力由运行速度和所承担的荷载以及机械效率所决定，荷载包括作用于台车的重力荷载、运行阻力及运行中的风荷载等。驱动力包括基本驱动力和附加驱动力；基本驱动力保证屋盖匀速运行，附加驱动力用于加速和抵抗风荷载。计算风荷载时，应考虑不利风向的影响。驱动系统应满足各种不利运行条件下的动力需求，保证活动屋盖运行安全。

1. 电动机功率计算与型号选择

电动机是驱动系统的动力装置,根据活动屋盖运行所需牵引力大小确定电动机型号。电动机可根据现行国家标准《起重机设计规范》GB/T 3811[9]与《机械设计手册》[33]进行计算与选型。活动屋盖运行功率计算及电动机型号选择过程简述如下。

活动屋盖稳态运行功率按下式计算:

$$P_N = \frac{P_j \times V_y}{1000\eta \times m} \tag{5.2.3-1}$$

式中　　P_N——稳态运行功率(kW);

　　　　P_j——稳态运行阻力(N);

　　　　V_y——运行速度(m/s);

　　　　η——驱动机构总传动效率;

　　　　m——驱动机构电动机台数。

活动屋盖驱动系统的驱动力必须大于运行总阻力,运行总阻力为滚动摩擦阻力、坡道阻力、运行迎风阻力、曲线运行附加阻力以及启动惯性力之和。稳态运行阻力可由下式计算:

$$P_j = P_m + P_{wl} + W\sin\theta \tag{5.2.3-2}$$

式中　　P_j——稳态运行阻力(N);

　　　　P_m——运行滚动摩擦阻力(N);

　　　　P_{wl}——运行迎风阻力(N);

W与θ——分别为活动屋盖重量(N)与轨道的坡度。

运行滚动摩擦阻力可按下式计:

$$P_m = W \cdot \frac{2f_K + \mu d}{D}C_f \tag{5.2.3-3}$$

式中　　D、d——分别为车轮直径(mm)和轴径(mm);

　　　　C_f——附加摩擦阻力系数,取$C_f = 1.2$;

　　　　f_K——车轮的滚动摩擦力臂(mm),取$f_K = 0.6$;

　　　　μ——车轮轴承摩擦系数,滚动轴承滚珠或滚柱式,$\mu = 0.015$。

由于开合屋盖处于露天环境,需考虑开启和关闭过程中受到的风阻力。运行迎风阻力按下式计算:

$$P_{wl} = \sum w_k \cdot \mu_s \cdot A \tag{5.2.3-4}$$

式中　　w_k——运行状态时的风压标准值;

　　　　μ_s——屋顶体型系数,取$\mu_s = 1.3$;

　　　　A——屋顶迎风面积(m²)。

【算例1】某工程活动屋盖单元重量$W = 800$kN,端部迎风面积$A = 210$m²,采用水平直线轨道。7级风、10m高度时的基本风压为0.183kN/m²,假设活动屋盖高度为50m,风压高度变化系数为1.67,则风压标准值为$w_k = 0.183 \times 1.67 = 0.306$kN/m²。

设定活动屋盖开合速度为62mm/s,车轮直径和轴径分别为400mm和80mm,轮式滚动摩擦,双侧齿轮齿条驱动,共设置两台电动机,需要确定电动机的功率。

稳定运行阻力计算如下:

$$P_m = W \cdot \frac{2f_K + \mu d}{D}C_f = 800 \times \frac{2 \times 0.6 + 0.015 \times 80}{400} \times 1.2 = 5.76\text{kN}$$

$$P_{\mathrm{wI}} = \sum w_{\mathrm{k}} \cdot \mu_{\mathrm{s}} \cdot A = 0.306 \times 1.3 \times 210 = 83.54 \mathrm{kN}$$

$$P_{\mathrm{j}} = P_{\mathrm{m}} + P_{\mathrm{wI}} + W\sin\theta = 5.76 + 83.54 + 800 \times \sin 0° = 89.30 \mathrm{kN}$$

$$P_{\mathrm{N}} = \frac{P_{\mathrm{j}} \times V_{\mathrm{y}}}{1000\eta \times m} = \frac{89300 \times 0.062}{1000 \times 0.980 \times 2} = 2.825 \mathrm{kW}$$

将 P_{N} 乘以储备系数 1.2，可得

$$P_{\mathrm{N}} = 1.2 \times 2.825 = 3.39 \mathrm{kW}$$

综合考虑启动惯性力等附加运行阻力的影响，选择电动机的功率为 4.0kW，型号为转子绕线式异步调频制动电机。

2. 减速机减速比计算与型号选择

活动屋盖运行速度主要根据使用要求确定，活动屋盖的运行速度等于减速机输出转速乘以驱动轮的周长：

$$v = n \times \pi \times d \tag{5.2.3-5}$$

式中　v——开合运行速度；

　　　π——圆周率；

　　　d——驱动轮直径；

　　　n——减速机输出转速。

将输入转速与输出转速之比定义为减速机的传动比，减速机输入转速即为电动机的转速：

$$i = \frac{n_1}{n} \tag{5.2.3-6}$$

式中　i——传动比；

　　　n_1——减速机输入转速；

　　　n——减速机输出转速。

当传动比计算值与减速机标准系列值不等时，应取与计算值最接近的标准系列传动比型号的减速机，并依据选定减速机的输出转速重新核定驱动轮，使其满足活动屋盖运行速度的要求。由于活动屋盖运行速度较慢，故此要求减速机具有较大的传动比。在选择减速机时，主要应考虑减速机输入功率、减速比和输出扭矩等参数。

根据活动屋盖运行速度、牵引力以及电机功率，通过查阅《机械设计手册》附表 1：二级减速机基本参数及产品系列、减速机产品说明书，即可确定减速机具体型号。

【算例 2】　已知活动屋盖单侧牵引力为 44.65kN，牵引功率为 4.0kW，驱动齿轮节圆直径为 200mm，转速为 $n = 6.45$r/min。根据以上已知条件，选择减速机型号。

驱动扭矩 $T =$ 牵引力 × 齿轮节圆半径 $= 44.65 \times 0.1 = 4.465$kN·m

根据电动机功率 $P_{\mathrm{N}} = 4.0$kW，$n = 6.45$r/min，经查表选择减速机型号为 BWED 4.0-39-225，扭矩为 5kN·m，输出转速为 6.5r/min。

减速机型号具体说明如下：B 表示摆线针齿行星减速机，W 代表卧式结构，E 表示二级减速机，D 代表电机为直连式，4.0 表示电动机功率（kW），39 表示低速级机型号，225 表示减速比。

5.2.4　驱动系统其他装置

1. 防掀翻装置

为避免极端情况下的向上作用力（竖向地震、风吸力）大于结构自重效应，造成活动

屋盖被掀翻，台车行走机构应设置反钩装置，确保台车不会脱轨。

反钩装置的承载力应不小于扣除结构自重后的向上作用力，同时不小于向上风荷载与竖向地震作用较大值的30%。反钩装置宜与台车整体设计，并且所有台车均宜设置。根据设计载荷大小和轨道形式的不同，可以利用带防浮功能的导向轮实现或设置专门的反钩装置。台车的防掀翻反钩轮如图5.2.4-1所示。

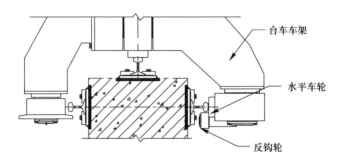

图 5.2.4-1　台车的防掀翻反钩轮

2. 锁定装置

锁定装置通常可以分为常规锁定与紧急锁定两种形式。

（1）常规锁定

活动屋盖处于停靠状态时，将活动屋盖或台车通过插销或抱紧的方式固定在支承结构上，解锁前无法移动。锁定装置既可安装于活动屋盖，也可安装于支承结构。设计锁定装置时，应考虑锁定的位置和锁定的方向，使其具有足够的安全度。活动屋盖与固定屋盖之间的插销锁定装置如图5.2.4-2所示。

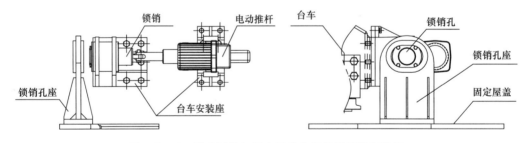

图 5.2.4-2　活动屋盖与固定屋盖之间的插销锁定装置

通过将相邻活动屋盖单元相互锁定，将各活动屋盖连接为一个整体，使得活动屋盖在风荷载和地震作用下协同受力。锁定装置的数量、位置和承载力可以根据结构计算确定。当活动屋盖在重力荷载作用下沿轨道方向有下滑力时，互锁装置提供的锁紧力尚应满足不小于下滑力的要求。

当活动屋盖运行至全闭状态时，锁销装置收到控制系统的信号后，由电动推杆实现闭合锁销的动作，分别安装于各片活动屋盖上的锁定装置能够将相邻单元连接成一体。当活动屋盖从全闭状态开启时，锁销装置收到控制系统的信号后，由电动推杆实现开启锁销的动作，完全开启到位后再反馈信号到主控系统，开启活动屋盖的运行程序，如图5.2.4-3

所示。

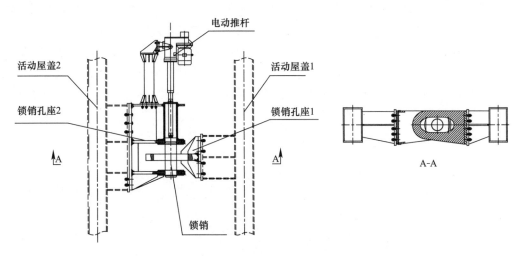

图 5.2.4-3　活动屋盖之间的锁定装置

（2）紧急锁定

夹轨器属于紧急锁定装置，当活动屋盖运行过程中遭遇突发地震或飓风时，将活动屋盖紧急临时锁定，如图 5.2.4-4 所示。小型开合屋盖可由轨道夹从两侧卡紧，利用摩擦力来抵抗风荷载等作用力。轨道夹应有足够的强度承担卡轨产生的制动力，不可因车轮或轨道的磨损而松弛，并且保证卡紧部件在屋盖运行过程中不与轨道连接板相接触。此外，当轨道夹处于工作状态时，卡紧部件通常为通电互锁，即使断电时也能保证卡紧部件发挥作用。轨道临时锁定装置的设计参数如表 5.2.4-1 所示。

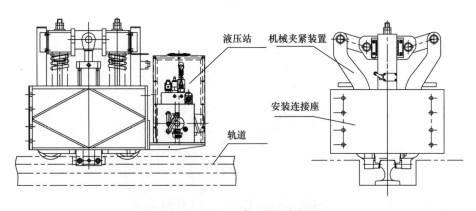

图 5.2.4-4　活动屋盖的夹轨器

轨道临时锁定装置的设计参数　　　　　　　　　　　　表 5.2.4-1

项目	风荷载	突发事故的安全系数	轨道间的摩擦系数
参数	最大风荷载的 40%	≥1.5	0.25

（3）工程应用

为保证活动屋盖关闭与开启时位置可靠固定，以及屋盖承受非运行状态风荷载时的稳定性与风雨天气时的密封性，通常采用插销的方式对屋盖进行固定。上海旗忠网球中心的活动屋盖采用了8片活动单元绕各自枢轴旋转开合的形式，由于屋盖的8个叶瓣转动时难免存在偏差，处于叶瓣最前端的插销很难对准圆形销孔，但在高度方向差别不大，故此设计了鸭嘴式销孔插座，易于插入与拔出，如图5.2.4-5所示。夹轨器设置在屋盖下面的固定环梁上，每个叶瓣两件，分别与曲梁B、C相配合。当屋盖叶瓣处于关闭状态时，电动推杆推动移动锲块前行，两个夹钳臂下部张开，夹钳臂上部钳口夹紧轨道。当需要松开轨道时，电动推杆反方向运动（缩回），将移动锲块拉回，夹钳臂两侧的复位弹簧牵引夹钳臂下部缩回，夹钳臂上部钳口松开。在该工程中，夹轨器仅在屋盖处于关闭状态时使用，如图5.2.4-6所示。

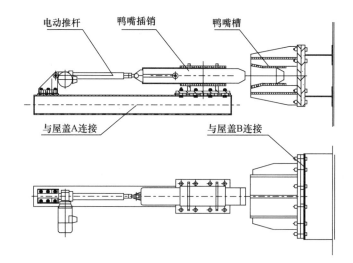

图5.2.4-5　楔形鸭嘴插销构造

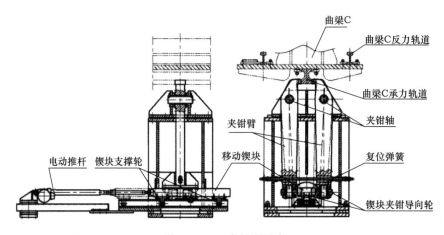

图5.2.4-6　夹轨器示意

3. 制动装置

制动器与缓冲器是保证活动屋盖停止在运行轨道末端的装置。牵引系统中自带的电动液压制动器如图5.2.4-7所示。对于大输出扭矩电机进行制动时，常将制动器置于电机输出轴的前端，如图5.2.4-8～图5.2.4-10所示。

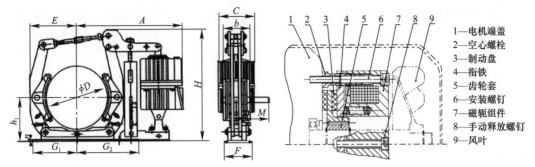

图 5.2.4-7　电动液压制动器

图 5.2.4-8　带制动器电机的工作原理

1—电机端盖
2—空心螺栓
3—制动盘
4—衔铁
5—齿轮套
6—安装螺钉
7—磁轭组件
8—手动释放螺钉
9—风叶

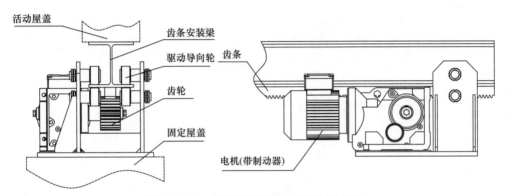

图 5.2.4-9　齿轮齿条驱动电机的制动机构

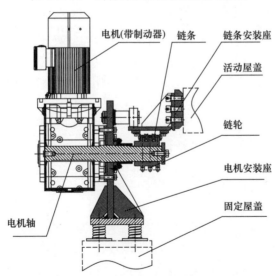

图 5.2.4-10　链轮链条电机的制动机构

5.3　控制系统

5.3.1　控制系统构成

为实现对活动屋盖运行的准确控制，各活动屋盖单元的控制系统、驱动设备以及检测设备、调节装置应构成多级闭环网络，关联运动部件按互锁逻辑关系进行设计，实时反馈信息，便于随时掌握各种设备的运行情况。

多部台车驱动的大型开合屋盖，采用总线控制技术，各活动屋盖单元配有独立的控制系统，也可单独进行开合操作，终端控制器的数量与活动屋盖的数量相一致，各活动屋盖的控制器通过总线和控制中心的主控设备相连。各种指令、数据信号通过总线传达到每个终端设备，同时将需要了解的运行参数上传到总控制器中。控制每片活动屋盖的子站、驱动设备与检测设备构成闭环系统，终端控制器接到指令后，即可按照既定程序运行。主站和子站均采用可编程控制器，采用现场总线通信协议进行通信。活动屋盖控制系统的框图如图 5.3.1-1 所示。

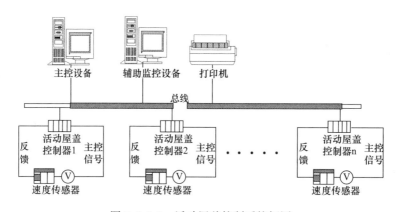

图 5.3.1-1　活动屋盖控制系统框图

当系统接电完成初始化自检并确认正常后，整个系统处于待命状态。接收到闭合屋盖的指令后，制动器松开到位并反馈信号至控制中心，驱动装置带载缓慢起动并逐步加速至额定转速，活动屋盖进入运行状态。运行过程中，各检测元件实时反馈信号至控制中心，由控制中心统一协调各动力组件，实现活动屋盖同步运行。当活动屋盖运行至减速位置，驱动装置缓慢减速至闭合终点位置时停止，制动并抱闸到位后，安全锁销锁紧，完成活动屋盖的闭合。活动屋盖开启是闭合的逆过程。

5.3.2　控制系统装置

1. 中央控制室

中央控制室控制屋盖整个开合过程，实时监控各驱动设备的运行状况，采集、分析、反馈信号，及时发出操作指令，实时调整活动屋盖在行走过程中的空间姿态，保证各活动屋盖按指定要求同步、平稳运行。中央控制室设置在邻近活动屋盖的位置，具有良好的视野，便于随时观察活动屋盖运行情况。

控制台应设置电源开关、分部件操作开关、速度选择开关、图像显示设备和通信设备等，并应设置相应的信号灯。控制台面应信号明确，方便操作，如图 5.3.2-1 所示。

2. 控制系统电器元件

控制系统通常由控制台（屏）、主令电器以及相关电器设备组成。其中主令电器指控制台的操作开关，用来闭合或断开控制电路，从而控制活动屋盖启动、制动以及调速等动作。控制按钮、行程开关、转换开关、接近开关、主令控制器等均属主令电器的范畴。

图 5.3.2-1　中央控制室的控制台

（1）控制系统电器元件及装置选用的一般规定

1）所有电气元件与装置应选用高质量产品，在满足机械驱动和控制系统要求的前提下，采用国际知名的标准产品。

2）所有电气元件与装置应有永久性标签，包括制造商名称、型号、技术参数（额定值、接点组态方式等）、快速更换和查找故障的操作方法等。

3）所有断路器、接触器、继电器、变压器和其他电磁设备均应静噪工作，采用柔性安装，限制噪声传递和振动。

4）所有框架和外罩均应结实坚固，不得随元件工作而振动。应减小冷却风扇的噪声，避免使用噪声过大的电气元件。

（2）断路器、接触器、继电器

断路器应具有短路、过载、过热等保护功能，其遮断能力应大于安装点的短路容量。

接触器、继电器一般为组合型，安装在 DIN 标准导轨上，并应配有抑制单元，如 RC 元件、二极管等，该元件直接与线圈连接。

（3）控制按钮和控制开关

控制按钮和控制开关应满足控制与操作的要求，并符合有关标准和人体工程学。

（4）指示器

指示器应满足各种信号显示要求，并符合有关标准和人体工程学，型号和种类不宜过多。

（5）熔断器

满足控制电路的要求，并具有状态显示功能。选型及安装时应充分考虑其通用性，便于更换。

（6）接线板和连接器

接线板一般采用 DIN 标准导轨安装，带有明显的标志，连接可靠，防止振动时松线。PE 接线端子应采用黄绿相间的专用 PE 接线端子。

所使用的连接器应为多销插头和插座，并符合有关标准。插头和插座应配套使用，并保证连接正确，不会引起危险和不安全操作。

（7）可编程序控制器（PLC）

可编程序控制器的基本指令和应用指令运行时间、扫描周期、存储器（应为

EPROM）的容量等性能参数应满足控制与操作系统的要求。用于控制与操作管理的 PLC 的性能参数应不低于 S7-400，用于驱动装置控制的 PLC 的性能参数应不低于 S7-300。可以带电插拔的 PLC 使用上更为方便，且 PLC 应为相同厂家的同一系列产品。

（8）计算机系统

计算机系统（含服务器、主机、显示器、通信线路等）应通过冗余配置保障操作的连续性。当一台计算机或一条通信线路出现故障时，应自动切换到冗余计算机或通信线路。用于主控制系统或网络管理的计算机应采用工业型计算机。

（9）网络通信系统

主控制系统中的 PLC 或计算机网络应为符合工业标准的开放式现场总线或局域网络，保证数据传输速率要求，网络容量应考虑适当的余量。

用于智能型手动控制系统的 PLC 网络的容量、数据传输速率需满足其控制的要求。

（10）变频器

应选用矢量变频器，变频器应具有故障自诊断、自适应控制、防止误操作等功能。

（11）现场传感器

现场传感器是指独立安装在现场的用于速度、位置、限位、负载以及其他信号的检测装置。所有现场传感器的信号应在控制系统中受到监控并显示，其安装方式和位置应便于调整和维护。

1）速度连续检测装置

一般安装在传动轴上，选用增量型旋转编码器。速度连续检测装置应出现避免丢失脉冲的现象。

2）位置连续检测装置

一般安装在传动装置侧面或可以反映机械设备实际位置的部位，选用增量型旋转编码器或绝对值型旋转编码器。位置连续检测装置不应有丢失脉冲的现象。

3）限位开关和定位开关

行程终止限位开关一般安装在传动装置的专用限位箱或特制开关箱内，不允许使用小型盒式微动开关。限位箱或特制开关箱内的开关安装时应满足精度要求，保证在允许范围内任意速度撞击时均能按照要求的精度重复动作。

中间定位开关、减速开关可配置在限位箱内，也可在适当位置另外设置机械撞击式或接近开关。当不采用上述两种方式时，可以从位置连续检测装置获取信号。

4）超程检测

超程限位开关应采用直碰式机械限位开关。超程限位开关应直接连接于电动机或其他传动设备的控制回路，以切断其动力电源。

（12）驱动设备

1）电源隔离及保护

电气机柜的电源进线电缆至柜内电源母线之间应设置负荷开关或断路器和电源接触器，可在机柜面板上合/断电源。由电源母线至各驱动装置之间应设置负荷开关（或断路器）。控制电源应设熔断器或其他保护。

2）定速装置

应考虑电动机启动对电网系统和机械设备的冲击作用，可以使用智能型控制器或继电器线路进行控制。

3）调速装置

调速装置应选用矢量变频器，可以使用专用控制器进行控制。

使用变频器时，制动方式可考虑向电网回馈能量的再生制动或再生制动装置。采用再生制动装置时，应选择足够容量的制动电阻器，并采取散热措施。

（13）操作台

操作台应设置操纵杆、控制按钮和控制开关、指示器、紧急停车按钮等。操作台的设计、制造和安装应满足电气安全要求，并符合人体工程学。操作台用于对整个机械设备集中操作，是控制系统的管理中心。操作台除具有对活动屋盖驱动设备进行控制的功能（预选择、运动参数设定、设备编组、场景运行、场景序列运行、手动介入等）外，还应提供系统维护和根据实际需要附加的工程组态功能。

一名操作人员即可控制与操作所有的设备。操作台至少应包括 LCD 显示器、功能键盘或鼠标、宽视角触摸屏和手动介入操作装置接口。

控制系统还应满足以下要求：

（1）电气设备引起的谐波应符合现行国家标准《电能质量 公用电网谐波》GB/T 14549 的规定。

（2）对动力、控制、信号线路敷设引起的干扰应加以抑制，以免对建筑物内音响、通信、视频、无线电、电话、计算机或其他控制设备造成影响。计算机或敏感控制设备应设有浪涌保护装置和独立的低阻抗专用接地。

（3）控制系统在其应用环境中具有电磁兼容性（EMC），并符合有关标准的规定。

5.3.3　基本控制内容

1. 基本控制

开合屋盖控制系统多采用自动控制操作系统，实现自动/手动两种操作模式之间的自由切换，防止人工操作引起的误操作。常规控制内容如下：

（1）接通电源，启动、开启、关闭、停止；

（2）启动、停止（制动）的加速度控制；

（3）速度与同步性控制，防止出现卡轨、蛇形运动，对于轨道不均匀变形具有即时调适能力；

（4）紧急制动控制可以防止开合屋盖在电气故障、供电突然中断或机械系统发生严重故障时出现滑落现象，保证活动屋盖在风、地震及其他特殊情况下的安全性；

（5）防止运行过程中的电磁辐射干扰；

（6）防雷保护；

（7）活动屋盖应正确安装前照灯、传感器、风速仪等安全报警装置；

（8）当出现故障时，通过检测、监控与自诊断系统，能够迅速确定故障位置与性质，便于快速排除；

（9）控制系统应设置必要的安全保护措施，例如：过电流保护、漏电保护、短路保护、防雷保护、防辐射电讯干扰等。紧急停止开关应设置安全罩，由值班操作人员管理操作；

（10）在控制台上或其他部位设置紧急停止开关或按钮。当屋盖发生运行故障或特殊情况时，可随时触动开关，切断运行主回路；

（11）控制屋盖半开状态。活动屋盖除全开或全闭状态以外，特殊情况下也可以在控制系统的指令下，按照要求停靠在其他位置，可以通过标定手柄灵活控制；

（12）锁定控制。当屋盖准备开启时，锁销机构接收控制系统的信号，由电动推杆实现开启锁销的动作，中央处理器接受并分析处理传感器的数据，判断安全插销的插入或抽出是否到位；完全开启到位后反馈信号到主控系统。与此类似，在活动屋盖运行到全闭状态时，锁销机构接收到控制系统的信号，由电动推杆实现闭合锁销的动作，完全闭合到位后反馈信号到主控系统。与此同时，屋盖的位移传感器实时地监视活动屋盖位置的变化。

2. 检测、监控与自诊断

（1）检测系统

控制系统多采用闭环控制，能够自动修正外部因素的影响，保持目标值的稳定。为了确保系统运行安全，检测系统的检测信号应具有冗余校验功能：直接冗余，如插销间隙检测采用双位移传感器、单个屋盖安装多组转角检测仪等；间接关联冗余，如张力检测与变频电机力矩检测、卷筒码盘同步检测与台车纠偏位移检测等。系统具备自校验故障的报警功能，及时反馈事故工况。

（2）监控系统

活动屋盖的台车、插销装置、驱动设备和控制室均应布置严密的监控系统，便于操作人员远程监视屋盖的运行状态及各机械部件的情况。一旦系统运行出现异常，监视系统实时发出报警信号，可以通过故障代码记录查找故障原因。应保证控制室与屋盖及地面之间的通信畅通。大型活动屋盖应设置大气温度与风速监测仪器，每个活动屋盖单元应设置不少于一个风速仪。控制系统应带有信号采集功能，实现设备运行状态的实时显示，记录并存储运行数据。

（3）自诊断系统

控制系统应安装先进的智能工控机系统，通过组态软件，将设备的运行状态实时显示在屏幕上，工控机的海量存储可将安装运行数据记录在硬盘上，以备随时查验。由于工控机具备快速数据处理能力，检测系统又满足冗余和自校验的功能，因此，可以根据检测信号互相之间的关联关系，编制自诊断程序，一旦某一关联关系遭到破坏，即可判断为故障。工控机的自诊断程序根据失常的检测信号，指明故障位置和故障性质，便于操作人员在第一时间排除故障。

5.3.4 主要控制内容

1. 同步控制

当单片活动屋盖带有多台驱动设备时，受到安装误差、结构变形、风向变化以及轨道积水、车轮打滑等因素的影响，均可能造成各台车的速度和位置不同步，引起活动屋盖偏斜。

同步控制的对象主要为电动机与液压马达。对电机的控制多利用变频技术实现调速，液压马达则通过伺服系统对流量的控制实现调速。在活动屋盖两侧的电动机安装同步控制传感器和位置传感器，当两侧的差异达到允许偏差上限值时，活动单元自动停止并切换成手动操作模式。

当采用两台功率相同的变频电动机同步驱动单片活动屋盖时，其控制原理见图 5.3.4-1。

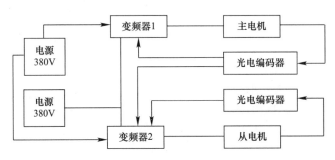

图 5.3.4-1　活动屋盖同步运行控制原理

不同驱动方式的同步控制标准不同，齿轮齿条驱动与链轮链条驱动的控制精度较高。钢丝绳驱动受到绳长变化的影响，轮式驱动在运行过程中摩擦力可能发生变化，故此，控制标准可适当放松。在正常情况下，活动屋盖运行时两侧台车的允许偏差不宜大于相邻轨道中心距的 1/2000，且不宜大于 10mm；到达终点时的允许偏差不宜大于 5mm。

2. 台车均载控制

对于大型开合屋盖结构，可以通过在台车上安装压力传感器和位移传感器，对台车的行程和载荷随时进行监测，根据台车竖向和水平方向的受力情况，准确判断活动屋盖与轨道之间的相对位置，控制器经过运算后对台车姿态实时作出判断，按设定条件作出动态调整，使台车在行走过程中载荷变化幅度在合理范围内，确保台车在运行过程中的载荷与设计预期相符。当台车承受载荷或位移超过设备或结构规定的限值时，控制器发出警告，活动屋盖停止运行。

3. 运行纠偏控制

控制系统通过总线网络实时检查每辆台车的姿态和动作。正常情况下，各驱动设备之间存在一定程度的不同步，安装误差和结构变形也会导致台车受卡而引起活动屋盖偏斜。当运行不同步而引起活动屋盖的偏斜变形超过规定范围时，容易引发重大安全事故。

主控设备在对台车压力传感器和位移传感器数据进行分析的基础上，使用编码器进行纠偏，及时调整台车动作和驱动力，随时纠正活动屋盖的运行姿态。当在终点无插销式闭锁设备时，允许偏斜可以适当放松。对于钢丝绳驱动系统，位置监测和偏斜控制应考虑钢丝绳长度变化的影响，通过传感器直接监测活动屋盖的位移。

当数据采集处理统计到某片活动屋盖上超过一定数量的台车同时或相继作出朝同一方向的横向偏移，可判断为整个屋盖发生侧滑。此时采用自动或手动方法停止屋盖运行，然后在多个责任方允许的条件下，按规定的方法进行相应调整，手动控制纠正屋盖的整体偏斜，纠正量可人为控制或自动设定，恢复正常后可以继续进行屋盖的闭合或开启动作。

国家网球馆活动屋盖两侧轨道的间距约为 72m，允许运行偏斜为 0.08%~0.24%。当活动屋盖偏斜超过规定范围时立即进行紧急制动。

5.3.5 控制系统工程实例

活动屋盖驱动设备的控制方式分为计算机全自动控制和智能型手动控制两种，两种控制方式各自独立，互为备用。计算机全自动控制方式能够提供正常情况下的全功能控制与操作，系统按冗余配置，工控机、PLC 均为双 CPU 运行的设备系统，包括单体设备的控制、设备联锁、设备状态监视、预选设备、设定运动参数、编组运行、场景记忆、场景序列、故障诊断、系统维护和操作向导等。

工控机与 PLC 通信采用国际标准（IEEE802.3）工业以太网，连接简单，试运行过程短，灵活性高，可扩展性强，冗余的网络拓扑机构可以保证网络的高可靠性。考虑到控制对象的距离，PLC 与现场 I/O 站点及矢量变频器的通信采用 Profibus-DP 光纤网，具有抗电磁干扰、电平自动隔离、可长距离大范围控制等特点。

主要操作以屏幕窗口、图形、表格结合功能键盘或鼠标的方式，并具有手动功能；可灵活进行返回、重复、跳跃和连续运行等操作。智能型手动控制一般作为应急操作、调试和检修时使用，当计算机全自动控制系统出现故障时，用以操作屋盖开合动作，其主要功能为单体设备的控制、设备联锁、设备状态监视、预选设备、设定运动参数和编组运行等。

上海旗忠网球馆活动屋盖控制系统由主机监控系统、主控制系统、辅助控制系统、电气设备和安全措施组成，如图 5.3.5-1 所示。

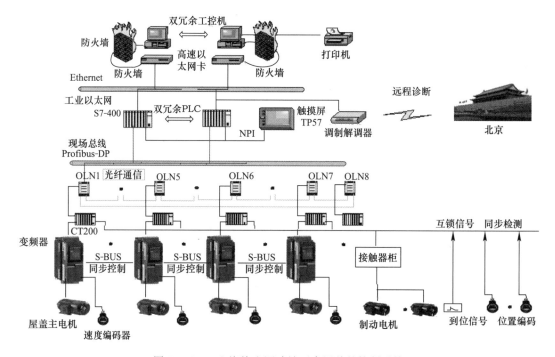

图 5.3.5-1 上海旗忠网球馆开合屋盖的控制系统

1. 主机监控系统

该系统由网络监控软件、组态软件、工业控制计算机、彩色显示屏、键盘、触摸屏、操作按钮、网络卡、主操作台、移动式操作盘、便携式操作盘等设备组成。控制操作台配有可编程序控制器、手动/自动操作按钮、状态显示电路等操作器件。主机监控系统通过网络接口卡进入 PROFIBUS-DP 工业控制网，并完成以下功能：

（1）实现对所有设备的程序控制，将整个设备设为多种场次（Q），编写程序，在工业控制机监控下按单场/全场两种方式运行。每场设备可按多段速度设置，运行位置则按时间、绝对数字和记忆值三种方式设置；

（2）实现对所有辅助设备的单独控制，操作人员通过触摸屏单独选择设备，进行点动控制和单独控制；

（3）实现对所有辅助设备的就近控制，使用近控器在现场根据所见设备状态直接操作，用于临时控制操作；

（4）实现对所有设备的状态显示，在控制台上设有大型显示屏和彩色液晶触摸屏，主要显示中文菜单编辑内容、动态图形内容（设定和运行的速度及位置）、设备运行参数、故障报警、故障自动诊断和故障处理帮助等内容。

2. 主控制系统

系统由西门子可编程序控制器、变频器、通信板、同步控制板、控制柜和配电柜等设备组成。控制柜配有矢量变频器、控制板等；配电柜配有进口空气开关、继电器、接触器和直流电源等。系统主要设备的行程检测采用数字光电编码器或旋转变压器进行全行程检测，调速驱动部分选用交流矢量变频器实现变速设备的无级调速。可编程控制器主要完成对各执行元件的直接控制，可实现系统的定位、同步、显示、逻辑连锁和故障诊断，是手动操作的核心器件，可独立于主机监控系统自动运行。

矢量变频器利用其大范围的调速比、高精度和高可靠性的位控模块、可编程 I/O 接口、友好的软件接口界面等性能，大大简化了系统，提高了系统的可靠性。PLC 控制器近年广泛用于全集成自动化控制领域，技术成熟，其主要特点是结构紧凑，集成度高，指令处理时间短，高速计数和高速中断处理对过程事件进行快速响应，克服了以往分立元件多、控制环节复杂、诊断能力弱、故障点多等缺陷。

为保证八台电机同步运行，设置同步控制功能，采用 S-BUS 总线技术，通过全程数字信号比较电机角位置偏差，实现主从电机同步；DP 通信板可使驱动控制器与网络设备进行自由通信，互相交换数据。

8 个外部位置编码器为 DP 站点与 PLC 交换数据，实时监测对象的位移，一旦偏差超限，触发保护机制，实时停机。

3. 辅助控制系统

辅助控制系统由可编程序控制器、网络通信板、控制柜、配电柜等设备组成，采用接触器进行开关控制。所有到位信号存储并显示，作为主控制系统的互锁信号。

4. 电气设备

机械设备供电采用 50Hz、三相 380VAC 和单相 220VAC 电源，电压波动范围为 $-15\%\sim+10\%$。电源引自网球馆的分区配电室，尽量减少动力电压和控制电压的等级。

机械设备的 380VAC/220VAC 级配电系统为 TN-S 系统（N 线和 PE 线分开），供电容量为 160kW，分为两路，每路 80kW，对称引至屋盖环梁处。

5. 主要安全措施

为保证控制系统的可靠性，采取了以下技术措施：

（1）过载、过流、短路和互锁保护；

（2）超速、超程、边缘安全、超载、位置越限和极限限位保护；

（3）钥匙开关电源和急停按钮保护；

（4）设置多级人员权限与设备操作权限；

（5）设置运行确认按钮和运行指示系统；

（6）故障显示、报警、自动诊断和自动处理保护；

（7）使用优质可靠的标准控制设备和控制元器件；

（8）屋盖与辅助设备之间具有联锁功能，保证人身和设备的安全；

（9）设置风速检测装置，一旦超限，控制系统被锁定；

（10）制定操作规程，形成完善的技术资料，对操作人员进行严格培训；

（11）完善定期检修等技术服务。

5.4 驱动控制系统设计要点

5.4.1 基本规定

驱动系统作为开合屋盖的重要组成部分，其安全性、耐久性应与结构相匹配，应满足如下设计原则：

（1）应根据活动屋盖的开合移动方式与活动屋盖、支承结构的形式，选择相适应的驱动方式。驱动系统应将活动屋盖的荷载可靠传递给支承结构，驱动系统各部件间荷载传递明确，确保活动屋盖运行顺畅。

（2）驱动系统应具有足够的安全储备，行走机构的安全系数应根据使用情况确定。驱动系统部件的选用，应在确定其材料耐久性、耐候性、强度、安全系数和适用范围后进行。

（3）驱动系统的制动装置可靠，确保活动屋盖在设计规定的不利状态（额定载荷、上坡、逆风等）下能够且正常运行，按指令及时停止。为了降低行程开关失灵造成的危险，在终点应设置限位装置和缓冲装置。

（4）设置常规锁定装置与紧急锁定装置，保证活动屋盖在停靠位置可靠固定，地震、暴风和行走异常时及时锁定。

（5）应设置夹轨器等防倾覆安全装置，以保证屋盖在非运行状态风载荷作用时的安全。活动屋盖端部的台车应设置清轨板，避免障碍物对开合运行的不利影响。

（6）在活动屋盖运行中，部件受到摩擦、冲击等作用，逐渐产生磨损与变形，驱动系统应定期进行检修，保证其性能正常。在不影响其他设备与结构安全性的情况下，驱动系统应方便安装、维修与零件更换。

（7）驱动系统应由具有相关资质与经验的专业厂家进行深化设计、加工制作、安装调试与检修维护。

5.4.2　驱动系统的工作级别

开合屋盖驱动系统的工作级别与其使用频繁程度直接相关,开合屋盖的年开合次数根据实际使用情况差异很大,从全年开启数次至数百次不等。有天然草坪的大型体育场,以常开状态为主,而网球馆等则以常闭状态为主,开合频次较低。游泳馆、天文馆等中小型开合屋盖,开合操作可能相对频繁,但通常年开合次数不超过 400 次。

参考《起重机设计规范》GB/T 3811—2008 的规定,依据机构在设计预期寿命内的运转频繁程度即总使用时间,确定机构的使用等级,如表 5.4.2-1 所示。起重机机构的设计预期寿命指该机构从开始使用起至预期更换或最终报废为止的总运转时间,将该机构的总运转时间分为十个等级,以 T_0、T_1、$\cdots$、T_9 表示,其中 T_i($i=0$,1,$\cdots$,9)表示机构实际运转小时数累计之和,不包括工作期间的停歇时间[9]。

此外,根据载荷谱系数 K_m 即机构工作时承受载荷的大小与频繁程度,将机构的使用载荷分为 L_1、L_2、L_3、L_4 四个级别,如表 5.4.2-2 所示。

根据机构的使用等级与载荷状态级别,可将机构的工作级别分为 8 级,以 M_0、M_1、$\cdots$、M_8 表示,如表 5.4.2-3 所示。机构的工作级别是对行走机构载荷大小以及运转频率的总体评价,但不代表该机构中所有零部件均为相同的受力和运转情况。

机构的使用等级　　　　　　　　　　　　　　　　表 5.4.2-1

使用等级	总使用时间 t_T(h)	机构运转频繁情况
T_0	$t_T \leqslant 200$	很少使用
T_1	$200 < t_T \leqslant 400$	
T_2	$400 < t_T \leqslant 800$	不频繁使用
T_3	$800 < t_T \leqslant 1600$	
T_4	$1600 < t_T \leqslant 3200$	
T_5	$3200 < t_T \leqslant 6300$	中等频繁使用
T_6	$6300 < t_T \leqslant 12500$	较频繁使用
T_7	$12500 < t_T \leqslant 25000$	频繁使用
T_8	$25000 < t_T \leqslant 50000$	
T_9	$50000 < t_T$	

机构的载荷状态级别　　　　　　　　　　　　　　表 5.4.2-2

载荷状态级别	机构载荷谱系数 K_m	说明
L_1	$K_m \leqslant 0.125$	很少承受最大载荷,一般承受较小载荷
L_2	$0.125 < K_m \leqslant 0.250$	较少承受最大载荷,一般承受中等载荷
L_3	$0.250 < K_m \leqslant 0.500$	有时承受最大载荷,一般承受较大载荷
L_4	$0.500 < K_m \leqslant 1.000$	经常承受最大载荷

机构的工作级别　　　　　　　　　　　　　　　　表 5.4.2-3

载荷状态级别	机构的使用等级									
	T_0	T_1	T_2	T_3	T_4	T_5	T_6	T_7	T_8	T_9
L_1	M_1	M_1	M_1	M_2	M_3	M_4	M_5	M_6	M_7	M_8
L_2	M_1	M_1	M_2	M_3	M_4	M_5	M_6	M_7	M_8	M_8

载荷状态级别	机构的使用等级									
	T_0	T_1	T_2	T_3	T_4	T_5	T_6	T_7	T_8	T_9
L_3	M_1	M_2	M_3	M_4	M_5	M_6	M_7	M_8	M_8	M_8
L_4	M_2	M_3	M_4	M_5	M_6	M_7	M_8	M_8	M_8	M_8

参考起重机的相关规定，并结合开合屋盖的实际使用情况，驱动系统行走机构的使用等级为 T_4，载荷状态级别为 L_3，工作级别为 M_5。

5.4.3 设计使用年限与设计方法

建筑结构的设计使用年限一般为 50 年，驱动系统机械部件的使用年限为 20 年，控制系统电器元件的使用年限为 10 年。目前，我国建筑结构设计主要采用基于结构可靠度理论的分项系数设计法[34]，驱动系统机械部件设计采用许用应力法[35]。许用应力法以线弹性理论为基础，控制部件最不利截面的最大应力小于或等于材料的容许应力（容许应力由材料的弹性极限应力除以安全系数得到）。与建筑结构相比，机械部件的安全系数通常较大，钢丝绳驱动系统中，牵引钢丝绳的安全系数可按 6.0 取值[36]。

开合屋盖驱动系统的运行工况与起重机较为相似。开合屋盖的台车、轨道、滑轮与卷筒、钢丝绳等行走机构机械部件的设计可参照起重机设计的相关标准，具体技术标准见表 5.4.3-1。

机械部件设计时可参考的技术标准　　　　　　　　　　　　表 5.4.3-1

标准名称	标准号
《起重机设计规范》	GB 3811—2008
《通用门式起重机》	GB/T 14406—2011
《通用桥式起重机》	GB/T 14405—2001
Cranes-Steel structure，Verification and analyses	DIN 14018
Rules for the design of cranes	BS 2573（英国）
Federation Euroleene dela Manutention	FEM-87（欧洲搬运工程协会）
Specifications for the design of crane structures	JIS 8821（日本）

5.4.4 运行速度与加速度

活动屋盖合理的运行速度非常重要，若运行速度过快，所需动力较大，惯性力随之增大，对轨道及相关部件冲击作用大；若运行速度过慢，则开合时间较长，影响使用效果。故此，活动屋盖的运行速度应与开合行程相匹配。根据设计经验，平行移动式活动屋盖的运行速度一般为 2～10m/min，旋转开合活动屋盖远端的线速度不超过 5m/min。活动屋盖启动与制动时的加速度与牵引力和活动屋盖的重量有关。为减小牵引力和冲击作用，可分段控制加速度或减速度。活动屋盖正常启动和停止的加速度绝对值在 0.02～0.10m/s² 范围内，一般为 0.05m/s² 左右。对于小型活动屋盖可取较大值，对于大型活动屋盖可取较小值。日本开合屋盖结构设计指南[37]推荐的活动屋盖运行速度与加速度如表 5.4.4-1 所示。

活动屋盖的运行速度与加速度限值　　　　　　表 5.4.4-1

活动屋盖质量（t）	开闭行程（m）	允许速度（m/min）	允许加速度（m/s²）
<100	<50	2	0.2
>100	>50	3	0.1

5.4.5　运行噪声

活动屋盖运行时的机械噪声对屋盖开合效果产生不利影响，对于体育馆或多功能建筑的开合屋盖尤为明显。

噪声控制是衡量建筑室内环境质量的重要指标之一，也是绿色建筑评价中的重要指标。建筑噪声控制现行国家标准有《民用建筑隔声设计规范》GB 50118、《声环境质量标准》GB 3096、《社会生活环境噪声》GB 22337、《声学　低噪声工作场所设计指南噪声控制规划》GB/T 17249.1、《工业企业厂界噪声标准》GB 12348 和《工业企业噪声控制设计规范》GB/T 50087 等。

活动屋盖运行时的机械噪声不宜大于 60dB。当使用要求较高时，噪声不宜大于 50dB，并应满足建筑设计文件的要求和现行国家有关标准的规定[38-40]。使用阶段声学效果要求高的可开合建筑，当活动屋盖以额定速度运行时，在距离噪声源最近的 3～5 处座席位置进行测试，测试结果不应超过噪声限值要求。

设计时主要从限制声源噪声和降低噪声传播两个方面采取措施。前者包括选用低噪声的设备，对噪声源加装隔声罩、消声器以及采用隔振措施等；后者包括采用合理的平面布置，改变声波传播距离，设置声屏障和室内吸声处理等。

5.4.6　安全应急保障

屋盖开合运行操作须保证结构、机械设备和人员的安全。开合屋盖受到自然环境、结构变形、误操作等因素的影响，容易发生故障。因此，需要建立一套完整、科学的预警应急机制，对开合屋盖结构实行实时监控，降低故障率，延长使用寿命。

（1）可在每片活动屋盖布置风速仪，其中一套风速仪带有风向标。风速仪将测量的数据反馈到控制中心，当风速超过设定的安全值时，系统发出警报。

（2）降低停电事故造成的影响，开合屋盖驱动系统可采用双路电源供电方式。正常情况下由主电源供电；当主电源发生故障时，可自动切换到备用电源，从而可大大降低停电事故概率。

（3）可根据消防设计要求，预设火灾报警与活动屋盖开启的联动功能，在短时间内打开活动屋盖，将室内空间变为室外空间，非常有利于排烟与人员疏散。

（4）活动屋盖运行中突发地震或偶然事故时，控制系统立即发出停机指令，并采用锁紧机构将活动屋盖与轨道梁锁紧固定。

（5）控制系统中的绝对值编码器具备断电记忆保持功能，断电后记录数据不会丢失。

参考文献

[1]　张凤文，刘锡良. 开合屋盖结构的发展及开合机理研究 [J]. 钢结构，2001，(4)：1-6.

[2] Michael Allen C，Duchesne D．P．J．Toronto skydome retractable roof stadium-the roof concept and design [A] // Steel Structures：Proceeding of the Sessions Related to Steel Structures at Structures Congress [C]．New York：The Society，1989：155-164.

[3] 中国工程建设标准化协会．开合屋盖结构技术规程：CECS 417：2015 [S]．北京：中国计划出版社，2015.

[4] 中华人民共和国住房和城乡建设部．开合屋盖结构技术标准：JGJ/T 442—2019 [S]．北京：中国建筑工业出版社，2019.

[5] Lazzari M，Majowiecki M，Vitaliani RV，et al．Nonlinear FE analysis of Montreal Olympic Stadium roof under natural loading conditions [J]．ENGINEERING STRUCTURES，2009，31 (1) 16-31.

[6] https://en．wikipedia．org/wiki/Shellcom_Sendai.

[7] 范重，胡纯炀，程书华，等．鄂尔多斯东胜体育场活动屋盖驱动与控制系统设计 [J]．建筑科学与工程学报，2013，30 (1)：92-103.

[8] 国家质量监督检验检疫总局，中国国家标准化管理委员会．重要用途钢丝绳：GB 8918—2006 [S]．北京：中国标准出版社，2006.

[9] 中华人民共和国国家质量监督检验检疫总局，中国国家标准化管理委员会．起重机设计规范：GB/T 3811—2008 [S]．北京：中国标准出版社，2008.

[10] 国家机械工业局．起重机用铸造滑轮：JB/T 9005—1999 [S]．北京：机械科学研究院，1999.

[11] Griffis LG，Wahidi A，Waggoner MC．Reliant stadium-A new standard for football [J]．ACI Symposium Publication，2003，213：151-166.

[12] 范重，胡纯炀，李丽，栾海强，彭翼，刘先明．鄂尔多斯东胜体育场开合屋盖结构设计 [J]．建筑结构，2013，43 (9)：19-28.

[13] 陈以一，陈扬骥，刘魁．南通市体育会展中心主体育场曲面开闭钢屋盖结构设计关键问题研究 [J]．建筑结构学报，2007，(1)：14-20＋27.

[14] 张胜，甘明，李华峰，等．绍兴体育场开合结构屋盖设计研究 [J]．建筑结构，2013，43 (17)：54-57＋15.

[15] Kazuo Ishii．Structural Design of Retractable Roof Structure [M]．Boston：WIT Press，2000：111-114.

[16] 中华人民共和国国家质量监督检验检疫总局．通用机械和重型机械用圆柱齿轮 标准基本齿条齿廓：GB/T 1356—2001 [S]．北京：中国标准出版社：2002.

[17] 中华人民共和国国家质量监督检验检疫总局．齿轮几何要素代号：GB/T 2821—2003 [S]．北京：中国标准出版社，2004.

[18] 中华人民共和国机械电子工业部．齿条精度：GB/T 10096—1988 [S]．北京：中国标准出版社，1988.

[19] 中华人民共和国国家质量监督检验检疫总局，中国国家标准化管理委员会．通用机械和重型机械用圆柱齿轮 模数：GB/T1357—2008 [S]．北京：中国标准出版社，2009.

[20] Mans D G，Rodenburg J．Amsterdam Arena：A multi-functional stadium [J]．Proceedings of the Institution of Civil Engineers，Structures and Buildings，2000，140 (4)：323-331.

[21] 彭翼，范重，栾海强，国家网球馆"钻石球场"开合屋盖结构设计 [J]．建筑结构，2013，43 (4)：10-18.

[22] 中华人民共和国国家质量监督检验检疫总局，中国国家标准化管理委员会．齿形链和链轮：GB/T 10855—2016 [S]．北京：中国标准出版社，2016.

[23] 智浩，李同进，龚奎成，等．上海旗忠网球中心活动屋盖的设计与施工——机械结构一体化技术探索与实践 [J]．建筑结构，2007，(4)：95-100.

［24］ 国家质量监督检验检疫总局. 液压千斤顶：JJG 621—2012 ［S］. 北京：中国质检出版社，2012.

［25］ Gentry T R，Baerlecken D，Swarts M，et al. Parametric design and non-linear analysis of a large-scale deployable roof structure based on action origami ［J］. Structures and Architecture：Concepts，Applications and Challenges-Proceedings of the 2nd International Conference on Structures and Architecture，IC-SA，2013：771-778.

［26］ Anonymous. Movable Membrane Roof and 13 different Facade Types for Wimbledon Tennis Ground ［J］. BAUPHYSIK，2019，41（4）：228-230.

［27］ Anonymous. Olympic Tennis Center Madrid，Spain 2002-2009 ［J］. A ＋ U-ARCHITECTURE AND URBANISM，2009，（468）：66-83.

［28］ 中华人民共和国工业和信息化部. 起重机用钢轨：YB/T 5055—2014 ［S］. 北京：中国冶金工业出版社，2015.

［29］ 中华人民共和国铁道部. 43kg/m～75kg/m 钢轨订货技术条件：TB/T 2344—2012 ［S］. 北京：中国铁道出版社，2012.

［30］ 中华人民共和国国家质量监督检验检疫总局，中国国家标准化管理委员会. 热轧轻轨：GB/T 11264—2012 ［S］. 北京：中国标准出版社，2013.

［31］ 中华人民共和国国家质量监督检验检疫总局，中国国家标准化管理委员会. 铁路用热轧钢轨：GB 2585—2007 ［S］. 北京：中国标准出版社，2008.

［32］ 国家市场监督管理总局，中国国家标准化管理委员会. 起重机 车轮及大车和小车轨道公差：GB/T 10183—2018 ［S］. 北京：中国标准出版社，2018.

［33］ 成大先. 机械设计手册 ［M］. 北京：化学工业出版社，2016.

［34］ 中华人民共和国住房和城乡建设部. 建筑结构可靠性设计统一标准：GB 50068—2018 ［S］. 北京：中国建筑工业出版社，2018.

［35］ 管军，顾大强，段福斌. 移动屋盖开合机械的设计方法 ［J］. 机械设计与研究，2004，（5）：77-80＋9.

［36］ 国家市场监督管理总局，中国国家标准化管理委员会. 大型游乐设施安全规范：GB 8408—2018 ［S］. 北京：中国标准出版社，2018.

［37］ 日本建筑学会. 開閉式屋根構造設計指針＊同解説及び设计资料集 ［S］. 東京：日本建筑学会，1993.

［38］ 国家环境保护局，国家质量监督检验检疫总局. 声环境质量标准：GB 3096—2008 ［S］. 北京：中国环境科学出版社，2008.

［39］ 环境保护部，国家质量监督检验检疫总局. 工业企业厂界环境噪声排放标准：GB 12348—2008 ［S］. 北京：中国环境科学出版社，2008.

［40］ 中华人民共和国住房和城乡建设部. 民用建筑隔声设计规范：GB 50118—2010 ［S］. 北京：中国建筑工业出版社，2010.

第6章

制作安装与使用维护

6.1 开合屋盖结构制作与安装

6.1.1 开合屋盖结构施工控制技术

通过对开合屋盖结构制作与安装过程严格控制，保证钢结构变形与驱动系统的要求相适应。当活动屋盖支承于地面或钢筋混凝土等刚性支承结构时，应严格控制安装精度；当活动屋盖支承于固定屋盖结构等柔性支承结构时，在计算分析的基础上，采用高精度测量技术，通过安装精度控制、选择合理安装方案、优化施工顺序、结构预变形等措施，协调固定屋盖与活动屋盖之间的变形差，使驱动系统和屋盖结构的变形与受力相适应。

1. 施工变形控制措施

开合屋盖结构的适应性施工控制与普通大跨度结构施工控制存在较大差别，如表 6.1.1-1 所示。

开合屋盖结构施工控制与普通大跨度结构的区别 表 6.1.1-1

项目	开合屋盖结构	普通大跨度结构
性能指标	构件应力、结构挠度；活动屋盖与固定屋盖界面的变形	构件应力、结构挠度
评定标准	满足驱动系统安装精度要求	满足规范对结构变形的要求
完成结果	基于施工顺序优化与调整，用于结构安装预变形控制	用于对各阶段施工完成情况进行评价
精度要求	很高	一般
施工工况	基础沉降、温度降低、焊接收缩、活动屋盖运行	恒荷载、活荷载
荷载取值	按实际情况确定	按偏于保守确定
施工误差	不可忽略	一般可忽略

2. 施工误差影响分析

开合屋盖结构施工控制的目的是满足驱动系统对固定屋盖与活动屋盖各种变形的适应能力。台车作为协调变形的重要部件，应适应活动屋盖运行过程中的结构变形。根据南通体育会展中心体育场的工程经验，开合运行过程的适应性变形占台车侧向变形调整能力的93%，因此，结构安装误差等不能超过台车变形调整能力的7%。由此可见，开合屋盖结构对安装精度的要求远高于普通钢结构，同时对理论分析准确性的要求也很高。

安装误差将导致结构设计状态与实际受力状态不同。固定屋盖安装误差为活动屋盖尚未安装时结构定位偏离设计坐标的情况，其安装误差可按跨度的1/800进行控制。活动屋盖安装误差为支承结构卸载后活动屋盖偏离设计坐标的情况，其安装误差可按跨度的 1/400 确定。屋盖安装误差分析通常针对闭合状态活动屋盖与固定屋盖的变形。

6.1.2 制作与安装精度控制

1. 加工精度

驱动系统是开合屋盖结构的重要组成部分，其加工制作及运行精度需满足机械系统的控制标准。开合屋盖钢结构的加工制作应符合现行国家标准《钢结构工程施工规范》GB 50755[1]和《钢结构工程施工质量验收标准》GB 50205[2]的规定。同时，结构加工误差和变形过大均会导致机械故障或部件破坏。故此，开合屋盖钢结构的加工制作精度应保证驱动系统安全运行，尤其是与驱动部件相关的结构部位，其钢结构加工精度应与驱动装置相匹配。

构件的加工精度也直接影响构件拼装与结构安装的精度，构件精度控制包括：杆件长度、曲杆加工工艺与允许偏差、相贯节点管口的精度、铸钢节点的几何控制参数以及与钢构件的焊接精度等，均是钢结构加工制作的控制重点。

2. 工厂预拼接

为了检验构件加工精度，减小现场安装误差，关键部位的钢构件应进行工厂预拼装。例如，活动屋盖杆件宜在出厂前进行单片活动屋盖的预拼装。预拼装方式有实体预拼装和计算机辅助数字模拟预拼装。当辅助模拟预拼装的误差超过现行国家标准《钢结构工程施工质量验收标准》GB 50205[2]的规定时，应采取实体构件进行预拼装。

3. 结构预变形

减小支承结构的变形量是保证活动屋盖可靠运行的常用且行之有效的方法。开合屋盖支承结构变形一般包括结构自重变形、安装误差、活动屋盖运行产生的变形和环境温度变形。

（1）自重变形可按全闭状态时结构的变形值通过预变形进行补偿。预变形值应通过模拟施工顺序计算确定。设计要求起拱的构件，应在组装时按照规定进行起拱，起拱允许偏差为起拱值的 $0\sim10\%$，且不应大于 10mm。设计未要求但施工工艺要求起拱的构件，起拱允许偏差不应大于起拱值的 10%，且不应大于 ±10mm。

（2）支承结构卸载后再安装轨道梁的方式控制安装误差，或通过轨道梁与支承结构之间的可调节连接构造进行调整。

（3）活动屋盖运行变形和温度变形可通过台车进行调节。

6.1.3 开合屋盖施工安装要点

1. 施工顺序

开合屋盖的施工顺序影响结构变形，进而影响活动屋盖的运行。应结合施工阶段结构的变形分析选择合理的施工顺序，使钢结构安装精度与机械系统的精度要求相匹配，确保活动屋盖可靠运行。开合屋盖结构的施工顺序应经设计、监理会签，并经专项评审后方可实施，并由第三方对施工安装全过程进行监控。

开合屋盖结构安装施工主要包括固定屋盖、轨道梁、活动屋盖、驱动控制系统、围护系统和膜结构等内容。常见的施工顺序如下：

混凝土结构施工→固定屋盖安装→固定屋盖拆除临时支撑→轨道梁安装→活动屋盖预拼装→活动屋盖分部或整体吊装→驱动系统行走机构安装→活动屋盖拆除临时支撑→驱动控制系统调试→围护结构安装。

钢结构进场时,主体结构土建施工应基本完成。钢结构构件在工厂加工后,散件运输到现场,在地面拼装成不同形式的单元后进行分区吊装。由于需要采用大型吊机进行场内、场外分段吊装,吊装顺序与吊装设备选型尤为重要。每个工程的施工顺序均应根据自身的具体特点确定。南通会展中心体育场开合屋盖结构的具体施工步骤如下:

(1) 安装临时支撑塔架;

(2) 固定屋盖施工完成后进行卸载;

(3) 固定屋盖卸载完毕后,分段吊装轨道梁,进行预偏及标高调整;

(4) 安装固定屋盖的檩条;

(5) 高空分块拼装活动屋盖,从中间向两侧对称安装;

(6) 在活动屋盖安装过程中,吊装台车并临时就位。台车在活动屋盖安装过程中处于自由状态,不承受外部荷载;

(7) 活动屋盖安装完成后进行临时支撑卸载;

(8) 在驱动控制系统调试完成后,进行活动屋盖膜结构及固定屋盖围护结构施工;

(9) 在屋盖全开状态进行活动屋盖膜结构安装,之后在屋盖全闭状态进行固定屋盖屋面板安装。

2. 固定屋盖安装要点

大跨度空间结构常见的安装方式有高空散装法、分条分块吊装法、滑移法、单元或整体提升(顶升)法、整体吊装法、高空悬拼安装法等。在固定屋盖施工期间,通常利用设置在混凝土看台结构或地面上的临时支撑塔架进行支承。此时,应预先考虑混凝土楼板预留孔洞、混凝土看台结构加固以及地基沉降等影响。固定屋盖施工除应满足普通大跨度结构的要求外,还应关注以下问题:

(1) 焊接应力和焊接变形

拼装过程中,要严格控制相邻分段的截面尺寸和管口对接间隙,避免在吊装时分段的主弦杆对接不畅或错边过大。考虑对口间隙对安装长度的影响,根据焊接收缩变形,地面分段拼装时采取无余量拼装,安装时预留焊接收缩量。

(2) 温度变化影响

当采用常规的施工方法时,由于环境温度变化,封闭的钢环梁最后安装的部分与最先安装部分容易出现错口或尺寸偏差,导致合龙困难。因此,需要全面考虑环境温度变化的影响,合龙部位宜采用散装,先将杆件临时固定并预留一定收缩余量,当温度符合合龙要求时,再进行合龙焊接。

(3) 地基沉降

在结构整体计算模型中引入基础沉降对施工过程的影响,根据施工过程中支座的位移,对安装标高与构件就位进行相应的调整。

(4) 结构卸载

固定屋盖的卸载步骤应根据结构受力从次到主的顺序进行。对于临时支撑塔架,拆除过程应遵循从外向内、分级对称的原则。合理的卸载顺序可以有效地控制结构的整体偏转，为活动屋盖初始位置调整创造条件。将完成自重变形的固定屋盖空间姿态作为轨道梁与活动屋盖安装的初始状态，可以消除固定屋盖自重变形对后期变形的影响。

3. 活动屋盖安装要点

活动屋盖施工方案应包括活动屋盖安装方法、轨道临时支撑条件及相关技术要求。活动屋盖安装方案应全面考虑活动屋盖结构形式、支承条件、施工进度与场地条件等因素，并结合结构的变形特点、驱动系统形式，综合比选后确定，并应遵循如下原则：

（1）活动屋盖的安装、调试应在支承结构拆除临时支撑后进行。

（2）安装活动屋盖时，应确保对下部支承结构的作用均匀对称，不得超过设计限值。

（3）安装活动屋盖时，考虑施工过程的安全性与台车调整的便利性，宜在支承结构顶面设置临时支架代替台车承托活动屋盖，待活动屋盖结构安装完毕后，再将台车与活动屋盖、轨道相连，并精确调整各台车与活动屋盖的相对位置。

（4）活动屋盖卸载方案涉及开合屋盖系统调试的初始状态。选择合理的拆撑顺序和方法，是有效控制变形、均衡临时支撑塔架受力的关键。应根据计算分析，合理确定活动屋盖的拆撑顺序，避免活动屋盖发生偏移或扭转。活动屋盖的卸载步骤应根据结构受力特点，遵循从次到主的顺序；对于同类临时支撑，应遵循从外向内、均匀对称的拆除原则。

（5）活动屋盖安装可采用高空散拼和高空累积滑移等方法。当采用高空散拼时，活动屋盖尚无整体刚度，其位置将随固定屋盖变形而变化，通过杆件长度的配合，将分块活动屋盖连成整体，最终通过台车将其定位，活动屋盖此时已完成自重下产生的变形。

4. 轨道与轨道梁

轨道施工方案应包括安装所需条件（即支承结构状态）、竖向及水平偏差调整措施以及测量控制方法等。轨道与轨道梁作为驱动系统行走机构的支承部件，是活动屋盖与支承结构之间的联系纽带，既要满足支承台车的安全性，又要保证台车行走顺畅，其加工制作难度与精度是开合屋盖结构中要求最高的，其外形尺寸、直线度、矢高等均需严格控制。

支承结构卸载后，即可进行轨道梁初始对中，并根据预测结构变形值，对轨道梁标高进行调整，可通过以下措施对轨道安装精度进行控制。

（1）在轨道系统安装前，应对轨道支承构件（轨道梁或混凝土梁上的预埋件）的标高、水平位置及垂直度进行复测，垂直度可用挂线锤测量，发现偏差可在轨道梁底加垫片进行校正。对于空间轨道，轨道梁宽度方向的平面精度与沿轴向曲率精度也是重点测量内容。

（2）轨道拼接部位应平整光滑，其加工和安装精度应符合现行国家标准《起重机、车轮及大车和小车轨道公差》GB/T 10183.1 的规定[3]。轨道顶面平整度允许偏差不应大于 1/1000，全闭状态同一截面内两根平行轨道标高的相对偏差不应大于 5mm，轨道接头间隙不大于 5mm。轨道接缝位置不得与轨道梁接缝位置重合。

（3）台车属于机械部件，为适应台车行走精度要求，轨道梁加工制作精度要求高于传统的箱形钢梁，即轨道梁加工制作精度高于现行国家标准《钢结构工程施工质量验收标准》GB 50205 的规定。因此，需要针对轨道梁加工制作，制定更为严格的验收标准。

（4）挂板是活动屋盖沿轨道运行的导向部件，台车与轨道梁的位置相对固定，挂板与导向轮之间的间隙直接影响活动屋盖能否顺利开合，因此挂板的直线度也应严格控制（图 6.1.3-1）。

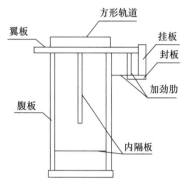

图 6.1.3-1 带挂板轨道构造示意

（5）在安装活动屋盖结构前，应对轨道位置进行复测，并清理轨道梁与轨道贴合面的铁屑、杂物、锈蚀及焊渣等杂物。

（6）轨道安装宜从中间向两侧推进，先将轨道初步安放在轨道梁中间，然后对轨道梁进行精确定位，完成定位后马上对称安装轨道紧固压块，并将固定紧固压块的高强螺栓拧紧至设计值的 50％。轨道全部安装完成后静置 3～5d，利用温度变化引起支承结构往复变形对轨道的作用，使轨道与支承结构变形相协调。在主体结构永久荷载全部施加后对轨道进行精细调节，调整完成后将轨道固定高强螺栓拧紧至设计值的 100％。

（7）活动屋盖在运行过程中，与支承结构的变形均为相向或相反变形。为保证活动屋盖顺利开合，施工过程中可将轨道梁进行预偏位，通过轨道与台车的预偏量可以有效减小开合过程中两者之间的变形差，降低卡轨的可能性。

5. 台车

安装活动屋盖时，台车临时就位。活动屋盖安装与拆撑过程中必然伴随着变形发生。台车的侧向调整量用于满足活动屋盖运行过程中的变形需求，故此，在活动屋盖安装过程中，不得将台车作为活动屋盖的支承构件，而需要设置专门的临时支架。

在活动屋盖临时支撑全部拆除前，与活动屋盖相连的台车滑套处于自由滑动状态，主顶油缸与活动屋盖法兰盘对中，调整主顶油缸高度，通过高强螺栓连接法兰盘，然后拆除全部支撑。上述安装顺序可以消除活动屋盖自重变形的影响。活动屋盖卸载完毕后，台车随之安装就位。

此外，由于施工误差等原因，台车在运行过程中所承担的竖向载荷可能明显变化，因此，当全部台车与活动屋盖连接完成后，测试各台车实际承担载荷，当与设计载荷偏差超过 10％时，查找原因并进行相应调整。

6. 驱动系统

驱动系统安装方案包括台车临时固定措施、台车吊装就位方法与工艺、台车与活动屋盖连接固定条件、驱动机构的安装方法等。不同类型的驱动系统，其构成与安装方法有所不同。以钢丝绳牵引驱动系统为例，其安装包括如下部分：由卷扬机、托辊、导向轮、均衡梁、上部转向滑轮、下部转向滑轮及钢丝绳等部件组成动力系统；台车、轨道、轨道附件等构成行走及轨道组件；车挡、插销等安全锁定组件。根据工程经验，驱动系统安装通常遵照以下原则进行：

（1）完成人员与设备的前期准备工作，各部门场内工作全部结束，满足现场施工安装要求；

（2）完成对轨道梁、卷扬机预埋件的施工验收以及电气管线铺设；

（3）利用吊机在机房封顶之前将卷扬机安装就位；

（4）在轨道梁验收通过且活动屋盖载荷卸载后，将轨道固定于轨道梁，反复进行复测与调整，直至满足要求后进行全面紧固；

（5）轨道安装结束后，利用吊机将台车放至轨道端部，利用卷扬机拖至安装位置；轮系车挡则由吊机直接运送至指定位置；

（6）对于钢丝绳牵引驱动系统，当卷扬机、轮系等部件安装结束后，利用卷扬机将主钢丝绳安装在轮系中，最后将卷扬机与主钢丝绳连接固定；

（7）根据轨道的位置与方向，在两片活动屋盖之间安装插销锁定机构；

（8）在台车、驱动系统部件安装结束后，进行控制器、传感器安装。

6.1.4　施工模拟

1. 施工模拟的必要性

在施工过程中，结构受力形态不断变化，杆件受力状态与整体计算模型简单地一次加载差异很大。故此，需要对施工阶段结构的受力情况进行精细的仿真模拟分析，确保结构与构件在施工阶段的安全性，安装完成后受力性能满足设计要求，开合屋盖能够正常运行。

此外，通过对活动屋盖开合过程中结构的变形进行准确模拟分析，可以为支承结构预变形和卸载控制、轨道梁和轨道安装预偏、活动屋盖起拱和支座预偏、以及台车安装等提供技术参数。

2. 施工模拟的主要内容

（1）固定屋盖安装

对固定屋盖进行施工全过程仿真模拟，判断安装过程中结构体系是否稳定，结构构件是否安全，临时支撑体系是否可靠，为临时支撑设计提供依据，并根据结构卸载后的变形确定固定屋盖的预起拱值。

当固定屋盖采用预应力结构时，应根据张拉施工顺序进行张拉过程仿真模拟，得到每级加载杆件的内力，确保卸载前建立准确的初始内力。

（2）固定屋盖卸载

固定屋盖安装完成后，根据各级卸载值，对每一级卸载完成时结构的受力情况进行评估，确保安全。监控每一级卸载时各支座的水平滑移量，为现场实时监测提供参考。对支撑塔架的反力进行跟踪分析，监测支撑体系的安全性。

（3）活动屋盖安装

在活动屋盖支座与台车连接前，应释放活动屋盖自重作用下产生的水平推力。此时通过模拟分析可以确定支座部位的侧向位移量，对支座的空间位置进行相应调节，保证台车与活动屋盖支座对接位置的准确性。

（4）开合运行

开合过程中活动屋盖与固定屋盖的相对变形不断变化。台车作为活动屋盖与固定屋盖的连接机构，需要适应开合过程产生的变形。此时，通过对全闭、全开以及若干中间状态的工况分析，可以得到台车承受的最大竖向载荷与侧向载荷、台车竖向和侧向变形的调整范围以及轨道部位的变形规律，为轨道梁、轨道以及台车的设计与安装提供技术参数。

3. 计算分析

施工仿真模拟分析可采用与结构设计相同的有限元计算分析软件。在施工过程中，结构主要承担重力荷载。为了准确模拟结构的实际受力情况，可以对计算模型的荷载进行调整，将计算模型结构自重与钢结构深化设计进行比较，通过调整钢材重度等方式，保证计算模型与深化设计结构自重完全一致。当采用铸钢节点时，可将其等效为节点集中荷载。

绍兴体育场在施工过程模拟分析时，采用的计算模型如图 6.1.4-1 所示。

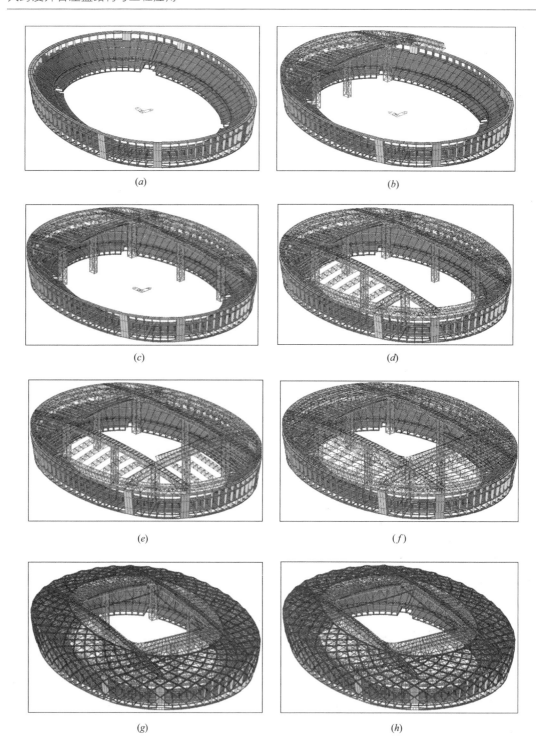

图 6.1.4-1　绍兴体育场施工模拟采用的计算模型（一）

（a）混凝土看台结构完成；（b）安装北侧固定屋盖；（c）安装东侧固定屋盖；

（d）安装西侧固定屋盖；（e）安装南侧固定屋盖；（f）安装水平系杆、固定屋盖结构合龙；

（g）安装膜结构主龙骨、主桁架预应力张拉；（h）临时支撑塔架卸载

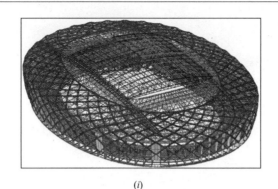

(i)

图 6.1.4-1　绍兴体育场施工模拟采用的计算模型（二）

(i) 活动屋盖安装完成

6.1.5　高精度测量

支承结构的安装精度直接影响驱动设备和活动屋盖的安装精度。支承结构安装主要应控制环向、径向和标高符合设计要求。钢结构安装误差与驱动系统的变形调节能力同属厘米量级，应对安装全过程应进行测量监控，将精确测量结果作为下一步施工调整的依据。

实现开合屋盖结构高精度安装需要依靠高精度、高密度、多阶段测量技术。通过高精度、高密度、多阶段的三维测量技术，得到屋盖钢结构在各个主要施工阶段中完整、精确的变形情况，并采取相应措施减少活动屋盖与固定屋盖之间的偏差，确保活动屋盖顺利开合。

1. 高精度测量仪器

高精度测量通过采用先进的测量仪器、测控网布设及相应的测量精度控制措施加以保证。比如南通会展中心体育场，测量仪器采用 3 台高精度全站仪，分别是一台 1″ 级免反射镜全站仪 SOKKIA SET1130R3，一台 2″ 级免反射镜全站仪 TOPCON GPT-3002 LN/OP 和一台精度 2″＋2ppm 全站仪 LEICA-TC402。

2. 高密度测点布置

在屋盖钢结构的关键位置加密测控网，布置密集的测量点。在各主要施工阶段对以上测点进行测量，及时反映结构的变形情况，避免屋盖整体或局部偏差导致结构受力状态变化，影响后续施工结构的变形。

3. 多阶段测量

在固定屋盖安装与卸载过程、轨道梁安装等主要施工阶段对结构进行测量。各阶段钢结构施工的质量紧密相关，前一个阶段完成的结构作为下一个阶段的初始条件。例如，固定屋盖卸载后的偏差决定了轨道梁安装时竖向标高调整以及水平定位的侧向偏移量。故此，多阶段测量是施工顺利进行的有力保障。

根据结构的安装方案及施工过程中可能影响结构变形的因素，多阶段测量应主要包括以下阶段：

(1) 固定屋盖安装过程；

(2) 固定屋盖卸载；

(3) 轨道梁安装；

(4) 活动屋盖安装；

（5）活动屋盖卸载。

6.2 开合屋盖结构施工安装实例

开合屋盖工程的结构体系与驱动控制系统各不相同，施工特点与技术难点各具特色，本节结合国内已有的开合屋盖工程，对开合屋盖施工中的关键技术进行简要介绍。

6.2.1 南通会展中心体育场

南通体育场固定屋盖采用拱支单层网壳结构，活动屋盖采用单层网壳结构。固定屋盖由 6 道主拱、5 道副拱、2 道内环拱以及拱间单层网壳组成。主拱最大跨度达 264m，主拱在内环拱内最大侧向无支承长度达 100m。活动屋盖单层网壳通过设置在主拱上的台车支承，在主拱轨道上运行（图 6.2.1-1）。

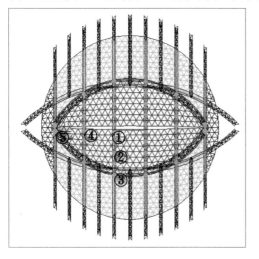

图 6.2.1-1 南通会展体育中心结构平面布置

南通体育场属于柔性支承的开合屋盖结构，开合过程中活动屋盖结构的变形较大，而行走机构对变形的适应能力有限，故此，对钢结构施工安装精度的要求很高；活动屋盖运行轨迹为空间曲线，在不同开合位置整体结构的受力与变形差异较大。

为解决驱动控制系统与结构变形之间的协调性，主要通过以下三方面措施加以解决：

（1）将对多道拱变形的适应问题简化为对单拱变形适应问题；

（2）分析各种安装误差及轨道变形对驱动系统的影响；

（3）结合施工过程分析得到结构的计算变形值，根据其特点采取相应的调整措施。

1. 多拱拱间变形适应性问题转化为单拱变形适应性问题

南通体育场活动屋盖沿着 6 条空间曲线轨道运行，台车作为活动屋盖与固定屋盖之间的连接机构，应能适应两者侧向及竖向变形的差异；且各台车受力应较为均匀，不超过其承载力限值。

支承轨道梁的 6 道主拱的侧向变形各不相同，最大值位置也不一致，且各拱变形随活动屋盖开合过程不断变化，因此，台车间的侧向变形差将随着活动屋盖所在位置而变化。

南通体育场结构形式与日本大分体育场类似，但并不相同，施工难点如下：

（1）作为轨道梁支承结构的主拱为 6 道，为偶数；日本大分体育场为 7 道主拱，为奇数。奇数主拱可以将中间主拱作为定位拱，不发生侧向变形，控制活动屋盖的整体偏转较为容易，确定各拱的侧向变形差难度较小。

与此相比，在南通体育场开合屋盖结构中，偶数主拱确定活动屋盖的整体偏转和各拱侧向变形差的难度加大。

（2）大分体育场在中间设置了一道纵向主拱将各横向主拱连接在一起，使得支承结构的侧向变形大大减小，而南通体育场考虑建筑效果，取消了位于场地上方的纵向联系拱，横向主拱侧向无支承长度最大达100m，侧向刚度较差，对施工精度要求更为严格。

南通体育场通过对固定屋盖拆撑和轨道梁安装顺序、活动屋盖安装顺序和拆撑顺序进行优化，保证开合屋盖在施工过程中不会发生整体偏转。

2. 安装误差分析

(1) 通过调整拆撑顺序，控制结构变形

为保证活动屋盖顺利开合，通过控制安装、卸载顺序，消除活动屋盖在全开位置拼装完成后活动屋盖与固定屋盖之间的全部适应性变形。因此，需要对固定屋盖与活动屋盖拆撑变形进行仔细分析，以保证拆撑过程安全、可靠，同时使活动屋盖与固定屋盖之间的适应性变形得到有效控制。

1) 固定屋盖支撑先卸载，再安装轨道梁，从而可以消除先安装轨道梁、再拆除固定屋盖支撑时轨道梁可能产生的偏移。

2) 将固定屋盖拆除临时支撑后自重下的变形状态作为活动屋盖及轨道梁安装的初始位形。对拆撑后的结构进行高密度、高精度的三维空间坐标测量，严格按照设计坐标安装轨道梁。

3) 安装活动屋盖时，在固定屋盖顶部设置临时竖向支撑，支承活动屋盖的铸钢节点，然后高空散拼活动屋盖的单层网壳，严格按照"拱间→副拱→主拱"的顺序拆除临时支撑，避免活动屋盖完成后发生偏移和扭转。

4) 在活动屋盖安装过程中，不应将台车作为其支撑，而需要设置临时支撑，保证在活动屋盖临时支撑拆除后，台车与活动屋盖连接时台车不发生横向变形。

(2) 地基变形、焊接收缩变形以及环境温度变化的影响分析

1) 地基变形

为考察基础梁变形对活动屋盖开合运行的影响，将地基梁引入整体计算模型，对地基梁变形引起拱架的竖向变形进行分析。

分析结果表明，地基梁沉降导致拱脚产生3mm的向外变形，如图6.2.1-2所示。由于支座位移造成的变形，在施工过程中通过对构件安装标高和几何位置进行调整的方式加以解决。

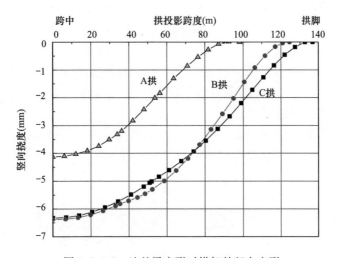

图 6.2.1-2 地基梁变形时拱架的竖向变形

2）焊接收缩变形

根据工程经验，主拱分段对接处焊接收缩量取 3mm，计算得 C 拱下挠 11mm，如图 6.2.1-3 所示。在施工中通过分段对接接口位置的标高进行调整，以消除固定屋盖焊接收缩变形的影响。

3）环境温度变化

计算表明，固定屋盖温度下降 1℃，C 拱下挠 3.7mm，如图 6.2.1-4 所示。通过计算分析得到施工过程中结构的温度变形，作为施工安装中根据实测温度进行预变形调整的依据，并选择合理的焊接合龙时间以减小温度变形的影响。

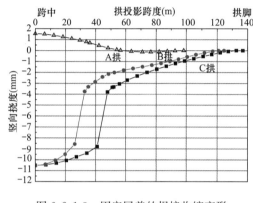

图 6.2.1-3　固定屋盖的焊接收缩变形

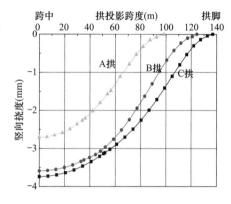

图 6.2.1-4　固定屋盖的温度变形

（3）屋盖安装误差对台车变形和反力的影响

屋盖安装误差指屋盖及拱架偏离设计坐标的情况，安装误差将导致钢结构设计状态与实际受力状态不同，故此需要分析安装误差对活动屋盖运行和台车反力的影响。

1）固定屋盖安装误差的影响

南通体育场主拱最大跨度为 264m，固定屋盖安装误差按照跨度的 1/800 确定。考虑到活动屋盖在全开位置拼装，运行至全闭位置时结构变形最大，因此安装误差分析主要针对全闭状态活动屋盖与固定屋盖之间的相对变形以及台车的内力。

分析结果表明，考虑固定屋盖安装误差时，A 拱台车运行过程侧向变形为 63mm；B 拱台车运行过程侧向变形为 47mm；C 拱台车运行过程侧向变形为 5mm，如图 6.2.1-5 所示。固定屋盖安装误差对台车适应性变形和承载力的影响较小，台车最大反力为 935kN，小于台车的容许反力 1500kN，如图 6.2.1-6 所示。

2）活动屋盖安装误差的影响

南通会展中心体育场活动屋盖主拱间距为 40m，活动屋盖安装误差按跨度的 1/400 确定，针对全闭位置的适应性变形与内力进行分析。分析结果表明，考虑活动屋盖安装误差的影响时，A 拱台车最大水平相对位移为 66mm；B 拱台车最大水平相对位移为 69mm；C 拱台车最大水平相对位移为 7mm，如图 6.2.1-7 所示。屋盖安装误差不影响台车的适应性变形和承载力，台车最大反力为 942kN，小于台车的容许反力 1500kN，如图 6.2.1-8 所示。

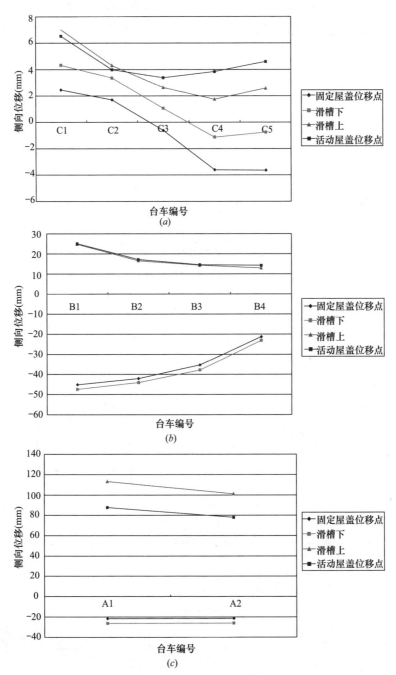

图 6.2.1-5　考虑固定屋盖安装误差时拱架的变形
（a）C 拱变形；（b）B 拱变形；（c）A 拱变形

（4）轨道局部变形对台车反力的影响

1）轨道缺陷影响较小时

加工或安装误差可能导致轨道出现局部凸凹，造成个别台车运行位置偏离。分析时应考虑台车轨道局部偏差对台车反力的影响，确保在轨道存在局部缺陷的情况下，将台车反力控制在承载能力范围内。

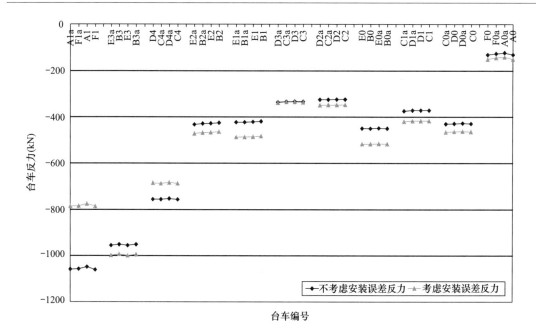

图 6.2.1-6　考虑固定房屋安装误差时台车的反力

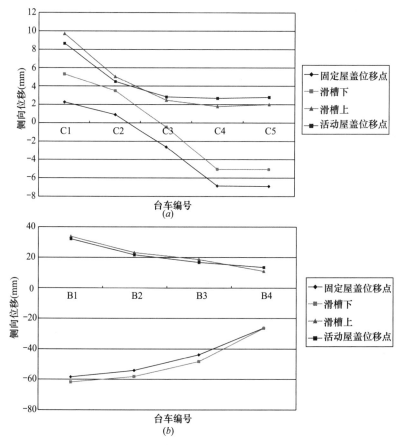

图 6.2.1-7　考虑活动屋盖安装误差时拱架的变形（一）

（a）C 拱变形；（b）B 拱变形

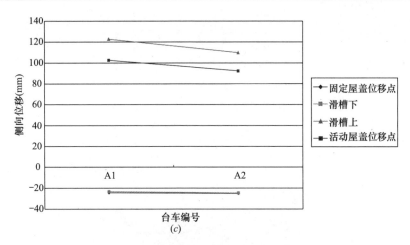

图 6.2.1-7　考虑活动屋盖安装误差时拱架的变形（二）

（c）A 拱变形

在活动屋盖闭合状态时，分别对 C0、C2、C4、A1 和 B0 台车所在轨道的局部偏差进行模拟分析，即图 6.2.1-9 所示的 1、2、3、4 和 5 五个不同位置。

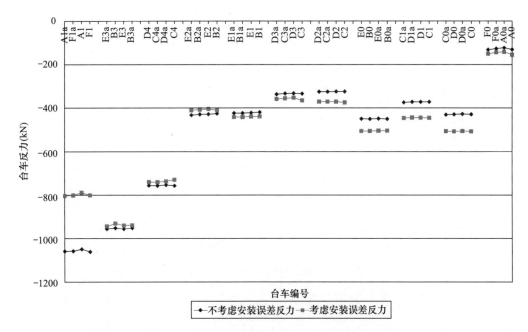

图 6.2.1-8　考虑活动屋盖安装误差时台车的反力

假定 1 号、2 号、3 号及 5 号点轨道均凸起 50mm，台车反力计算结果见图 6.2.1-10。图中变化前为轨道无误差时各台车反力情况，变化后为相应点位轨道凸起 50mm 后台车反力的情况。

当活动屋盖处于闭合状态下，轨道局部偏差为 50mm 时，相应位置台车的反力如表 6.2.1-1 所示，台车反力未超过其承载力限值。

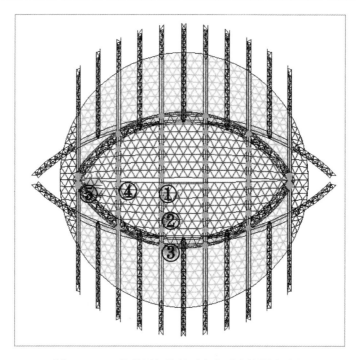

图 6.2.1-9　轨道局部偏差对台车适应性影响分析

考虑到主拱 A 上相邻台车的间距仅为 5m 左右，因此假定 4 号点位置的轨道凸起 25mm，台车反力计算分析结果如图 6.2.1-11 所示。

2）轨道缺陷范围较大时

当轨道较大范围内缺陷同时影响到几个台车时，在活动屋盖完全闭合位置下，针对 A 拱和 C 拱轨道进行计算分析。

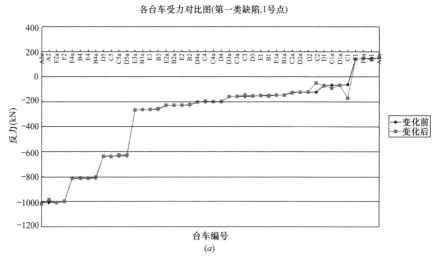

图 6.2.1-10　1、2、3、5 号点位置轨道局部变形对台车反力的影响（一）

（a）1 号点位置

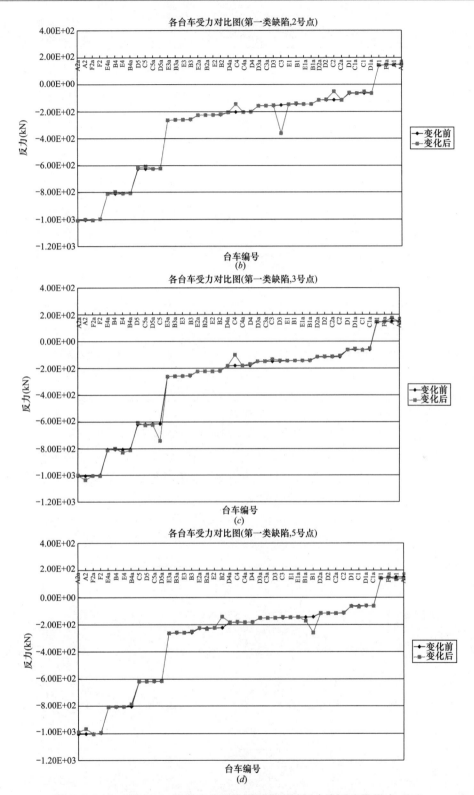

图 6.2.1-10 1、2、3、5 号点位置轨道局部变形对台车反力的影响（二）

（b）2 号点位置；（c）3 号点位置；（d）5 号点位置

轨道缺陷位置的台车反力值   表 6.2.1-1

缺陷所在位置的台车编号	台车最大反力（kN）	与台车承载力（1500kN）的关系
C0	1017	＜1500kN
C2	1009	＜1500kN
C4	1008	＜1500kN
A1	1013	＜1500kN
B0	1008	＜1500kN

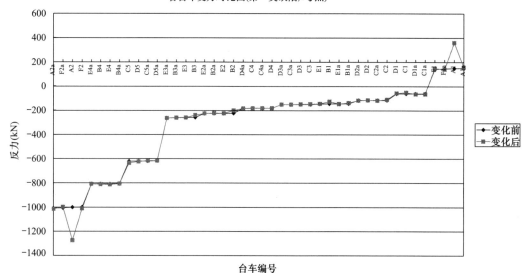

图 6.2.1-11 4号点位置轨道局部变形对台车反力的影响

当 A（C）拱的台车 A1（C1）轨道凸起 25mm 而 A0（C0）台车轨道凹陷 25mm 时，台车受力情况如图 6.2.1-12 和图 6.2.1-13 所示。变化前为轨道无偏差时各台车的反力，变化后为台车分别位于轨道凸起和轨道凹陷位置时台车的反力。

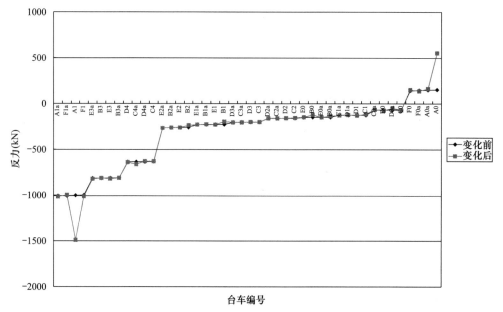

图 6.2.1-12 A拱轨道局部变形对台车反力的影响

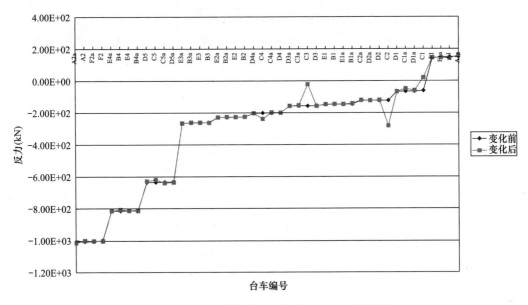

图 6.2.1-13　C 拱轨道局部变形对台车反力的影响

3）曲线轨道缺陷的影响

各拱的施工偏差使其偏离球面上的设计位置，导致各轨道的曲率不完全相同，从而引起活动屋盖运行歪斜，进而对台车反力产生影响。

在屋盖顶部轨道曲率半径的偏差最大，针对此处轨道曲率半径偏差对台车反力的影响进行了分析，结果如图 6.2.1-14 所示，台车反力最大值为 1008kN，满足机械设计时台车反力不大于 1500kN 的要求。由此可见，轨道曲率的误差对台车反力影响不大。

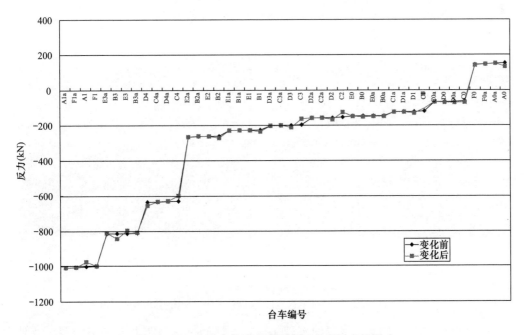

图 6.2.1-14　台车轨道曲率误差对台车反力的影响

（5）固定屋盖安装误差对活动屋盖运行荷载的影响

南通体育场开合屋盖结构采用钢丝绳牵引驱动方式，活动屋盖从完全闭合状态开启时，利用了活动屋盖自重产生的向下分力。此时，需要考虑固定屋盖安装误差对活动屋盖下滑力的影响，以保证屋盖正常开合。

固定屋盖安装的允许误差为跨度的 1/800，开合屋盖完全闭合时主拱的挠度为250mm。因此，下滑力计算应考虑安装误差及结构变形的影响。计算结果表明，不考虑固定屋盖安装误差时的下滑力为 1380kN，考虑安装误差和结构变形后的下滑力为 1246kN，减小 9.7%，仍大于最不利情况下活动屋盖的阻力 956kN，可以保证活动屋盖正常开启。

6.2.2 上海旗忠网球中心

1. 钢结构安装顺序

上海旗忠网球中心在混凝土看台施工完毕后进行钢结构安装，八片活动屋盖单元绕各自枢轴旋转开启。钢结构安装方案为：环梁地面分段拼装→分阶段定区域安装→累积旋转滑移合龙→叶瓣整榀拼装，分阶段定区域逐个安装→环梁带叶瓣逐次旋转就位→精确定位→环梁与混凝土结构焊接固定。

工程采用了计算机控制无固定轴心累积旋转顶推结构安装工艺和计算机控制大偏心旋转顶推工艺，结构安装精度满足驱动设备精度要求，确保 8 片活动屋盖可以顺利开合。

2. 钢环梁安装技术

（1）环梁安装

上海旗忠网球中心的钢环梁是活动屋盖的支承结构，位于混凝土看台结构顶部，通过132 个支座与混凝土顶部圈梁相连。钢环梁直径 144m，现场拼装偏差控制要求很高：半径方向偏差不大于±20mm；圆弧方向偏差不大于±20mm，高差不大于±10mm。环梁拼接在现场临时搭建的平台上进行，分 52 段制作，分别吊装到 24.1m 标高的混凝土环梁之上，再拼接成整体（图 6.2.2-1）。

（a）   （b）

图 6.2.2-1 环梁地面拼装

（a）环梁上表面、支座拼装；（b）环梁框架、支座地面拼装

连接支座定位直接关系到屋盖的安装精度，应严格控制各支座间相对位置、支座表面水平度、支座与钢结构相对位置的安装精度，如图 6.2.2-2 所示。地面拼接应注意调

整预埋件的位置、平面度，尽量减小误差。当环梁全部吊装至混凝土结构之上并与混凝土构件固定后，再进行整体测量画线定位，确定各个预埋件与支座的中心定位点和方位基准线。

图 6.2.2-2　支座平面调整垫板

支承设备的支座，水平位置偏差可通过加大连接板尺寸的方式满足与设备底座连接的要求。当标高偏差较大时，采用在连接板上焊接固定垫板的方式，将连接板标高误差调整至 10mm 范围内，再调整垫片找平，以保证设备安装位置及标高满足设计要求。

安装环梁通过现场放样划线，支座定位测量，检测修正，钢环梁高空姿态调整，支座调整垫片修正等，通过反复测量、分析、调整、检验，使支座的位形符合设计要求，实现驱动装置精确定位。

（2）环梁安装技术要点

为了确保环梁安装质量，在施工过程中采用如下技术措施：

1）设置质量控制点。钢环梁的安装精度直接影响到机械传动设备和活动屋盖叶瓣的安装精度，每段钢环梁安装过程中主要控制其环向、径向和标高符合设计要求。前一段钢环梁的安装误差，应在下一段环梁安装时予以消除。

2）钢环梁旋转顶推滑移过程中，采用全站仪全程进行测量监控，保证安装完毕的钢环梁满足设计要求。

3）安装钢环梁第 1～3 段时，由于钢环梁内侧主弦杆壁厚较厚，悬挑部位产生较大倾覆力矩。为保证安装前三段钢环梁时的稳定性，在外侧临时拉结固定。其后分段钢环梁搁置于混凝土滑道上，由多点支承，无需采取临时固定措施（图 6.2.2-3）。

4）有效控制焊接残余应力和焊接变形。钢环梁在地面分段拼装时，至少两段一起拼装，留下其中一段作为下一段环梁的参照物，以此类推，直到环梁全部拼装完毕。拼装过程中，严格控制相邻梁端的截面尺寸和对接间隙，避免吊装时环梁弦杆接口出现偏差。

5）钢环梁圆弧直径大，施工时间较长，温差对环梁变形影响较大，合龙时很容易出现错口或尺寸偏差。因此，钢环梁合龙口采用散拼法，调节施工偏差并预留收缩余量，在符合合龙温度时完成合龙焊接（图 6.2.2-4）。

图 6.2.2-3　钢环梁分段安装　　　　　　图 6.2.2-4　钢环梁合龙

6）钢环梁分段对接时，应考虑焊接收缩对安装长度的影响。根据工程经验，对接焊缝预留间隙为 3mm 左右。环梁在地面分段拼装时可采取无余量拼装，高空安装时预留焊接收缩量。

3. 钢结构旋转顶推滑移技术

受施工场地限制，采用了高空旋转顶推滑移施工技术，即起重机在固定区域作业，将地面胎架上拼装的钢结构吊至高空临时固定区域后，应用液压顶推系统旋转顶推钢环梁。旋转顶推滑移施工系统包括滑道、支承体系、反力装置、液压设备和计算机控制系统。

图 6.2.2-5　钢环梁在混凝土滑道上旋转滑移

在混凝土环梁上设置两道环形混凝土滑道，钢环梁通过低摩擦滑块支承于混凝土滑道，沿滑道旋转滑移。在混凝土滑道之间设置直径为 123m 的环形钢轨作为导轨，作为液压顶推器的爬行轨道。滑道和滑块起竖向承重作用，环形导轨作为反力架和导向装置（图 6.2.2-5）。

6.2.3　绍兴体育场

绍兴体育场结构采用混凝土看台＋固定屋盖＋活动屋盖。固定屋盖将超大跨、低矢跨比张弦桁架作为主要受力构件，桁架变形较大，开合屋盖运行工况对结构内力分布影响明显。施工中采用的关键技术如下：

1. 施工安装方案

（1）设置 8 个支撑塔架，将主桁架分为 16 段（每榀 4 段，最大分段重量 303 吨），环桁架分为 26 段，次桁架整榀安装，利用 1 台 750t 履带吊和 1 台 450t 履带吊，在场内和场外进行吊装；

（2）在长轴方向中间位置设置 1 道合龙线，在 20℃气温条件下，完成固定屋盖主钢结构合龙；

（3）在完成钢拉杆安装、预张拉、屋面龙骨吊装后，进行大跨度结构卸载。在 20℃气温条件下将所有支座焊接固定，实现钢结构合龙；

（4）开始安装活动屋盖和 PTFE 膜施工；

（5）进行驱动控制系统安装、调试。

2．232m 张弦桁架施工过程模拟分析

固定屋盖张弦桁架下弦采用了四根并联柔性钢拉杆，并联构造以及约 3600t 巨大拉力使得张弦桁架主动张拉难以实现，只能利用桁架整体竖向变形产生的内力建立预应力，即张弦桁架安装完毕后不马上固定支座，通过桁架在自重作用下支座水平滑移实现对钢拉杆进行加载，如图 6.2.3-1 所示。

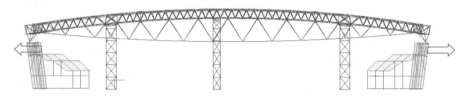

图 6.2.3-1　下弦钢拉杆被动加载原理（临时支撑卸载）

通过对施工过程中结构的受力和变形进行模拟分析，得到施工过程中各项控制指标，为施工提供理论依据。模拟分析基于结构设计和有限元分析软件 Midas 进行，此外还采用大型通用有限元软件 ABAQUS 建立多尺度模型对 Midas 计算结果的准确性进行了验证。

（1）多尺度精细化施工分析模型

由于下弦采用了四根并联钢拉杆，杆件两端节点尺寸及构造与杆件的内力紧密相关。为确保计算分析的准确性，建立了精细化有限元模型，对主结构施工成型过程中的变形和内力进行计算分析。计算模型及现场照片如图 6.2.3-2 所示。

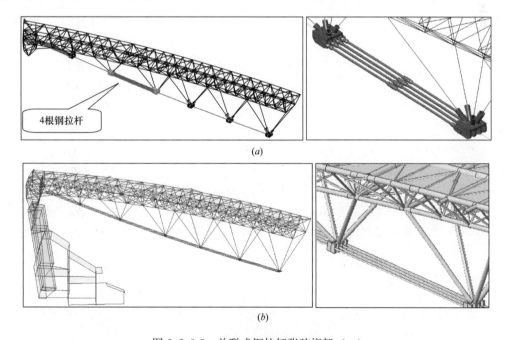

4根钢拉杆

(a)

(b)

图 6.2.3-2　并联式钢拉杆张弦桁架（一）

(a) CAD 模型；(b) Midas 多尺度分析模型

(c)

图 6.2.3-2　并联式钢拉杆张弦桁架（二）

(c) 施工现场照片

（2）支撑卸载模拟分析

通过对千斤顶进行模拟，实现对结构卸载的准确分析。卸载过程采用位移控制法，包括主体结构的竖向位移和千斤顶的行程。由于卸载过程中临时支撑随受力变化出现压缩和回弹，每步卸载结构的实际竖向位移增量和千斤顶行程并不完全相等。为了操作简便，在实际工程中，往往将千斤顶的行程作为卸载过程的控制参数。

通过对卸载前后固定屋盖结构内力与变形进行分析，确定各支撑塔架底部反力、千斤顶反力和卸载位移量。支撑塔架卸载后，可得到结构竖向挠度和支座水平位移，为现场卸载控制提供对比参数。

3. 超大型钢桁架"立＋侧结合"拼装技术

大尺度桁架若采用传统的拼装胎架立拼法，胎架材料耗费巨大，且拼装胎架高度很大，降低了拼装效率和安全性。绍兴体育场对环桁架采用了创新的侧拼方法，即先对桁架上弦和中弦进行立拼，待上中弦拼装完成后，将该分段侧向放倒，采取卧拼方法进行中下弦的拼装，解决了大型桁架传统拼装方法效率低下的难题。该施工技术的主要优点如下：

① 通过将环桁架侧卧，降低了拼装胎架的高度、尺寸和承载力要求，减小了拼装胎架的材料消耗；

② 拼装胎架高度降低后，提高了拼装效率和安全性。

（1）"立＋侧结合"方法

环桁架上中弦拼装段拼装完成、脱胎侧卧固定后，通过侧卧位置重构侧卧上中弦拼装段的坐标体系，确定中下弦"黄金束"的拼装位置，是实现环桁架中下弦"黄金束"侧拼的关键技术。具体施工方法如下：

1）桁架拆分

环桁架总高度达 17m，将其上弦和中弦构成的四边形桁架作为一个单元进行立拼，如图 6.2.3-3 所示。

2）上中弦四边形单元立拼完成后，放倒侧卧固定，重构侧卧上中弦拼装段的坐标体系，确定下弦节点的坐标，最终侧拼下弦腹杆节点，如图 6.2.3-4 所示。

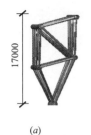
(a)

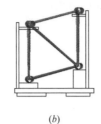
(b)

图 6.2.3-3　四边形桁架立拼示意

(a) 环桁架侧视图；(b) 上、中弦单元立拼

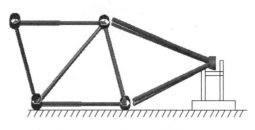

图 6.2.3-4　环桁架侧卧示意

（2）拼装施工过程照片

环桁架拼装现场照片如图 6.2.3-5 所示。

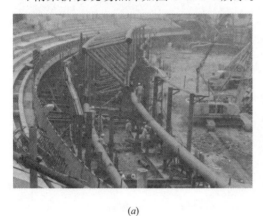
(a)

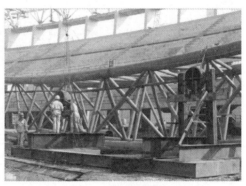
(b)

(c)

(d)

图 6.2.3-5　环桁架拼装现场照片

(a) 环桁架上中弦立拼；(b) 侧卧后支座节点定位；(c) 侧卧拼装"黄金束"腹杆；(d) 环桁架翻身、起吊

4. 并联式钢拉杆安装与预张拉技术

钢拉杆施工是形成结构受力体系的关键环节。钢拉杆各部件之间存在缝隙，钢拉杆制作和现场施工误差可能导致同跨内并联钢拉杆受力不均匀。施工中控制好钢拉杆初始状态，使其成型后各跨内力分布与设计接近非常困难。绍兴体育场桁架下弦采用 200mm 直径四根并联钢拉杆，控制均匀受力难度很大。为此，从钢拉杆制作到破断荷载、拉伸性能

和超张拉均进行了充分研究，结合有限元分析，准确掌握钢拉杆受力特点，为制定钢拉杆现场安装方案、初始态预张拉提供可靠依据。

（1）钢拉杆安装工艺

1）钢拉杆运输

钢拉杆各个组件在工厂内完成组装，成套运输至现场（图 6.2.3-6）。

（a）   （b）

图 6.2.3-6　钢拉杆现场照片

（a）现场钢拉杆堆放；（b）销轴

2）节点定位尺寸检查

桁架安装完成后安装下弦节点，采用全站仪对下弦节点坐标准确测量并记录，计算出每个

图 6.2.3-7　下弦钢拉杆连接节点

节间长度 L_0，作为钢拉杆地面组装的长度（图 6.2.3-7）。

3）地面组装

① 安装 U 形接头。首先将接头与杆体端头对正，旋转 U 形接头，使钢拉杆螺纹段旋入接头丝扣，直至接头不能转动为止。

② 安装调节套筒。连接前，在各钢拉杆端部距离相等的位置（约 0.3m）做好标记，通过标记与套筒端部的距离，控制两根拉杆旋入长度相等，以保证螺纹受力可靠。先套入两边护套，手工旋入，再连接调节套筒，做好套筒螺纹拧紧深度记录。

③ 用绷紧的钢尺测量钢拉杆的长度，钢尺拉力应不小于 50N，两端同时读数，测量三次，记录平均值。旋转调节套筒使拉杆总长度为 L_0，钢拉杆吊装段现场组装情况如图 6.2.3-8 所示。

4）吊装就位

起吊时用导向绳调整钢拉杆方向，先使一端 U 形接头靠近吊杆下端，插入销轴。安装另外一端时，采用手拉葫芦调平钢拉杆，将销轴插入 U 形接头。工具为两个 2t 手动葫芦，吊点设在钢拉杆中间位置，借助顶部箱梁，拉动倒链提升钢拉杆，确保钢拉杆张拉时为直线状态，如图 6.2.3-9 所示。

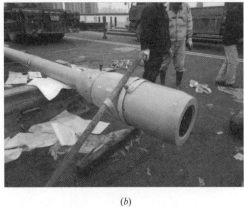

（a）　　　　　　　　　　　　（b）

图 6.2.3-8　钢拉杆现场组装情况

（a）杆体吊装至平台；（b）杆体旋入套筒丝扣

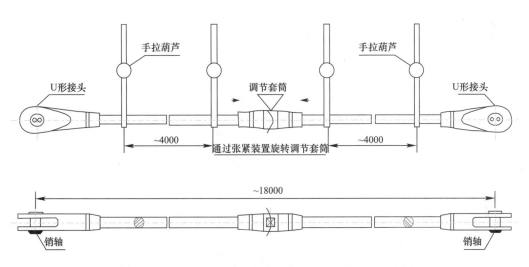

图 6.2.3-9　钢拉杆吊装就位

（2）钢拉杆预紧

1）预紧施工技术准备

① 通过施工仿真分析计算合理的拉杆预紧值，确定不同阶段钢拉杆的初始预紧力值，并进一步确定分级预紧要求；

② 应控制钢拉杆加工制作精度，当无法达到精度要求时，宜在施工过程中通过技术手段进行弥补。

2）预紧施工工艺

① 施工工装

该工程拉杆采用 200mm 直径合金钢拉杆，索头形式及预紧工装如图 6.2.3-10 所示。

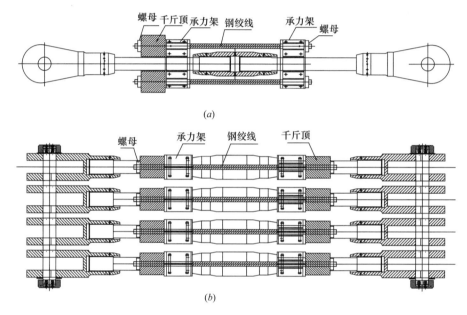

（a）

（b）

图 6.2.3-10　钢拉杆预紧工装

（a）侧视图；（b）俯视图

经计算，最大预张拉力约 65t，需两台 60t 千斤顶，最多同时使用 8 套。由于对称张拉预紧，故选用了 16 台 60t 千斤顶。

② 4 根拉杆同步预紧

为确保同一节间钢拉杆预紧力相同，同一节间的 4 根拉杆同时预紧，并达到同一标准，预紧张拉施工如图 6.2.3-11 所示。

3）预紧张拉控制措施

① 采用相同型号的张拉预紧工装和张拉设备；

② 对施工人员进行统一培训，规范操作，张拉预紧过程统一指挥，统一张拉预紧速度；

③ 利用多级张拉方法达到逐渐同步，每 1 级张拉完成后统一调整。

5. 柔性下弦被动加载控制技术

通过释放钢结构自重作用下支座的水平力建立下弦的预拉力。在施工过程中影响因素较多，如卸载过程中支座滑移的均匀性、下弦内力与设计的一致性等。

图 6.2.3-11　现场预紧张拉照片

（1）卸载过程支座滑移控制

通过释放结构自重作用下的水平力，减小钢屋盖对下部混凝土环梁的推力，同时在桁架下弦建立张拉力。由于结构近 50％重量通过 4 榀主桁架传递给下部 16 个支座，单个支座最大竖向力达 900t，保证承受如此压力的支座平稳滑移难度极大。此外，结构布置双轴对称，如何保证各对称点在卸载过程中滑移量相等也是很大挑战。施工采取的主要措施如下：

1）确保卸载的同步性

屋盖主桁架共设置 8 组临时支撑塔架，32 个卸载点，卸载点布置图如图 6.2.3-12 所示。卸载过程中，采取 32 个点同步切割支撑立板的方法保证卸载的同步性，每个点的切割量严格根据理论计算进行。

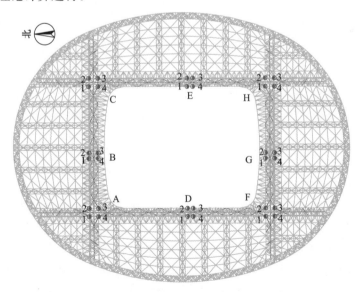

图 6.2.3-12　临时支撑塔架卸载点布置图

2）卸载同步性控制

虽然 32 个点同步卸载，但实际操作中，每个支点的卸载量不可能完全同步，因此尽量减小每级的卸载量。卸载共分 16 级完成，保证卸载过程近似同步，每级卸载后对主桁架竖向变形和支座滑移量进行测量（图 6.2.3-13a），并与计算值进行对比，确保卸载过程可控。

(a)   (b)

图 6.2.3-13 屋盖主桁架同步卸载施工控制

(a) 水平滑移测量；(b) 限位挡板

3）支座滑移量控制

为防止在卸载过程中主桁架支座水平滑移量超出计算数值，根据预设卸载滑移量，在主桁架支座滑移方向设置了约束限位挡板，如图 6.2.3-13（b）所示。

4）减小支座与预埋钢板的摩擦系数

在实际施工中，支座底板与预埋件之间的摩擦力不足以抵抗主桁架自重作用下的水平推力，所以在支撑塔架卸载过程中，支座可在预埋件上进行滑动。为了减少桁架支座与预埋钢板之间的摩擦力，在滑动面设置了聚四氟乙烯板与不锈钢板，其中聚四氟乙烯板与桁架支座连接，不锈钢板与预埋钢板连接，其摩擦系数很小，支座滑动更为平顺。

（2）节间内钢拉杆内力的均匀性

同一节间并排 4 根拉杆，为了保证各拉杆内力尽量均匀，根据钢拉杆超张拉试验得到荷载-位移关系曲线，确定消除几何非线性敏感段所需的预紧力值，统一建立预紧力，使得被动加载前每根钢拉杆具有相同的初始态。

（3）各区间下弦内力偏差检验

张弦桁架各节间的内力差异较大，为确保钢拉杆内力与设计值的一致性，采取的主要措施如下：

1）精确计算各区间钢拉杆内力

建立精细有限元分析模型，充分考虑节点尺寸、杆件并联构造等细部处理方式，确保理论计算的准确性。

2）跨中垂度分析法判断钢拉杆内力

张弦桁架下弦钢拉杆总共 192 根，对每根钢拉杆进行内力监测难度较大。在钢拉杆超张拉试验和有限元计算分析时发现，钢拉杆的垂度可准确反映钢拉杆的轴力。因此，提出根据钢拉杆跨中垂度判断钢拉杆轴力的方法，对张弦桁架钢拉杆在被动加载过程中的内力大小进行判断。

在被动加载过程中，分四个阶段对钢拉杆的垂度进行检测，分别对各阶段钢拉杆的拉力与计算值进行对比，对偏差较大的钢拉杆进行内力调整。内力调整采用 250t 专用张拉装置，确保钢拉杆最终拉力与设计值接近。

6. 整体模型试验

复杂大跨结构可以通过模型试验，对结构受力形态进行测试，与计算结果进行对比验证，对施工控制起到指导作用。

绍兴体育场固定屋盖张弦桁架通过结构卸载建立下弦钢拉杆预应力，可控性较差。此外，结构自重达 14000t，卸载过程中支座滑移量控制缺乏实际经验，因此进行了屋盖整体模型缩尺试验。

（1）试验内容

试验选择 1：14 缩尺比例，考虑与实际结构承载力和刚度的相似关系。试验过程包括试验模型设计、模型加工制作、现场测试和试验结果分析等。主要试验内容如下：

1）模拟实际结构卸载-滑移过程，测试卸载过程中结构挠度、支座位移和构件应力，并与计算结果进行比较，验证施工的可行性与安全性。结构设计要求在主体结构合龙后，张紧主桁架下弦钢拉杆，解除支座临时约束，整体分步卸载，保持所有环桁架的支座在卸载过程中向外侧滑移，通过结构自重作用下支座的滑移建立桁架下弦钢拉杆的预应力。模型试验测试 8 个卸载点的反力与位移、主桁架支座水平滑移和关键构件应变，全程跟踪卸载过程中整个结构受力状态变化。

2）模拟活动屋盖从打开到闭合全过程中结构的响应，在完成卸载、所有支座焊接固定后，对于活动屋盖全开、3/4 开启、1/2 开启、1/4 开启和全闭五种工况的结构特性进行测试，然后再分别对全开和全闭状态下结构极限承载力进行测试，测试关键构件的应变和结构挠度。

（2）模型制作

固定屋盖模型在试验现场安装，主要包括 4 榀主桁架、28 榀次桁架、环向桁架以及卸载点立柱。屋盖制作主要步骤见图 6.2.3-14。

（3）测试方案及结果

1）卸载试验

卸载试验主要包括 8 个卸载点的反力与位移测试、周边支座水平滑移量测试、主桁架钢拉杆应变测试等，测点布置如图 6.2.3-15 所示。

(a)   (b)

图 6.2.3-14　缩尺模型试验照片（一）
(a) 屋盖制作；(b) 屋盖安装

(c)　　　　　　　　　　　　　　　　(d)

(e)

图 6.2.3-14　缩尺模型试验照片（二）

(c) 屋盖下部拉杆；(d) 测试仪器；(e) 屋盖配重

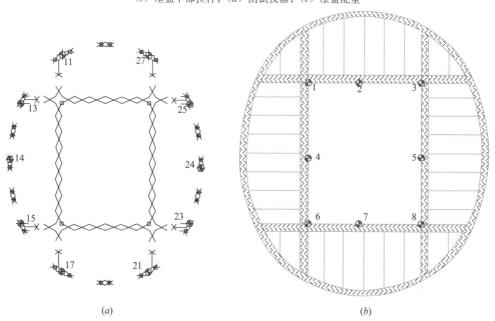

(a)　　　　　　　　　　　　　　　　(b)

图 6.2.3-15　缩尺模型试验测点布置

(a) 水平位移测点布置；(b) 卸载点测点布置

整个卸载过程采用位移控制,每一卸载步的位移控制值为挠度计算值的 5%,卸载共分 25 级完成,将各卸载点支反力均为零时视为卸载完成。由于试验过程中 7 号卸载点下部拉杆发生滑移,造成该点支反力发生回弹,因此该点卸载量较大,达到计算值的 125%。

卸载位移实测平均值是计算值的 111%。各支座卸载过程中实测位移与支反力的关系与计算值的变化趋势相同,但由于加工误差引起不对称以及钢拉杆连接处存在空隙,部分卸载点试验结果与理论值存在差异,但实测最终卸载变形值与理论值基本吻合。

短轴方向水平位移平均值为理论值的 92%,长轴方向水平位移平均值为理论值的 69%,短向与长向的水平位移随卸载过程的变化如图 6.2.3-16 所示。

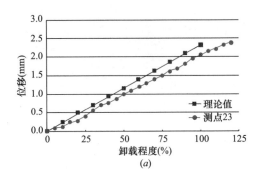
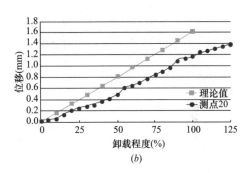

(a) 　　　　　　　　　　　　　(b)

图 6.2.3-16　实测与计算水平位移对比

(a) 短轴方向;(b) 长轴方向

卸载完成后 4 榀主桁架跨中下弦拉杆应力值较高,试验平均值是理论值的 97%,如表 6.2.3-1 所示。

钢拉杆应力试验值与理论值的比较　　　　　　　　表 6.2.3-1

拉杆测点	理论值（MPa）	试验值（MPa）	试验/理论
229/230	80.7	64.7	0.80
199/200	80.7	79.1	0.98
215/216	59.4	61.2	1.03
217/218	59.4	62.8	1.06

2) 静载试验

选取全闭、全开以及半开三种状态进行静载试验,分以下 5 步对屋盖施加荷载。

第一步:固定屋盖安装完毕、活动屋盖安装前;

第二步:施加 1.0 倍静荷载;

第三步:施加 1.2 倍静荷载;

第四步:施加 1.2 倍静荷载 + 0.7 倍活荷载;

第五步:施加 1.2 倍静荷载 + 1.4 倍活荷载。

试验结果表明,跨中钢拉杆和上弦杆的实测应力与理论值符合较好;边跨钢拉杆应力受约束条件影响大,而缩尺模型约束条件无法达到计算假设理想固接,故此实测应力与理论值存在差距。缩尺模型竖向挠度实测值大于计算值,但试验结果总体上与计算吻合。

7. 施工监测方案

监测主要针对固定屋盖主桁架的应力和应变,重点监测四榀主桁架 8 个球铰支座的黄金束杆、弦杆 1/4 跨、1/2 跨、钢拉杆 1/4 跨和 1/2 跨处的应力应变。每个截面布置 2~4 个测点，便于全面掌握构件的内力。钢结构共设置应力应变测点 360 个，各类测点布置如图 6.2.3-17 所示。

图 6.2.3-17　钢结构监测点布置

（*a*）主桁架应变测点；（*b*）环桁架黄金束杆应变测点；（*c*）钢拉杆应变测点；（*d*）球形支座位移测点；（*e*）钢结构振动测点

　　在施工期间，还对结构挠度和球形支座水平位移进行了监测，挠度由全站仪监测，沿屋盖开口周边布置，共布置 12 个测点。球形支座的水平位移由振弦式位移传感器监测，共布置了 32 个测点。

6.3 工程验收

开合屋盖结构施工质量验收应按分部验收，结构部分除根据现行国家标准《建筑工程施工质量验收统一标准》GB 50300[4]、《混凝土结构工程施工质量验收规范》GB 50204[5]、《钢结构工程施工质量验收标准》GB 50205[2] 和现行行业标准《开合屋盖结构技术标准》JGJ/T 442[6] 的相关规定和设计文件要求外，还应满足驱动控制系统及其部件对结构的要求。预埋件验收、钢结构施工质量验收、驱动控制系统安装质量验收与活动屋盖整体验收的关系均很密切。驱动控制系统安装质量验收应结合机械控制行业的相关规范执行。

1. 验收原则

（1）先施工的先验收，并做好记录，最后总体验收。

（2）支承结构、活动屋盖与驱动控制系统的总验收应在活动屋盖运行调试完成后进行。

（3）总验收时，一般选取活动屋盖全闭与全开状态作为验收状态，验收过程中应执行不少于两次开合动作。

（4）应着重对连接件的可靠性、轨道变形、台车点位差、累计误差等进行检查。

（5）应对紧急制动响应及时性、开合运行速度、平稳性、同步性、噪声、密闭性等指标进行检验。

（6）屋盖关闭状态的密闭性检验，应特别关注接缝处是否密闭良好，不得有漏水现象。

（7）检验涂料涂层是否符合相关标准要求等，并察看有关监理记录。

2. 原材料检验验收

（1）支承结构与活动屋盖选用的钢材应按现行国家标准《钢结构工程施工质量验收标准》GB 50205 的规定执行，在工厂加工制作前，应对原材料进行复验。

（2）对于驱动系统的非标准部件，应复核其材料质量合格证明，包括材料的规格、化学成分、力学性能和交货状态等，若有热处理等要求时，尚应检验热处理合格报告。

（3）对驱动控制系统中的采购成品部件，应检查其附带合格证是否满足相应设计要求。

（4）电气设备可在现场进行通电检验。

（5）结构构件及驱动控制系统部件均应经检验合格后方可运至现场安装。

6.3.1 支承结构与活动屋盖验收

根据国内开合屋盖工程的施工经验，支承结构采取合理的安装顺序，并通过轨道安装对变形进行补偿，可满足台车运行要求。如果受到构造或其他因素的限制，无法通过调整轨道梁与轨道满足台车运行要求时，应提高支承结构与轨道的加工制作与施工安装精度。

1. 重点部位验收精度

（1）轨道

1）开合屋盖结构对轨道接头处的安装精度要求较高，参考国内外相关工程经验和现行国家标准《通用桥式起重机标准》GB/T 14405 的规定，开合屋盖轨道顶面平整度的允许误差不应大于 1/1000，活动屋盖全闭状态下，相邻两根平行轨道同一位置标高的相对偏差不应大于 5mm，轨道接头两侧高差不应大于 0.5mm，轨道接头的平面错位不应大于 0.5mm，轨道接头处间隙不应大于 2mm。

2）应重点检查轨道的平整度、平行度与直线度。轨道的平面位置和垂直度的校正应同时进行。垂直度用挂线锤测量，发现偏差可在轨道梁底加垫片进行校正，轨道顶面圆弧应平滑过渡。

（2）预埋件

预埋件作为常见的连接与定位构件，施工安装误差较大，歪斜现象较为普遍。在开合屋盖结构中，预埋件的安装精度对设备安装影响很大。故此，预埋板件必须测量四个角点的相对尺寸，条形预埋件除应测量角点外，中间测点间距尚不应大于 1m。对于超过设计文件规定的正误差应进行修正。

（3）齿轮齿条

齿条顶面平整度的允许误差不应大于 1/2000，全长误差不应大于 3mm。齿条接缝时应有可靠的定位装置。

2. 检验要点

活动屋盖能否顺畅运行是检验驱动系统安装质量最直接的方法。因此，活动屋盖验收时应重点检验驱动系统、防倾翻装置、终点安全插销或锁定装置的可靠性，以及各相关连接件的紧密性、屋盖的密闭性等。

（1）驱动控制系统可靠性检验，包括支撑滚轮是否全部与轨道接触、齿轮齿条与相关部件的啮合情况、润滑点是否能顺利加注润滑脂、紧固件连接的牢固性等；

（2）防倾翻装置检验，包括装置安装的正确性、相关部件是否干涉等；

（3）终点安全插销或锁定装置可靠性检验，在屋盖全开和全闭状态，安全插销位置准确，插销运动顺利，信号正常；

（4）相关部件之间连接件紧密性检验，抽查数量不低于 10%，用 0.1kg 榔头敲击检查；

（5）供电设备检查，包括电缆收放顺畅性、滑触线接触性能；当采用拖链式供电时，拖链运动的稳定性等；

（6）屋盖密闭性检查，应注意接缝处的密封性能，不得有漏水情况；

（7）对活动屋盖与台车的连接、牵引系统与活动屋盖的连接、轨道或齿条与轨道梁的连接、终点安全锁销与活动屋盖的连接、车挡与支承结构的连接应 100% 进行检查。

6.3.2 驱动控制系统验收

驱动控制系统的验收分为出厂检验与现场验收两部分。台车等机械装置应检测、调试合格后方可出厂。驱动系统施工现场整体安装完成后，不对单台设备进行运行测试，现场工程验收时只审查资料，对整组设备进行联机验收。

1. 出厂检验

（1）台车的调试与验收

台车作为开合屋盖结构中最关键的机械装置，属于机械领域的非标准部件，根据功能要求，通常设置导向轮、反钩轮、侧向纠偏装置、竖向压力调节装置等。

台车需满足各种设计既定的调节能力，并与控制系统相协调，作为驱动系统中重要部件，产品出厂前必须经过全面严格的检验，各项测试均应符合现行国家或行业标准的相关要求，保证质量的可靠性。

1）原材料检验。复核其材料质量合格证明，包括材料的规格、化学成分、力学性能和交货状态等，若有热处理等要求时，尚应检验热处理合格报告。

2）性能检验。台车出厂前的各项测试均应符合现行国家或行业标准的相关要求。产品的可靠性检验相对复杂，宜研制专门的实验设备模拟台车的实际运行情况，在出厂前进行空载试验、额定荷载试验、超载试验等检验与测试，具体检测与调试项目主要包括下列内容：

① 各转动组件如车轮、轴承、齿轮及链传动等回转情况检查；

② 1.1 倍额定载荷的全行程运转试验，主要用于检验台车的运行可靠性；

③ 按 1.25 倍的最大设计承载能力进行静载试验，主要用于检验驱动系统动力情况；

④ 带自驱动装置的主动台车应进行通电空载运行试验；

⑤ 台车液压装置带载调整能力等动作试验和保压、密封试验；

⑥ 车轮和轨道额定运行速度下的承载能力与过载测试、台车运动阻力测试、刹车系统可靠性测试；

⑦ 侧向纠偏系统的调试和竖向加载试验；

⑧ 联动试验，检测台车运行的同步性。

通过试验验证台车的竖向带载调整能力、竖向调整锁母的可靠性、横向油缸的带载调整能力和横向油缸的阻尼特性，保证台车达到设计性能要求和承载能力，将实际运行过程中台车故障隐患降至最低。

（2）安全锁定装置出厂检验

安全锁定装置应在出厂前通电试运转，锁销动作方向、顺序符合设计要求，动作极限位置调整到位，限位反馈信号检测正常。

（3）电气系统出厂检验

电气控制系统出厂前应进行单机调试、分组联动调试以及系统联动调试等模拟测试，优化和改进控制程序及控制参数，为电气控制系统现场调试做好准备。对电气控制系统的各功能组件进行运转测试，其主要目的如下：

1）确保电气接线正确、可靠；

2）系统内各设备在相应运行工况下的控制程序符合预期的设计要求；

3）各检测仪表（压力表等）及检测反馈元件（力传感器、位移传感器等）反馈数据正常；

4）各限位保护开关（行程开关、光电开关、压力继电器等）反馈信号正常；

5）故障或异常情况，系统安全保护措施到位；

6）电气控制系统出厂前的各项测试结果满足现行国家或行业标准的相关要求。

2. 驱动控制系统的调试验收

（1）驱动控制系统验收条件

驱动控制系统进行验收时，必须满足以下前提条件：

1）已完成开合屋盖驱动控制系统的测试；

2）已调试完成并达到合格标准，具备正常运转条件；

3）外部永久性供电工程已经完成；

4）使用操作说明书已经提交。

驱动控制系统验收时，应遵循的国家现行标准如下：

1)《机械设备安装工程施工及验收通用规范》GB 50231；

2)《起重机设备安装工程施工及验收规范》GB 50278；

3)《建筑机械安全技术规程》JGJ 33。

（2）验收内容

驱动控制系统验收应包括外观检查、安全设备测试、机械性能测试、设备运动测试、电气系统检查、控制系统各项功能测试以及安全标记检查等。

1）安全设备测试

开合屋盖结构安全功能测试应包括工作行程开关和超行程开关、与主机的连锁开关、安全防护装置、超速保护、超载保护、同步运动误差控制、紧急停止控制、不同控制点控制元件互锁及安全警示信号等。

安全功能的测试与判定方法如下：

① 各种安全开关。先人工触发 5 次，每次均能符合要求后，再以额定速度触发 5 次，每次均能符合要求。

② 锁定装置。检查设备锁定装置的锁定与解锁是否灵活可靠。

③ 紧急停机控制元件。在额定速度下，触动紧急停止元件，确认实现紧急停机，反复 5 次，每次均能符合要求。

④ 不同控制点控制元件的互锁。在某一控制点上操作对某设备设置指令，在另一控制点的控制盘上操作同样指令，命令被拒绝，反复 5 次，每次均能符合要求。

⑤ 安全信号。检查信号与设备运行状态的一致性。

⑥ 设备特性和安全标记。检查设备铭牌和安全警示信号（声、光、标志牌）。

⑦ 如果有液压系统，应在工厂按照液压系统有关标准进行测试检验。

2）机械性能测试

机械性能测试包括速度测试、停位精度测试、同步精度测试及设备连锁运动测试，并应符合下列规定：

① 速度测试。开合屋盖的实际开合时间与设计开合时间偏差不宜大于 10%。在设计的调速范围内，特别是低速运转时，调速设备运转平稳。

② 停位精度测试。在额定速度条件下，通过活动屋盖全行程运行，检查终点停位精度，反复次数不应少于 3 次，测量停位误差。

③ 同步精度测试。在额定速度条件下，进行成组设备的同步精度测试。设定不同行程进行 3 次测量，组内设备最大绝对误差值的平均值不应超过设计的允许误差。

④ 设备连锁运动测试。在正常连锁条件下，设备应按指令运转；当人为模拟事故状态、破坏连锁条件时，设备应停止运转。重复 3 次以上，每次均能正确工作。

同步精度测试时，同组设备中 3 次不同行程时（通常为全行程的 1/3 以上）的测量数据间偏差若超过 30%，则该组数据作废，增加测量次数，重新检测。

3）电气系统检查

电气系统设备检验与测试应符合现行国家和行业标准的相关规定，并应包括以下内容：

① 柜内布线是否整齐美观；

② 导线及电缆接头是否牢固；

③ 标记是否准确；

④ 设备使用元件是否符合设计要求；

⑤ 电气系统绝缘、接地、屏蔽、电源隔离、电压保护以及电磁兼容性能等。

电气设备包括：电源柜、配电柜、交流器柜、变频器柜和隔离开关柜等。在进行电气设备的验收时，还应遵守如下现行国家标准：

《低压配电设计规范》GB 50054

《通用用电设备配电设计规范》GB 50055

《电气装置安装工程电缆线路施工及验收规范》GB 50168

《电气装置安装工程接地装置施工及验收规范》GB 50169

《电气装置安装工程旋转电机施工及验收规范》GB 50170

《电气装置安装工程盘、柜及二次回路接线施工及验收规范》GB 50171

《建筑电气工程施工质量验收规范》GB 50303

《电磁兼容限值》GB/T 17625.1～6

《电磁兼容试验盒测量技术》GB/T17626.1～12

4）控制系统检查测试

控制系统包括控制（器）柜、PLC柜、分配柜、计算机柜、主控制台、便携式操纵盒（盘）、紧急停止开关等。控制系统检查测试应包括下列内容：

① 控制台的各种开关（按钮）、指示灯和显示器等的正确性；

② 在主控制台，按照设计要求和程序进行手动、自动、预选等操作，必要时手动介入进行功能检查，操作检查可采用便携式操作盒；

③ 紧急停机功能及信号显示的正确性；

④ 警示系统信号盒与设备状态的一致性。

5）噪声测试

对于体育馆或带有会议功能的开合屋盖结构，应进行噪声测试。屋盖以额定速度运行，测试 3～5 处，在距离屋盖噪声源最近的座席处，噪声级别应符合设计要求。

（3）驱动控制系统运行调试

活动屋盖结构精确安装就位后，还需驱动系统与活动屋盖默契配合，顺利完成稳定的开合运行。因此，活动屋盖安装完成后，需配合驱动控制系统进行各种测试与调试。

1）静态检查

在现场调试前，首先应进行静态检查，检查应包括下列内容：

① 动力线路、控制与通信线路、接地保护线的连接；

② 各种信号开关、检测电气元件的安装位置与方式；

③ 机柜对地电阻的安全性；

④ 配电柜内配线有无接触不良。

2）通电检查与测试

运行调试前，还应进行系统通电检查与测试，主要包括下列内容：

① 总电源动力线电压；

② 从站控制柜电源有无开路现象；

③ 急停按钮、限位开关及保护开关的动作信号；

④ 控制系统网络通信信号；

⑤ 电机运转方向与动力驱动装置动作；

⑥ 传感器等检测元件读数是否正常；

⑦ 编码器等检测元件标定。

3）现场运行调试

活动屋盖运行调试时，应按不同的运行速度、移动距离进行手动与自动运行控制调试，并在此基础上进行控制参数与程序的优化。活动屋盖运行调试时一般按以下方式进行：

① 采取手动控制方式，慢速、短距离移动，确保屋盖移动过程中无干涉、磕碰等；屋盖运行平稳，无异响或抖动；启动、制动、停止无异常；

② 将活动屋盖运行速度调整至额定速度，逐步增大开合移动距离，多次手动控制活动屋盖移动并记录相应数据；精确调整驱动电机加减速时间、转矩限值等参数，优化控制程序；

③ 按不同的运行速度、不同的开合移动距离，进行活动屋盖单元自动开合调试，进一步优化控制参数和程序；

④ 分段记录各驱动电机的输出电流、输出转矩、运行频率等参数，以及各个传感器的反馈数据，对数据进行分析处理，找出活动屋盖的最佳控制参数。

此外，活动屋盖还应进行开合极限行程检测，按额定运行速度全程自动控制开启与闭合。当活动屋盖运行及启停状态满足要求后，精确固定锁定和缓冲装置。此外，还应同时进行感应元件校准及微调，按额定运行速度完成 10～15 次全程自动开合运行。整个活动屋盖调试过程中均应记录相关数据，并形成调试报告。活动屋盖调试完成后，尚应通过运行次数不少于年开合设计次数 10% 的检验。

6.4　使用与维护

6.4.1　运行管理

活动屋盖机械驱动与控制系统属于特种设施，国家对电梯、游乐设施、舞台机械等特种设施的验收要求更为严格，属于质量技术监督局职责管理范围。因此，对活动屋盖的运行操作、维护保养要求很高。实现安全管理必须坚持"安全第一、预防为主"的方针，严格按照规定的流程进行操作，及时有效地消除可能存在的安全隐患，确保设备和人员的安全。

开合屋盖业主单位应该根据设计文件和专业厂家提供的使用说明书，制定完整的安全操作规程和设备维护保养制度，明确相关规定与注意事项，确保使用操作安全，并制定事故应急预案。

1. 操作权限管理

控制系统设有管理员与操作员两级用户权限。管理员级用户仅局限于电气控制系统专业的电气设计开发人员，操作员级用户则是指经过开合屋盖专业厂家专门培训并合格的专业技术人员。

对于管理员级用户，控制程序完全开放：

（1）可对开合屋盖进行正常的开合运行操作，并可对整个系统进行调试、维护或故障排除等一系列操作；

（2）能根据实际需求对程序内部的控制参数进行调整和更改。

操作员级用户只具有部分权限，只能对开合屋盖进行正常的开合运行操作，而不能设置和更改系统内部控制参数。

管理员用户和操作员用户进入系统均需验证登陆口令，登陆成功之后，方可进行相应操作。

2. 人员技能管理

专业管理团队是严格管理措施最核心且必不可少的环节。活动屋盖运行操作管理应由具有相应机械、电气等专业知识和教育背景或由经过专门培训、具备资格的被授权人员承担，且专人专项负责，非专业人士不得擅动。操作人员应具备如下能力：

（1）熟练掌握活动屋盖机械装置的操作规程、安全措施、警示标记、信号含义和故障紧急处理措施，并具备预知故障、判断和处理事故的能力；

（2）熟悉和掌握活动屋盖驱动机械设备和电气控制系统的基本构造、工作原理、主要功能、可能出现的故障和排除方法、故障紧急处理流程、设备的关键零部件、易损件及其更换方法。

3. 开合运行模式设定

控制系统设有手动与自动两种工作模式，手动模式主要用来调试驱动装置，可单独测试各机械动作工作是否正常。驱动装置动作测试完毕后，可采用手动模式进行单片活动屋盖试运行，检修时也需切换到手动模式。系统调试完成后，开合屋盖进入正常运行阶段，宜采用自动模式，实现活动屋盖同步、对称运行。

4. 操作要求

开合屋盖结构工程交付业主后，为确保屋盖系统开合运行操作的准确性与可靠性，应配备相应的使用说明书，制定开合屋盖运行操作技术要求，包括运行管理、使用条件、日常维护、操作流程等方面的内容，操作人员必须严格遵照执行。

（1）屋盖开合操作

1）每次屋盖开合操作前，维修人员应进行下列检查，确认无误后方可继续下一步操作：

① 对机械、控制设备进行全面检查；

② 仔细核查监控系统提供的系统关键设备状况，确保无异常情况；

③ 检查力传感器、位移传感器、绝对值编码器读数是否正常；

④ 检查控制系统是否正常，启动监测系统；

⑤ 检查系统通信是否正常；

⑥ 各限位开关、行程开关反馈的状态是否正常；

⑦ 逐一核对开合限制条件，确保满足系统工作条件。

2）在开合操作过程中，应注意如下问题：

① 操作人员与指挥人员用对讲机随时联系，根据指令动作；

② 开合运行应全勤值守，在屋盖开合全过程中，操作人员严禁脱离岗位，应密切关注系统运行状况，以防意外事故发生；

③ 检查风速仪数据，并记录；

④ 利用监测系统监视开合全过程，观察系统运行状态是否有异常，并及时填写屋盖开合运行记录表；

⑤ 屋盖在半开状态停留时间不能超过 10min，在全闭状态应锁闭插销。

3）开合运行到位后，应正常关闭系统，切断电源，检查重要闭锁机构（如卷扬机高速端制动器及棘爪）是否安全锁定到位。

（2）以下情况严禁屋盖开合操作

1）当设计文件未具体规定时，风速不超过 15m/s 时屋盖可以进行正常开启与闭合操作，超过此风速不应进行运行操作。地震、中雨及以上灾害性天气禁止屋盖开合运行；

2）机械设备检查发现异常情况、机械工程师不同意运行时；

3）控制系统检查发现异常情况、自控工程师不同意运行时；

4）屋顶设备（如灯光、音响等）、排水系统等检修维护时；

5）夜间或管理者不在时，开合屋盖应处于基本状态；

6）屋面有活荷载、积雪荷载或地震作用时，严禁运行操作；

7）其他非正常状态。

（3）事故状态

当开合屋盖结构带有多个活动屋盖单元时，应保持活动屋盖对称运行，活动屋盖处于非对称位置属于事故状态，应在一定时限（24h）内消除。

5. 开合操作流程

（1）活动屋盖开合操作应按以下流程进行：检查清理障碍物→空载检查各个开关→打开附属零部件→拔出终点锁紧插销→通电运转→到达终点后插上锁紧插销→切断电源。

（2）活动屋盖开合操作前应完成下列工作：

1）检查清理轨道与机械设备上的障碍物，检查电线、电缆及接头、插座的连接情况；

2）空载检查各行程开关的可靠性；

3）大型活动屋盖宜由两人协同操作，一人观察指挥，一人操作控制。

（3）活动屋盖开启应按下列操作进行：

1）接通控制台电源后，电源信号灯、终点锁紧信号灯和关闭到位终点信号灯亮；

2）开动终点电动推杆，拔出终点锁紧插销后，插销开锁信号灯亮；

3）设定屋盖运行速度，接通屋盖开启回路，电动机通电运转，屋盖按照设定的速度运行，屋盖运行过程信号灯亮；

4）运行到位后，电动机停止运转，屋盖停止运行，运行过程信号灯灭，终点到位信号灯亮；

5）开动终点插销电动推杆，插上锁紧插销，终点锁紧信号灯亮；

6）切断电源，屋盖开启完成。

（4）活动屋盖闭合应按下列基本操作流程进行：

1）接通控制台电源后，电源信号灯、终点锁紧信号灯和开启到终点信号灯亮；

2）开动终点电动推杆，拔出终点锁紧插销后，插销开锁信号灯亮；

3）设定屋盖运行速度，接通屋盖关闭回路，电动机通电运转，屋盖按照设定的速度运行，屋盖运行过程信号灯亮；

4）运行到位后，电动机停止运转，屋盖停止运行，运行过程信号灯灭，终点到位信号灯亮；

5）开动终点插销电动推杆，插上锁紧插销，终点锁紧信号灯亮；

6）切断电源，屋盖关闭完成。

（5）活动屋盖开合操作应符合下列规定：

1）活动屋盖开合操作时，风速与雪荷载均应小于设计允许限值；

2）每一步操作完成并发出相应信号后，方可进行下一步操作；

3）屋盖运动过程中，应注意观察电缆拖动装置的工作情况，避免出现电缆被拉坏的情况；

4）遇到紧急情况时，应立即停止设备运行；

5）运行过程中突然停止工作，检查排除故障后方可继续运行。

6.4.2　定期维护

开合屋盖使用单位应根据专业厂家提供的驱动控制设备使用要求，制定完善的维护保养制度，确保机械零件处于良好的工作状态。活动屋盖设备应保证三个层级的维护管理和定期大修，并应符合下列规定：

（1）一级维护管理为日常维护管理，由操作人员自行管理，定期进行设备清扫擦拭、加注润滑油。每月进行维护保养，具体检查如下内容：

1）各开关/按钮的灵敏性；

2）各紧固件有无松动情况；

3）液压站油箱是否需要补充液压油，检查油管和控制线路接头是否松动，线（管）路是否受损；

4）活动屋盖台车绝对值编码器连接是否良好；

5）各焊接部位情况，发现焊接裂纹及时处理并记录；

6）各控制台、配电柜、配电箱等是否保持良好状态；

7）当长期不使用时，宜每月开启、关闭屋盖一次；

8）每半年严格按照使用要求更换润滑油；

9）电气设备均应防雨、防潮，当出现淋雨和受潮现象时，应立即擦拭干净并烘干，绝缘性能符合要求后方可通电使用；

10）及时更换坏损电器元件，并填写维护保养记录单。

（2）二级维护管理宜每年进行 1 次，可请相关厂家协助，检查如下内容并填写维护保养记录表：

1）更新机械设备的易损件；

2）检查更新损毁的电器元件；

3）检查屋盖各处密封件有无损毁和需要更换等；

4）易耗零件应有必要储备，或建立通畅的供货渠道满足及时更换的需求。

（3）三级维护管理每 3 年进行一次，必须请相关厂家或集成商协助，对整个驱动控制系统进行全面检查，强制报废、更新已过时的电气元器件；更换已老化的电线电缆；更换磨损严重的机械零部件；更换屋盖接缝处的所有密封条，确保屋盖的机械性能达到良好状态。

（4）根据活动屋盖的实际情况，制定大修年限，宜 6 年或 9 年进行一次，确保大修后活动屋盖的机械性能达到最佳状态，大修内容包括：

1）检查钢结构的锈蚀情况，并重新涂刷油漆；

2）检查屋面材料有无破损并进行维修保养；

3）强制报废和更新已过时的电气元器件；

4）更换机械设备的易损件等。

5）储备必要的易耗零件，或建立通畅的供货渠道满足及时更换的需求。

参考文献

［1］ 中华人民共和国住房和城乡建设部，中华人民共和国国家质量监督检验检疫总局. 钢结构工程施工规范：GB 50755—2012［S］. 北京：中国建筑工业出版社，2012.

［2］ 中华人民共和国住房和城乡建设部. 钢结构工程施工质量验收标准：GB 50205—2020［S］. 北京：中国计划出版社，2020.

［3］ 国家市场监督管理总局，中国国家标准化管理委员会. 起重机、车轮及大车和小车轨道公差：GB/T 10183.1—2018［S］. 北京：中国标准出版社，2018.

［4］ 中华人民共和国住房和城乡建设部，中华人民共和国国家质量监督检验检疫总局. 建筑工程施工质量验收统一标准：GB 50300—2013［S］. 北京：中国建筑工业出版社，2014.

［5］ 中华人民共和国住房和城乡建设部，中华人民共和国国家质量监督检验检疫总局. 混凝土结构工程施工质量验收规范：GB 50204—2015［S］. 北京：中国建筑工业出版社，2018.

［6］ 中华人民共和国住房和城乡建设部. 开合屋盖结构技术标准：JGJ/T 442—2019［S］. 北京：中国建筑工业出版社，2019.

第7章

鄂尔多斯东胜体育场

7.1 概述

7.1.1 工程概况

鄂尔多斯东胜体育场位于内蒙古自治区鄂尔多斯市，地上 3 层，总建筑面积为 100451m²，共有观众席 40500 座，其中固定座席 35100 个，活动座席 5400 个。体育场固定屋盖投影为椭圆形，长轴为 268m，短轴为 220m，巨拱高度为 129m，跨度为 330m，与地面垂线倾斜 6.1°，屋盖顶标高为 54.742m。可开合屋盖的最大可开启面积（水平投影）10076.2m²，开启或闭合时间为 18min。工程很好地满足了全天候使用需求，是目前国内规模最大的开合屋盖体育建筑之一[1]。

鄂尔多斯东胜体育场由看台结构、固定屋盖、活动屋盖、巨拱＋钢拉索以及裙房组成。体育场碗状看台采用现浇钢筋混凝土结构，由斜柱、楼层梁与看台梁构成的刚架作为径向抗侧力体系；由环向楼面梁连接各榀径向刚架形成环向框架，并在周边柱顶处设置刚性环梁，形成环向抗侧力体系。

体育场结合内蒙古草原弓箭的造型，巧妙地采用了钢管拱桥的设计理念，通过钢索将屋盖大部分重力荷载传给巨拱，水平荷载则由下部看台混凝土结构承担，使大跨度屋盖桁架的高度大大降低，钢材用量明显减少，结构体系新颖、合理。鄂尔多斯东胜体育场钢结构的三维透视如图 7.1.1-1 所示。

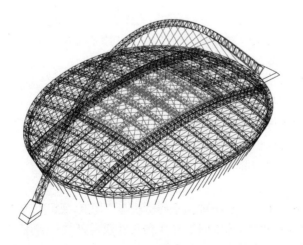

图 7.1.1-1　鄂尔多斯东胜体育场钢结构三维透视图

鄂尔多斯东胜体育场活动屋盖由两片活动屋盖单元组成，闭合时可与固定屋盖完全吻合。活动屋盖采用管桁架结构，屋面围护材料采用 PTFE 膜。体育场单片活动屋盖重量约500t，由位于两侧轨道的 14 部台车支承，采用钢丝绳牵引驱动屋盖开合。鄂尔多斯东胜体育场开合屋盖几何参数如表 7.1.1-1 所示[2]。

开合屋盖几何控制参数　　　　　　　　　　　　　　　　　表 7.1.1-1

控制参数	参数指标
最大可开启面积（水平投影）（m×m）	113.524（长）×88.758（宽）
单片活动屋盖平面尺寸（m）	61~72（长）、85.758（宽）、2.5~5.0（高）
结构净跨度（台车间距）（m）	83.758
上表面面积（展开面积）（m²）	11758.38
关闭状态重心处的圆弧角（轨道处）（°）	5.88
开启状态重心处的圆弧角（轨道处）（°）	15.11
最大爬坡角度（°）	9.41

7.1.2　技术特点与难点

鄂尔多斯东胜体育场建造时面临很多技术难题，如碗状看台结构向外倾覆力矩大、超长混凝土收缩、巨拱合理拱线确定、巨拱结构稳定性、活动屋盖运行时两侧轨道非对称变形等。尤其对于活动屋盖驱动控制系统，作为多学科协作的系统工程，涉及结构工程、机械设备、自动控制、加工制作、安装与调试、施工验收等诸多方面，每个环节都需要精心设计，以确保开合屋盖工程的顺利实施。

整个工程的设计施工大量采用了新技术、新工艺、新材料，最大限度地体现了节能、节材、环保的设计理念，取得的主要创新成果如下：

（1）体育场碗状看台外斜柱与地面夹角为 62°，由外斜柱、内斜柱、楼层梁与看台斜梁构成了沿体育场径向布置的混凝土刚架，用于支承大跨度屋盖。在拉弯构件中设置粘结预应力钢筋，增强构件的抗拉和抗剪能力。环向梁将各榀混凝土刚架沿环向连接为框架体系。

（2）体育场基座平面南北长 258m，东西宽 209m，为避免多个下部混凝土结构单元对开合屋盖及巨拱的不利影响，体育场看台混凝土结构不设缝，采用后浇带超长延迟封闭等综合措施，减少混凝土温度收缩应力的影响。

（3）采用多种结构优化方案，确定巨拱的最优拱轴线。在邻近桁架拱拱脚 4 个节间的弦管中浇筑混凝土，以提高巨拱在罕遇地震作用下的承载力。在活动屋盖运行时，23 组钢索可以有效减小大跨度屋盖的变形，使固定屋盖的结构高度显著降低。

（4）巨拱在平面外的稳定性能优越。为考虑个别钢索突然断裂的不利影响，同时为更换钢索提供可能，设计时分别对一根断索与两根断索的情况进行了分析，确保结构的安全性。

（5）固定屋盖主桁架采用复杂截面空间管桁架，截面总高度为 10.0m，平面尺寸满足设置活动屋盖轨道和台车行走的空间，在主桁架轨道的外侧设置突出屋面的三角形桁架以便与巨拱的钢索相连接，如图 7.1.2-1 所示。次桁架、周边环向桁架以及屋面支撑体系布置美观、合理。

（6）活动屋盖由两个活动单元组成，每片活动屋盖沿跨度方向设置 4 道主桁架，其平面位置与固定屋盖的次桁架一一对应。沿活动屋盖纵向布置两道桁架，除可增强主桁架的侧向稳定性外，还为尾部的弧形造型提供支撑。屋面采用 PTFE 膜，可有效适应活动屋盖的变形，防水性能优越。

（7）活动屋盖驱动系统创新地采用钢丝绳牵引远端活动屋盖的驱动方式，显著减小了钢索转向轮对固定屋盖的反作用力。每片活动屋盖两边各有 7 部台车，钢索通

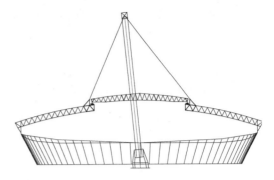

图 7.1.2-1　鄂尔多斯东胜体育场
短轴方向的结构剖面

过边桁架下弦端部的均衡梁驱动活动屋盖，动力传动可靠性高，技术成熟，受轨道变形以及台车行走姿态的影响小，驱动系统故障容易排除。

（8）采用开合基本状态的设计理念，当活动屋盖处于基本开合状态时，屋盖结构能够承受各种最不利的荷载与作用，其他状态时荷载值可适当折减。除考虑活动屋盖行走引起的移动荷载外，还分别对活动屋盖全开状态、全闭状态以及运行状态时轨道桁架的变形进行了详细分析。

（9）本工程单斜巨拱结构形式特殊，受力机理复杂，为保证结构的整体稳定性，分别进行了屈曲模态、弹性稳定以及弹塑性稳定分析。

（10）根据结构部位与构件的重要性采用不同的抗震性能目标。设计中采用反应谱法、弹性时程分析与弹塑性时程分析分别进行多个模型的多遇地震、设防地震与罕遇地震作用分析，并进行多点激励地震响应分析，确保结构的强度、刚度与变形能够满足相应的抗震设防性能目标。

（11）提出管桁架 X＋双 KK 节点、钢索节点、支座铸钢节点等多种新型复杂节点的构造，采用大型三维建模软件 CATIA 进行复杂节点几何建模、HYPERMESH 软件划分单元网格，采用通用有限元软件 ANSYS V11.0 进行精细的受力分析。通过有限元计算结果判断节点构造的合理性，避免应力集中，确保节点设计安全可靠。

（12）本工程复杂结构受力状态与钢结构安装成型过程密切相关。在设计中采用施工安装仿真模拟技术，对固定屋盖与活动屋盖安装、临时支撑塔架卸载、膜结构与设备安装、钢索张拉与调试等全过程进行仿真分析，准确描述结构的成型态，有效控制结构施工精度。

（13）在活动屋盖每榀主桁架端部设置两部台车，利用扁担效应增加结构的稳定性，减小台车的荷载，有效减低轨道桁架杆件与轨道梁的局部压力。

（14）台车设置竖向与横向变形调节装置，确保活动屋盖运行平稳，避免单个台车超载。

（15）开合控制系统设计信号采集、监控以及诊断功能，通过均载与纠偏控制，实现高精度同步控制，具有完备的安全应急保证系统，保证开合操作在各种紧急情况下的安全性。

7.2 设计条件

7.2.1 结构设计使用年限与安全等级

鄂尔多斯东胜体育场结构的设计使用年限与抗震设防类别如表 7.2.1-1 所示[3]。

表 7.2.1-1

结构设计使用年限与抗震设防类别

结构的设计基准期	50 年
建筑结构的安全等级	一级
抗震设防烈度	7 度
建筑抗震设防类别	乙类
地基基础设计等级	甲级
建筑耐火等级	一级

7.2.2 自然条件

鄂尔多斯市东胜区属于温带大陆性气候，主要受西北环流与极地冷空气的影响，气候特征为春季干旱，夏季温热，秋季凉爽，冬季寒冷。季度更替明显，冬长夏短，四季分明。多年平均气温为 5.5℃，一月平均气温－11℃，极端最低气温－29.8℃，7 月平均气温 20.6℃，极端最高气温 35℃。年日均气温在 5.5C 以上的持续时间为 185.2d，年日均气温在 0℃以上的持续时间为 219.6d。年日照时数 3100～3200h，无霜期较短，平均 116～135d。年最大降水量达 709.7mm，最大积雪厚度 280mm。

7.2.3 地质地貌

体育场地处鄂尔多斯伊陕斜坡，北临乌兰格尔隆起，地形为自南向西倾斜的缓倾单斜层，地质倾角一般为 3°～5°。东胜区地势西高东低，最高点海拔 1615m，最低点海拔 1269m。拟建场地地形北高南低，实测各勘探点高程介于 1464.73～1469.88m 之间，高差 5.15m，地貌单元属丘陵沟壑区，场地属对建筑抗震有利地段。

勘察揭露场地地下水为孔隙潜水，稳定水位埋深约 30m，地下水主要由大气降水及侧向径流补给，水位季节性变化幅度约 1.0m，勘察期间属平水期。

根据勘察的地层情况，结合区域地质资料综合分析，勘探深度范围内的地基土沉积时代成因、类型自上而下依次为第四系全新统人工堆积层（Q_4^{ml}），以第①层杂填土层底为界；其下为白垩系砂岩（k），场区地层岩性及分布特征与各土层天然地基的承载力特征值如表 7.2.3-1 所示。

场区各土层地基承载力特征值 表 7.2.3-1

层序	地层岩性	层底标高(m)	层底埋深(m)	层厚(m)	承载力特征值 f_{ak}(kPa)
①	杂填土	1462.52～1469.48	0.3～4.2	0.3～4.2	80
②	砂岩（全风化）	1440.79～1444.31	22.5～27.0	18.8～26.5	200
③	砂岩（强风化）	1425.87～1433.19	34.6～40.5	7.6～17.6	250

层序	地层岩性	层底标高(m)	层底埋深(m)	层厚(m)	承载力特征值 f_{ak}(kPa)
④	砂岩（中风化）	1415.19	52.6	18.0	1500
⑤	砂岩（微风化）	—	—	最大揭露厚度27.4	3000

注：本工程±0.000 标高相当于绝对标高 1467.1m。

7.3　荷载与作用

1. 恒荷载和活荷载

（1）混凝土看台结构

主要楼面和看台混凝土主体结构的恒荷载和活荷载如表 7.3-1 所示。

混凝土主体结构的恒荷载和活荷载限值　　　　　　　　　　表 7.3-1

部位	主要楼面	看台观众席
恒荷载	7.5kN/m²	8.5kN/m²
活荷载	3.5kN/m²	3.5kN/m²

（2）固定屋盖

固定屋盖周边采用金属屋面，中间采用透光性好的聚碳酸酯板，以减轻大跨度钢结构的自重。恒荷载包括马道、灯具、音响、摄像设备、保温隔热材料、声学吊顶等的重量，以及活动屋盖轨道、托辊、导向轮等驱动系统的重量。轻质屋面、檩条、屋面天沟与雨水管道、照明、音响、标识、电缆桥架、台车、轨道及其他牵引装置折合恒荷载为 0.90kN/m²。

活荷载取 0.5kN/m²，与雨、雪及风荷载不同时发生。活荷载不应与雪荷载同时组合，对于屋面排水不畅、堵塞等引起的积水荷载，应采取构造措施加以防止。

固定屋盖结构的恒荷载和活荷载如表 7.3-2 所示。

固定屋盖的恒荷载和活荷载限值　　　　　　　　　　表 7.3-2

项目	取值	备注
钢结构自重	软件自动计算，重度放大 1.1 倍	考虑节点、加劲肋等对自重的增量
恒荷载	0.90kN/m²	轻质屋面、檩条、屋面天沟与雨水管道、照明、音响、标识、电缆桥架、台车、轨道及其他牵引装置的折算荷载
活荷载	0.5kN/m²	①与雨、雪及风荷载不同时发生。②屋面排水不畅、堵塞等引起的积水荷载，采取可靠措施加以防止，必要时按可能的积水深度确定屋面活荷载

（3）活动屋盖

检修荷载取 0.3kN/m²。考虑到重大体育赛事与大型商业演出活动的需求，活动屋盖的活荷载取 0.5kN/m²。活动屋盖避免吊挂设备，各种临时吊挂荷载的最大值不应大于活荷载限值。活动屋盖结构的恒荷载和活荷载如表 7.3-3 所示。

活动屋盖的恒荷载和活荷载限值 表 7.3-3

项目	取值	备注
钢结构自重	软件自动计算，重度放大 1.1 倍	考虑节点、加劲肋等对自重的增量
恒荷载	0.60kN/m²	膜结构屋面、檩条、照明、电缆桥架折算荷载
检修荷载	0.3kN/m²	——
活荷载	0.5kN/m²	①与固定屋盖相同。②应尽量避免吊挂设备。临时荷载的最大值不应大于活荷载值

2. 雪荷载

50 年重现期的基本雪压 $s_0 = 0.35kN/m^2$，100 年重现期的基本雪压 $s_0 = 0.40kN/m^2$。雪荷载准永久值系数分区为 II，雪荷载与积水荷载、检修荷载不同时发生。

3. 风荷载

本工程属于风敏感结构，风荷载是结构设计的主要控制因素。设计中分别考虑屋盖全开状态、全闭状态以及半开状态的情况。

50 年重现期的基本风压 $w_0 = 0.50kN/m^2$，100 年重现期的基本风压 $w_0 = 0.60kN/m^2$。地面粗糙度为 B 类。

为准确掌握风压分布与等效风荷载，委托湖南大学风工程试验研究中心对鄂尔多斯东胜体育场进行了风洞试验，模型缩尺比例 1:300，安装于风洞试验段内 1.8m 直径的转盘上，根据 B 类场地的风速剖面与周边建筑群和地形环境进行测试。风洞试验以 10° 为间隔在湍流边界层来流条件中进行，通过同步测压试验与风振分析，得到 36 个风向角下建筑物的风压分布和等效静力风荷载。

（1）固定屋盖风压分布特点

1）活动屋盖闭合时，体育场接近室内空间，固定屋盖下表面风荷载体型系数可取为零；

2）活动屋盖开启状态时，固定屋盖下表面出现了明显的负压，说明受向下风吸力的作用；

3）活动屋盖全开状态时，固定屋盖的平均风压系数明显小于全闭时的平均风压系数。

（2）活动屋盖风压分布特点

1）活动屋盖全开时，所有风向角下活动屋盖上表面的体型系数均大于活动屋盖闭合时的值；

2）活动屋盖半开时，活动屋盖与部分固定屋盖重合，气流从两者之间 1.5m 的间隙通过，在活动屋盖下表面形成较大的负压，表现为向下的风吸力；

3）活动屋盖全闭时，活动屋盖向上的平均风压系数大于活动屋盖开启状态。

4. 温度与温度场

钢结构合龙温度为 2~12℃，最大正温差为 34.7℃，最大负温差为 -40.4℃。

混凝土结构后浇带封闭温度为 2~12℃，等效最大负温差为 -20.58℃，最大正温差为 9.16℃。

为保证活动屋盖在气温较低的条件下可以正常运行，驱动控制系统考虑了融雪除冰措施。

5. 地震作用

本工程抗震设防烈度为 7 度 （0.10g），设计地震分组第三组，建筑场地类别为 II 类。

根据《鄂尔多斯东胜体育场场地地震安全性评价报告》（2008 年 8 月），拟建场地的设计地震动参数如表 7.3-4 所示。场地安评报告提供的反应谱曲线与《建筑抗震设计规范》GB 50011 中的反应谱曲线比较如图 7.3-1 所示[3]。

阻尼比	50 年超越概率	a_{max}（gal）	β_{max}	α_{max}	T_1（s）	T_g（s）	γ
	63%	30	3.15	0.095	0.1	0.35	1.27
0.035	10%	125	2.82	0.352	0.1	0.40	1.22
	5%	190	2.59	0.492	0.1	0.40	1.17
	63%	30	2.8	0.084	0.1	0.35	1.25
0.05	10%	125	2.5	0.313	0.1	0.40	1.26
	5%	190	2.3	0.437	0.1	0.40	1.15

鄂尔多斯东胜体育场场地地震动参数　　　　表 7.3-4

由上述图表可知，场地地震安评报告提供的地震动参数与国家标准《建筑抗震设计规范》GB 50011 所规定的地震动参数比较接近[4]，故在设计中采用两者的包络值。

进行开合屋盖结构的抗震设计时，基本状态采用该地区设计使用年限的地震动参数，非基本状态的峰值地震加速度适当降低，但不低于基本烈度的 50%。活动屋盖的运动状态可不进行抗震验算[5]。

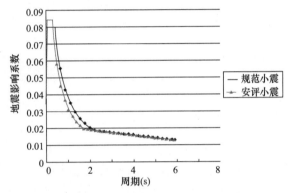

图 7.3-1　场地安评报告的反应谱曲线
与建筑抗震设计规范中的反应谱曲线

6. 抗震性能目标

根据《建筑工程抗震性态设计通则》CECS 160：2004 的要求以及结构与构件的重要性，采用了相应的抗震性能目标，如表 7.3-5 所示。

主要构件的抗震性能目标　　　　表 7.3-5

设防水准		多遇地震	设防烈度	罕遇地震
层间位移限值		$h/550$		$h/50$
混凝土结构	倾斜外柱	弹性	不屈服	不屈服
	倾斜外柱顶环梁	弹性	不屈服	不屈服
	框架柱与看台梁	弹性	不屈服	允许进入塑性，控制塑性变形
	框架梁	弹性	允许进入塑性，控制塑性变形	允许进入塑性，控制塑性变形
	其他构件	弹性	允许进入塑性，控制塑性变形	允许进入塑性，控制塑性变形
钢结构	固定屋盖主桁架	弹性	不屈服	不屈服
	巨型钢拱	弹性	弹性	不屈服或个别杆件进入轻微塑性
	钢索	弹性	弹性	弹性
	固定屋盖次桁架	弹性	不屈服	允许进入塑性，控制塑性变形
	活动屋盖桁架	弹性	不屈服	允许进入塑性，控制塑性变形
	檩条与支撑	弹性	允许进入塑性，控制塑性变形	允许进入塑性，控制塑性变形

7.4 地基与基础设计

体育场看台沿径向采用刚架结构，内外斜柱和看台斜梁分别为压弯与拉弯构件，呈现出悬臂构件的受力特征，基础除受压外，还承受较大的弯矩与水平力。本工程地质勘察报告提供钻孔灌注桩各土层桩的侧阻力及端阻力特征值如表 7.4-1 所示。

各土层桩的侧阻力及端阻力特征值　　　　　　　　　　　　表 7.4-1

层序	地层岩性	钻孔灌注桩	
		桩侧阻力特征值（kPa）	桩端阻力特征值（kPa）
①	杂填土	—	—
②	砂岩（全风化）	70	—
③	砂岩（强风化）	100	—
④	砂岩（中风化）	500	5000
⑤	砂岩（微风化）	—	—

7.4.1 体育场看台基础

体育场看台采用灌注桩基础，受压桩桩端持力层为第④层中风化砂岩，桩长约 40m，桩径为 600mm、800mm 和 1000mm 三种。

利用基础拉梁将外斜柱与内斜柱的桩承台相连接，使斜柱水平分力相互抵消，减小桩基础承受的水平力。当桩身受拉时，在桩身内配置预应力钢筋，桩身按照一级裂缝控制施加预应力，桩身钢筋锚入承台内长度取抗震锚固长度 l_{aE}。

体育场看台周边的平台、商业与飘带采用柱下单独基础，框架柱距离较近时采用联合基础；活动屋盖驱动系统地下动力机房采用平板式筏基，持力层均为第②层全风化砂岩。地下室挡土墙采用墙下条形基础，挡土墙的底部弯矩由墙下条形基础和与之垂直的基础梁承担，并考虑墙外填土对平衡底部弯矩的有利作用。体育场看台桩基础和商业飘带的天然地基之间设后浇带，减小沉降差异与伸缩变形的影响。

7.4.2 巨拱基础

（1）巨拱拱脚承担巨拱传来的竖向荷载、水平推力以及弯矩，采用混凝土灌注桩基础。

（2）承台顶面以上设置钢筋混凝土台座，对巨拱进行保护并满足建筑美观要求。巨拱桁架各弦杆埋入台座深度不小于弦杆直径的 3 倍。

（3）为了抵抗巨拱对基础的水平推力和弯矩，有效控制拱脚水平位移，将承台的埋入深度加大至 −4.000m。此外，将桩距增大至 5 倍桩径，并尽量避免扰动承台周边的土体，增大承台外端的承压面积，利用被动土压力共同抵抗水平推力。

（4）本工程结构柱底力差异很大，为减少基础差异沉降的影响，混凝土钻孔灌注桩通过桩端和桩侧后注浆的方式，提高单桩承载力，减小沉降量，并运用变刚度调平的设计概念，调整桩径和承台刚度，在主体结构受力较大部位设置联合承台。

7.5　结构体系设计

7.5.1　看台结构体系

钢筋混凝土主体结构由体育场内看台、周边平台以及西侧飘带状商业组成，为消除看台设缝后对固定屋盖、活动屋盖以及巨拱产生的不利影响，环形看台不设缝。鉴于标高 6.700m 平台四周堆土，其受力特点与周边嵌固接近，故飘带部分在标高 6.700m 以下与看台结构连成一体，6.700m 标高以上设缝分开。

1. 径向刚架/框架体系

由于体育场混凝土构件主要位于外露部位，看台混凝土结构体系应与建筑方案紧密结合，充分体现建筑创作的意图，尽量体现结构构件自身的力度与美观，避免过多的建筑装饰。根据低区看台距离场地近、高区看台距离场地远的特点，看台结构呈碗状，立面混凝土结构向外倾斜，外斜柱与地面夹角 62°。由于屋盖支承在看台结构的后部，在重力荷载的作用下将产生向后的倾覆力矩。故此，看台现浇钢筋混凝土框架结构由径向框架与环向框架组成空间受力框架体系，如图 7.5.1-1 所示。框架抗震等级为二级。

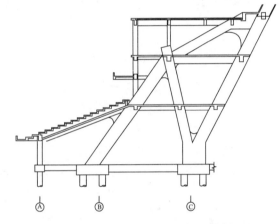

图 7.5.1-1　看台混凝土结构剖面

（1）斜柱与看台梁组成径向刚架作为径向受力结构，具有足够的面内刚度，抵抗倾覆力矩与各种水平力作用。径向刚架外斜柱以受压为主，看台斜梁与内斜柱以拉弯为主。

（2）在径向刚架/框架柱顶处设置水平梁，形成环向抗侧力体系，并在外斜柱顶部设置混凝土环梁将外柱悬臂段连成一体，加强结构的整体性。环向各榀框架的刚度可适当减弱，利于控制超长结构温度收缩变形。

（3）为避免混凝土构件正常使用状态下出现拉力，在内斜柱与看台斜梁内配置了预应力钢筋，采用分束张拉方式，以增强混凝土构件的抗拉和抗剪能力。预应力混凝土构件抗裂等级为二级。

（4）结构受力的关键部位采用型钢混凝土构件。

2. 楼盖体系

楼盖采用现浇钢筋混凝土梁板结构，一层和二层看台主要采用预制清水钢筋混凝土看台板。为减小环向梁的温度应力，一层看台局部设置现浇钢筋混凝土板，板厚为 140～220mm。为了加快施工进度，楼盖采用现浇混凝土平板结构，不再布置楼面次梁。在现浇混凝土楼板中设置无粘结预应力钢筋，抵抗混凝土温度收缩应力的影响。看台混凝土结构平面布置如图 7.5.1-2 所示。

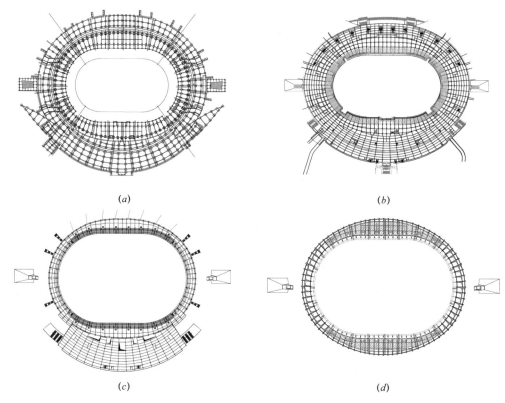

(a) (b)

(c) (d)

图 7.5.1-2   鄂尔多斯东胜体育场看台混凝土结构平面布置图

(a) 桩基础；(b) 一层结构；(c) 二层结构；(d) 三层结构

3. 预制看台板

鄂尔多斯东胜体育场分为上、下两层永久看台，除临时看台外，观众席、出入口楼梯均采用清水混凝土预制看台板。预制板支承于混凝土斜梁之上，由专业生产企业负责制作与安装。

（1）预制板设计参数

1）看台板活荷载为 $3.5kN/m^2$，动力系数为 1.2。

2）跨度小于 10m 时采用普通钢筋，跨度大于 10m 时采用先张法预应力工艺。钢筋采用 HRB335、HRB400 与 CRB550。预制构件按室外环境设计，主筋保护层厚度为 25mm，并严格控制碱活性骨料与氯离子含量。

3）混凝土强度等级为 C40~C50，并添加聚丙烯纤维以提高抗裂性能。

（2）预制板安装要点

1）通过连接件与混凝土结构连接，所有看台板的水平力均由定位销承载。

2）预制看台竖向荷载通过 GJZ 橡胶支座传递到阶梯形梁上，安装时需保证 GJZ 橡胶的质量，同时采取措施保证看台板安装的平整度。

3）预制看台的接缝及踏步与看台预制楼梯的接缝均采用密封胶防水封闭。

（3）预制看台板防振颤分析

看台板应具有足够的刚度与防振颤性能，满足观众观赏比赛的舒适性要求。本工程体育场的振颤控制参考了美国 ATC（Applied Technology Council）1999 年颁布的《减小楼板振动》设计指南[6]，为避免人员跳跃引起混凝土楼盖共振，楼盖竖向自振频率宜满足 $f_n \geqslant 4\text{Hz}$ 的要求。结合实际工程的经验，体育场看台对结构自振频率要求有所提高，基频 $f_n \geqslant 6\text{Hz}$。看台结构可参照室外人行天桥的舒适度指标，振动峰值加速度限值为 $0.05g$。

7.5.2　固定屋盖

1. 固定屋盖结构体系

鄂尔多斯东胜体育场固定屋盖为球形曲面，外径 359.5m，采用空间桁架体系。巨拱采用钢管桁架，呈悬链线线形，巨拱所在平面与地面垂线夹角 6.1°。巨拱与固定屋盖通过钢索连接，固定屋盖、巨拱与钢索形成受力体系，共同承担各种荷载与效应。固定屋盖的大部分重力荷载由钢索传给巨拱。水平荷载由下部刚度较大的混凝土看台结构承担。

鄂尔多斯东胜体育场的结构体系如图 7.5.2-1 所示，固定屋盖结构布置的原则如下：

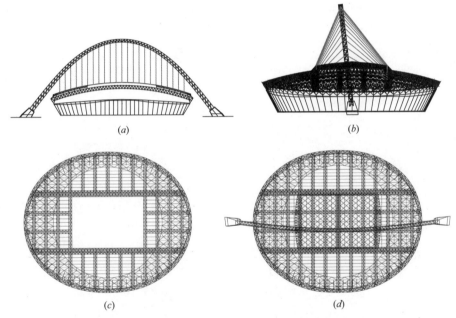

(a)　　　　　　　　　　　　　　(b)

(c)　　　　　　　　　　　　　　(d)

图 7.5.2-1　鄂尔多斯东胜体育场的结构体系

(a) 体育场长轴方向视图；(b) 体育场短轴方向视图；

(c) 固定屋盖结构平面布置图；(d) 体育场钢结构布置俯视图

（1）沿活动屋盖轨道方向布置主桁架，与主桁架的垂直方向布置次桁架，在屋盖周边设置环向桁架以增加屋盖结构的整体刚度；

（2）在固定屋盖上表面内布置檩条与交叉支撑体系，以增加屋盖结构的面内刚度；

（3）巨拱与固定屋盖之间布置 23 组钢索，连接于主桁架上弦节点，使主桁架竖向刚度显著增大，满足活动屋盖对轨道变形控制的要求，同时使固定屋盖结构高度大大降低；

（4）屋面围护结构周边采用金属板，中部采用透光性好的聚碳酸酯板；

（5）固定屋盖曲面为球面，以满足活动屋盖轨道以及屋面排水的需求；

（6）固定屋盖开口的尺寸按照开口率确定；

（7）活动屋盖牵引钢索转为垂直状态进入地下室机房，在固定屋盖设置转向滑轮，承担牵引钢索的作用力。

2. 固定屋盖的主要构件

（1）主桁架

主桁架采用复杂截面空间管桁架，截面总高度为 10.0m，平面尺寸满足设置活动屋盖轨道及台车行走的空间需求。主桁架轨道外侧设置突出屋面的三角桁架与巨拱的钢索相连，三角桁架在跨中部位高度为 5m，靠近固定屋盖端部逐渐减小为零。本工程典型的主桁架截面如图 7.5.2-2 所示。为避免大直径钢管对建筑效果及节点构造的影响，少量受力集中的构件采用锻钢管，最大规格为 D600×70mm（表 7.5.2-1）。

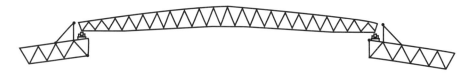

图 7.5.2-2　活动屋盖与固定屋盖主桁架的连接关系

固定屋盖主桁架杆件规格　　　　　　表 7.5.2-1

部位	规格（mm）	管材类型	材质
上弦杆	D402×14、16	直缝焊接钢管	
下弦杆	D500×16、20	直缝焊接钢管	Q345C
腹杆	D219×10、D273×10、D273×12	热轧无缝钢管	

主桁架采用圆钢管相贯节点，在主次桁架连接处等关键部位采用铸钢节点。台车轨道梁通过过渡构件支承于主桁架中弦层。

（2）环向桁架

屋盖外环桁架是屋盖钢结构与下部混凝土结构之间重要的过渡构件，采用四边形截面空间管桁架，可以有效增强屋盖的整体性。环向桁架通过 84 组斜撑杆与看台混凝土框架柱顶相连，将主、次桁架端部的集中力均匀地传给下部混凝土结构。环向桁架截面高度为 5m，最大宽度约 5m，弦杆截面采用 D402×14mm 与 D402×16mm 两种规格。

（3）次桁架

次桁架采用三角形立体桁架，与主桁架同高，高度均为 5m，宽度为 4.5m。次桁架布置与结构受力相结合，并与活动屋盖结构布置相协调，视觉效果匀称美观。次桁架腹杆与弦杆之间采用圆钢管相贯焊接。次桁架杆件规格如表 7.5.2-2 所示。

次桁架杆件规格　　　　　　表 7.5.2-2

部位	规格（mm）
上弦杆	D402×12、D402×14
下弦杆	D402×12、D402×14、D500×14、D500×16
腹杆	D159×6、D159×8、D159×10、D180×10

（4）水平支撑体系

固定屋盖的水平支撑体系由主檩条、系杆与斜撑组成。屋面主檩条与系杆分别采用

□300×150×10mm、□300×200×10mm 矩形钢管，斜撑采用 D159×6mm 圆钢管。

（5）固定屋盖支座

固定屋盖支座设置于下部混凝土框架外斜柱柱顶，采用抗震球形铰支座。多数支座与 1 根内侧竖杆和 2 根外侧斜杆组成的 V 形柱相连。在承托轨道主桁架的端部，支座上部的 V 形柱由 2 根内侧竖杆与 2 根外侧斜杆构成，竖杆与斜柱的规格为 D500×20mm 和 D500×25mm。

7.6　活动屋盖

7.6.1　结构布置

鄂尔多斯东胜体育场活动屋盖由两个结构单元组成，单片活动屋盖自重（含膜结构）约为 500t。

活动屋盖结构由主桁架、纵向桁架、边桁架、水平支撑和围护结构组成，结构布置如图 7.6.1-1 所示。

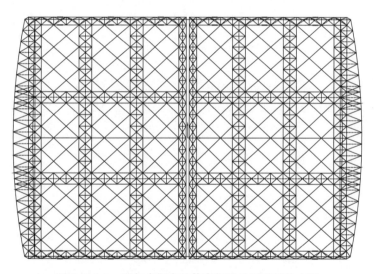

图 7.6.1-1　鄂尔多斯东胜体育场活动屋盖结构布置

1. 主桁架

每片活动屋盖单元沿跨度方向设置 4 榀主桁架，采用三角形截面空间管桁架，跨度 83.758m，跨中最大高度为 6.0m，支座部位最小高度为 2.5m，顶面宽度均为 4.5m，平面位置与固定屋盖的次桁架一一对应。

2. 纵向桁架

沿活动屋盖纵向布置两道桁架，增强主桁架的侧向稳定性，并为尾部的弧形造型提供支撑条件。

3. 边桁架

活动屋盖周边设置边桁架，在沿屋盖运行方向的边桁架下方布置 7 部台车，活动屋盖台车位置见图 7.6.1-2，单个台车自重约 5t。活动屋盖通过台车、轨道等部件将上部荷载传递给其下部的固定屋盖。边桁架在台车之间为直线，传力直接可靠。牵引钢索通过边桁架端部的均衡梁，驱动活动屋盖运行。

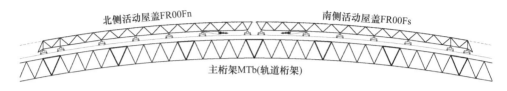

图 7.6.1-2　活动屋盖台车的布置

4. 屋面围护系统

在屋面布置系杆与斜撑，作为活动屋盖的水平支撑体系与膜结构的龙骨。活动屋盖屋面采用 PTFE 膜，可以有效适应活动屋盖的变形，两片活动屋盖对接部位的密封构造能够防止风霜、沙尘和雨雪等可流动介质进入体育场内部。

5. 构件规格

活动屋盖选用的杆件规格如表 7.6.1-1 所示，主要材质为 Q345C。所有钢构件均在工厂加工制作，现场地面拼装，分段吊装。活动屋盖在全闭位置进行安装，通过边桁架设置后装段的方式，减小施工误差及结构变形的影响，使各台车受力尽量均匀。

活动屋盖构件截面规格　　　　　　　　　　　　表 7.6.1-1

部位	部位	规格（mm）
主桁架	上弦杆	D351×14、D351×16
	下弦杆	D402×14、D402×16
	腹杆	D159×6、D159×8、D159×10、D180×10
纵向桁架、边桁架	上弦杆	D219×10、D219×12
	下弦杆	D299×10、D299×12、D299×14、D299×16
	腹杆	D127×6、D127×8
系杆、斜撑		□300×200×8×8

7.6.2　活动屋盖的开启状态

鄂尔多斯东胜体育场建筑平面呈椭圆形，东、西两侧为主看台，根据观众视线与遮挡风雨等要求，活动屋盖采用沿平行轨道空间移动的方式，沿固定屋盖顶面上的圆弧形轨道从两侧同步向屋盖中心移动实现屋盖闭合或反向移动实现屋盖开启。

随着活动屋盖的移动，结构受力和变形随之变化。为研究活动屋盖处于不同位置时结构受力与变形的规律，设计时考虑了活动屋盖全闭、1/4 开启、1/2 开启、3/4 开启以及全开五种状态，如图 7.6.2-1 所示。活动屋盖、台车及轨道编号如图 7.6.2-2 所示。其中，活动屋盖全闭状态与全开状态是两个最重要的设计状态，结构平立面如图 7.6.2-3、图 7.6.2-4 所示[5]。

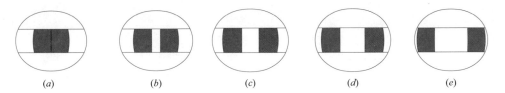

图 7.6.2-1 活动屋盖的五种开启状态

（a）全闭；（b）1/4 开启；（c）1/2 开启；（d）3/4 开启；（e）全开

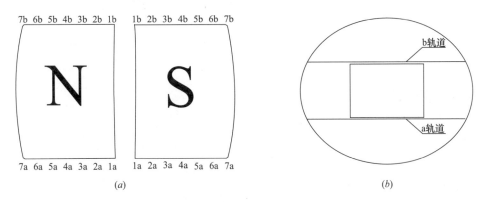

图 7.6.2-2 活动屋盖、台车及轨道的编号

（a）活动屋盖与台车编号；（b）固定屋盖与轨道位置编号

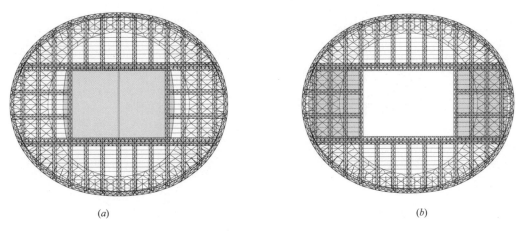

图 7.6.2-3 鄂尔多斯东胜体育场屋盖开合状态平面示意图

（a）全闭状态；（b）全开状态

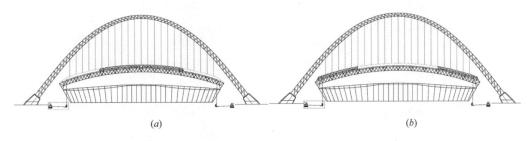

图 7.6.2-4 鄂尔多斯东胜体育场屋盖开合状态剖面示意图

（a）全闭状态；（b）全开状态

7.6.3 活动屋盖运行参数

鄂尔多斯东胜体育场开合屋盖各组件的设计使用年限如表 7.6.3-1 所示。设定活动屋盖运行条件时应考虑建筑使用条件与建造成本之间的平衡，活动屋盖主要运行参数如表 7.6.3-2 所示。活动屋盖可在雨雪天气运行，但当雨雪荷载较大时（如超过 0.1kN/m²）不得进行开合操作；突发地震时，加速度传感器与驱动控制系统联动，将活动屋盖及时锁定。

开合屋盖各组件的设计使用年限	表 7.6.3-1
项目	设计使用年限
活动屋盖结构构件	50 年
驱动装置（车轮，支座，电动机等）	25 年
控制系统（逻辑控制、限位开关和监控设备）	10 年

活动屋盖的主要运行控制参数	表 7.6.3-2
项目	限值要求
屋盖开启时间	18±2min
屋盖闭合时间	18±2min
最大开启和闭合循环次数	200 次/年
运动过程中发出噪声	55dB
最大风速	5.0m/s
最低气温	−29.8℃
最高气温	+35.0℃

7.7 结构计算分析

鄂尔多斯东胜体育场计算分析分别采用了总装模型与屋盖模型：

（1）总装模型：包括下部混凝土结构、固定屋盖与活动屋盖，用于结构整体分析与设计指标控制，重点为下部混凝土结构设计、整体稳定性分析与弹塑性抗震分析。

（2）屋盖模型：仅包括固定屋盖与活动屋盖，主要用于屋盖钢结构的精细计算与杆件优化设计。

鄂尔多斯东胜体育场的整体计算模型如图 7.7-1 所示。

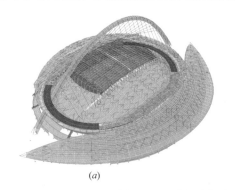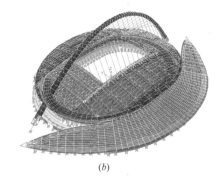

(a)   *(b)*

图 7.7-1　鄂尔多斯东胜体育场整体计算模型

（*a*）活动屋盖全闭状态；（*b*）活动屋盖全开状态

7.7.1 结构稳定验算

鄂尔多斯东胜体育场整体结构稳定分析的主要目的是考察几何非线性对大跨度结构、特别是巨拱稳定性的影响。对活动屋盖处于全闭状态和全开状态下的整体结构进行了几何非线性稳定分析与双非线性稳定分析。通过屈曲分析得到结构的屈曲模态，将顶拱结构高度的 1/300 作为结构初始缺陷的最大值，根据屈曲模态与结构初始缺陷值改变结构节点的坐标，形成带有初始缺陷的结构几何构型。

1. 结构弹性稳定分析

当采用弹性本构关系并考虑几何非线性影响时，结构特征点的位移-基底反力曲线如图 7.7.1-1 所示。由图可知，活动屋盖处于全闭状态时，结构最大承载力相应的荷载因子为 9.1；活动屋盖处于全开状态时，结构最大承载力相应的荷载因子为 10.3，均满足行业标准《网壳结构技术规程》JGJ 61 中结构整体弹性稳定系数不小于 4.2 的要求[7]。

2. 结构弹塑性稳定分析

当采用理想弹塑性本构关系并考虑几何非线性影响时，结构特征点的位移-基底反力曲线如图 7.7.1-2 所示。活动屋盖处于全开状态时，结构最大承载力相应的荷载因子为 2.5；活动屋盖处于全闭状态时，结构最大承载力相应的荷载因子为 2.41，均满足行业标准《网壳结构技术规程》JGJ 61 中结构整体弹塑性稳定系数不小于 2.0 的要求[7]。

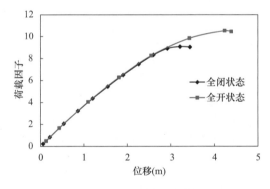

图 7.7.1-1 考虑几何非线性巨型拱索结构
跨中挠度-荷载因子曲线

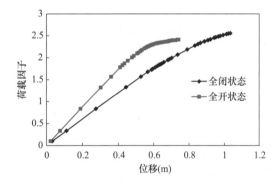

图 7.7.1-2 考虑材料非线性巨型拱索结构
跨中弹塑性挠度-荷载因子曲线

7.7.2 抗震设计

1. 动力特性

采用 SAP2000 软件进行总装模型计算分析得到结构的自振周期与振型如表 7.7.2-1 所示，为保证计算精度，特别是竖向地震作用时的有效质量，振型数取 200 阶左右。整体结构前 10 阶振型如表 7.7.2-1 所示。由表可见，活动屋盖的开合状态对结构自振周期有一定影响，全闭状态时第 1 周期最长，全开状态时第 1 周期最短。对于高阶振型，活动屋盖开启率的影响相对较小。

鄂尔多斯东胜体育场结构的前 10 阶自振周期（s）　　表 7.7.2-1

振型数	全闭	1/4 开启	1/2 开启	3/4 开启	全开
1	1.726	1.659	1.663	1.643	1.600
2	1.614	1.655	1.601	1.561	1.540
3	1.343	1.378	1.392	1.383	1.357
4	1.329	1.244	1.183	1.154	1.154
5	1.154	1.154	1.154	1.153	1.131
6	1.095	1.113	1.115	1.093	1.068
7	1.084	1.069	1.046	1.037	1.055
8	1.016	1.015	1.025	1.027	1.016
9	0.981	0.998	1.016	1.026	1.013
10	0.965	0.965	0.965	0.975	1.002

　　振型描述如表 7.7.2-2 所示，全闭与全开状态时的第 1 振型与第 3 振型如图 7.7.2-1 所示。由图表可知，总装模型全开与全闭状态时的前 4 阶振型形态均很接近，全闭状态的自振周期略长于全开状态。

结构的自振周期与振型描述　　表 7.7.2-2

振型数	全闭状态		全开状态	
	周期（s）	振型描述	周期（s）	振型描述
1	1.726	拱带动屋盖在平面外振动	1.600	拱带动屋盖在平面外振动
2	1.614	沿拱方向平动	1.540	沿大拱方向平动
3	1.343	平面内扭转	1.357	平面内扭转
4	1.329	竖向振动	1.154	竖向振动

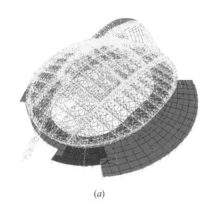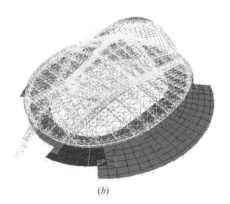

(a)　　　　　　　　　　　　　(b)

图 7.7.2-1　鄂尔多斯东胜体育场的振型模态（一）

(a) 全闭状态第 1 振型；(b) 全闭状态第 3 振型

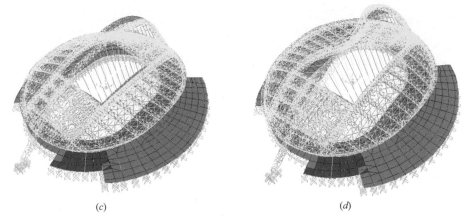

(c) (d)

图 7.7.2-1 鄂尔多斯东胜体育场的振型模态（二）

（c）全开状态第 1 振型；（d）全开状态第 3 振型

2. 多遇地震作用

（1）反应谱法分析

采用总装模型进行计算分析时，风荷载与多遇地震作用下结构的基底剪力如表 7.7.2-3 所示。从表中可知，在多遇地震作用下，Y 向的基底剪力略大于 X 向，全闭状态与全开状态的地震作用差异不大，最大剪重比为 0.035。风荷载作用时的基底剪力小于多遇地震作用下的基底剪力。

在风荷载与多遇地震作用下主体结构的基底剪力与剪重比   表 7.7.2-3

地震作用方向	全闭状态			全开状态		
	风荷载（kN）	地震作用（kN）	多遇地震剪重比	风荷载（kN）	地震作用（kN）	多遇地震剪重比
X 向	25479	38827	0.031	23267	41507	0.033
Y 向	28574	44238	0.035	25455	43001	0.034

注：结构重力荷载代表值 $G_0 = 1259620kN$。

（2）多遇地震分析

活动屋盖处于全开与全闭状态时，主体结构在 3 条多遇地震作用下弹性时程分析结果如表 7.7.2-4 和表 7.7.2-5 所示。由表可知，在 California 波作用下的基底剪力最大，人工波作用下的基底剪力最小，三条波基底剪力的平均值大于反应谱法得到的基底剪力。

在设防烈度地震作用下，主体结构的基底剪力与剪重比如表 7.7.2-6 所示，从表中可以看出，Y 向的基底剪力略大于 X 向，活动屋盖的开合状态与基底剪力关系不大，最大剪重比为 0.100。

在多遇地震作用下活动屋盖全闭状态主体结构时程分析的计算结果   表 7.7.2-4

计算方法		X 向地震剪力			Y 向地震剪力		
		地震剪力（kN）	时程/反应谱（>0.65）	平均值（>0.85）	地震剪力（kN）	时程/反应谱（>0.65）	平均值（>0.85）
反应谱法		38828	—	—	44238	—	—
时程法	California	58516	1.507		53980	1.220	
	Hollister	36808	0.948	1.137	48263	1.091	1.075
	人工波	37158	0.957		40433	0.914	

在多遇地震作用下活动屋盖全开状态主体结构时程分析的计算结果　表 7.7.2-5

计算方法		X 向地震剪力			Y 向地震剪力		
		地震剪力 (kN)	时程/反应谱 (>0.65)	平均值 (>0.85)	地震剪力 (kN)	时程/反应谱 (>0.65)	平均值 (>0.85)
反应谱法		41507	—	—	43001	—	—
时程法	California	58879	1.419	1.169	68667	1.597	1.077
	Hollister	54208	1.306		36336	0.845	
	人工波	35241	0.784		33928	0.789	

在设防烈度地震作用下主体结构的基底剪力与剪重比　表 7.7.2-6

地震作用方向	全闭状态		全开状态	
	地震力 (kN)	剪重比	地震力 (kN)	剪重比
X 方向	111629	0.087	119334	0.095
Y 方向	127184	0.100	123629	0.098

3. 罕遇地震分析

本工程在罕遇地震作用分析时考虑了几何非线性与材料非线性的影响，时程分析采用的最大地震峰值加速度为 220cm/s²，地震记录的频谱特性与场地特性相一致。

罕遇地震分析时结构的阻尼比取 3.5%，采用与质量和刚度相关的瑞雷阻尼，即 $[C]=\alpha[M]+\beta[K]$，其中 α、β 为比例系数，可由固有频率与模态阻尼比求得，$\alpha=0.1555$，$\beta=0.0103$。

（1）地震波选用

根据国家标准《建筑抗震设计规范》GB 50011 的要求，选用了 El-Centro 波、M2 波和人工波三组地震波。每组地震地面加速度时程由两个水平分量和一个竖向分量组成，在进行计算分析时，每一组地震记录分别进行两种工况的三向输入分析，其三个方向峰值加速度的比值分别为 $x:y:z=1:0.85:0.65$ 和 $x:y:z=0.85:1:0.65$，最大加速度峰值均为 220gal，相应工况分别为 El-Centro 波-1、El-Centro 波-2，M2 波-1、M2 波-2 和人工波-1、人工波-2。地震加速度记录的反应谱曲线与《建筑抗震设计规范》GB 50011 中反应谱曲线的比较参见图 7.7.2-2。

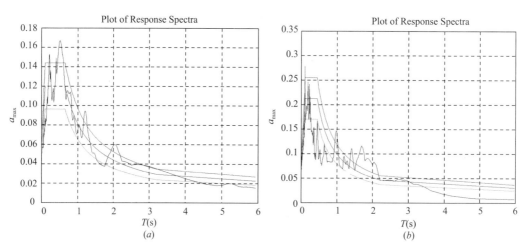

图 7.7.2-2　罕遇地震加速度反应谱曲线与 GB 50011 反应谱曲线的比较（一）
(a) El-Centro 波；(b) M2 波

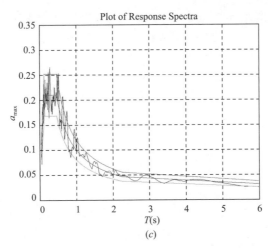

图 7.7.2-2　罕遇地震加速度反应谱曲线与 GB 50011 反应谱曲线的比较（二）

(c) 人工波

（2）位移与反力计算结果

罕遇地震各工况作用下，主体结构 X 方向和 Y 方向基底反力的最大值如表 7.7.2-7 所示。从表中可以看出，El-Centro 波-1 的基底剪力最大，人工波次之，M2 波最小，最大剪重比为 0.272。El-Centro 波-1 工况的基底剪力时程曲线如图 7.7.2-3 所示。

动力弹塑性分析各工况的基底最大反力及剪重比　　　　表 7.7.2-7

分析工况	X 向		Y 向	
	基底剪力（$\times 10^5$ kN）	剪重比	基底剪力（$\times 10^5$ kN）	剪重比
El-Centro 波-1	2.91	0.231	2.73	0.217
El-Centro 波-2	3.43	0.272	2.33	0.185
M2 波-1	1.36	0.108	2.15	0.171
M2 波-2	1.60	0.127	1.83	0.145
人工波-1	1.72	0.137	2.55	0.202
人工波-2	2.02	0.160	2.17	0.172

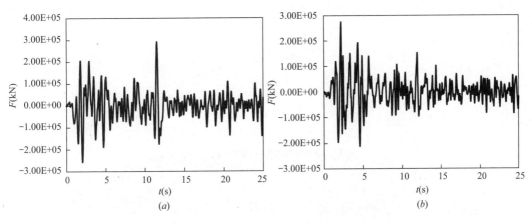

图 7.7.2-3　El-Centro 波-1 工况的基底剪力时程曲线

(a) X 方向；(b) Y 方向

在罕遇地震作用下，固定屋盖 X 方向、Y 方向与 Z 方向的最大位移响应如表 7.7.2-8 所示。X 方向最大位移为 172mm，Y 方向最大位移为 230mm，Z 方向最大位移为 191mm。其中 El-Centro 波-1 在 Y 方向引起的位移最大，El-Centro 波-2 在 Z 方向引起的位移最大，人工波-2 在 X 方向引起的位移最大。总体而言，固定屋盖在罕遇地震作用下各方向的响应较为均衡。El-Centro 波-1 工况时，固定屋盖轨道桁架中点的位移时程曲线如图 7.7.2-4 所示，图中 $t=0s$ 对应的值为重力荷载代表值作用下的名义初始变形值。

罕遇地震作用下固定屋盖的最大位移与位移角 表 7.7.2-8

分析工况	X 方向		Y 方向		Z 方向
	u_{max} (mm)	u_{max}/H	v_{max} (mm)	v_{max}/H	w_{max} (mm)
El-Centro 波-1	147	1/367	230	1/208	167
El-Centro 波-2	154	1/271	214	1/224	191
M2 波-1	127	1/328	187	1/256	103
M2 波-2	130	1/321	177	1/271	108
人工波-1	158	1/264	202	1/237	159
人工波-2	172	1/242	194	1/247	185

注：H 为各工况结构最大位移节点相应的高度，Z 向位移值不包括重力荷载代表值及索预应力产生的位移。

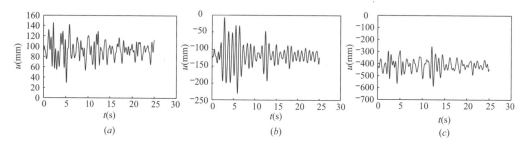

图 7.7.2-4　El-Centro 波-1 工况时固定屋盖轨道桁架中点的位移时程曲线
(a) X 方向；(b) Y 方向；(c) Z 方向

（3）塑性铰分布

在 6 种罕遇地震弹塑性时程分析工况中结构均出现塑性铰，塑性铰位置均集中在结构的拱脚位置，数量很少，均处于 B-IO 阶段，El-Centro 波-1 工况相应的塑性铰分布如图 7.7.2-5 所示。

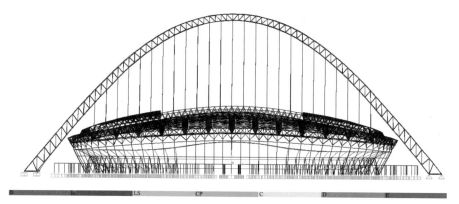

图 7.7.2-5　El-Centro 波-1 工况罕遇地震作用下塑性铰的分布

（4）抗震性能评价

1）在罕遇地震作用下，主体结构的层间位移角满足不大于 1/100 限值的要求；

2）在环桁架下弦与主桁架相交处、主桁架与 V 形斜柱相连的腹杆出现个别塑性铰，且塑性铰均处于不需修复就可继续使用的阶段，塑性铰数量约为 20 个，占总体杆件数量的 0.23%；

3）屋盖个别次要构件出现塑性铰，但仍然可以使用，塑性铰约为 10 个左右，占全部杆件数量的 0.29%；

4）在结构中出现塑性铰的部位，在设计中根据情况予以适当加强，确保结构的安全性。

7.7.3　位移与反力

1. 混凝土看台结构

看台结构在风荷载作用下的最大层间位移角如表 7.7.3-1 所示，受到活动屋盖开合状态的影响，与活动屋盖轨道桁架相邻的外斜柱和看台层在风荷载作用下的层间位移角较大，但均满足国家标准《混凝土结构设计规范》GB 50010 框架结构最大层间位移角不大于 1/550 的要求。

看台结构在多遇地震与设防烈度地震作用下的最大层间位移角分别如表 7.7.3-2 和表 7.7.3-3 所示，从表中可以看出，X 方向与 Y 方向地震作用下的结果比较接近，在多遇地震作用下最大层间位移角远小于混凝土框架结构不大于 1/550 的要求，在设防烈度地震作用下的最大层间位移角仅为 1/804。

看台结构在风荷载作用下的最大层间位移角　　　　表 7.7.3-1

楼层	X 方向		Y 方向	
	全闭状态	全开状态	全闭状态	全开状态
外斜柱	1/1355	1/3772	1/2801	1/7594
看台层	1/1012	1/4285	1/1156	1/2418
二层	1/2457	1/8363	1/3551	1/6802
一层	1/9182	1/13760	1/2883	1/9282

看台结构在多遇地震作用下的最大层间位移角　　　　表 7.7.3-2

楼层	X 方向		Y 方向	
	全闭状态	全开状态	全闭状态	全开状态
外斜柱	1/8636	1/7758	1/13792	1/13396
看台层	1/2694	1/2816	1/2515	1/2251
二层	1/3920	1/4270	1/5670	1/5242
一层	1/3219	1/3334	1/2967	1/2799

混凝土看台结构在设防烈度地震作用下的最大层间位移角　　　　表 7.7.3-3

楼层	X 方向		Y 方向	
	全闭状态	全开状态	全闭状态	全开状态
外斜柱	1/3004	1/2771	1/4797	1/4785
看台层	1/937	1/1006	1/875	1/804

楼层	X 方向		Y 方向	
	全闭状态	全开状态	全闭状态	全开状态
二层	1/1362	1/1525	1/1972	1/1872
一层	1/1120	1/1191	1/1032	1/1000

2. 固定屋盖结构

(1) 竖向变形

鄂尔多斯东胜体育场固定屋盖在各荷载工况下的最大竖向变形见表 7.7.3-4。从表中可知，在恒荷载作用下，固定屋盖全闭状态时的最大名义竖向变形 288.7mm，全开状态时的最大名义竖向变形 221.0mm。在活荷载作用下，全闭状态与全开状态时的竖向变形分别为 -110.2mm 与 -100.2mm，全闭状态的变形略大。

风荷载作用下的最大变形与风向角及屋盖开合状态密切相关：全闭状态时，X 方向和 Y 方向风荷载作用下最大竖向变形分别为 469mm 和 385mm；全开状态时，X 方向和 Y 方向风荷载作用下最大竖向变形分别仅为 152.2mm 与 241.3mm。由此可见，对于本工程而言，活动屋盖全开状态对抗风设计较为有利。

此外，正、负温差对固定屋盖变形也有一定影响，正温差引起固定屋盖上拱，负温差造成屋盖下挠，但屋盖开合状态的影响较小。

固定屋盖在各荷载工况下的最大竖向变形　　　　表 7.7.3-4

荷载与作用	最大竖向变形（mm）		w_{max}/L	
	全闭状态	全开状态	全闭状态	全开状态
恒荷载	-288.7	-221.0	1/909	1/1187
活荷载	-110.2	-100.2	1/2381	1/2597
X 方向上吸风	469.0	152.2	1/446	1/1379
Y 方向上吸风	385.0	241.3	1/545	1/869
最大正温差	106.1	102.1	1/2451	1/2551
最大负温差	-99.7	-94.0	1/2632	1/2770

注：$L=209.9$m，为固定屋盖最小跨度。

(2) 水平位移

鄂尔多斯东胜体育场固定屋盖在各荷载工况下的最大侧向位移见表 7.7.3-5。从表中可知，在多遇地震作用下，最大水平位移为 21.9mm，竖向构件的变形角远小于 1/300。设防烈度地震作用下，全闭状态时固定屋盖在 X 方向的最大位移与 Y 方向较为接近，全开状态时固定屋盖在 Y 方向的最大位移明显大于 X 方向。

此外，在最大温差作用下，固定屋盖在长轴与短轴端部的侧向变形最大，X 方向变化范围为 $-42.1\sim51.0$mm，Y 方向变化范围为 $-41.7\sim47.3$mm，且与水平变形与温度屋盖的开合状态关系不大。

固定屋盖在各荷载工况下的最大侧向位移　　　　表 7.7.3-5

荷载与作用	全闭状态		全开状态	
	u_{max}（mm）	u_{max}/H	u_{max}（mm）	u_{max}/H
X 方向多遇地震	18.1	1/928	14.3	1/1176
Y 方向多遇地震	19.6	1/857	21.9	1/769

续表

荷载与作用	全闭状态		全开状态	
	u_{max}(mm)	u_{max}/H	u_{max}(mm)	u_{max}/H
X 方向设防烈度地震	52.0	1/324	41.2	1/408
Y 方向设防烈度地震	56.5	1/298	62.8	1/267
最大正温差	51.0（X 向）	1/330	47.3（Y 向）	1/355
最大负温差	-42.1（X 向）	1/398	-41.7（Y 向）	1/403

注：$H=23.8\sim30.9$m，为固定屋盖顶点与支座的高差。

3. 活动屋盖

（1）变形

活动屋盖在各工况下的最大竖向变形如表 7.7.3-6 所示。从表中可以看出，活动屋盖位于全开状态时，恒荷载和活荷载工况相应的最大竖向变形分别为 -204.0mm 和 -104.5mm。最大正温差和最大负温差工况相应的最大竖向变形分别为 -15.98mm 和 16.73mm，温度变化引起的变形较小，且活动屋盖全闭状态与全开状态差异不大。活动屋盖在全开状态和全闭状态时，在风荷载作用下的最大变形分别为 226.8mm 和 278.8mm，说明风荷载对活动屋盖起控制作用，且全闭状态时的风荷载效应较大。

活动屋盖在各工况时的最大竖向变形（mm） 表 7.7.3-6

荷载与作用	恒荷载	活荷载	风荷载	最大正温差	最大负温差
全开状态	-204.0	-104.5	226.8	-15.98	16.73
全闭状态	-217.0	-95.78	278.8	-10.91	12.10

（2）总反力

鄂尔多斯东胜体育场的活动屋盖分布在南北两侧，分别用 N、S 进行标识，各片活动屋盖在恒荷载、活荷载、风荷载和多遇地震作用下的总反力如表 7.7.3-7 所示。从表中可以看出，在恒荷载与活荷载作用下，两片活动屋盖的竖向反力具有很好的对称性，开合状态对活动屋盖反力的影响不大。在风荷载作用下，开合状态对活动屋盖的反力有很大影响，N 屋盖与 S 屋盖的反力值差异显著，风荷载效应以风吸力竖向为主，水平分力的影响不能忽略，全闭状态时的风吸力远大于全开状态。

在多遇地震作用下，X 向地震的最大竖向反力接近最大水平反力的 50%。由于活动屋盖在全闭状态时重心位置较高，全闭状态时地震力作用方向的反力大于全开状态。N 屋盖与 S 屋盖在地震作用下的反力总体上较为接近。

活动屋盖在恒荷载、活荷载、风荷载和地震作用下的总反力（kN） 表 7.7.3-7

屋盖编号		恒荷载		活荷载		X 向风		Y 向风		X 向地震		Y 向地震	
		全开	全闭	全开	全闭	全开	全闭	全开	全闭	全开	全闭	全开	全闭
N	F_x	1.429	1.432	1.905	1.671	311.4	1005	674.9	806.9	881.0	888.0	55.60	125.4
	F_y	-0.070	-0.044	-0.094	-0.052	58.00	46.61	-125.1	-5.698	134.2	86.11	816.2	896.3
	F_z	6095	6096	2394	2094	-663.7	-5788	-1859	-5526	413.7	432.3	98.08	136.9
S	F_x	1.132	1.128	1.510	1.315	-433.2	-642.4	-674.9	-806.9	879.0	890.4	49.30	121.9
	F_y	-0.022	-0.096	-0.029	-0.112	63.777	6.875	-125.1	-5.698	156.2	79.27	823.6	894.3
	F_z	6095	6096	2394	2094	-1673	-4763	-1859	-5526	408.1	431.0	94.08	136.4

活动屋盖在全闭状态时，1.0 水平地震＋0.4 竖向地震工况下 X 方向和 Y 方向的最大反力、剪重比和反重比分别如表 7.7.3-8 与表 7.7.3-9 所示。从表中可以看出，当活动屋盖位于全闭状态时，两片活动屋盖的地震力非常接近。在三条地震记录中，Hollister 波的反力最大，Califonia 波次之，人工波最小，其平均值显著大于反应谱法的结果。在 Hollister 波作用下的最大剪重比达 26.28%，最大反重比为 10.86%。由此可见，与整体结构相比，活动屋盖位于结构的顶部，在地震作用下的鞭梢效应较为显著。

X 向地震作用下活动屋盖的最大反力（kN）与剪重比、反重比（%） 表 7.7.3-8

地震记录		Califonia 波			Hollister 波			人工波			反应谱法		
屋盖编号		X 向	Y 向	Z 向	X 向	Y 向	Z 向	X 向	Y 向	Z 向	X 向	Y 向	Z 向
N	地震力	1201	179.4	433.6	1563	217.4	775.4	1052	200.1	483.1	881	134.2	413.7
	剪（反）重比	16.81	2.51	6.07	21.88	3.04	10.86	14.73	2.80	6.76	12.33	1.88	5.79
S	地震力	1201	218.6	434.1	1565	243.4	776.1	1042	256.8	482.1	879	156.2	408.1
	剪（反）重比	16.81	3.06	6.08	21.91	3.41	10.87	14.59	3.60	6.75	12.31	2.19	5.71

Y 向地震作用下活动屋盖的最大反力（kN）与剪重比、反重比（%） 表 7.7.3-9

地震记录		Califonia 波			Hollister 波			人工波			反应谱法		
屋盖编号		X 向	Y 向	Z 向	X 向	Y 向	Z 向	X 向	Y 向	Z 向	X 向	Y 向	Z 向
N	地震力	92.1	686.3	118.1	106	1856	228.5	64	891.7	102.5	55.6	816.2	98.08
	剪（反）重比	1.29	9.61	1.65	1.48	25.98	3.20	0.90	12.48	1.44	0.78	11.43	1.37
S	地震力	91.1	686.1	122.3	79.7	1877	227.5	49.9	892.2	86.34	49.3	823.6	94.08
	剪（反）重比	1.28	9.61	1.71	1.12	26.28	3.19	0.70	12.49	1.21	0.69	11.53	1.32

活动屋盖在全开状态时，1.0 水平地震＋0.4 竖向地震工况下 X 方向和 Y 方向的最大反力、剪重比及反重比分别如表 7.7.3-10 和表 7.7.3-11 所示。从表中可以看出，当活动屋盖处在全开状态时，两片活动屋盖的地震力非常接近。在三条地震记录中，Hollister 波的地震反应最大，Califonia 波与人工波比较接近，其平均值显著大于反应谱法的结果。在 Hollister 波作用下的最大剪重比达 25.44%，最大反重比为 12.49%。

X 向地震作用下活动屋盖的最大反力（kN）与剪重比、反重比（%） 表 7.7.3-10

地震记录		Califonia 波			Hollister 波			人工波			反应谱法		
屋盖编号		X 向	Y 向	Z 向	X 向	Y 向	Z 向	X 向	Y 向	Z 向	X 向	Y 向	Z 向
N	地震力	1392	111.1	616.3	1632	160.5	884.1	1135	124.6	522	888	86.11	432.3
	剪（反）重比（%）	19.49	1.56	8.63	22.85	2.25	12.38	15.89	1.74	7.31	12.43	1.21	6.05
S	地震力	1415	107	622.1	1631	160.7	891.9	1129	108.7	522.6	890.4	79.27	431
	剪（反）重比（%）	19.81	1.50	8.71	22.83	2.25	12.49	15.81	1.52	7.32	12.47	1.11	6.03

Y 向地震作用下活动屋盖的最大反力（kN）与剪重比、反重比（%） 表 7.7.3-11

地震记录		Califonia 波			Hollister 波			人工波			反应谱法		
屋盖编号		X 向	Y 向	Z 向	X 向	Y 向	Z 向	X 向	Y 向	Z 向	X 向	Y 向	Z 向
N	地震力	128.6	855	145.2	140.9	1806	213.6	97.12	1048	145.1	125.4	896.3	136.9
	剪（反）重比（%）	1.80	11.97	2.03	1.97	25.28	2.99	1.36	14.67	2.03	1.76	12.55	1.92
S	地震力	139.2	850.5	183.6	133.2	1817	205.6	93.04	1055	164.6	121.9	894.3	136.4
	剪（反）重比（%）	1.95	11.91	2.57	1.86	25.44	2.88	1.30	14.77	2.30	1.71	12.52	1.91

　　活动屋盖全开状态与全闭状态时的地震响应基本相同，活动屋盖 N 在 1.0 水平地震 +0.4 竖向地震作用下的反力时程曲线分别如图 7.7.3-1 和图 7.7.3-2 所示。

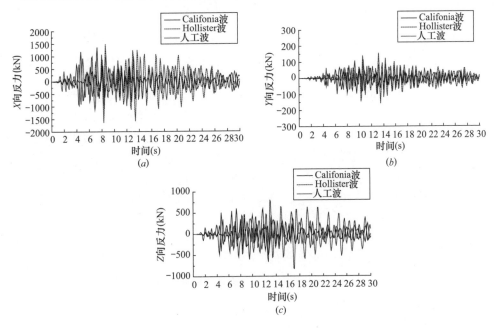

图 7.7.3-1　活动屋盖 N 在 X 向地震作用下的反力时程
(a) X 向反力；(b) Y 向反力；(c) Z 向反力

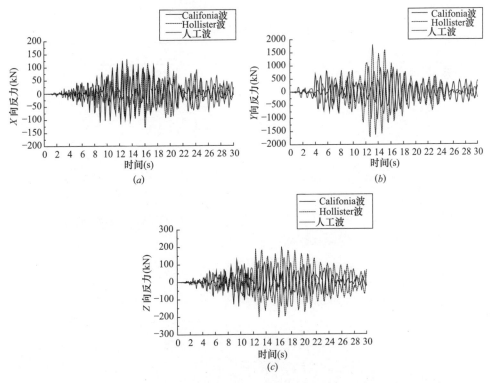

图 7.7.3-2　活动屋盖 S 在 Y 向地震作用下的反力时程
(a) X 向反力；(b) Y 向反力；(c) Z 向反力

7.8 设计专项分析

7.8.1 超长混凝土结构设计

1. 基本措施

体育场基座平面南北长 258m，东西宽 209m，为超长混凝土结构。为确保活动屋盖运行顺畅，下部混凝土看台结构不设抗震缝与温度缝。由于结构平面尺度大，且当地气候干燥、季节温差大，为减少混凝土温度收缩应力的影响，设计时主要采取以下措施：

(1) 采用周平均温度的气象统计资料作为控制依据，进行详细的温度应力分析；

(2) 根据计算分析布置温度钢筋与无粘结预应力钢筋；

(3) 后浇带低温浇筑，超长延迟封闭时间（利用冬季半年左右），消除大部分混凝土收缩变形的影响；

(4) 在混凝土中掺加聚丙烯纤维；

(5) 采取有效的保温隔热措施；

(6) 在次要部位布置诱导缝，有效控制裂缝出现位置。

2. 温度应力计算参数

根据内蒙古东胜气象台（台站号 53543，基准站，北纬 $39°50'$，东经 $109°59'$，海拔 1461.9m）1971～2003 年气象资料数据统计，东胜区标准气象年的资料如表 7.8.1-1 所示。

鄂尔多斯东胜区标准气象年资料

表 7.8.1-1

项目	温度	项目	温度
年极端最高温度	31.5℃	年极端最低温度	−19.8℃
日平均最高温度	26.4℃	日平均最低温度	−15.5℃
周平均最高温度	24.9℃	周平均最低温度	−13.8℃
月平均最高温度	21.7℃	月平均最低温度	−8.0℃
年平均温度	6.2℃		

在下部混凝土结构设计时，根据东胜区历年气象资料统计得到周平均最高温度和周平均最低温度，作为混凝土结构的最高温度与最低温度。

计算混凝土结构时，取后浇带浇筑后 24h 的平均环境温度作为结构的初始温度，即后浇带的入模温度。混凝土入模温度越低，负温差越小。

混凝土结构合龙温度：2～12℃

混凝土结构负温差：−13.8−12.0＝−25.8℃

混凝土结构正温差：24.9−2.0＝22.9℃

混凝土收缩徐变、温度应力计算采用的等效最大温差如下：

等效最大负温差＝混凝土收缩当量温差＋使用阶段负温差＝−34.2×0.3−25.8×0.4
＝−20.58℃

最大正温差＝使用阶段正温差＝22.9×0.4＝9.16℃

在有覆土、保温等建筑做法的混凝土结构区域，需要考虑混凝土收缩徐变等长期效应的影响，即混凝土收缩当量温差为－34.2×0.3＝－10.26℃。

3. 温度应力计算分析

计算采用弹性楼板模型，利用 SAP2000 有限元软件进行混凝土收缩徐变及温度应力定量计算，首层楼板在负温差作用下的应力分布如图 7.8.1-1 所示。从图中可以看出，除个别点应力集中造成应力峰值外，楼板环向拉应力大部分为 2～4MPa，径向拉应力较大值为 3～5MPa。该工程已投入使用多年，迄今未发生混凝土楼板开裂等质量问题。

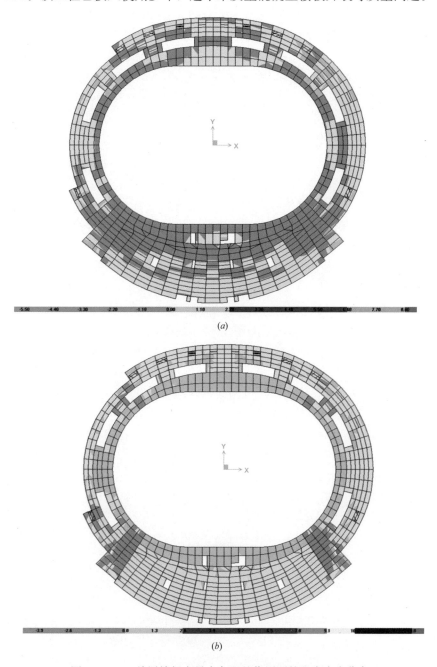

图 7.8.1-1　首层楼板在最大负温差作用下的温度应力分布
(a) 环向应力；(b) 径向应力

7.8.2 拱索设计

1. 设计要点

拱形结构的主要优点是跨越能力强，抗风与抗震性能好，造型简洁美观，因此在桥梁工程中得到广泛应用。鄂尔多斯东胜体育场结合弓箭造型，巧妙运用了钢管拱桥的设计理念。但由于活动屋盖覆盖面积超过 1 万 m²，总重量约 1500t，巨拱需承受活动屋盖运行所产生的巨大移动荷载。因此设计具有特殊的复杂性。

拱形结构受压性能优越，竖向荷载作用下，拱的压力曲线与其轴线完全重合时，各截面中弯矩和剪力为零，处于均匀受压状态，综合技术经济性能最佳，故将该状态下拱的形心线称为合理拱轴线。确定合理拱轴线是巨拱设计的重要内容。拱索结构的设计要点如下：

（1）研究不同线形对巨拱轴线的适用性。通过对比各类线形在荷载作用下的内力分布，确定适用于本工程巨拱轴线的最佳线形。

（2）研究开合状态对于巨拱轴线的影响。选择对荷载工况适应性强、弯矩增幅小的索力工况作为巨拱轴线优化的基础。

（3）研究巨拱合理轴线的优化计算方法。

（4）分析巨拱与钢索在恒荷载、活荷载、风荷载及地震作用下的内力情况。

（5）对钢索的自振频率与风振相应进行分析，研究其空气动力特性。

（6）钢索失效及换索对主体结构的影响分析，确保结构的安全性。

2. 巨拱结构与合理拱轴线

（1）巨拱结构布置

鄂尔多斯东胜体育场巨拱截面形心的最大高度 127.0m，跨度 330.0m。巨拱采用矩形截面管桁架，宽度均为 5m，拱脚处截面高度最大为 8m，跨中截面高度最小为 5m。巨拱弦杆直径均为 1200mm，根据受力情况分别采用 25mm 与 30mm 两种壁厚。邻近拱脚四个节间的弦杆内填充 C60 混凝土，钢管壁厚仅为 25mm，有效节约钢材；巨拱较高部位则采用空心钢管，有利于减小地震作用。巨拱竖腹杆规格为 $\phi402\times12$、$\phi402\times16$，斜腹杆规格为 $\phi299\times12$、$\phi299\times16$，钢材材质均为 Q345C[8]。

鄂尔多斯东胜体育场巨型拱索结构剖面如图 7.8.2-1 所示，巨拱平面与地面垂线倾斜 6.1°。

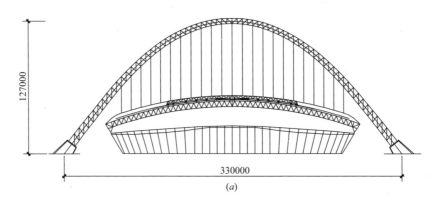

127000

330000

(a)

图 7.8.2-1　鄂尔多斯东胜体育场屋盖结构剖面图（一）

(a) 长轴方向

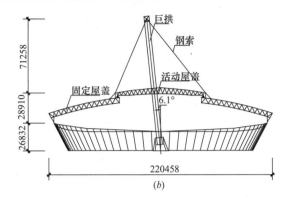

图 7.8.2-1　鄂尔多斯东胜体育场屋盖结构剖面图（二）

(b) 短轴方向

　　巨拱与屋盖之间布置 23 组钢索，钢索上端与巨拱相连，下端与主桁架相连，具体如图 7.8.2-2 所示。长度较短一侧的钢索为 A 索面，较长一侧的钢索为 B 索面；中间为 0 号索，向两边依次为 1，2，…，11 号索。0 号索与 1 号索水平投影间距为 9.997m，其后钢索间距逐渐减小，10 号索与 11 号索的间距减小至 9.546m。由于钢索间距较小，主桁架变形得到有效约束，活动屋盖运行时的变形量显著减小。

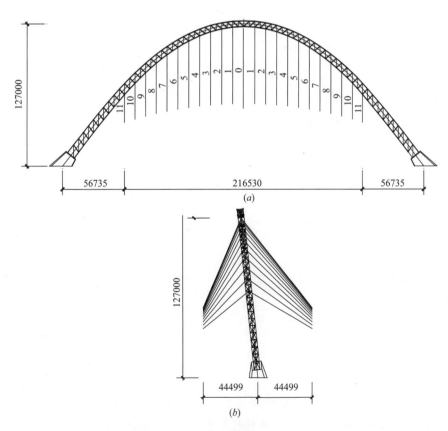

图 7.8.2-2　巨拱与钢索结构布置（一）

(a) 正立面；(b) 侧立面

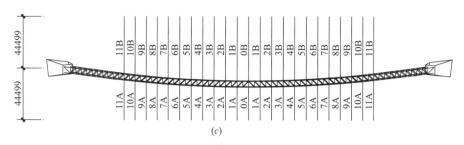

(c)

图 7.8.2-2　巨拱与钢索结构布置（二）

(c) 平面

　　巨拱与钢索的典型立面如图 7.8.2-3 所示，图中左侧均为 A 索面，右侧均为 B 索面。为了避免产生扭转效应，钢索上端位于巨拱形心的延长线。连接钢索的巨拱截面形心高度 h 从 130.000m 逐渐降低至 71.827m。因此，钢索与屋盖的夹角也随之不断减小。

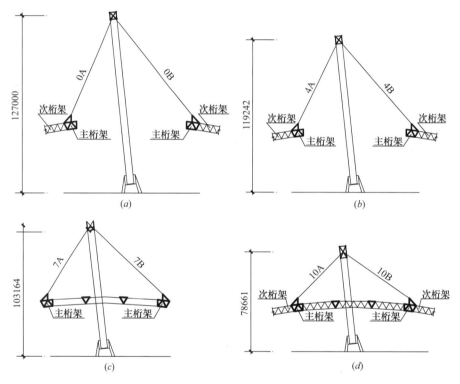

图 7.8.2-3　典型钢索立面布置

(a) 0 号索；(b) 4 号索；(c) 7 号索；(d) 10 号索

（2）巨拱轴线的优化设计

1）巨拱轴线初始线形

　　可通过解析或数值方法求出各荷载作用下的合理拱轴线，减小拱承受的弯矩。集中荷载作用下的拱压力线不再保持光滑。桥梁设计中一般采用悬链线或抛物线作为拱桥的轴线，采用"5 点重合法"确定拱轴线，使拱轴线在拱顶、四分点和拱脚与其压力线重合。

　　在鄂尔多斯东胜体育场设计时，分别选取了圆弧、2 次抛物线、8 次抛物线和三铰拱轴线作为初始拱轴线方程，通过对比其弯矩分布情况，确定适用于本工程巨拱轴线的线形。

根据初步计算，巨拱重力荷载约为 20000kN，总索力为 38000kN，当巨拱初始轴线分别采用上述四种线形时，其弯矩分布如图 7.8.2-4 所示。从图中可以看出，圆弧拱轴线弯矩出现两次变号，拱脚与拱顶均为负弯矩，拱脚与四分点处弯矩均很大。2 次抛物线拱轴线与圆弧形轴线类似，但其弯矩显著减小。8 次抛物线拱轴线虽然弯矩出现 3 次变号，但弯矩值均较小。三铰拱轴线弯矩分布最均匀，仅有一次变号，而且弯矩值最小。由此可见，三铰拱轴线的弯矩显著小于其他三种线形，故此选择三铰拱轴线作为本工程巨拱的初始拱轴线。

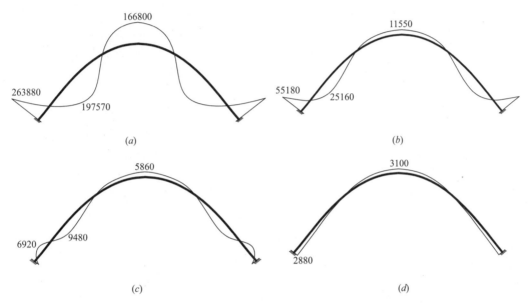

图 7.8.2-4 巨拱轴线采用不同曲线时的弯矩分布（kN・m）
（a）圆弧拱轴线；（b）2 次抛物线拱轴线；（c）8 次抛物线拱轴线；（d）三铰拱轴线

2）巨拱轴线优化算法

将巨拱的初始轴线沿跨度方向的杆件节间离散为一系列直线段，在竖向荷载作用下，令直线段端点沿竖向逐渐移动逼近其压力线，从而得到拱各截面形心的新坐标。

假定初始巨拱拱轴线节点 j 的初始坐标为 $x_{j,0}$ 和 $y_{j,0}$，相应的初始弯矩和轴力分别为 $M_{j,0}$ 和 $N_{j,0}$，保持横向坐标 $x_{j,0}$ 不变，通过式（7.8.2-1）迭代计算可以得到节点 j 新的竖向坐标。

$$y_{j,i} = y_{j,i-1} - \gamma \times \frac{M_{j,i-1}}{N_{j,i-1}} \times \cos\alpha \tag{7.8.2-1}$$

式中　$y_{j,i-1}$、$y_{j,i}$——分别为第 $i-1$ 次迭代与第 i 次迭代得到的 j 节点的竖向坐标；

$M_{j,i-1}$、$N_{j,i-1}$——分别为第 $i-1$ 次迭代时得到巨拱 j 节点的弯矩和轴力；

γ——调整系数，$\gamma=0.3\sim0.6$；

α——直线段与地面的夹角。

调整系数 γ 取值范围宜为 0.3～0.6，γ 值过大，弯矩收敛较快，但精度较差；γ 值过

小，弯矩收敛较慢，但精度较高。当满足 $\max\left|\dfrac{M_{j,i}-M_{j,i-1}}{M_{j,i-1}}\right|\leqslant5\%$ 条件时，拱的力学形态基本稳定，迭代计算终止。采用样条函数对新坐标 $x_{j,i}$、$y_{j,i}$（$j=1$，2，…，N）进行拟合，可以得到巨拱的轴线。

3）活动屋盖位形影响

鄂尔多斯东胜体育场屋盖的开、合状态对索力影响显著。因此，设计时分别考虑了活动屋盖全开、全闭状态时的索力，以及上述两种索力的包络值和平均值四种情况。

根据活动屋盖全闭状态时的索力，通过对初始拱轴线优化计算得到拱轴线，在全闭状态索力作用下的弯矩分布如图 7.8.2-5（a）所示。从图中可以看出，虽然在全闭状态索力作用下弯矩很小，但在全开状态索力作用下拱脚附近弯矩发生变号，在四分点和拱顶处的弯矩增幅很大。

基于活动屋盖全开状态索力作用下巨拱轴线的弯矩分布如图 7.8.2-5（b）所示。从图中可以看出，虽然在全开状态索力作用下弯矩很小，但在全闭状态索力作用下，在拱脚与拱顶处的弯矩发生变号，在四分点出现弯矩峰值，弯矩增幅很大。

基于活动屋盖全开与全闭状态索力包络值作用下巨拱轴线的弯矩分布如图 7.8.2-5（c）所示。从图中可以看出，在全闭状态索力作用下，弯矩分布比较均匀，在拱脚处弯矩减小，在拱顶处弯矩增幅较大；在全开状态索力作用下，巨拱在拱脚和四分点处弯矩较大，拱顶弯矩与全闭状态索力作用方向相反。

基于活动屋盖全开与全闭状态索力平均值作用下巨拱轴线的弯矩分布如图 7.8.2-5（d）所示，在全闭状态索力和全开状态索力作用下，弯矩分布相对比较均匀。

综上所述，在鄂尔多斯东胜体育场巨拱轴线优化计算时，采用了在全开与全闭状态索力作用下综合弯矩最小的平均索力。

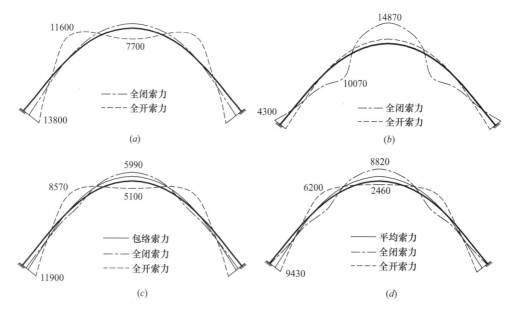

图 7.8.2-5 基于不同索力生成轴线对巨拱弯矩的影响（kN·m）
（a）全闭状态索力轴线；（b）全开状态索力轴线；
（c）全闭与全开索力包络值轴线；（d）全闭与全开索力平均值轴线

3. 索力分析

（1）索力控制原则

根据索结构相关的规范标准，在结构正常工作期间，钢索不得出现松弛现象或过载，因此在设计过程中需要对钢索内力进行专项分析。鄂尔多斯东胜体育场巨型拱索结构设计时，采用如下控制原则：

1）正常使用阶段，钢索的最大拉力不得超过其破断力的 40%；

2）钢索在任意荷载工况下不得出现松弛，且钢索最小拉应力不小于 10MPa；

3）巨拱每对钢索的合力尽量位于巨拱轴线所在的平面内，减少巨拱的面外弯矩。

（2）索参数

钢索的索体选用破断强度为 1670MPa 的半平行钢丝束，钢索公称直径 $d=85.0$mm，规格为 $\phi5\times241$，截面面积 4732mm²，破断力 $N_b=7902$kN。索长最大近 90m，外包双层彩色 PE 护套。张拉端锚具为冷铸锚，固定端锚具为热铸锚，采用叉耳式连接。钢索的主要参数见表 7.8.2-1。

钢索主要参数　　　　表 7.8.2-1

规格	钢索直径（mm）	护层直径（mm）	截面面积（mm²）	单位重量（kg/m）	标称破断荷载（kN）	等效惯性矩（mm⁴）
5×241	85.0	110	4732	37.1	7902	1.783×10^6

由于巨拱面外刚度较小，分批张拉索力会相互影响，为此，施工张拉时采用索力与位形双控的原则，以控制索力为主，同时兼顾索端节点的竖向位移及巨拱的面外变形。为避免钢索松弛与锚具引起的应力损失的影响，超张拉 3%。在钢索张拉过程中，对索力、关键构件应力、巨拱空间形态等进行监测。第一阶段张拉时，施加初始预拉力的 50%，分为 0→40%、40%→50% 两次张拉；进行第二阶段张拉时，分为 50%→75%、75%→90% 以及 90%→100% 三次张拉。

（3）索内力

在东胜体育场巨拱设计过程中，通过温差调节法将每对钢索合力方向控制在巨拱轴线所在的平面内，减少巨拱的面外弯矩，增强其整体稳定性。

1）恒荷载工况

在活动屋盖全闭状态、合龙温度条件下进行最终的索力调整，索力分布如表 7.8.2-2 所示。索力结果表明，虽然各索力总体上差异不大，但分布并不均匀。由于巨拱倾斜 6.1°，A 面索力与 B 面索力不对称，B 面索力略大。恒载、活载、风荷载及地震作用下的钢索仍然处于受拉状态。

恒荷载工况时的索力　　　　表 7.8.2-2

钢索位置	索力（kN）											
	0	1	2	3	4	5	6	7	8	9	10	11
A 面	1429.5	1466.0	1338.2	1436.5	1144.9	1515.4	1197.0	1547.5	1489.3	1388.3	1378.2	1291.5
B 面	1637.5	1566.6	1371.1	1433.9	1355.1	1343.0	1205.1	1526.0	1453.2	1534.0	1398.4	1408.5

2）雪荷载工况

雪荷载工况下的索力见表 7.8.2-3。从表中可以看出，雪荷载引起的索力在 132～336kN 范围内，A 面索力与 B 面索力差异较小。

雪荷载工况下的索力

表 7.8.2-3

钢索编号	索力（kN）			
	全开状态		全闭状态	
	A 面	B 面	A 面	B 面
0	151.5	159.2	149	184
1	157.3	172.4	175	185
2	168.2	174.2	234	224
3	178.7	179.2	268	244
4	204.3	200.9	306	281
5	238.1	239.9	316	292
6	285.3	268	336	314
7	289.3	265.4	310	306
8	294.7	268.4	296	280
9	256	232.6	273	265
10	211.3	199.8	271	271
11	132	141.6	265	282

3）风荷载与恒荷载组合工况

风荷载与恒荷载组合工况下的索力见表 7.8.2-4。从表中可以看出，屋盖全开状态时，索力受风吸力影响较小，索力较大；屋盖全闭状态时，索力受风吸力影响较大，索力显著降低，但仍然可以保证钢索不松弛。

风荷载与恒荷载组合工况下的索力

表 7.8.2-4

钢索编号	索力（kN）			
	全开状态		全闭状态	
	A 面	B 面	A 面	B 面
0	1178	516	74	447
1	1206	553	110	406
2	1232	651	140	501
3	1224	732	159	503
4	1249	842	168	514
5	1258	919	168	417
6	1287	1057	164	473
7	1209	1141	159	462
8	1156	1190	162	485
9	1029	1072	153	468
10	919	887	153	501
11	844	627	167	528

4）设防烈度地震工况

设防烈度地震作用下的索力见表 7.8.2-5。从表中可以看出，在 X 方向地震作用下，全开状态时巨拱中间的索力较小，两侧的索力较大，而全闭状态时巨拱中间的索力较大，两侧的索力较小；在 Y 方向地震作用下，全开状态时索力差异较小，而全闭状态时巨拱中间的索力很大，两侧的索力较小。这表明，屋盖开合状态对本工程巨型拱索结构的索力分布有明显影响。

中震作用时的索力 表 7.8.2-5

钢索编号	索力（kN）							
	X 向地震				Y 向地震			
	全开状态		全闭状态		全开状态		全闭状态	
	A 面	B 面	A 面	B 面	A 面	B 面	A 面	B 面
0	34.2	67.3	354	400	294	241	708	544
1	60.5	77.7	246	284	277	230	427	341
2	100	86.9	252	263	269	203	350	314
3	123	114	240	240	237	181	291	307
4	151	163	239	255	228	193	282	341
5	172	221	204	242	219	202	238	303
6	220	281	177	239	237	204	217	269
7	259	310	132	200	227	188	188	219
8	317	259	118	153	239	188	199	192
9	338	357	120	118	226	165	218	193
10	384	396	120	109	259	191	261	227
11	377	390	90	108	287	213	285	271

5）罕遇地震作用工况

巨拱顶部在罕遇地震作用下的最大位移如表 7.8.2-6 所示。从表中可以看出，在 X 向（平行于巨拱方向）罕遇地震作用下，巨拱顶部变形很小，最大水平位移 65mm，说明巨拱在其平面内具有足够刚度。在 Y 向（垂直于巨拱方向）罕遇地震作用下，最大水平位移 177mm，明显小于屋盖在 Y 向的变形，说明尽管巨拱高度很大，但两侧钢索对其侧向变形形成有效约束。巨拱的最大竖向位移为 36mm，远小于其水平方向的变形。

罕遇地震作用下巨拱顶部的最大位移与位移角 表 7.8.2-6

分析工况	X 向		Y 向		Z 向
	δ_{xmax}（mm）	δ_{xmax}（h）	δ_{ymax}（mm）	δ_{ymax}（h）	δ_{zmax}（mm）
El-Centro 波-1	53	1/2302	177	1/689	36
El-Centro 波-2	59	1/2068	158	1/772	31
M2 波-1	29	1/4208	102	1/1196	22
M2 波-2	32	1/3813	95	1/1284	21
人工波-1	46	1/2652	138	1/884	30
人工波-2	65	1/1877	127	1/961	36

注：h 为计算节点相对于地面的高度。

罕遇地震作用下，巨拱上部杆件应力较低，弦杆应力比约为 0.8，腹杆应力比低于 0.6，均满足大震不屈服的性能指标要求。巨拱在拱脚处应力较大，应力比约为 0.95，集中在拱脚内侧弦杆部位，但数量很少。巨拱在 El-Centro 波-1 工况时杆件的最大应力比如图 7.8.2-6 所示。在巨拱邻近拱脚部位应力较大部位，采取在弦杆内灌筑混凝土等措施给予加强。

钢索在罕遇地震作用下的索力分布分别见表 7.8.2-7 与图 7.8.2-7。从表中可以看出，在罕遇地震作用下，巨拱立面左、右两侧的索力不对称，中间索力较小，两侧索力较大；钢索拉力最大值为 4920kN，小于钢索的破断力；钢索拉力最小值为 112kN，表明钢索不会出现松弛情况，可以避免索力突变引起的冲击效应。

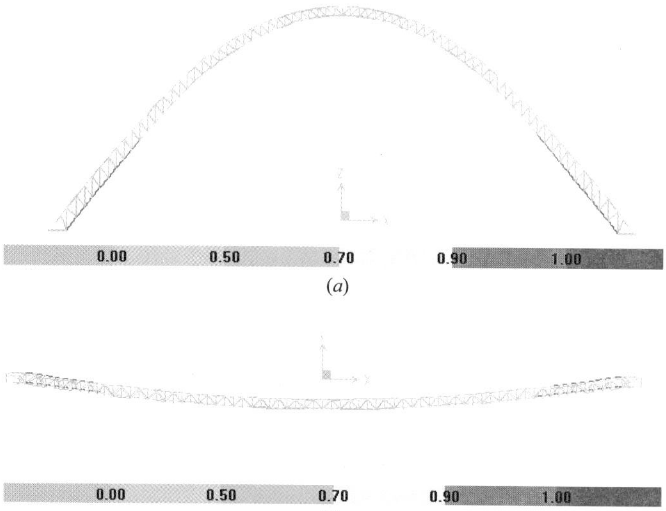

(*a*)

(*b*)

图 7.8.2-6　在罕遇地震作用下巨拱杆件的应力比
（*a*）正立面；（*b*）水平投影面

在罕遇地震作用下的索力　　表 7.8.2-7

钢索编号		最大索力（kN）	最小索力（kN）	钢索编号		最大索力（kN）	最小索力（kN）
中间	0A	1479	174	巨拱右侧	1A	2100	223
	0B	2322	208		1B	2845	244
巨拱左侧	1A	1929	363		2A	1812	166
	1B	3159	235		2B	2366	265
	2A	1604	311		3A	2617	219
	2B	2844	236		3B	2832	519
	3A	2373	608		4A	2219	138
	3B	3220	227		4B	2273	399
	4A	1970	232		5A	2661	126
	4B	2715	153		5B	2285	314
	5A	2134	249		6A	3297	120
	5B	2691	125		6B	2837	291
	6A	2596	349		7A	3322	115
	6B	3292	127		7B	2988	223
	7A	3019	250		8A	3211	113
	7B	3481	118		8B	3377	174
	8A	3439	183		9A	3805	135
	8B	3803	112		9B	4462	170
	9A	4200	202		10A	3844	142
	9B	4294	123		10B	4784	132
	10A	4180	145		11A	4036	171
	10B	4007	116		11B	4920	121
	11A	4103	129				
	11B	3622	122				

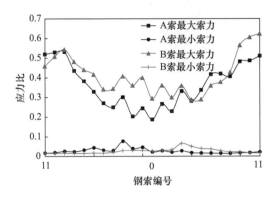

图 7.8.2-7　在罕遇地震作用下钢索的应力比

4. 钢索稳定与振动分析

(1) 钢索长度修正

钢索考虑垂度影响的设计弹性模量由下式计算：

$$E = \frac{E_0}{1 + \frac{(\gamma L_0 \cos\alpha)^2}{12\sigma^3} E_0} \tag{7.8.2-2}$$

式中　E——拉索考虑垂度影响的换算弹性模量；

E_0——拉索弹性模量（kPa）；

γ——拉索换算重度（kN/m³）；

$$\gamma = \frac{\text{每米拉索及防护结构材料重力}(kN/m)}{\text{拉索截面面积}(m^2)}$$

L_0——拉索长度（m）；

α——拉索与水平面的夹角（°）；

σ——索的拉应力（kPa）。

在本工程中，$\phi5\times241$ 钢索的换算重度 84.52kN/m³，截面面积为 0.004732m²，索的弹性模量 E_0 1.99E+08kN/m²，钢索的初始长度、索拉力与换算弹性模量 E 如表 7.8.2-8 所示。

考虑钢索弹性伸长量后的长度由下式计算：

$$L = L_0 - \Delta L_e + \Delta L_f \tag{7.8.2-3}$$

式中　L——拉索下料长度；

L_0——每根拉索的长度基数；

ΔL_e——初始力作用下拉索弹性修正；

ΔL_f——初始力作用下的垂度修正。

弹性伸长量修正和垂度修正分别按以下两个公式计算：

$$\Delta L_e = L_0 \times \frac{\sigma}{E} \tag{7.8.2-4}$$

$$\Delta L_f = \frac{W^2 L_x^2 L_0}{24 T^2} \tag{7.8.2-5}$$

式中　σ——拉索设计应力；

E——拉索弹性模量；

T——拉索设计拉力；

L_0——拉索长度基数；

L_x——L_0 的水平投影；

W——拉索每单位长度重力。

钢索单位长度重力 W 为 0.364kN/m。钢索的垂度修正值与弹性伸长量如表 7.8.2-8 所示。

钢索的初始长度、索拉力、换算弹性模量 E、垂度修正值与弹性伸长量　表 7.8.2-8

钢索编号	水平夹角 (°)	索长度 L_0 (m)	索拉力 T (kN)	换算弹性模量 E (N/mm²)	垂度修正值 (mm)	弹性伸长量 (mm)
CABLE 0a	67	76.634	1430	1.982×10^5	0.182	116.78
CABLE 0b	51	88.762	1638	1.972×10^5	0.573	155.73
CABLE 1a	66	74.313	1466	1.983×10^5	0.168	116.11
CABLE 1b	51	88.431	1567	1.970×10^5	0.622	148.61
CABLE 2a	66	73.281	1338	1.981×10^5	0.200	104.62
CABLE 2b	50	87.381	1371	1.960×10^5	0.794	129.18
CABLE 3a	65	71.624	1437	1.982×10^5	0.171	109.69
CABLE 3b	50	85.367	1434	1.965×10^5	0.693	131.66
CABLE 4a	64	69.240	1145	1.975×10^5	0.264	84.83
CABLE 4b	49	82.845	1355	1.961×10^5	0.736	120.99
CABLE 5a	63	65.915	1515	1.984×10^5	0.144	106.42
CABLE 5b	48	79.914	1343	1.961×10^5	0.704	115.66
CABLE 6a	61	62.500	1197	1.977×10^5	0.223	79.98
CABLE 6b	46	76.541	1205	1.950×10^5	0.813	99.94
CABLE 7a	58	58.817	1548	1.983×10^5	0.129	96.98
CABLE 7b	44	72.877	1526	1.971×10^5	0.469	119.25
CABLE 8a	55	55.638	1489	1.982×10^5	0.141	88.34
CABLE 8b	42	69.415	1453	1.969×10^5	0.485	108.29
CABLE 9a	51	51.828	1388	1.980×10^5	0.159	76.79
CABLE 9b	39	65.217	1534	1.972×10^5	0.396	107.19
CABLE 10a	45	47.946	1378	1.979×10^5	0.157	70.56
CABLE 10b	35	60.791	1398	1.968×10^5	0.428	91.30
CABLE 11a	39	44.333	1292	1.976×10^5	0.176	61.22
CABLE 11b	30	56.407	1408	1.969×10^5	0.376	85.25

(2) 钢索的动力特性

钢索的固有频率按下式计算：

$$\omega_n = \frac{n\pi}{l}\sqrt{\frac{H}{m}}(1+\delta_n) \qquad (7.8.2-6)$$

式中　ω_n——拉索第 n 阶振动的圆频率（rad/s）；

H——拉索轴向拉力（kN）；

l——拉索的弦长；

m——拉索单位长重力（kN/m）；

n——第 n 阶振型，$n=1, 2, 3\cdots$；

δ_n——考虑了拉索弯曲刚度的修正系数，$\delta_n = \frac{n^2\pi^2}{l^2} \cdot \frac{EI_c}{H}$（$I_c$ 为拉索的惯性矩）。

本工程索截面惯性矩为 $1.783\times10^6\,\mathrm{mm}^4$，钢索前 8 阶自振频率如表 7.8.2-9 所示。从表中可以看出，钢索的自振频率与索的长度关系很大，随着索长减小，自振频率逐渐加大。对于同一根索，高阶频率与低阶频率基本呈倍数关系。由于 B 索长度较大，故此其自振频率低于 A 索。

东胜体育场钢索前 8 阶自振频率 （Hz）　　　　　　表 7.8.2-9

序号	F1	F2	F3	F4	F5	F6	F7	F8
CABLE-0a	0.41	0.82	1.23	1.64	2.06	2.47	2.89	3.32
CABLE-1a	0.43	0.86	1.28	1.71	2.15	2.58	3.02	3.46
CABLE-2a	0.41	0.83	1.24	1.66	2.08	2.51	2.93	3.36
CABLE-3a	0.44	0.88	1.32	1.76	2.21	2.66	3.11	3.56
CABLE-4a	0.41	0.81	1.22	1.63	2.04	2.46	2.88	3.31
CABLE-5a	0.49	0.98	1.47	1.97	2.46	2.97	3.47	3.98
CABLE-6a	0.46	0.92	1.38	1.85	2.32	2.79	3.27	3.76
CABLE-7a	0.55	1.11	1.67	2.23	2.80	3.37	3.94	4.53
CABLE-8a	0.58	1.15	1.73	2.31	2.90	3.50	4.10	4.71
CABLE-9a	0.60	1.19	1.80	2.40	3.02	3.64	4.27	4.91
CABLE-10a	0.64	1.29	1.94	2.59	3.25	3.93	4.61	5.31
CABLE-11a	0.67	1.35	2.03	2.72	3.42	4.13	4.86	5.61
CABLE-0b	0.38	0.76	1.14	1.52	1.90	2.28	2.66	3.05
CABLE-1b	0.37	0.74	1.11	1.49	1.86	2.24	2.62	3.00
CABLE-2b	0.35	0.70	1.06	1.41	1.76	2.12	2.48	2.84
CABLE-3b	0.37	0.74	1.11	1.48	1.85	2.22	2.60	2.97
CABLE-4b	0.37	0.74	1.11	1.48	1.85	2.23	2.60	2.98
CABLE-5b	0.38	0.76	1.14	1.53	1.91	2.30	2.69	3.08
CABLE-6b	0.38	0.75	1.13	1.51	1.89	2.28	2.66	3.06
CABLE-7b	0.44	0.89	1.34	1.78	2.23	2.69	3.14	3.60
CABLE-8b	0.46	0.91	1.37	1.83	2.29	2.76	3.23	3.70
CABLE-9b	0.50	1.00	1.50	2.00	2.51	3.02	3.53	4.05
CABLE-10b	0.51	1.02	1.53	2.05	2.57	3.10	3.63	4.17
CABLE-11b	0.55	1.10	1.66	2.22	2.78	3.36	3.93	4.52

（3）钢索空气动力稳定性分析

由于钢索本身具有轻、柔等复杂特性，风荷载作用下的钢索响应仍无法直接得到理论解，所以对拉索进行风时程稳定分析，验算拉索在风荷载作用下的响应。与斜拉桥相同，建立东胜体育场钢索有限元模型时，将钢索分成多个单元，风荷载直接作用于拉索节点，如图 7.8.2-8 所示。选取本工程中长度最大的 CABLE0B 拉索进行风振稳定性分析，该索全长 91.91m，在计算中将钢索分为 9 个单元，采用 ANSYS

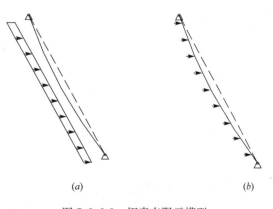

图 7.8.2-8　钢索有限元模型

（a）风荷载分布；（b）节点集中荷载

软件进行分析。

结合快速傅立叶变换的谐波叠加法，利用 FORTRAN 90 语言编写了生产脉动风速的模拟时程程序。根据《建筑结构荷载规范》GB 50009—2001（2006 年版），重现期为 100 年的基本风压 $w_0 = 0.6\text{kN/m}^2$，10m 高度处的 10min 平均风速 31.0m/s，风速步长为 0.02s，共生成持时为 600s 的风速时程[9]。

由于拉索跨中节点最具代表性，故选取钢索跨中节点的振动加速度与位移结果进行分析，CABLE0B 钢索跨中节点的风时程响应如图 7.8.2-9 所示，阻尼比取 0.003。在索自重作用下，跨中节点在 Y 向（垂直巨拱方向）与 Z 向（竖向）的位移分别为 0.1800m 和 0.1465m。跨中节点在 Y 向与 Z 向全时程内的位移标准差分别为 0.07749m 与 0.06324m，说明钢索振动幅度很小，均在自重作用的位移附近作微小振动。虽然风压时程曲线在 600s 时距内非常稳定，但钢索的加速度和位移均有较大幅度的衰减，意味着钢索很快进入稳定状态，从而验证该结构具有良好的抗风性能。

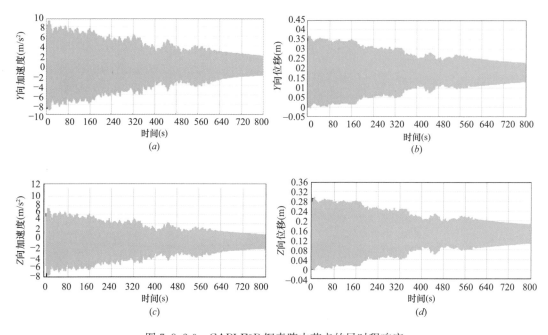

图 7.8.2-9 CABLE0B 钢索跨中节点的风时程响应
（a）Y 向加速度时程（m/s²）；（b）Y 向位移时程（m）；（c）Z 向加速度时程（m/s²）；（d）Z 向位移时程（m）

钢索的 Scruton 数按下式计算：

$$\text{Scruton} = \frac{m\xi}{\rho D^2} = \frac{37.1 \times 0.003}{1.225 \times 0.085 \times 0.085} = 12.5754 \geqslant 10$$，故可以防止风雨振的发生。

此外，当拉索间距为 2～5 倍或 10～20 倍钢索直径时，容易发生尾流驰振。在鄂尔多斯东胜体育场中，拉索间距远大于 20 倍索直径，故不会发生尾流驰振。

5. 断索影响分析

鄂尔多斯东胜体育场设计中，考虑了个别钢索突然断裂以及换索对结构的影响。计算分析时假定活动屋盖处于全闭状态，荷载工况为 1.0 恒载＋0.5 活载。

假定中间单根钢索 0B 发生破坏时，断索前后巨拱索力的变化情况见表 7.8.2-10，

从表中可以看出，当 0B 索发生断裂时，对 B 面索力的影响较大，索力最大增幅
16.8%。随着与断索位置距离增大，索力变化幅度迅速减小。B 面断索对 A 面索力影响
较小，A 面索力最大增幅仅为 3.51%。由此可见，巨拱可以通过内力重新分布达到新
的索力平衡，从而保证结构的安全性。巨拱跨中单根断索对巨拱和屋盖杆件的影响较
小，均在 5% 以内。

0B 索失效前后巨拱索力的变化情况　　　　　　表 7.8.2-10

A 面钢索	索力（kN）		变化率（%）	B 面钢索	索力（kN）		变化率（%）
	断索前	断索后			断索前	断索后	
0	1142	1182	3.51	0	1356	0	—
1	1655	1664	0.51	1	1750	2044	16.80
2	1310	1301	−0.69	2	1488	1668	12.08
3	1961	1946	−0.77	3	1981	2086	5.32
4	1511	1494	−1.08	4	1528	1584	3.72
5	1613	1599	−0.85	5	1597	1621	1.45
6	1226	1215	−1.35	6	840	842	0.28
7	1701	1692	−0.52	7	1629	1620	−0.58
8	1479	1471	−0.56	8	1496	1481	−1.01
9	1847	1839	−0.43	9	1889	1873	−0.85
10	1393	1384	−0.62	10	1506	1490	−1.04
11	1290	1282	−0.60	11	1465	1453	−0.86

7.8.3　复杂节点分析

1. 主桁架中弦节点

主桁架弦杆分为上、中、下三层，上弦与钢索相连，中弦与下弦与次桁架位于同一平
面。由于主桁架中弦层有多个杆件交汇，节点构造非常复杂。主桁架中弦杆件规格为
D600×16，下腹杆规格为 D219×8 与 D245×10，上弦受拉杆规格均为 D219×6，次桁架
支座上弦规格为 D500×14，由于主桁架中弦横杆兼作轨道梁的轨枕，轨道梁集中力将产
生很大的弯矩，其规格为 D600×30。固定屋盖上弦曲面内的支撑杆件规格为 D219×8 与
D273×14。

管桁架采用相贯焊接节点，节点形式为 X+双 KK 节点，节点构型原则如下：
(1) 变径处采用锥形管进行过渡；
(2) 节点区弦杆厚度为 1.2 倍较大弦杆厚度；
(3) 非主通杆件侧壁对应环肋厚度同相应弦杆壁厚；
(4) 端部构造肋的厚度与较厚腹杆壁厚相同。

采用 CATIA 软件进行三维空间建模，实体模型如图 7.8.3-1 (a) 所示。采用 ANSYS 软
件进行节点有限元分析，利用 Hypermesh 进行单元划分，单元边长近似按壁厚控制。

在 1.35 恒 +0.98 雪 +1.0 低温荷载工况时，主桁架中弦节点的 Mises 应力如
图 7.8.3-1 (b) 所示。节点应力云图显示，节点域应力水平不高，环肋最大应力值为
213.6MPa，水平支撑最大应力为 236.5MPa，应力分布比较均匀，无明显应力集中情况，
说明节点域加厚与加劲肋设置比较合理，节点的设计安全可靠，均满足设计要求。

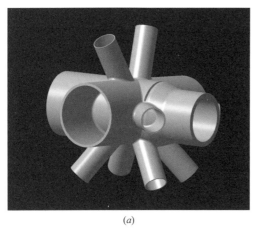
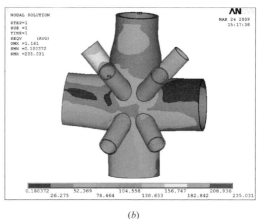

(a)　　　　　　　　　　　　　(b)

图 7.8.3-1　主桁架中弦节点
(a) 三维实体模型；(b) 节点 Mises 应力分布（MPa）

2. 主桁架上弦节点

钢索与主桁架上弦的连接节点如图 7.8.3-2 (a) 所示，主桁架上弦杆规格均为 D600×30，受拉腹杆规格均为 D219×8 与 D219×10。主桁架采用 K 形相贯焊接节点，在钢索所在平面设置厚度为 50mm 的连接板，并在销轴耳板两侧设置 25mm 厚环形补强板，如图 7.8.3-2 (b) 所示。连接板与补强板材质均为 Q345-C。

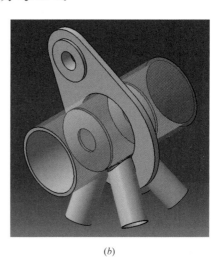

(a)　　　　　　　　　　　　　(b)

图 7.8.3-2　拉索与主桁架上弦连接节点
(a) 钢索与主桁架上弦的连接节点；(b) 连接板补强构造

1.35 恒＋0.98 活＋0.84 风荷载工况时节点的应力如图 7.8.3-3 所示。节点应力云图显示，节点区整体应力水平不高，且应力分布比较均匀，无明显应力集中情况，节点加劲肋设置合理。

3. 支座节点

支承固定屋盖主桁架的 V 形斜杆底部，四根大直径杆件交汇在一起，如采用焊接球节点，将导致支座尺寸过大。因此设计采用了半球形铸钢节点。汇交杆件部分搭接，并在节点内设置十字形肋板，侧壁过渡平滑，传力路径流畅。由于固定屋盖在支座附近受力集中，构件截面规格大，在 V 形斜杆顶部交汇的杆件数量较多。为避免普通相贯焊接节点构造过于复杂，在 V 形斜杆的顶部设置焊接半球，并设置内部水平加劲肋。固定屋盖支承构件如图 7.8.3-4 所示。

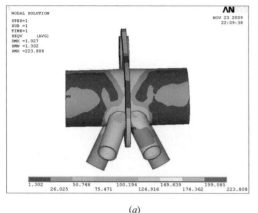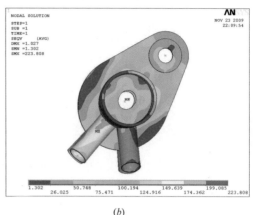

（a）　　　　　　　　　　　　　（b）

图 7.8.3-3　拉索节点 Mises 应力分布（MPa）
（a）杆件应力；（b）节点板应力

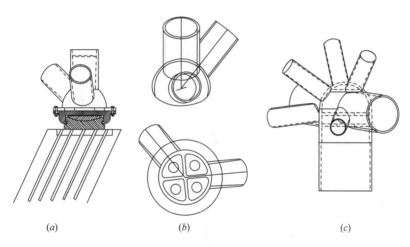

（a）　　　　　　　（b）　　　　　　　（c）

图 7.8.3-4　固定屋盖支承构件
（a）柱顶球形支座；（b）V 形柱底部铸钢节点；（c）V 形柱顶部半球形节点

7.8.4　台车反力与轨道变形分析

活动屋盖的台车在不同开启状态时的竖向与横向反力如表 7.8.4-1 所示，台车竖向反力的分布如图 7.8.4-1 所示。由图表可知，N 与 S 两片活动屋盖台车的反力具有较好的对称性，但由于巨拱倾斜 6.1°，a 轨道与 b 轨道相同编号台车的反力存在一定差异。各台车的竖向反力随着位置而变化。由于活动屋盖的安装调试以全闭状态作为初始状态，故此，全闭状态时各台车的横向反力为零。其他开启状态时台车均存在横向反力，屋盖 3/4 开启率时，台车的横向反力最大。因此，台车设计不仅针对屋盖全开与全闭状态，还应对整个开启过程进行详细分析，找出影响结构安全的各种不利情况。

活动屋盖台车在不同开启状态时的竖向与横向反力（kN）　　表 7.8.4-1

台车编号	全闭		1/4 开启		1/2 开启		3/4 开启		全开	
	竖向反力	横向反力	竖向反力	横向反力	竖向反力	横向反力	竖向反力	横向反力	竖向反力	横向反力
N-1a	599.8	0	586.4	−88.65	623.6	−197.5	621.5	−343.6	586.4	−88.65
N-2a	359.1	0	405.4	−22.21	367.1	−57.93	362.4	−86.89	405.4	−22.21
N-3a	391.0	0	383.2	−33.56	346.7	−68.77	324.2	−71.49	383.2	−33.56
N-4a	387.9	0	305.2	−42.88	305.1	−62.29	310.9	−62.46	305.2	−42.88
N-5a	349.2	0	368.3	−32.22	363.1	−31.11	371.2	−27.83	368.3	−32.22
N-6a	392.8	0	346.7	3.942	327.5	6.602	324.1	−3.640	346.7	3.942
N-7a	572.8	0	661.6	5.255	727.1	15.51	748.3	0.969	661.6	5.255
N-1b	671.5	0	649.6	58.51	623.5	154.0	641.2	306.1	649.6	58.51
N-2b	314.2	0	362.9	21.56	371.2	61.04	371.1	93.14	362.9	21.56
N-3b	372.4	0	364.4	36.93	342.3	82.66	308.1	77.37	364.4	36.93
N-4b	369.3	0	295.0	54.92	304.4	68.63	316.1	74.46	295.0	54.92
N-5b	341.8	0	395.5	36.91	362.9	39.76	366.1	33.71	395.5	36.91
N-6b	388.6	0	323.0	−7.933	328.4	−9.972	344.7	3.530	323.0	−7.933
N-7b	585.2	0	648.8	9.439	727.5	−0.630	686.6	6.636	648.8	9.439
S-1a	599.4	0	585.4	−90.06	668.7	−197.4	623.8	−343.9	585.4	−90.06
S-2a	358.2	0	405.8	−21.95	332.6	−57.78	359.2	−87.22	405.8	−21.95
S-3a	391.3	0	387.0	−33.36	346.1	−69.48	323.7	−71.80	387.0	−33.36
S-4a	389.8	0	303.5	−43.71	316.3	−63.19	311.7	−62.71	303.5	−43.71
S-5a	350.5	0	365.7	−32.78	355.3	−31.28	371.8	−27.77	365.7	−32.78
S-6a	389.3	0	346.0	4.323	326.6	7.386	322.5	−2.934	346.0	4.323
S-7a	574.0	0	663.4	6.068	690.1	16.27	750.0	2.023	663.4	6.068
S-1b	671.8	0	649.5	60.08	668.6	155.3	641.4	306.8	649.5	60.08
S-2b	313.2	0	363.0	21.60	332.6	60.96	372.2	93.07	363.0	21.60
S-3b	373.0	0	364.7	37.06	347.5	82.65	306.7	77.52	364.7	37.06
S-4b	369.4	0	294.7	54.94	314.2	68.63	316.3	74.22	294.7	54.94
S-5b	340.6	0	396.3	36.95	355.7	39.59	365.2	33.61	396.3	36.95
S-6b	395.2	0	321.8	−7.740	326.4	−10.09	344.7	3.551	321.8	−7.740
S-7b	579.9	0	649.4	8.605	690.8	−1.594	687.4	5.562	570.4	26.39

　　固定屋盖主桁架的位置标志点如图 7.8.4-2 所示。活动屋盖运行过程中，固定屋盖主桁架的变形如表 7.8.4-2 和图 7.8.4-3 所示。由表和图可知，在全闭状态时，b 轨道桁架的最大竖向变形为 −229.1mm，横向位移为 −106mm，此时 a 轨道桁架的竖向变形为 −22.81mm，横向变形为 10.81mm，b 轨道的最大变形远大于 a 轨道。从全闭状态至全开状态，b 轨道桁架中点的竖向变形差为 385.1mm，而 a 轨道桁架中点的竖向变形差为 120.3mm，相差 3 倍多。其主要原因是由于巨拱倾斜 6.1°，A 侧、B 侧索与固定屋盖的夹角不同，B 侧索的夹角较小，竖向分力也相应较小，加之索长度较大，故 B 侧竖向

刚度较小。与竖向变形相比，水平方向变形量较小，其中横轨方向的变形大于顺轨方向的变形。

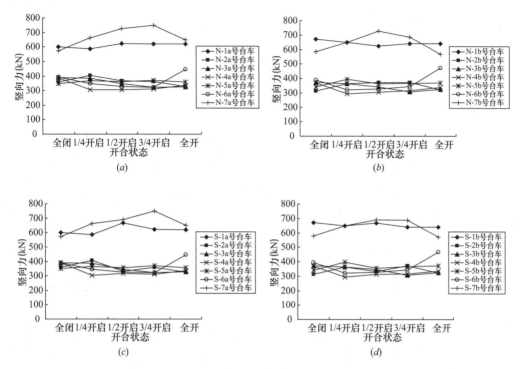

图 7.8.4-1　活动屋盖台车在不同开启状态时的竖向反力分布
(*a*) N 屋盖 a 轨道台车；(*b*) N 屋盖 b 轨道台车；(*c*) S 屋盖 a 轨道台车；(*d*) S 屋盖 b 轨道台车

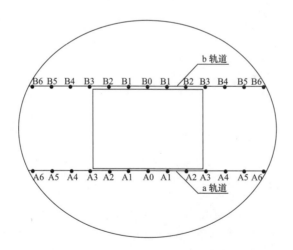

图 7.8.4-2　固定屋盖主桁架位置标志点示意图

	活动屋盖运行过程中固定屋盖主桁架的变形（mm）														表 7.8.4-2

桁架位置	全闭			1/4 开启			1/2 开启			3/4 开启			全开		
	U_x	V_x	U_z	U_x	V_x	U_z	U_x	V_x	U_z	U_x	V_x	U_z	U_x	V_x	U_z
A0	−0.06	10.81	−23.81	−0.02	0.16	40.21	−0.05	−2.85	70.03	−0.08	−5.24	88.49	−0.08	−6.41	96.53

桁架位置	全闭			1/4 开启			1/2 开启			3/4 开启			全开		
	U_x	V_x	U_z	U_x	V_x	U_z	U_x	V_x	U_z	U_x	V_x	U_z	U_x	V_x	U_z
A1	0.59	12.34	−26.82	0.11	−5.58	27.42	0.03	−7.87	55.09	−0.18	−9.27	73.62	−0.46	−10.2	82.94
A2	2.79	0.49	−41.9	1.55	−2.96	10.43	2.28	−5.86	25.89•	2.36	−6.60	39.75	1.453	−6.65	52.25
A3	6.81	−15.4	−59.34	3.43	0.36	−2.594	5.89	0.92	−0.32	7.28	1.37	2.872	7.043	1.04	9.332
A4	6.94	−6.1	−50.91	6.03	0.93	−15.58	10.3	1.75	−22.7	12.6	2.40	−24.44	12.6	2.73	−20.3
A5	3.58	1.59	−33.12	4.20	0.40	−7.68	8.91	1.06	−16.7	12.79	1.41	−24.51	12.59	1.84	−20.8
A6	−4.37	−1.62	−7.305	1.84	0.33	−0.242	3.83	0.73	−0.53	5.45	1.07	−1.021	8.071	1.54	−7.04
B0	−0.01	−106	−229.1	−0.01	6.85	58.45	0.00	16.2	106	0.01	23.88	139	0.004	28.3	156
B1	2.59	−101	−216.0	0.07	11.9	42.18	−0.13	19.8	85.56	−0.45	25.9	117.6	−0.82	29.8	135.5
B2	3.63	−70.3	−189.6	1.81	7.25	20.4	2.75	14.5	46.09	2.91	18.95	69.7	1.903	21.3	89.43
B3	1.63	−28.4	−150.3	4.42	1.72	1.355	7.73	3.64	8.65	9.74	5.63	17.02	9.722	8.12	28.04
B4	−5.63	−15.5	−94.92	7.53	−0.81	−14.83	13.2	−0.90	−20.6	16.81	−0.47	−20.54	17.47	0.20	−14.3
B5	−16	−2.49	−42.24	5.93	−1.06	−8.37	12.4	−2.29	−17.9	18.01	−3.10	−25.93	18.93	−3.46	−22.2
B6	−24.9	5.265	−9.535	3.22	−0.88	−0.09	6.74	−1.82	−0.22	9.82	−2.64	−0.55	13.32	−3.4	−5.65

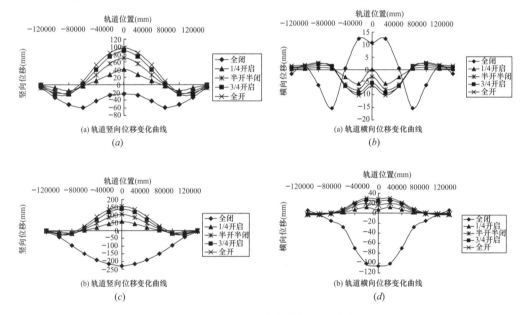

图 7.8.4-3　固定屋盖主桁架的变形曲线

（a）a 轨道的竖向变形；（b）a 轨道的横向变形；（c）b 轨道的竖向变形；（d）b 轨道的横向变形

固定屋盖的变形随着活动屋盖开启率的不同而逐渐变化，全闭状态时固定屋盖的竖向变形最大，全开状态时反拱显著。除全闭状态外，其余开启率时，竖向与横向变形的规律均为中间大、两端小。

7.9　驱动系统设计

鄂尔多斯东胜体育场活动屋盖沿着圆弧形轨道空间平移实现屋盖的开启与闭合。创新性采用钢丝绳牵引活动屋盖远端的驱动方式，通过卷扬机、钢丝绳牵引活动屋盖，有效减小了钢索转向对固定屋盖的反力。活动屋盖通过台车、轨道等部件将活动屋盖的荷载传递至固定屋盖及下部支承结构。

鄂尔多斯东胜体育场驱动控制系统设计重点解决了以下技术难题[10]：

（1）倾斜巨拱-拉索明显不对称，活动屋盖运行时，两侧的轨道将产生非对称的竖向及水平变形。

（2）为适应活动屋盖运行过程中的变形及台车姿态变化，需要台车具备多向调节功能，而且能够适应风沙气候，防止台车导向轮过载和卡轨，消除过大的卡轨力损伤轨道和结构。

7.9.1　驱动系统组成

鄂尔多斯东胜体育场采用 2 套双绳卷扬机系统驱动额定重量为 800t 的单片活动屋盖，两片活动屋盖共采用 4 套卷扬系统进行驱动。

单片活动屋盖上的 2 套卷扬驱动系统布置在水平投影为直线的 2 道主桁架上，每套驱动系统设置由两根钢丝绳牵引。每套卷扬驱动系统主要由卷筒驱动机构、下部转向滑轮、上部转向滑轮、导向滑轮、托辊导向轮及均衡梁组成。两根钢丝绳通过均衡梁作用在活动屋盖上，在卷筒的驱动下牵引活动屋盖行走。活动屋盖在钢丝绳的牵引下依靠重力下滑实现开启。鄂尔多斯东胜体育场采用的驱动系统如图 7.9.1-1 所示[10]。

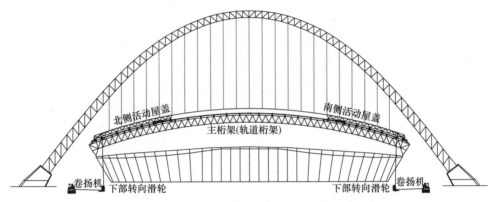

图 7.9.1-1　鄂尔多斯东胜体育场的开合驱动系统

在固定屋盖的 2 个主桁架上安装鱼腹式轨道梁，在轨道梁上铺设轨道，活动屋盖由在轨道上行走的台车支承，如图 7.9.1-2（a）所示。单片活动屋盖共由 14 部台车支承，各台车的位置如图 7.9.1-2（b）所示。

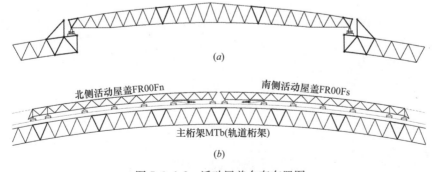

图 7.9.1-2　活动屋盖台车布置图

（a）活动屋盖主桁架方向；（b）活动屋盖边桁架方向

台车支承反力分布受活动屋盖形状与尺寸、运行位置、台车位置和结构刚度等多种因素的影响。通过结构整体计算分析，可得到各台车的支承反力。

在重力荷载作用下，固定屋盖与活动屋盖均会发生变形。活动屋盖主桁架挠曲变形将造成其下弦伸长，对固定屋盖产生横向推力。活动屋盖运行在不同的位置，活动屋盖与固定屋盖之间的纵向和横向相对变形不断变化，全闭状态时相对变形量最大。

此外，受到温度作用、钢丝绳牵引力以及施工安装误差等影响，活动屋盖与固定屋盖在顺轨与垂直轨道方向也会产生变形差异。

7.9.2 驱动方式与台车布置

结合建筑造型，经过多轮方案比选优化，确定采用钢丝绳对拉驱动方式，显著简化了机械驱动的复杂程度，解决了转向滑轮受力过大的问题，有效降低了结构设计难度。

利用建筑屋顶圆弧造型，调整圆弧半径，使台车利用活动屋盖自重产生的下滑力完成开启，仅在活动屋盖闭合爬升阶段利用钢丝绳牵引驱动，简化了开合屋盖机械系统设计。同时，设置了下滑反向牵引保障系统，当特殊情况下屋盖无法开启时，用于克服初始摩擦力。

鄂尔多斯东胜体育场对传统牵引驱动方式进行了重大改进：活动屋盖全部采用被动式台车，将卷扬设备放置在体育场端部的专用地下机房中，用钢丝绳牵引相对较远一侧的活动屋盖，传力直接明确，转向轮作用于固定屋盖的反力值显著降低，钢索系统大大简化，适应能力强，驱动可靠性提高。两个方向钢丝绳平面位置错开，防止相互干扰。鄂尔多斯东胜体育场钢丝绳驱动方式如图 7.9.2-1 所示。

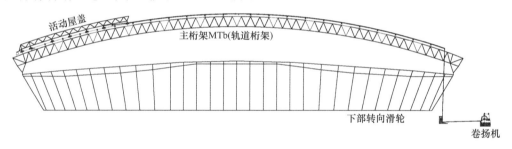

图 7.9.2-1 鄂尔多斯东胜体育场单侧活动屋盖驱动方式示意

鄂尔多斯东胜体育场单侧活动屋盖沿跨度方向设置 4 道桁架。在最初的驱动系统方案中，单片活动屋盖两侧各布置 4 部台车，台车设置于活动屋盖桁架端部。由于桁架间距较大，单个台车反力超过 1000kN。为避免台车受力过大等不利影响，将活动屋盖每侧台车的数量由 4 台增至 7 台，除内侧桁架负载较小保持不变外，其余均在桁架端部设置两个台车，形成扁担效应，有效增强了结构的稳定性，减小了单个台车的载荷，结构受力的均匀性和活动屋盖对运行变形的适应能力得到改善，并有效降低了固定屋盖主桁架支承轨道构件的内力，取得了良好的技术经济效果。鄂尔多斯东胜体育场调整前后活动屋盖台车的布置如图 7.9.2-2 所示。

(a)   (b)

图 7.9.2-2 调整前后活动屋盖台车的布置

(a) 调整前；(b) 调整后

7.9.3　驱动系统主要部件设计

1. 台车

鄂尔多斯东胜体育场台车由台车架、垂直反钩或反滚轮、弹簧装置等组成，如图 7.9.3-1（a）所示。台车采用油缸调整台车和活动屋盖之间的相对位置，油缸具有三个方向转动和横向滑动自由度，通过在关节轴承内圈安装滑动轴承，套在台车的主轴上，实现沿垂直轨道的左右滑动，从而适应活动屋盖在运行过程中的相对变形及台车姿态变化。运行时通过压力传感器检测每个台车所承受的荷载，通过位移传感器检测油缸的行程，通过调整台车顶部的高度，防止台车过载。台车顶部油缸的构造如图 7.9.3-1（b）所示。活动屋盖的支座通过法兰盘和高强螺栓与台车顶部相连。

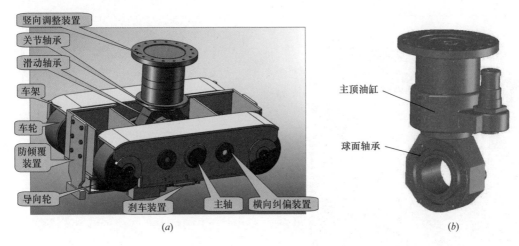

图 7.9.3-1　活动屋盖的台车

(a) 台车三维示意图；(b) 台车顶部的油缸

台车在屋盖运行过程中，既要适应固定屋盖和活动屋盖之间的相对变形，防止台车过载和卡轨，还需保证固定屋盖能够提供足够的约束反力，以便对活动屋盖进行纠偏。为实现这个目的，在水平方向滑动轴套与台车之间通过有源阻尼器（油缸＋弹簧阻尼器）连接。

关节轴承内外圈之间可自由转动与滑动。油缸既可以在正常运行时灵活运动，也可在纠偏时提供可控的纠偏力。在导向轮上安装测力装置以及在阻尼油缸上安装压力和位移传感器，实时监控台车导向轮及轨道的横向受力情况和活动屋盖的偏斜姿态。

采用精密的控制系统设计与现场总体调试，有效避免两侧台车偏斜卡轨。通过日常检查、运行监控、常规保养等措施，避免台车车轮处的轴承、关节轴承与滑动轴承等关键部件失效，防止雨水进入与锈蚀，确保台车处于正常工作状态。

台车在顺轨方向和垂轨方向设置平衡机构，采用无轮缘宽踏面车轮，适应轨道梁可能发生的垂直于轨道方向的变形。垂直于轨道的水平力由水平轮承受。根据国家现行起重机械设计规范进行计算，确定台车轮宽 250mm，车轮直径为 $D_c = 500$mm，车轮轴直径为 $d_c = 110$mm，安全系数为 2.5。

垂直于轨道的滑槽和垂直于轨道方向的弹簧装置，使台车可适应活动屋盖垂直于轨道方向的变形。设置垂直反钩或垂直反滚轮，保持台车在风荷载、地震作用及运行水平力作用下的位置，防止活动屋盖漂移、车轮脱轨。另设有临时锁定装置，在断电或故障维修状态下，通过锁定装置及时将台车固定在屋盖轨道上。同时，为控制建造成本，保证结构安全性，严格控制台车及附属设备的重量。

本工程台车设计的主要参数如表7.9.3-1所示。

鄂尔多斯东胜体育场台车的主要设计参数 表7.9.3-1

序号	项目	设计值
1	台车横向承载力	≥100kN
2	台车竖向承载力	≥1000kN
3	台车水平调整量	≥±100mm
4	台车垂直调整量	≥±100mm
5	台车主轴承载力	1500kN
6	单个车轮承载力	375kN

图 7.9.3-2　台车承载力与加载状态下运动能力试验

为保证台车达到设计要求的承载能力，出厂前进行了模拟实际工况试验，将运行过程中台车出现故障的隐患降至最低。专门研制的实验设备可模拟台车的运行情况，测试台车在额定行走速度下的承载力、竖向与横向调节能力、运动阻力与刹车系统的可靠性等，如图7.9.3-2所示。

2. 轨道

轨道安装在固定屋盖主桁架之上，如图7.9.3-3所示。轨道对安装精度要求很高，主体结构卸载完成后方可安装就位，并对其标高、平面位置和垂直度进行精细调节，保证轨道梁位于理想的圆弧曲线。轨道安装完成后的情况如图7.9.3-4所示。

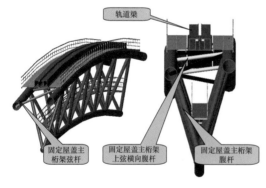

图 7.9.3-3　轨道梁与支承结构

图 7.9.3-4　轨道安装完成后的情况

3. 牵引钢丝绳

钢丝绳与活动屋盖的连接构造应满足结构之间传递牵引力的要求，避免发生荷载偏心。鄂尔多斯东胜体育场活动屋盖在钢索连接部位设置了均衡梁，有效避免了结构偏心受力的不利影响。本工程均衡梁与活动屋盖的连接构造如图7.9.3-5所示，均衡梁单重

8t，外形尺寸 2176.3mm×800mm×800mm（长×宽×高）。

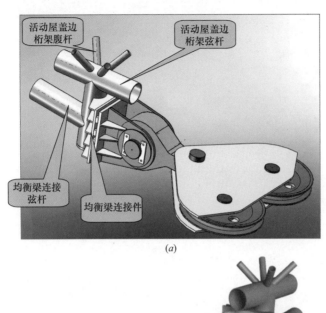

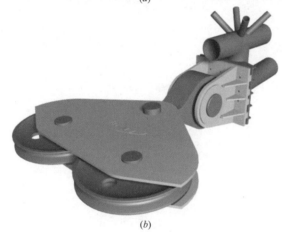

图 7.9.3-5　活动屋盖均衡梁构造

（a）均衡梁与活动屋盖的连接方式；（b）均衡梁构造

　　钢丝绳绕过均衡梁的两个滑轮，两侧钢丝绳承托于滑轮和托辊，端部与卷筒固定，既保证了两侧钢丝绳受力相等，又降低了钢索直接与活动屋盖相连带来的安全风险。在均衡梁上安装测力销，随时监测运行过程中两侧钢丝绳拉力之和，作为驱动系统的重要控制参数。在活动屋盖安装完成后，均衡梁与边桁架下弦的连接件焊接。待卷扬机、轮系等部件安装完成后，最后安装主钢丝绳。

　　本工程钢丝绳驱动系统的设计参数如表 7.9.3-2 所示。共采用 4 台 110kW 电机，电机功率与活动屋盖运行动力需求相匹配。

鄂尔多斯东胜体育场活动屋盖钢丝绳驱动系统的设计参数　　　　表 7.9.3-2

项目	设计参数
年开合次数	200 次
总开合次数	N＝200×50＝10000 次
移动距离	60m

项目	设计参数
移动速度	3m/min
单片屋盖驱动功率	$P=148$kW
单片屋盖驱动电机台数	2台
单台电机实际驱动功率	$P_t=74$kW，选择110kW的电机
单根钢丝绳最大静载荷	$F_{sh}=550.5$kN
选用钢丝绳公称直径	$d=72$mm
最小破断拉力	3520kN
钢丝绳安全系数	6.4

7.10 控制系统设计

7.10.1 控制流程

鄂尔多斯东胜体育场采用 Profibus 工业总线分布式控制系统，每个台车上安装有控制器对台车进行终端控制。与 PLC 相匹配，并系统记录运行参数和运行自诊断程序，中控室内装有多路视频监视系统，直观显示设备运行状况。

1. 屋盖开启过程

屋盖的开启为卷扬机释放钢丝绳，活动屋盖在重力荷载作用下缓慢下移的过程，分为以下三个阶段：

（1）屋盖处于闭合状态时，两个活动屋盖通过安全插销连接在一起，钢丝绳处于松弛状态。活动屋盖准备开启时，首先松开安全插销，控制系统控制电动卷扬机缓慢张紧钢丝绳，待钢丝绳子达到一定的张力后，控制系统启动安全插销电机，拔出安全插销。

（2）安全插销完全打开后，控制系统控制电动卷扬机减小牵引力，活动屋盖在自重作用下缓慢下移，按照规定的加速度逐渐达到正常运行速度，此时卷扬电机处于发电制动状态。

（3）当活动屋盖接近全开位置时，控制系统逐渐加大电动卷扬机的牵引力，使活动屋盖逐渐减速，当检测到完全开启信号后（抵靠下车挡），控制台车上的制动器停止活动屋盖移动，并控制卷扬机使钢丝绳保持较小的张力，命令卷扬机上的制动器进行制动，电机停止运转，屋盖开启过程完成。

2. 屋盖闭合过程

屋盖闭合是开启的反过程，控制系统先控制电动卷扬机使钢丝绳达到一定的张力，然后继续控制电动卷扬机增加牵引力，使活动屋盖缓慢上移，按照规定的加速度达到正常速度后均速运行。当屋盖接近闭合时，控制电动卷扬机减小牵引力，使活动屋盖逐渐减速，当检测到接近安全插销位置的信号时，控制电动卷扬机逐渐减小牵引力，并启动安全插销电机，插进安全插销。当屋面完全闭合后（位移传感器检测到的距离小于一定值），缓慢减小钢丝绳张力至预定值后，控制台车上的制动器进行制动，并继续放松钢丝绳，使钢丝绳处于松弛状态。电动卷扬机制动器制动，屋盖完成闭合过程。

鄂尔多斯东胜体育场屋盖开合控制系统的控制流程如图 7.10.1-1 所示。

3. 均载控制

本工程控制系统在每部台车均装有一个均载油缸。控制系统通过检测油缸行程和压力，计算出每部台车的载荷，通过调整顶升油缸的压力和位置，使每部台车在行走过程中的载荷大致相同。

鄂尔多斯东胜体育场活动屋盖驱动控制系统的操作台如图 7.10.1-2 所示。

7.10.2 运行操作管理

驱动系统与控制系统属于重要的特殊设施，需要通过严格的管理确保其安全性、可靠性与耐久性。根据本工程的使用要求，制定了相应的管理措施。

1. 运行管理

编制开合屋盖使用手册，对运行条件（气温、风力、降雪和降雨等）做出明确规定，相关人员专门培训，运行管理专人负责。明确活动屋盖运行与维护的相关规定与注意事项，确保活动屋盖安全操作和使用。制定活动屋盖发生事故时的应急预案。定期运行、保养，确保机械零件处于良好的工作状态。

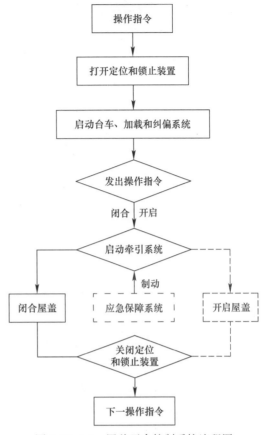

图 7.10.1-1 屋盖开合控制系统流程图

图 7.10.1-2 活动屋盖驱动控制系统的操作台

在外部天气条件允许的情况下，对系统功能进行检验。机械驱动系统在轨道上的所有部位都可以进行维修。

2. 屋盖开合操作

（1）活动屋盖开合运行前，维修人员应对机械、控制设备进行全面检查；

（2）进行开合操作前，检查控制系统是否正常，启动监测系统；

（3）检查风速仪数据，并记录；

（4）在开合操作过程中，操作人员与指挥人员用对讲机随时联系，根据指令动作；

（5）在屋盖开合全过程中，操作人员严禁脱离岗位；

（6）活动屋盖在半开状态停留时间不能超过 10min，在全闭状态应插入安全插销。设备运行过程中，利用监测系统监控开合全过程，观察运行状态是否异常，并及时填写屋盖开合运行记录表。

以下情况严禁进行活动屋盖开合操作：

（1）灾害性天气（如风速超过 12m/s 的大风、地震和中雨及以上等）；

（2）机械设备有异常情况、机械工程师不同意运行时；

（3）控制系统有异常情况、自控工程师不同意运行时；

（4）屋盖附属设备（如灯光、音响等）、排水系统等检修维护时；

（5）其他非正常状态时。

7.11 关键施工技术

根据本工程结构特点，综合考虑现场实际条件，对不同施工方案分析比选，最终确定本工程安装施工总体思路：混凝土主体结构施工→钢结构现场地面拼装→大型履带吊固定屋盖安装→巨拱累计提升安装→钢索安装并张拉至 50％预应力→固定屋盖临时支撑卸载→活动屋盖安装→钢索张拉至 100％预应力。

7.11.1 施工模拟分析

工程工期紧张，结构体量和构件单重均较大，内部施工场地有限，且结构体系复杂，安装与卸载顺序、钢索张拉顺序等与结构的内力和变形直接相关。因此，采用施工仿真模拟技术，对固定屋盖与巨拱的施工、活动屋盖安装、钢结构卸载、金属屋面、膜结构与设备安装、钢索张拉与调试的全过程进行仿真分析，对结构的成型态进行准确的描述，确保结构安全和工程质量。

计算分析采用的施工顺序如下：

（1）施工看台和商业飘带混凝土结构；

（2）安装固定屋盖与巨拱；

（3）安装钢索；

（4）张拉钢索，固定屋盖临时支撑塔架卸载；

（5）安装活动屋盖；

（6）第一阶段索力调整；

（7）安装活动屋盖、膜结构；

（8）第二阶段索力调整；

（9）活动屋盖试运行。

在设计过程中考虑的主要施工步骤如图 7.11.1-1 所示，在计算分析时采用"生死单元"逐步激活技术，模拟施工建造中结构质量与刚度逐渐形成的过程，并通过控制温差幅值模拟对钢索进行张拉与索力调整。

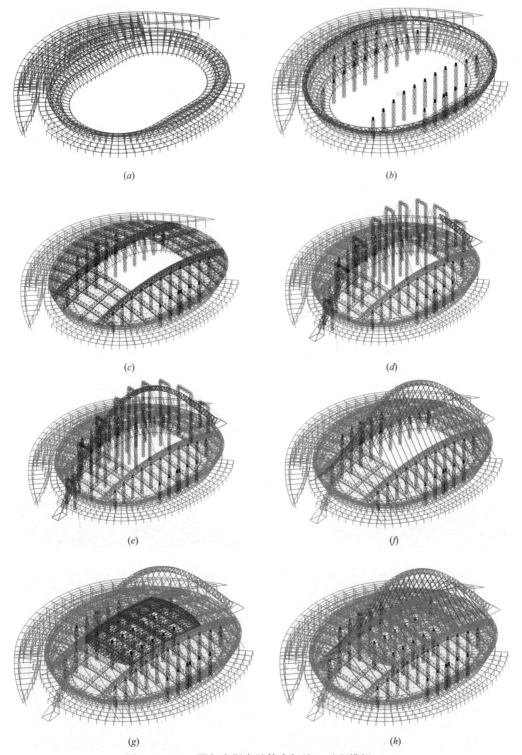

图 7.11.1-1　鄂尔多斯东胜体育场施工过程模拟（一）

（a）施工看台与商业飘带混凝土结构；（b）安装临时支撑塔架与屋盖环向桁架；（c）安装固定屋盖；
（d）安装场巨拱临时支撑塔架、分段安装巨拱；（e）巨拱合龙；（f）安装钢索、固定屋盖撒撑；（g）安装活动屋盖；
（h）第一阶段索力调整

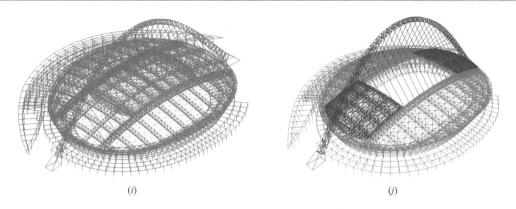

(i)   (j)

图 7.11.1-1 鄂尔多斯东胜体育场施工过程模拟（二）

(i) 活动屋盖撤撑、第二阶段索力调整；(j) 活动屋盖运行调试

7.11.2 固定屋盖施工

固定屋盖为球面，外径 359.5m，由两榀支承轨道的主桁架、周边环桁架、38 榀次桁架、主檩条和支撑组成，采用大型履带吊分区、分段吊装的施工方法。

每榀主桁架分 4 大段和中部一个小合龙段，分段最大重量为 170t，采用一台 500t 和一台 400t 履带吊双机抬吊进行安装。次桁架、环桁架主要采用一台 160t 和一台 150t 履带吊进行安装。

安装顺序从南北两侧向中间进行，最终在结构中部进行合龙。由于受巨拱提升施工的影响，固定屋盖中间两榀次桁架待巨拱提升后再进行安装。施工现场如图 7.11.2-1 所示。

(a)

(b)   (c)

图 7.11.2-1 固定屋盖地面拼接与吊装施工

(a) 桁架拼装；(b) 轨道桁架双机抬吊图；(c) 固定屋盖合龙安装

桁架拼装场地设置在体育场内部，桁架节段、支撑塔架等在场外拼装完成后运至场内安装。临时支撑塔架采用 2 个 2m×2m 格构构件组成门式桁架，最大高度 46m，如图 7.11.2-2 所示。

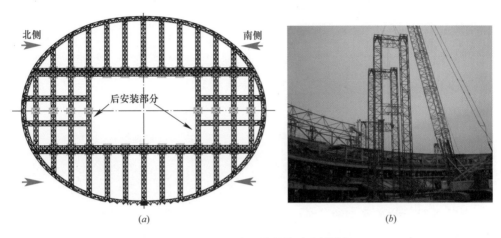

图 7.11.2-2　固定屋盖的临时支撑塔架

(a) 固定屋盖支撑架布置图；(b) 支撑架施工

7.11.3　巨拱施工

1. 巨拱施工总体思路

巨拱是鄂尔多斯东胜体育场结构最关键的受力部分，施工难度很大，主要体现在以下方面：

(1) 大跨、超高、超重。巨拱跨度为 330m，顶部标高 129m，每米重量平均 7t，是国内最大的巨拱结构，安装难度极大。

(2) 结构刚度小。巨拱为矩形截面的管桁架，截面宽为 5m，跨中截面高度为 5m，支座截面最大高度为 8m。相对于 330m 跨度，巨拱自身刚度较小，面外变形较大。

(3) 整体倾斜 6.1°。巨拱整体倾斜，安装精度控制和安装过程结构稳定控制具有挑战性。

综合考虑场地条件、工期要求、安全性和经济性等因素，通过对"扳吊法"、"分段吊装"和"整体提升"等施工方法进行对比，最终采用了"吊装＋累积提升"相结合的安装方法，即巨拱两端各 80m 长节段，设置支撑塔架分段吊装，中间 170m 节段采取两点累计提升，最终高空合龙对接。此方案显著减少了巨拱拼装支撑塔架和提升塔架以及提升设备数量，降低了施工成本。

巨拱中间节段两点累积提升方案可能存在的主要问题如下：

(1) 巨拱本身发生较大变形，如何在高空合龙对接时保证拼装精度；

(2) 巨拱在高空倾斜角度控制以及提升过程中稳定性控制；

(3) 巨拱自身在提升过程中的强度是否满足要求；

(4) 两点累积提升施工工艺对结构最终成型与受力状态的影响。

结合工程经验，将巨拱分为五个安装单元，其中两侧单元设置临时支撑塔架，采用吊车进行吊装;中部总重 1600t 节段采用液压同步提升设备进行安装。为减小胎架高度,中间单元(第 3 单元)在地面拼装,然后提升至一定高度,将第 2 单元、第 4 单元与中间单元进行拼接,然后进行整体提升;提升至预定设计标高后,再与第 1 单元和第 5 单元进行对接以及后装杆件安装。该安装方法大大降低了施工难度,保证了工程质量、安全和工期。巨拱施工步骤如图 7.11.3-1 所示。

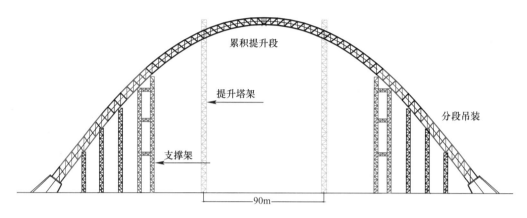

图 7.11.3-1　巨拱施工示意图

为实现巨拱与地面垂面呈 6.1°倾角,首先对 4 个吊点的提升器分级加载,调整吊点的提升油压,钢拱整体提升脱离拼装胎架后,对钢拱各吊点进行单独提升控制,不断调节钢拱的垂直偏角,直至达到设计要求的 6.1°。调整结束后,4 个吊点的提升器同步提升,提升过程中测量钢拱的垂直倾角,如倾角偏小或偏大,则加载 1、2 号吊点或 3、4 号吊点,直至钢拱调整到 6.1°的位形。

2. 提升塔架安装

巨拱提升采用大型门式塔架,该塔架具有自顶升安装和拆卸功能,在顶部设置有两台 10t 回转吊,实现安拆时塔架自身构件的吊装,解决了巨拱提升点高达 121.3m、常规提升架无法安拆的难题。

门式塔架如图 7.11.3-2 所示,两个塔架间距 90m,塔架标高为 146m,允许吊装高度为 127m,每个塔架在巨拱上弦杆位置设置两个提升点,每个提升点设置两台 350t 液压提升器。每个塔架配置 6 道揽风索,揽风索根据位置不同施加 180~360kN 预应力。

提升塔架基础、地锚(图 7.11.3-3)

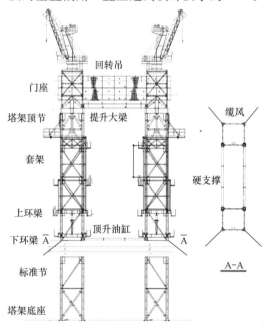

图 7.11.3-2　门式塔架构造

等验收合格后,进行门式塔架组装,自身顶升安装标准节。当塔身顶升到第六标准节时,在塔身两肢之间安装连接桁架与临时缆风,确保塔身安装的安全性。当塔架安装至顶部后，在顶部设置永久缆风索并施加预应力，拆除 60m 标高的连接桁架及临时缆风，并在提升大梁上安装液压提升系统。塔架安装现场照片见图 7.11.3-4。

图 7.11.3-3　门式塔架地锚构造　　　　图 7.11.3-4　门式塔架安装

3. 巨拱提升施工

巨拱拱脚施工主要包括拱脚埋入钢管分段定位安装、管内 C60 自密实高强混凝土顶升浇筑、拱脚及基座混凝土分段浇筑。受到施工场地的限制，在固定屋盖安装基本结束后开始巨拱安装。巨拱两端共设置 10 榀支撑塔架，每端各 80m 区段分段吊装，采用一台 500t 和一台 400t 履带吊。中间 170m 区段，相隔 90m 位置设置两榀自顶升龙门提升塔架。巨拱"分段吊装＋累积提升法"施工具体步骤如下：

（1）采用履带吊安装巨拱两端区段（图 7.11.3-5）；

图 7.11.3-5　巨拱两端区段散拼

（2）搭设临时胎架，近地面拼装长 100m、557t 巨拱顶冠区段，安装自顶升门式塔架（图 7.11.3-6）；

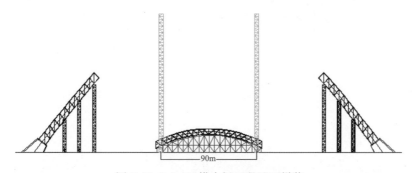

图 7.11.3-6　巨拱中间区段地面拼装

（3）进行巨拱第一次提升，采取正立姿态将巨拱提升至 28m 高度（图 7.11.3-7）；

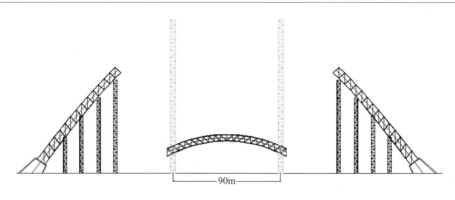

图 7.11.3-7　巨拱第一次提升

（4）安装支撑塔架，对两边各 35m 区段进行接长，同时将巨拱内部马道和外部装饰龙骨及钢索全部安装完毕（图 7.11.3-8）；

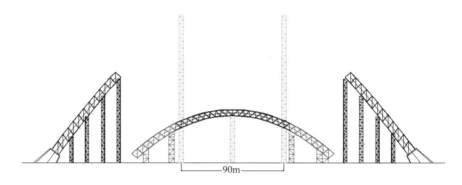

图 7.11.3-8　巨拱拼接接长

（5）进行巨拱第二次提升，提升总重 1360t。巨拱脱离胎架后，通过调节提升力 F_1 和 F_2 的比例，将巨拱从正立姿态调整至 6.1°倾斜姿态，其后保持倾斜 6.1°姿态匀速提升（图 7.11.3-9）；

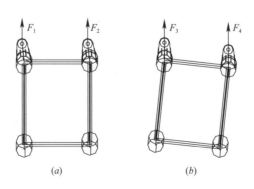

图 7.11.3-9　巨拱截面姿态调整

（a）正立姿态；（b）6.1°倾斜姿态

（6）将巨拱提升至设计标高（图 7.11.3-10）；

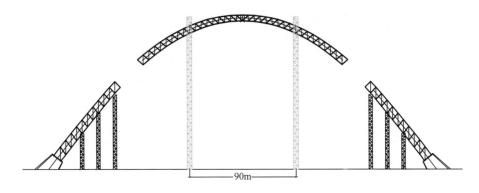

图 7.11.3-10　巨拱提升至设计标高

（7）在巨拱提升段两端安装支撑塔架，安装补装段，焊接合龙（图 7.11.3-11）。

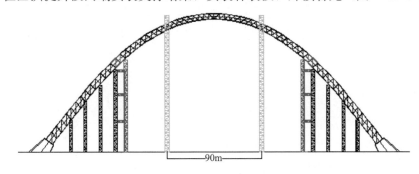

图 7.11.3-11　巨拱对接、合龙

4. 巨拱施工控制措施

（1）提升过程空中倾斜姿态与稳定性

在第一次提升巨拱中间 100m 区段时，结构重心位于提升点上方 2.847m 处、横向相邻吊点中间。在提升过程中，受风荷载及提升力不均匀的影响，一旦重心偏离位置，巨拱将发生倾覆。故此，提升时需要控制提升力 F_1 和 F_2 偏差的范围，保障巨拱在提升过程中的稳定性。

巨拱第一次提升采取正立姿态，巨拱受到重力、风荷载和提升器的作用力。由于提升速度很慢，可以不考虑提升加速度的影响。此时尚在体育场内部，风荷载很小，可忽略不计。通过控制相邻吊点提升力的比值，即可保证结构的稳定性。

根据巨拱发生倾覆时的力矩平衡条件，可以求得相邻吊点提升力的比值关系，见图 7.11.3-12。第一次提升中间 100m 区段，提升高度较低，构件重心位于吊点上方，但仍然处于相邻吊点中间，故此，$F_1 =$ 0.5G，考虑预留 80％ 的安全系数，取 F 最

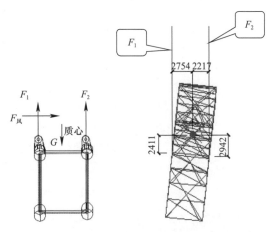

图 7.11.3-12　巨拱重心位置侧面示意图

大值为 $0.4G$。$F_1 : F_2 = 0.834$（$0.67 \leqslant F_1 : F_2 \leqslant 1.5$）时，巨拱不发生倾覆。第二次提升，构件重心位于吊点下方，不会发生结构倾覆，$F_1 : F_2 = 2.049$。

（2）巨拱对接精度

巨拱第一次提升时端部向上变形，第二次提升时端部向下变形，且由于巨拱姿态偏转6.1°，提升过程中，端部存在扭转变形。为保证巨拱对接精度，在对接时设置支撑塔架，对巨拱变形进行调节。第一次在巨拱跨中设置塔架，第二次在巨拱两端设置塔架。由于第二次支撑塔架高达 86m，为减小调节巨拱变形对合龙段支撑塔架产生的水平推力，采取措施减小合龙段支撑塔架滑动摩擦力，并允许产生相对位移。

（3）巨拱提升过程抗风稳定性

本工程巨拱提升，除提升塔架揽风系统外，巨拱自身还设置了揽风系统，防止巨拱在风荷载作用下产生晃动。巨拱揽风系统风荷载按照 10 年重现期设计，在靠近提升塔架附近的钢索节点对称设置 4 处。缆风系统按照 200t 级配置，设置卷扬机。在巨拱提升过程中，卷扬机逐步放松，巨拱缆风系统跟随巨拱上升，一旦遇见大风，立即停止提升，随即张紧揽风系统，确保巨拱自身的稳定性，如图 7.11.3-13 和图 7.11.3-14 所示。

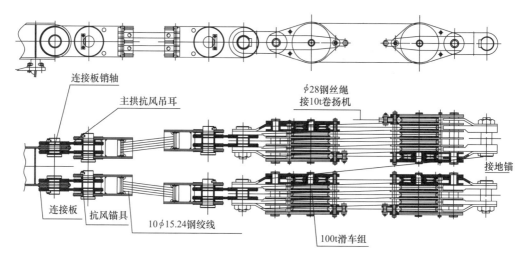

图 7.11.3-13　巨拱揽风构造

（4）昼夜温差作用的影响

在巨拱完成合龙且尚未卸载期间，昼夜温差对巨拱特别是支撑塔架和提升塔架均有较大影响，需要进行分析校核。昼夜温差对结构产生约 ±15℃ 的温度作用，导致巨拱部分杆件应力比提高 5% 左右，支撑塔架反力增加 10% 左右，但尚处于安全范围之内。

（5）巨拱卸载的稳定性

巨拱合龙后至钢索张紧前是施工安全的关键节点。钢索张拉前临时支撑卸载，自承重阶段巨拱的受力与变形均较大；将两侧钢索张拉后再卸载，将加大支撑塔架和提升塔架的受力，显著增大施工成本。针对巨拱倾斜的特点，采用了将单侧钢索预紧后再进行塔架卸载的施工方法。

5. 钢索安装及张拉

本工程钢索数量多，共有 46 根钢索与巨拱相连，钢索排列密集（图 7.11.3-15、

图 7.11.3-16）。由于钢拱倾斜，导致钢拱两侧钢索不等长，最大索长近 90m，设计索力为 155t，索力差异显著。巨拱刚度较小，分批张拉时钢索索力相互影响较大。钢索张拉顺序如表 7.11.3-1 所示。

图 7.11.3-14　巨拱揽风系统

图 7.11.3-15　钢索安装

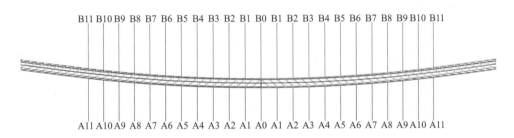

图 7.11.3-16　巨拱俯视图及钢索编号

钢索张拉顺序　　　　　　　　　　　　　　　　　表 7.11.3-1

张拉阶段	分级张拉	分批张拉顺序	备注：
第一阶段	15%→40%	从中间向两端对称进行	（1）从中间向两端对称进行： （A0+B0）→2（A1+B1）→2（A2+B2）→ 2（A3+B3）→2（A4+B4）→2（A5+B5）→ 2（A6+B6）→2（A7+B7）→2（A8+B8）→ 2（A9+B9）→2（A10+B10）→2（A11+B11）
第一阶段	40%→50%	从两端向中间对称进行	
第二阶段	50%→75%	从两端向中间对称进行	（2）从两端向中间对称进行： 2（A11+B11）→2（A10+B10）→2（A9+B9）→ 2（A8+B8）→2（A7+B7）→2（A6+B6）→ 2（A5+B5）→2（A4+B4）→2（A3+B3）→ 2（A2+B2）→2（A1+B1）→（A0+B0）
第二阶段	75%→90%	从中间向两端对称进行	
第二阶段	90%→100%	从两端向中间对称进行	

　　钢索张拉采用力与形双控的施工方案，其中以控制索力为主。力的控制包括索力、支座反力、构件内力等；形的控制主要为钢索连接点的竖向位置和巨拱的平面位置，以及构件空间坐标等。

　　结构随着施工安装逐渐成形，荷载逐渐增加，钢索分两阶段进行张拉。通过张拉过程模拟分析确定每根钢索的拉力值，采用配套标定的千斤顶和油压表进行钢索张拉作业。为减小钢索锚固预应力损失和长期预应力损失，张拉端采用冷铸锚头，并在拉力计算值的基础上超张拉 3%。

为准确标定索力和频率的关系，采用二级标定程序：在钢索制作预张拉时进行第一级标定；在施工现场张拉机具对钢索施加张力时进行第二级标定。钢索张拉完毕后，通过无线加速度传感器测得钢索前几阶振动频率，根据二级标定的索力-频率关系确定钢索索力。

7.11.4 活动屋盖制作与安装

本工程每片活动屋盖设置14部台车，通过卷扬机带动台车在两榀主桁架轨道上滑动来实现活动屋盖的开启与闭合。施工中通过轨道预变形、结构卸载后固定轨道等措施保证活动屋盖顺利开合，具体措施如下：

（1）轨道梁与固定屋盖主桁架同时安装，临时固定在轨道桁架之上。固定屋盖和巨拱安装完毕后，对钢索进行50％张拉，拆除支撑塔架，结构变形完成后进行轨道梁校准定位并焊接固定，可以消除大部分恒载和钢索张拉对轨道的影响。

（2）轨道梁校准定位、焊接固定时，根据计算结果对轨道梁水平位置进行预变形，减小后期屋盖恒载和钢索张拉对轨道梁的影响。

（3）为减小活动屋盖下挠变形对台车撑臂转角的影响，在固定屋盖主桁架上设置临时支架对活动屋盖进行支撑，待活动屋盖安装完毕后拆除。活动屋盖变形完成后，再将活动屋盖与台车顶部相连（图7.11.4-1）。

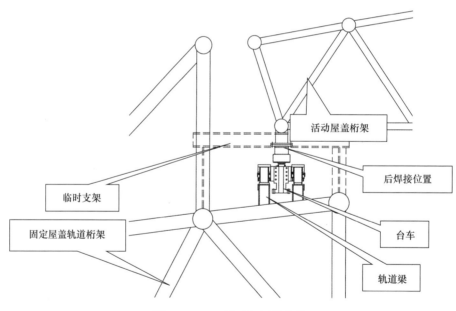

图 7.11.4-1　活动钢屋盖安装

活动屋盖安装在钢索张拉50％、钢结构卸载后进行。活动屋盖桁架地面拼装后，采用1台400t履带吊整榀吊装。由于受到操作空间的影响，活动屋盖在距离全闭位置5m处进行高空安装。

7.11.5 钢结构卸载方案比选

本工程钢结构卸载包含巨拱卸载和固定屋盖卸载两大部分。预应力钢索将固定屋盖与巨拱形成整体结构，巨拱卸载、固定屋盖卸载以及钢索张拉三者之间的施工顺序，直接关系到结构内力与变形分布，同时影响对支撑塔架和提升塔架承载力的需求和施工方案的经济性。

巨拱卸载、固定屋盖卸载以及预应力张拉共有如下 6 种施工方案：

方案 1：巨拱卸载→固定屋盖卸载→钢索初张拉

方案 2：钢索预紧→巨拱卸载→钢索初张拉→固定屋盖卸载

方案 3：钢索初张拉→固定屋盖卸载→巨拱卸载

方案 4：钢索初张拉→巨拱卸载→固定屋盖卸载

方案 5：固定屋盖卸载→钢索初张拉→巨拱卸载

方案 6：固定屋盖卸载→巨拱卸载→钢索张拉

方案比选从技术、经济和安全角度出发，并遵循支撑塔架与结构构件内力、变形不超限、保持结构稳定的原则。

假如首先进行巨拱卸载，则独立的倾斜巨拱受力较大，巨拱 Y 向位移达 −778.7mm，对后续拉索安装预紧、张拉带来很大难度，所以方案 1 不合适。

由于固定屋盖很大一部分荷载通过拉索传给巨拱，假如固定屋盖先卸载，则固定屋盖需要先独立承担已安装结构的自重，屋盖受力和变形均较大，严重不符合原结构设计受力形态。根据计算，结构竖向变形达 −250mm，部分杆件发生破坏，所以方案 5 和 6 不合适。此外，在巨拱卸载前进行钢索初张拉，还将导致巨拱支撑架和提升搭架受力增大，合理性欠佳。

本工程从结构构件内力变化幅度上进行判断，分别对方案 2、3 和 4 进行分析，对巨拱拱脚、主桁架与次桁架连接部位的内力、巨拱顶部位移值和钢索合力等关键参数，根据施工方案与设计状态的变异系数，判断施工方案与设计状态的一致性。第 i 关键参数的变异系数 X_i 可由下式确定：

$$X_i = \sqrt{\left(\frac{X_{Ci} - X_{Di}}{X_{Di}}\right)^2} \times 100\% \tag{7.11.5-1}$$

式中　X_{Ci} 和 X_{Di} 分别为施工方案得到的状态值与原设计状态值。对三种方案的变异系数求和，确定 3 种方案和设计状态的差异：方案 2 得到的 $\sum\limits_{i=1} X_i = 40.22807$，方案 3 得到的 $\sum\limits_{i=1} X_i = 47.53013$，方案 4 得到的 $\sum\limits_{i=1} X_i = 72.05619$，与方案 3 和方案 4 相比，方案 2 更接近于原设计结构的受力与变形。故此，将方案 2 作为优先考虑的卸载方案。

考虑利用巨拱倾斜 6.1° 的特点（图 7.11.5-1），当 B 面单边挂索预紧时，巨拱竖向有向上变形趋势，使得巨拱提升塔架和支撑塔架实现主动卸载。为确保安全，采用预紧 B 面全部挂索，A 面同时间隔挂索 6 根。然后卸载巨拱支撑塔

图 7.11.5-1　钢索侧立面图

架，再进行 A 面剩余钢索预紧和 A、B 面所有钢索 50% 预应力张拉。最后，卸载固定屋盖支撑塔架（图 7.11.5-2、图 7.11.5-3）。

图 7.11.5-2　钢结构的临时支撑体系　　　图 7.11.5-3　钢索张拉后钢结构临时支撑体系卸载

根据施工过程模拟分析的计算结果，由于钢索的作用，巨拱 10 榀支撑塔架中有 6 榀支撑塔架和 2 榀提升塔架可以实现与结构主动脱离，固定屋盖 22 榀支撑塔架中有 12 榀支撑塔架可以实现与结构主动脱离，剩余未脱离的支撑塔架受力也减小至原受力的 50% 以下，显著减小了卸载工作量和卸载难度。

7.11.6　驱动系统施工

在驱动系统设备中，卷扬机、托辊、导向轮、均衡梁、上部转向滑轮、下部转向滑轮及钢丝绳构成驱动系统；台车、轨道和轨道附件构成行走机构；车挡、插销作为安全锁定组件。为保障施工质量与项目的工期，驱动系统安装按照如下原则进行：

（1）完成人员、设备、前期准备工作，满足现场施工要求；

（2）完成对轨道梁、卷扬机预埋件的施工验收以及电器管线铺设；

（3）将卷扬机吊装至专用的机房，由液压设备将卷扬机推送至预埋件所在位置；

（4）活动屋盖载荷全部由轨道桁架承担后，将轨道定位于轨道梁上，反复进行复测与调整，满足精度要求后，进行全面紧固；

（5）轨道安装结束后，先利用吊机将台车吊至轨道端部，再利用 5t 卷扬机拖至轨道顶部位置。轮系车挡则由吊机直接吊至预定位置；

（6）卷扬机、轮系等部件安装完毕后，先将一根直径为 25mm 的钢丝绳安装于轮系中，一端固定于卷扬机之上，另一端与主钢丝绳相连。启动卷扬机，通过 25mm 钢丝绳将主钢丝绳安装于轮系中，最后再将主钢丝绳与卷扬机固定在一起；

（7）在两片活动屋盖之间安装插销自锁机构；

（8）进行控制器、传感器等控制系统元件的安装。

7.11.7　安全监测

本工程结构体系复杂，施工难度大，在施工过程及使用期间均需进行观测，以便掌握在结构合龙、卸载等建造过程中以及使用期间的受力和变形情况，考察结构在极端温度、风速和地震作用下的响应，确定结构的动力特性及其在服役期间的变化，及时把握结构的安全状态（图 7.11.7-1）。

本工程监测的主要内容如下：

（1）对施工过程中和使用阶段的沉降进行观测；

图 7.11.7-1　桁架应力应变仪、巨拱位移测点安装情况

（2）对施工过程中和使用阶段钢的温度进行测试；

（3）对施工过程中和使用阶段关键构件的应变、应力和变形进行测试；

（4）对施工过程中和使用阶段钢索内力进行测试；

（5）对屋盖结构的动力特性进行测试。

7.11.8　施工现场照片

在鄂尔多斯东胜体育场施工过程中，代表性的现场照片如图 7.11.8-1 所示。

巨拱拱脚施工　　　　　　　　　　柱脚-混凝土承台施工

看台混凝土结构施工

图 7.11.8-1　施工现场照片（一）

固定屋盖主桁架分段提升

固定屋盖主桁架即将合龙

看台结构与顶部环桁架

固定屋盖主桁架合龙完成

巨拱分段地面拼装

固定屋盖主桁架-轨道桁架吊装

巨拱中段提升到位

巨拱合龙

图 7.11.8-1 施工现场照片（二）

安装巨拱钢索　　　　　　　　　　巨拱卸载

主桁架与轨道梁　　　　　　　　　轨道与牵引系统

台车试验　　　　　　　　　　安装卷扬机

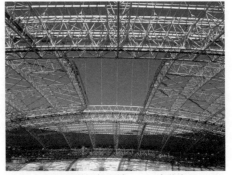

活动屋盖运行调试——闭合状态　　　活动屋盖运行调试——开启状态

图 7.11.8-1　施工现场照片（三）

竣工后体育场内实景

竣工后体育场外景

图 7.11.8-1　施工现场照片（四）

参考文献

[1]　范重，胡纯炀，刘先明，王义华，李丽，尤天直. 鄂尔多斯东胜体育场看台结构设计 [J]. 建筑结构，2013，43（9）：10-18.

[2]　范重，胡纯炀，李丽，栾海强，彭翼，刘先明. 鄂尔多斯东胜体育场开合屋盖结构设计 [J]. 建筑结构，2013，43（9）：19-28.

[3]　中国建筑设计研究院. 鄂尔多斯东胜体育场抗震设防专项审查报告 [R]. 北京：中国建筑设计研究院，2008.

[4]　中华人民共和国住房和城乡建设部，中华人民共和国国家质量监督检验检疫总局. 建筑抗震设计规范：GB 50011—2010 [S]. 北京：中国建筑工业出版社，2010.

[5]　范重，王义华，栾海强，等. 开合屋盖结构设计荷载取值研究 [J]. 建筑结构，2011，41（12）：39-51.

[6]　美国应用技术委员会. ATC Design Guill，Minimizing Floor Vibration. 1999.

[7]　中华人民共和国建设部. 网壳结构技术规程：JGJ 61—2003 [S]. 北京：中国建筑工业出版社，2003.

[8]　范重，胡纯炀，刘先明，肖坚，王义华，杨苏，刘涛. 鄂尔多斯东胜体育场巨型拱索结构设计优化 [J]. 建筑结构学报，2016，37(6)：9-18.

[9]　中华人民共和国建设部. 建筑结构荷载规范：GB 50009—2001（2006 年版）[S]. 北京：中国建筑工业出版社，2006.

[10]　范重，胡纯炀，程书华，顾昉，王义华，杨苏，栾海强. 鄂尔多斯东胜体育场活动屋盖驱动与控制系统设计 [J]. 建筑科学与工程学报，2013，30(1)：92-103.